普通高等教育"十一五"国家级规划教材
新世纪土木工程专业系列教材

土 木 工 程 材 料

（第 4 版）

黄晓明　高　英　周　扬　编著

东南大学出版社
SOUTHEAST UNIVERSITY PRESS

·南京·

内 容 提 要

本书根据土木工程材料课程教学特点,主要介绍材料的基本性质与工程应用、石材与集料、沥青胶结料、沥青混合料、无机胶凝材料、砂浆、水泥混凝土、无机结合料稳定材料、建筑钢材和其他建筑材料。

在本书的编写中,适当地介绍了当代重点工程使用的新材料,如纤维混凝土、高强混凝土、浇注式沥青混凝土、环氧沥青混凝土、改性沥青与 SMA 等。在编写形式上,着重土木工程材料基本概念、基础理论和试验的介绍。每章开头部分均明确提出了学习目的和教学要求;每章后均编有复习思考题和创新设计,便于学生复习和巩固本章的内容。

本书可作为高等学校土木工程专业或其他相关专业的教材,既适用本科和专科的教学,也适用于电大、职大、函大、自学考试及各类培训班的教学,并可供有关技术人员参考。

本书配有完整的教学视频、PPT 可以使用。

图书在版编目(CIP)数据

土木工程材料/黄晓明,高英,周扬编著. —4 版. —南京:
东南大学出版社,2020.7(2024.1重印)
新世纪土木工程专业系列规划教材
ISBN 978 - 7 - 5641 - 8957 - 0

Ⅰ. ①土… Ⅱ. ①黄…②高…③周… Ⅲ. ①土木工程—建筑材料—高等学校—教材 Ⅳ. ①TU5

中国版本图书馆 CIP 数据核字(2020)第 109723 号

东南大学出版社出版发行

(南京四牌楼 2 号 邮编 210096)

出版人:江建中

江苏省新华书店经销 广东虎彩云印刷有限公司印刷

开本:787mm×1092mm 1/16 印张:23.25 字数:580 千字

2020 年 7 月第 4 版 2024 年 1 月第 3 次印刷

ISBN 978 - 7 - 5641 - 8957 - 0

定价:55.00 元

(凡因印装质量问题,可直接向读者服务部调换。电话:025-83791830)

第4版前言

土木工程材料是道路桥梁与渡河工程、土木工程、交通工程、港口与航道工程、城市地下空间工程等专业的专业基础课程。虽然国家本科专业目录经多次调整,各校对专业内涵理解各不相同,但设置土建工程方向的专业都要求开设土木工程材料课程。

土木工程材料涉及面宽,同时建筑工程、交通运输工程、水利工程等的材料标准和试验方法也不尽相同,工程中使用的主要材料的种类也不同。本书结合土木工程专业的特点,将建筑工程专业设计的主要建筑材料水泥混凝土和钢材、道路与桥梁工程涉及的主要建筑材料沥青混凝土和水泥混凝土有机结合起来。根据现代教学的注重基础和基本概念及实践教学特点要求,本教材着重从基本概念、基础理论和试验方法等讲解主要使用的土木工程材料。同时,由于相关专业有关材料的书籍也较多,在讲座和阅读过程中可以结合参考文献和其他途径课外阅读其他教材和专著,提高对土木工程材料的认知水平。

本书主要内容包括材料的基本性质与工程应用、石材与集料、沥青胶结料、沥青混合料、无机胶凝材料、砂浆、水泥混凝土、无机结合料稳定材料、建筑钢材和其他建筑材料(如烧土制品、玻璃、高分子材料、功能材料)等。

本教材的基本特点是理论与实践的统一、融入最新的规范与标准、线上线下有机结合。本教材在第3版的基础上,结合最新的工程设计与施工规范、已有教材存在的问题,对第3版内容进行了全面修订。本次修订主要内容包括:

第1章绪论,修订了完善最新数据,增加"土木工程材料的试验方法及标准化";

第2章土木工程材料的基本性质与工程应用,修订了一些表格要求,增加了"材料的表面特性";

第3章石料与集料,修订了一些材料指标要求,增加了材料"含水率""放射性""抗压强度""抗折强度"和"集料取样"要求;

第4章沥青胶结料,修订完善了沥青结合料性能评价体系,增加了沥青"耐低温性";

第5章沥青混合料,完善了沥青混合料设计体系,更新了技术要求,增加了"温拌沥青混合料";

第6章无机胶凝材料,根据最新的标准要求更新了一些表格,更正了一些术语,增加了水泥的技术指标"碱含量";

第7章砂浆,根据最新的标准要求更新了一些数据;

第8章水泥混凝土,更新了一些最新的标准和技术指标,更正了一些术语,增加了"聚羧酸减水剂"的简述;

第9章无机结合料稳定材料,修订了材料的技术要求和级配范围要求,增加了"无机结合料稳定材料设计流程";

第10章建筑钢材,全面更新了钢材的性能要求,完善了钢材的具体指标;

第11章其他建筑材料,更新了烧结普通砖的技术指标和试验方法。

本教材第 1 版由黄晓明、潘刚华、赵永利共同完成。

本教材第 2 版修订由黄晓明、赵永利、高英共同完成。

本教材第 3 版修订由黄晓明、赵永利、高英共同完成。

本次第 4 版修订由黄晓明、高英、周扬共同完成。

本书第 1、2、3、9 章由黄晓明教授负责完成、第 4、5、10 由高英教授负责完成、第 6、7、8、11 章由周扬博士负责完成,全书由黄晓明教授负责通稿。

本课程经过多年的建设,结合最新技术规范和研究成果,形成了完整的讲课视频、PPT 等内容,具体可见爱课程网站 http://www. icoures 163. org/course/SEU-1449621175(在线开放课程)。在学习和使用过程中可以结合个人和学校实际,采用线上教学、线上线下混合式教学等方式。

本教材的历次修编得到了东南大学"土木工程材料"教学团队大力支持,并吸收了来自全国高等学校教师对课程教学和教材建设的意见和建议,在此谨向他们表示感谢。本教材采用国家法定计量单位。本书如有未尽善之处,希望有关院校师生及读者提出宝贵意见,以便及时修改完善,联系邮箱:huangxmseu@foxmail.com。

希望读者在使用过程中多提意见,使本书日臻完善。

黄晓明 高英 周扬

2020 年 2 月

目　　录

第1章 绪 论

学习目的：理解土木工程材料在专业学习中的重要性，了解我国在土木工程材料方面的创造、贡献与地位。

教学要求：纵观国内外古代、现代的著名土木建筑（房屋、桥梁、道路、古迹等），说明土木工程材料在各种建筑工程中的地位与作用；

阐述土木工程材料的教授与学习方法，强调实践的重要性与方法；

结合实际工程，简述各专业方向与材料科学的关系。

一、土木工程材料

任何土木工程建筑物都是用各种材料组成的，这些材料总称为土木工程材料。

随着土木工程技术的发展，用于土木工程建筑的材料不仅在品种上日益增多，而且对其质量也不断提出新的要求。

1. 砂石材料

砂石材料包括地壳上层的岩石经自然风化得到的（天然砂砾）和经人工开采或再经轧制而得（如各种不同尺寸的碎石和砂）。这类材料可以直接用于土木工程结构物，同时，也是配制水泥混凝土或沥青混合料的矿质集料。

2. 无机结合料及其制品

在土木工程中最常用到的无机结合料主要是石灰和水泥。水泥与集料配制的水泥混凝土是钢筋混凝土和预应力混凝土结构的主要材料。此外，水泥砂浆是各种圬工结构物砌筑的重要结合料。

随着高级路面的发展，水泥混凝土路面已经成为高等级公路的主要路面类型之一。

无机结合料稳定材料为路面底基层或基层的主要材料类型，如水泥与集料配制拌和的水泥稳定粒料是道路工程路面基层的主要材料，并已经取得了良好的使用效果。

3. 有机结合料及其混合料

有机结合料主要是指沥青类材料，如石油沥青、煤沥青等。这些材料与不同粒径的集料组配，可以修筑成各种类型的沥青混凝土路面。现代高速公路路面绝大部分采用沥青混凝土修筑，所以沥青混合料是现代路面工程中极为重要的一种材料。

4. 钢材和木材

钢材是桥梁、钢结构及钢筋混凝土或预应力钢筋混凝土结构的重要材料。木材是土木工程施工拱架、模板及装饰的主要材料。

5. 新型材料

随着现代材料科学的进步，在常用材料的基础上，又发展了新型的"复合材料"、"改性材料"等。复合材料是两种或两种以上不同化学组成或性质的物质，以微观和宏观的物质形式组合而成的材料。复合材料可以克服单一材料的弱点，而发挥其综合性能。改性材料是通过物理或化学的途径对其使用性能进行综合处理，使其更能满足实际的使用要求，如改性沥青等。同时一些添加剂材料也在不断出现，为土木工程建设服务。

二、土木工程材料在土木工程中的地位

土木工程材料和建筑设计、建筑结构、公路、城市道路、建筑经济及建筑施工等学科分支一样，是土木和交通运输工程学科极为重要的一部分。因为土木工程材料是土木工程的物质基础，一个优秀的土木工程师总是把建筑艺术和以最佳方式选用的土木工程材料融合一起。土木工程师只有在很好地了解土木工程材料的性能后，才能根据力学计算，准确地确定土建构件的尺寸和创造出先进的结构形式，使土建结构的受力特性和材料特性有机统一，合理地使用土木工程材料。目前，在我国土木工程的总造价中，土木工程材料的费用约占50%～60%。而土木工程施工的全过程实质上是按设计要求把土木工程材料逐步变成建筑物的过程，它涉及材料的选用、运输、储存以及加工等诸方面。总之，从事土木工程的技术人员都必须了解和掌握土木工程材料有关技术知识，并使所采用的材料最大限度地发挥其效能，合理、经济地满足土木工程的各种要求。

土木工程师在选择材料时需要考虑经济要素、力学特性、物理特性、生产与施工过程，还有美学要素和可持续要素。

1. 经济要素

经济要素并不完全是价格问题，它涉及原材料适用性及其价格、制造成本、运输成本、成型成本、维护成本以及环境成本等。如早期的建筑材料主要是木材和石料，主要是因为当时的生产工具而使他们容易成型。后来随着钢材的使用，集料的运输成本将是重要的考虑因素，因此在集料稀缺的地方采用钢结构是一个经济的选择。

2. 力学特性

力学特性主要是指材料在外力作用下的力学响应。材料在外力作用下的力学响应特性又与荷载特性、材料的应力应变关系、材料的温度与时间效应及破坏准则等有关。例如桥梁结构某一构件的破坏可能导致桥梁的整体倒塌；而路面结构主要是重复荷载的疲劳破坏。图1-1是荷载-时间关系曲线，荷载形式可能是谐振荷载（图1-1a）、随机荷载（图1-1b）、冲击荷载（图1-1c）、静荷载（图1-1d）。

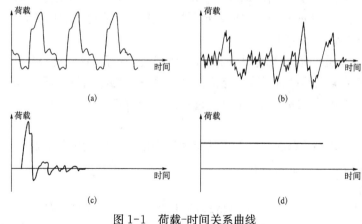

图1-1　荷载-时间关系曲线

(a) 谐振荷载；(b) 随机荷载；(c) 冲击荷载；(d) 静荷载

3. 物理特性

土木工程材料的物理特性主要包括材料密度、材料感温系数以及材料的表面特性等。材料的密度直接与结构物的自重有关,因此轻质高强材料对于大跨结构具有重要的意义。密度与体积的关系如图1-2。

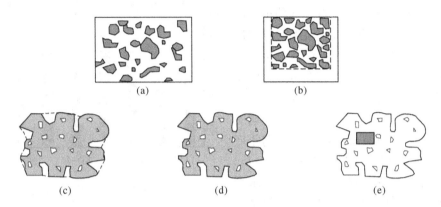

图 1-2　密度与体积的关系
(a) 松散体;(b) 压密体;(c) 包含开口体积;(d) 不包含开口体积;(e) 材料实体体积

同时,材料在温度变化过程中体积或长度也将发生变化,一般用线胀系数来描述材料单位温度的变化特性,而土木建筑又是由多种材料混合而成,每种材料的线胀系数也不同,因此混合物的温度变化特性也将影响结构的整体性能。

由于集料通过胶结料形成混合物,因此胶结料的黏结性能和集料的表面特性将影响混合物的整体性能,如道路路面抗磨耗性能、沥青混凝土和水泥混凝土的整体强度等。

4. 美学要素

美学要素属于建筑设计的范畴,但是土木工程师需要与建筑师密切合作,保证建筑结构耐久性、材料特性与建筑美学要素完美结合。

5. 可持续要素

可持续要素要求土木工程师充分考虑经济、环境、生态、社会,满足当前和未来发展的需要。因此土木工程师需要考虑以下一些要素:

(1) 材料的再生利用;

(2) 环境保护、土地复垦、生态复原;

(3) 就地取材等。

设计、施工、管理三者密切相关。从根本上说,材料是基础,材料决定了土建构造物的形式和施工方法。新材料的出现,可以促使土建构造物形式的变化、设计方法的改进和施工技术的革新。

三、我国土木工程材料的发展

材料科学和材料(含土木工程材料)本身都是随着社会生产力和科技水平的提高而逐渐发展的。自古以来,我国劳动者在土木工程材料的生产和使用方面曾经取得了许多重大成就。如始建于公元前 7 世纪的万里长城,所使用的砖石材料就达 1 亿 m^3;福建泉州的洛阳桥是 900 多年前用石材建造的,其中一块石材的重量就达 200 余 t;山西五台山木结构的佛光寺大殿已有千余年历史仍完好无损,等等。这些都有力地证明了中国人在土木工程材料生产、施工和使用方面的智慧和技巧。

新中国成立以来,特别是改革开放以后,我国土木工程材料生产得到了更迅速的发展。钢材已跻身于世界生产大国之列;水泥工业已由新中国成立前年产量不足百万吨的单一品种,发展为品种、强度等级齐全,年产量突破21亿t的水平(图1-3);陶瓷材料也由过去的单一白色瓷器发展到有上万花色品种的陶瓷产品,而且生产的高档配套建筑卫生陶瓷已可满足高标准建筑的需要;我国的玻璃工业也发展很快,普通玻璃已由建国初期年产仅108万标箱发展到8.68亿余标箱(表1-1),且能生产功能各异的新品种;随着生活水平的提高和住房条件的改善,装饰材料更是丰富多彩,产业蓬勃兴旺。

图 1-3 我国 2011—2018 年的水泥产量

表 1-1 2010-2018 年中国主要玻璃产品产量

年 份	平板玻璃产量 (万重量箱)	钢化玻璃产量 (万 m²)	夹层玻璃产量 (万 m²)	中空玻璃产量 (万 m²)
2010 年	63 026.1	22 434.4	4 919.9	3 863.0
2011 年	79 107.6	26 549.2	5 978.7	4 087.3
2012 年	75 050.5	29 474.1	6 132.5	5 050.4
2013 年	79 285.8	32 902.1	7 143.4	6 748.9
2014 年	83 128.2	42 014.4	8 055.0	12 008.6
2015 年	78 651.6	45 517.6	8 639.7	11 987.4
2016 年	80 408.4	52 991.0	8 969.9	10 073.8
2017 年	83 765.8	53 633.1	9 969.9	11 453.2
2018 年	86 863.5	47 104.7	8 592.1	9 852.3

据考古资料,印加帝国在 15 世纪已采用天然沥青修筑沥青碎石路。英国在 1832—1838 年之间,用煤沥青在格洛斯特郡修筑了第一段煤沥青碎石路;法国于 1858 年在巴黎用天然岩沥青修筑了第一条地沥青碎石路;到 20 世纪,使用量最大的铺路材料为石油沥青。中国上海在 1920 年代开始铺设沥青路面。1949 年以后随着中国自产路用沥青材料工业的发展,沥青路面已广泛应用于城市道路和公路干线,成为目前中国铺筑面积最多的一种高级路面。

到 2019 年底,我国公路总里程已经突破 500 万 km,其中高速公路总里程接近 15 万 km,位居世界第一,图 1-4 给出了我国高速公路 2011 年到 2019 年增长情况。沥青路面成为我国高速公路及其他等级公路的主要形式,沥青路面的迅速发展,与我国石油开采与沥青的加工水平密切相关。

我国沥青(包括石油沥青、煤沥青、天然沥青等)来源十分广泛(图1-5),已经成为道路建筑、房屋建筑、水工建筑、化工建筑、防腐防湿、涂料工业以及碳石墨等领域的重要材料和原料。

2014—2018 年,中国沥青产能呈一路上涨走势,部分炼厂继续扩大或投产沥青产能,推动 2018 年中国沥青产能达到 4 620 万 t。

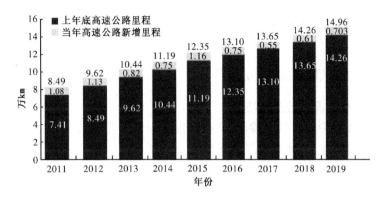

图 1-4 我国高速公路增长图

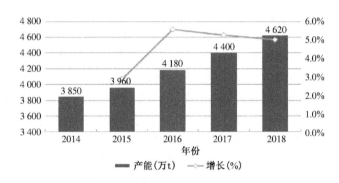

图 1-5 我国石油沥青产能发展情况

到 2019 年,我国的水泥、平板玻璃、建筑卫生陶瓷和石墨、滑石等部分非金属矿产品的产量已跃居世界第一。我国的水泥总产量已超过 21 亿 t,建筑陶瓷已超过 90 亿 m²,卫生陶瓷 2.1 亿套,是名副其实的土木工程材料生产大国。但是,必须看到,我国土木工程材料企业的总体科技水平、管理水平还比较落后。主要表现在:能源消耗大;劳动生产率低;产业结构落后、环境污染严重;集约化程度低;市场应变能力差等。因此,我国土木工程材料工业还处于"大而不强"的状态。针对此情况,我国土木工程材料主管部门提出了土木工程材料工业"由大变强,靠新出强"的发展战略。其总目标是:从现在起力争用 30~40 年时间,逐步把建筑工业建设成具有国际竞争能力,适应国民经济发展的现代化原材料及制品工业,与交通土建及建筑工程一起,成为国民经济的支柱产业。这个总目标的内容包括:①建设有中国特色的现代化的新技术结构,着力发展新技术、新工艺、新产品;②建设高效益的新产业结构,实现由一般产品向高质量产品,低档产品向中、高档产品,单一产品向配套产品的转变,使产品结构适应需求变化;③建设全新的现代化管理体制;④塑造一支适应现代化建设要求的新队伍。因此,我国的土木工程材料必将会发展更快,其品种、质量和产量可极大地满足我国建设事业蓬勃发展的需要。

遵循可持续发展战略,土木工程材料的发展趋势主要表现为:

(1) 高性能化。

(2) 高耐久性。

（3）多功能化。

（4）绿色环保。

（5）智能化。

另外，为满足现代土木工程结构性能和施工技术的需求，材料应用主要向着工业化方向发展。

四、土木工程材料试验方法及标准化

1. 土木工程材料的质量检验方法

通常采用实验室内原材料性能检验、实验室内模拟结构检验及现场鉴定等方法。本教材主要介绍室内材料性能检验，主要包括以下内容：

（1）物理性能检验。

（2）力学性能检验。

（3）材料与水和温度有关的性能检验。

2. 土木工程材料的标准化

土木工程材料涉及的标准主要有两类。一类是产品标准，其内容主要包括：产品规格、分类、技术要求、检验方法、验收规则、应用技术规程等；二是工程建设标准，其主要内容包括土木工程材料选用的标准，各种结构设计规范、施工及验收规范等。

目前，我国常用的按照适用领域和有效范围，包括国家标准、行业标准、地方标准和团体标准、企业标准。政府主导制定的标准分为4类，分别是强制性国家标准和推荐性国家标准、推荐性行业标准、推荐性地方标准；市场自主制定的标准分为团体标准和企业标准。政府主导制定的标准侧重于保基本，市场自主制定的标准侧重于提高竞争力。

（1）国家标准分强制性国家标准（代号为 GB）和推荐性国家标准（代号为 GB/T）。

（2）行业标准是由行业制定的标准（代号见表 1-2）。

表 1-2 行业标准代号

行业名称	建工行业	黑色冶金行业	石化行业	交通行业	建材行业	铁路行业
标准代号	JG	YB	SH	JT	JC	TB

行业技术标准应在部门后面加领域代号，如公路 G、水运 S。

（3）地方标准是由省级制定的标准（代号为 DB）。

（4）团体标准是由社会团体制定的标准（代号为 T/团体代号）。

（5）企业标准是各企业制定的标准（代号为 QB）。

标准一般由标准名称、部门代号（以汉语拼音字母表示）、标准编号和颁发年份等来表示。例如，中华人民共和国行业标准《公路沥青路面养护技术规范》（JTG 5142—2019）。

五、本课程的内容和任务

本课程是土木工程或其他有关专业的一门技术基础课，并兼有专业课的性质。课程的任务是使学生通过学习，获得土木工程材料的基础知识，掌握土木工程材料的技术性能、应用方法及其试验检测技能，同时对土木工程材料的储运和保护也有所了解，以便在今后的工作实践中能正确选择与合理使用土木工程材料，亦为进一步学习其他有关专业课打下基础。

本书各章分别主要讲述各类土木工程材料的基本组成、组成设计、技术性能和技术指标。为了教学方便,将按下述顺序对各种常用的土木工程材料进行讲授:土木工程材料的基本性质、石材与集料、沥青胶结料、沥青混合料、无机胶凝材料、砂浆、水泥混凝土、无机结合料稳定材料、建筑钢材和其他建筑材料。

实验和试验课是本课程的重要教学环节。为了加深了解材料的性能和掌握试验方法,培养科学研究能力,树立严谨的科学态度,必须结合课堂讲授的内容,加强对材料试验的实践。本课程根据课堂教学,安排了有关课外试验内容,并要求学生进行试验设计,取得相应的试验成果。同时,本教材还配有主要材料试验的网络演示软件。

复习思考题

1-1 分析房屋建筑所用的主要建筑材料类型及其发展历程。

1-2 分析道路建筑所用的主要建筑材料类型及其发展历程。

1-3 State three examples of a static load application and three examples of a dynamic load application.

创新设计

通过调查国内外某一著名建筑,说明土木工程材料的类型及历史地位,要求写出科技小论文,题目自拟。

第2章 土木工程材料的基本性质与工程应用

§2-1 土木工程材料的分类

土木工程材料是指在土木工程中所使用的各种材料及其制品的总称。它是一切土木工程的物质基础。由于组成、结构和构造不同，土木工程材料品种繁多，性能各不相同，在土木工程中的功能各异，价格相差悬殊，在土木工程中的用量差异也很大。因此，正确选择和合理使用土木工程材料，对土木工程结构物安全、实用、美观、耐久及造价有着重大的意义。

由于土木工程材料种类繁多，为了研究、使用和论述方便，常从不同角度对它进行分类。最通常的是按材料的化学成分及其使用功能分类。

一、按化学成分分类

根据材料的化学成分，可分为有机材料、无机材料以及复合材料三大类，如表 2-1 所示。

表 2-1 土木工程材料按化学成分分类

分　类			实　例
无机材料	金属材料	黑色金属	钢、铬及其合金、合金钢、不锈钢等
		有色金属	铝、铜、铝合金等
	非金属材料	天然石材	砂、石及石材制品
		烧土制品	黏土砖、瓦、陶瓷制品等
		胶凝材料及制品	石灰、石膏及制品、水泥及混凝土制品等
		玻璃	普通平板玻璃、特种玻璃等
		无机纤维材料	玻璃纤维、矿物棉等
有机材料	植物材料		木材、竹材、植物纤维及制品等
	沥青材料		煤沥青、石油沥青及其制品(沥青混合料)等
	合成高分子材料		塑料、涂料、胶粘剂、合成橡胶等
复合材料	有机与无机非金属材料复合		聚合物混凝土、玻璃纤维增强塑料等
	金属与无机非金属材料复合		钢筋混凝土、玻璃纤维混凝土等
	金属与有机材料复合		PVC钢板、有机涂层铝合金板等

二、按使用功能分类

根据材料在土木工程中的部位或使用性能,大体上可分为两大类,即土木工程结构材料(如钢筋混凝土、预应力混凝土、沥青混凝土、水泥混凝土、墙体材料、路面基层及底基层材料等)和土木工程功能材料(如吸声材料、耐火材料、排水材料等)。

1. 土木工程结构材料

土木工程结构材料主要指构成土木工程受力构件和结构所用的材料。如梁、板、柱、基础、框架、墙体、拱圈、沥青混凝土路面、无机结合料稳定基层及底基层和其他受力构件、结构等所用的材料都属于这一类。对这类材料主要技术性能的要求是强度和耐久性。目前所用的土木工程结构材料主要有砖、石、水泥、水泥混凝土、钢材、钢筋混凝土和预应力钢筋混凝土、沥青和沥青混凝土及无机结合料稳定材料等。在相当长的时期内,钢材、钢筋混凝土及预应力钢筋混凝土仍是我国土木工程中的主要结构材料;沥青、沥青混凝土、水泥混凝土、无机结合料稳定材料则是我国交通土建工程中的主要路面材料。随着土建事业的发展,轻钢结构、铝合金结构、复合材料、合成材料所占的比重将会逐渐加大。如图 2-1 所示。

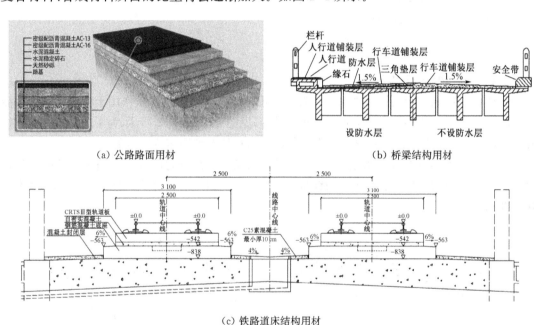

(a)公路路面用材   (b)桥梁结构用材

(c)铁路道床结构用材

图 2-1　道路、桥梁和铁道土木工程结构用材示意图

2. 土木工程功能材料

土木工程功能材料主要是指担负某些建筑功能的非承重用材料。如防水材料、绝热材料、吸声和隔声材料、采光材料、装饰材料等。这类材料的品种、形式繁多,功能各异,随着国民经济的发展以及人民生活水平的提高,这类材料会越来越多地应用于土建结构物上。

一般地说,土建结构物的可靠度与安全度主要由土木工程材料组成的构件和结构体系所决定,而土建结构物的使用功能与品质主要取决于土木工程功能材料。此外,对某一种具体材料来说,它可能兼有多种功能。

9

三、按材料来源分类

根据材料来源,可分为天然材料和人造材料。人造材料又可按冶金(如各种钢材)、窑业(如水泥、玻璃、陶瓷)、石油化工等材料制造部门来分类。

§2-2　土木工程材料的基本性质

在土建结构物中,土木工程材料要承受各种不同的作用,因而要求土木工程材料具有相应的不同性质,如用于土建结构物的材料要受到各种外力的作用,因此,选用的材料应具有所需要的力学性能。又如根据土建结构物各种不同部位的使用要求,选用的材料应具有防水、绝热、吸声、粘结等性能。对于某些土建结构物,要求材料具有耐热、耐腐蚀等性能。此外,对于长期暴露在大气中的材料,如路面材料,要求材料能经受风吹、日晒、雨淋、冰冻等引起的温度变化、湿度变化及反复冻融等的破坏作用。为了保证土建结构物的耐久性,要求土木工程师必须熟悉和掌握各种材料的基本性质,在工程设计与施工中正确地选择和合理地使用材料。材料的基本性质包括材料的抗拉(压)、抗扭、抗弯曲等。

一、材料的基本力学性质

1. 材料的拉伸和压缩特性

土木工程中有很多构件,例如屋面桁架的钢拉杆、悬索桥的吊杆等,作用于构件上的力主要是拉力或压力,受力构件的主要变形是伸长或缩短,见图 2-2、图 2-3 所示,为了保证这些构件能满足强度和耐久性的要求,必须要求这些构件满足材料拉伸和压缩特性的要求。

在工程力学课程中,针对给定的最大荷载和材料容许拉(压)强度,设计确定合理的构件尺寸。对材料的容许拉(压)强度,则必须针对具体材料特性和工程应用要求确定,这是本课程需要解决的基本问题。

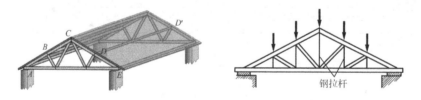

图 2-2　桁架受拉构件

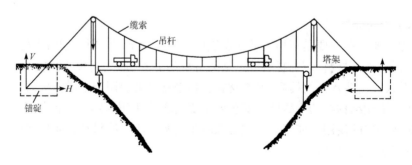

图 2-3　悬索桥受拉构件

2. 材料的扭转特性

在土木工程结构中有些构件所受到外力主要组成部分是在杆件的两端作用两个大小相等、转向相反、且作用平面垂直于杆件轴线的力偶,如基础钻孔的钻杆、桥梁及厂房等空间结构中的某些构件等。见图 2-4 所示。也有些构件除了扭转外还伴随着其他主要变形(如钻杆还受压、桥梁则以弯曲为主等),对这类组合构件则必须按照组合构件的计算方法确定其受力特性和强度要求。

土木工程材料课程必须根据构件的扭转特性或组合特性,通过设计和优选,确定满足要求的材料类型。

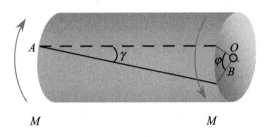

图 2-4 构件扭转示意图

3. 材料的弯曲特性

土木工程中常遇到这样一类直杆,它所受的外力是作用线垂直于杆轴线的平衡力系(有时还包括力偶)。在外力作用下,杆变形的主要现象是任意两端横截面绕垂直于杆轴线的轴作相对转动,同时杆的轴线也将弯成曲线,由这些造成直杆的弯曲。见图 2-5。以弯曲为主要变形的杆件称为梁。梁是一种常用的构件,在土木工程中占有重要的位置。如常见的桥梁结构中的横梁,房屋结构中的梁件、道路结构中的水泥混凝土板等。

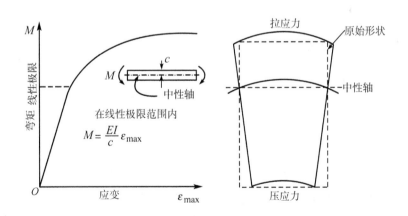

图 2-5 构件弯曲示意图

4. 材料的弹性、塑性、脆性和黏弹性

弹性是指材料在外力作用下产生变形,外力取消后,材料变形即可消失并能完全恢复原来形状的性质。这种当外力取消后瞬间即可完全恢复的变形称为弹性变形,明显具有弹性特征的材料称为弹性材料。如果材料应力和应变之间呈线性关系,即称为线弹性材料;如果应力和应变呈非线性关系,即称为非线性弹性材料。如土木工程中的水泥混凝土所受应力在一定范围内且时间较短、沥青混凝土在低温状况下均表现出较好的弹性特性。见图 2-6。

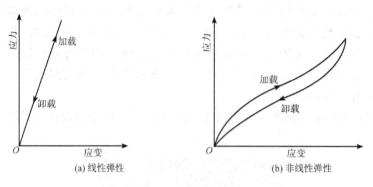

图 2-6　材料的弹性

塑性是指材料在外力作用下产生变形,当外力取消后,仍保持变形后的形状尺寸,且不产生裂纹。这种不随外力撤除而消失的变形称为塑性变形,明显具有塑性变形特征的材料称为塑性材料。实际上纯弹性与纯塑性的材料都是不存在的。不同的材料在外力作用的不同阶段,表现出不同的变形特征。如图 2-7 所示的低碳钢的拉伸特征曲线,在外力作用初期主要表现为弹性性质,在达到弹性极限后即进入塑性和断裂阶段。

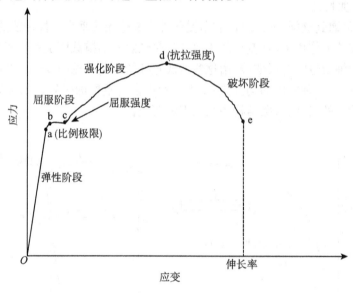

图 2-7　低碳钢拉伸变形荷载曲线图

脆性是指材料在外力作用下直到破坏前无明显的塑性变形而发生突然破坏的性质。具有这种破坏性质的材料称为脆性材料,如玻璃、陶瓷、普通水泥混凝土等,如图 2-8 所示的水泥混凝土抗压试验特征曲线与图 2-7 相比具有直线段短,在变形不大时突然断裂等特点,塑性表现不明显。因此将钢筋和水泥混凝土浇筑在一起成混合构件可充分发挥钢筋和水泥混凝土各自的特点。

韧性是指材料在冲击荷载或振动荷载作用下能吸收较大能量,产生一定的变形而不致破坏的性质,具有这种性质的材料叫韧性材料,如木材、沥青混凝土在高温状态等。

黏弹性是指材料在外力作用下产生变形,其变形与时间和温度有关(图 2-9),当外力取消

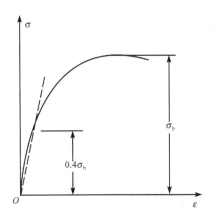

图 2-8　水泥混凝土抗压试验的荷载变形曲线图

后,其变形恢复也与时间和温度有关的特点。如常温条件下的沥青混凝土和长期荷载作用下的钢筋混凝土材料具有典型的黏弹性特征。黏弹性主要分徐变和松弛,徐变(或蠕变)是固体材料在恒定外力(应力)的作用下,变形随时间逐渐增大的现象;松弛是固体材料在恒定变形(应变)作用下,应力随时间减少的现象。夏天沥青混凝土路面容易因蠕变而出现车辙,冬天则因沥青混凝土的松弛特性而降低路面中因温度下降而出现的温度应力,避免沥青路面出现更多的低温开裂。

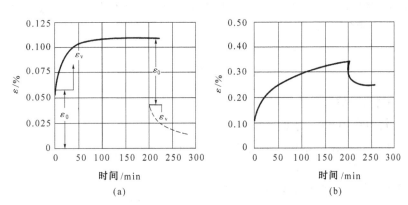

(a)　　　　　　　　　　　(b)

图 2-9　沥青混合料压缩黏弹性(蠕变)试验

(a) $\sigma_1 = 30$ kPa;(b) $\sigma_2 = 480$ kPa。温度 60℃,侧应力=0

二、材料与水有关的性质

1. 亲水性与憎水性

材料在空气中与水接触时,根据其是否能被水润湿,可将材料分为亲水性和憎水性(或称疏水性)两大类。

材料被水润湿的程度可用润湿角 θ 表示,如图 2-10 所示。润湿角是在材料、水和空气三相的交点处,沿水滴表面切线(γ_L)与水和固体接触面(γ_{SL})之间的夹角,角愈小,则该材料能被水所润湿的程度愈高。一般认为,润湿角 $\theta \leqslant 90°$(如图 2-10a 所示)的材料为亲水性材料。反之,$\theta > 90°$,表明该材料不能被水润湿,称为憎水性材料(如图 2-10b 所示)。

大多数土木工程材料,如石料、集料、砖、混凝土、木材等都属于亲水性材料,表面均能被水润湿,且能通过毛细管作用将水吸入材料的毛细管内部。

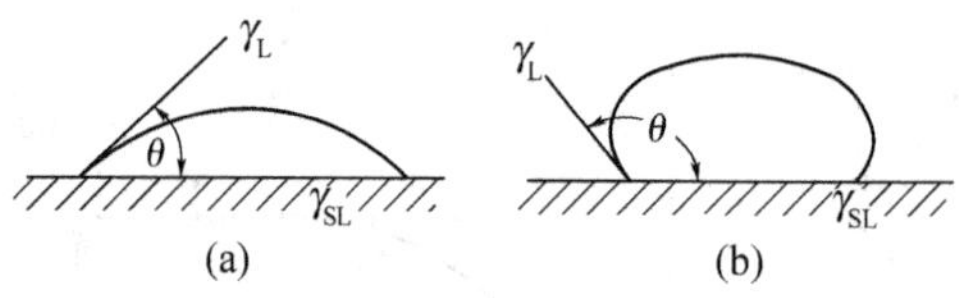

图 2-10 材料润湿示意图
(a) 亲水性材料;(b) 憎水性材料

沥青、石蜡等属于憎水性材料,表面不能被水润湿。该类材料一般能阻止水分渗入毛细管中,因而能降低材料的吸水性。憎水性材料不仅可用作防水材料,而且可用于亲水性材料的表面处理,以降低其吸水性。

2. 吸水性

材料在浸水状态下吸入水分的能力为吸水性。吸水性的大小以吸水率表示。吸水率有质量吸水率和体积吸水率。

质量吸水率:材料所吸收水分的质量占材料干燥质量的百分数,按式(2-1)计算:

$$W_{质} = \frac{m_{湿} - m_{干}}{m_{干}} \times 100 \tag{2-1}$$

式中 $W_{质}$——材料的质量吸水率(%);

$m_{湿}$——材料饱水后的质量(g);

$m_{干}$——材料烘干到恒重的质量(g)。

体积吸水率:材料吸收水分的体积占材料干燥自然状态下体积的百分数,是材料体积内被水充实的程度。按式(2-2)计算:

$$W_{体} = \frac{V_{水}}{V_1} = \frac{m_{湿} - m_{干}}{V_1} \cdot \frac{1}{\rho_w} \times 100 \tag{2-2}$$

式中 $W_{体}$——材料的体积吸水率(%);

$V_{水}$——材料在饱水时,水的体积(cm³);

V_1——干燥材料在自然状态下的体积(cm³);

ρ_w——水的密度(g/cm³)。

质量吸水率与体积吸水率存在如下关系:

$$W_{体} = W_{质} \cdot \rho_a \frac{1}{\rho_w} \tag{2-3}$$

式中 ρ_a——材料在干燥状态下的表观密度(g/cm³)。

材料的吸水性,不仅与材料的亲水性或憎水性有关,而且与孔隙率的大小及孔隙特征有关。一般孔隙率愈大,吸水性也愈强。封闭的孔隙,水分不易进入;开口的大孔,水分又不易存留,故材料的体积吸水率常小于孔隙率。

对于某些轻质材料,如加气混凝土、软木等,由于具有很多开口而微小的孔隙,所以它的质量吸水率往往超过 100%,即湿质量为干质量的几倍,在这种情况下,最好用体积吸水率表示其吸水性。

水在材料中对材料性质将产生不良的影响,它使材料的表观密度和导热性增大,强度降低,体积膨胀。因此,吸水率大对材料性能不利。

3. 吸湿性

材料在潮湿的空气中吸收空气中水分的性质称为吸湿性。吸湿性的大小用含水率表示。材料所含水的质量占材料干燥质量的百分数,称为材料的含水率,可按式(2-4)计算:

$$W_{含} = \frac{m_{含} - m_{干}}{m_{干}} \times 100 \qquad (2-4)$$

式中　$W_{含}$——材料的含水率(%);

　　　$m_{含}$——材料含水时的质量(g);

　　　$m_{干}$——材料干燥至恒重时的质量(g)。

材料的含水率大小,除与材料本身的特性有关外,还与周围环境的温度、湿度有关。气温越低、相对湿度越大,材料的含水率也就越大。

材料随着空气湿度的变化,既能在空气中吸收水分,又可向外界扩散水分,最终将使材料中的水分与周围空气的湿度达到平衡,这时材料的含水率,称为平衡含水率。平衡含水率并不是固定不变的,它随环境中的温度和湿度的变化而改变。材料吸水达到饱和状态时的含水率即为吸水率。

4. 耐水性

材料长期在饱和水作用下不破坏,其强度也不显著降低的性质称为耐水性。材料的耐水性用软化系数表示。可按式(2-5)计算:

$$K_{软} = \frac{f_{饱}}{f_{干}} \qquad (2-5)$$

式中　$K_{软}$——材料的软化系数;

　　　$f_{饱}$——材料在饱水状态下的抗压强度(MPa);

　　　$f_{干}$——材料在干燥状态下的抗压强度(MPa)。

软化系数的大小表明材料浸水后强度降低的程度,一般波动在0～1之间。软化系数越小,说明材料饱水后的强度降低越多,其耐水性越差。对于经常位于水中或受潮严重的重要结构物的材料,其软化系数不宜小于0.85;受潮较轻或次要结构物的材料,其软化系数不宜小于0.70。软化系数大于0.80的材料,通常可以认为是耐水的材料。

5. 抗渗性

材料抵抗压力水渗透的性质称为抗渗性(或不透水性),可用渗透系数 K 表示。

达西定律表明,在一定时间内,透过材料试件的水量与试件的断面积及水头差(液压)成正比,与试件的厚度成反比,即:

$$W = K \frac{h}{d} At \quad 或 \quad K = \frac{Wd}{Ath} \qquad (2-6)$$

式中　K——渗透系数(mL/(cm^2·s));

　　　W——透过材料试件的水量(mL);

　　　t——透水时间(s);

　　　A——透水面积(cm^2);

　　　h——静水压力水头(cm);

　　　d——试件厚度(cm)。

渗透系数反映了材料抵抗压力水渗透的性质,渗透系数越大,材料的抗渗性越差。

对于混凝土和砂浆材料,抗渗性常用抗渗等级(S)表示。

$$S = 10H - 1 \qquad (2-7)$$

式中　S——抗渗等级;

　　　H——试件开始渗水时的水压力(MPa)。

材料抗渗性的好坏,与材料的孔隙率和孔隙特征有密切关系。孔隙率很小而且是封闭孔隙的材料具有较高的抗渗性。对于地下建筑及水工构筑物,因常受到压力水的作用,故要求材料具有一定的抗渗性;对于防水材料,则要求具有更高的抗渗性。材料抵抗其他液体渗透的性质,也属于抗渗性。

6. 抗冻性

材料在饱水状态下,能经受多次冻结和融化作用(冻融循环)而不破坏,同时也不严重降低强度的性质称为抗冻性。通常采用−15℃的温度(水在微小的毛细管中低于−15℃才能冻结)冻结后,再在20℃的水中融化,这样的过程为一次冻融循环。

材料经多次冻融交替作用后,表面将出现剥落、裂纹,产生质量损失,强度也将会降低。因为,材料孔隙内的水结冰时体积膨胀将引起材料的破坏。

抗冻性良好的材料,其抵抗温度变化、干湿交替等破坏作用的性能也较强。所以,抗冻性常作为考查材料耐久性的一个指标。处于温暖地区的土建结构物,虽无冰冻作用,为抵抗大气的作用,确保土建结构物的耐久性,有时对材料也提出一定的抗冻性要求。

三、材料的热工性质

土木工程材料除了须满足必要的强度及其他性能的要求外,为了节约土建结构物的使用能耗以及为生产和生活创造适宜的条件,常要求土木工程材料具有一定的热工性质,以维持室内温度。常用材料的热工性质有导热性、热容量、比热容等。

1. 导热性

材料传导热量的能力称为导热性。材料导热能力的大小可用热导率(λ)表示。热导率在数值上等于厚度为1 m的材料,当其相对表面的温度差为1 K时,其单位面积(1 m²)单位时间(1s)所通过的热量,可用式(2-8)表示:

$$\lambda = \frac{Q\delta}{At(T_2 - T_1)} \qquad (2-8)$$

式中　λ——热导率(W/(m·K));

　　　Q——传导的热量(J);

　　　A——热传导面积(m²);

　　　δ——材料厚度(m);

　　　t——热传导时间(s);

　　　$(T_2 - T_1)$——材料两侧温差(K)。

材料的热导率越小,绝热性能越好。各种土木工程材料的热导率差别很大,大致在0.035~3.5 W/(m·K)之间,如泡沫塑料 $\lambda = 0.035$ W/(m·K),而大理石 $\lambda = 0.35$ W/(m·K)。热导率与材料孔隙构造有密切关系。由于密闭空气的热导率很小($\lambda = 0.023$ W/(m·

K)),所以,材料的孔隙率较大者其热导率较小,但如果孔隙粗大或贯通,由于对流作用的影响,材料的热导率反而增高。材料受潮或受冻后,其热导率会大大提高。这是由于水和冰的热导率比空气的热导率高很多(分别为 0.58 W/(m·K)和 2.20 W/(m·K))。因此,绝热材料应经常处于干燥状态,以利于发挥材料的绝热效能。

2. 比热容和热容量

材料加热时吸收热量,冷却时放出热量的性质称为热容量。热容量的大小用比热容(也称热容量系数,简称比热)表示。比热容表示 1g 材料温度升高 1K 时所吸收的热量,或降低 1K 时放出的热量。材料吸收或放出的热量可由式(2-9)和式(2-10)计算:

$$Q = cm(T_2 - T_1) \tag{2-9}$$

$$c = \frac{Q}{m(T_2 - T_1)} \tag{2-10}$$

式中　Q——材料吸收或放出的热量(J);

　　　c——材料的比热(J/(g·K));

　　　m——材料的质量(g);

　　　$(T_2 - T_1)$——材料受热或冷却前后的温差(K)。

比热是反映材料的吸热或放热能力大小的物理量。不同材料的比热不同,即使是同一种材料,由于所处物态不同,比热也不同,例如,水的比热为 4.186 J/(g·K),而结冰后比热则是 2.093 J/(g·K)。

材料的比热对保持土建结构物内部温度稳定有很大意义。比热大的材料,能在热流变动或采暖设备供热不均匀时,缓和室内的温度波动。常用土木工程材料的比热见表 2-2。

表 2-2　几种典型材料的热性质指标

材料名称	钢材	混凝土	松木	烧结普通砖	花岗石	密闭空气	水
比　热/[J·(g·K)$^{-1}$]	0.48	0.84	2.72	0.88	0.92	1.00	4.18
热导率/[W·(m·K)$^{-1}$]	58	1.51	1.17~0.35	0.80	3.49	0.023	0.58

3. 材料的保温隔热性能

在建筑热工中常把 1/λ 称为材料的热阻,用 R 表示,单位为(m·K)/W。热导率(λ)和热阻(R)都是评定土木工程材料保温隔热性能的重要指标。人们习惯把防止室内热量的散失称为保温,把防止外部热量的进入称为隔热,将保温隔热统称为绝热。

材料的热导率愈小、热阻值就愈大,则材料的导热性能愈差,其保温隔热的性能就愈好,常将 $\lambda \leqslant 0.175$ W/(m·K)的材料称为绝热材料。

四、材料的表面特性

几乎所有的材料在使用过程中将出现腐蚀(Corrosion)或性能劣化(Degradation),材料劣化的差异性主要与原材料的性能和环境有关。像金属材料,受到溶解性材料(如海水、环境)腐蚀作用,将出现锈蚀,因此必须采取防腐措施;像沥青或沥青混凝土,受到有机溶液作用将稀释溶解或受紫外线作用将老化硬化,因此需要防止有机溶液侵蚀,或者添加防紫外线老化添加剂。因此土木工程师在选用或设计材料时,必须考虑材料的环境劣化作用。

对大多数土木工程结构，材料的磨损(Abrasion)或磨耗(Wear Resistance)，也许不像机械结构那么重要。但是路面工程必须考虑车轮作用下的磨损或磨光，以提高轮胎与路面相互的摩擦作用以保证车辆的制动需求。因此集料的抗磨耗特性对路面工程十分重要。

材料的表面纹理(Surface Texture)特性对土木工程材料和结构在一定场合也十分重要。例如，在水泥混凝土搅拌过程中，圆滑的集料虽然对搅拌和浇筑过程中的工作性有一定帮助，但是对使用过程中的黏结性就有一定的坏处。而对于沥青混凝土材料，良好的表面纹理可以提高沥青混凝土的高温稳定性和疲劳特性，同时良好的集料表面微观纹理也可以提高轮胎与路面之间的抗滑作用。

五、材料的耐久性

材料在使用过程中能抵抗周围各种介质侵蚀而不破坏，且不易失去原有性能的性质称为耐久性。

耐久性是材料的一种综合性质，诸如抗冻性、抗风化性、抗老化性、耐化学腐蚀性等均属耐久性的范围。此外，材料的强度、抗渗性、耐磨性等也与材料的耐久性有密切关系。

材料在使用过程中，除受到各种外力的作用外，还长期受到周围环境等各种自然因素的破坏作用。这些破坏作用一般可分为物理作用、化学作用、生物作用等。

物理作用包括材料的干湿变化、温度变化及冻融变化等。这些变化可引起材料的收缩和膨胀，长时期或反复作用会使材料逐渐破坏。如水泥混凝土的热胀冷缩。

化学作用包括酸、碱、盐等物质的水溶液及气体对材料产生的侵蚀作用，使材料产生质的变化而破坏。例如钢筋的锈蚀、沥青与沥青混合料的老化等。

生物作用是昆虫、菌类等对材料所产生的蛀蚀、腐朽等破坏作用。如木材及植物纤维材料的腐烂等。

一般土木工程材料，如石材、砖瓦、陶瓷、水泥混凝土、沥青混凝土等，暴露在大气中时，主要受到大气的物理作用；当材料处于水位变化区或水中时，还受到环境的化学侵蚀作用。金属材料在大气中易被锈蚀；沥青及高分子材料，在阳光、空气及辐射的作用下，会逐渐老化、变质而破坏。

为了提高材料的耐久性，延长建筑的使用寿命和减少维修费用，可根据使用情况和材料特性采取相应的措施。如设法减轻大气或周围介质对材料的破坏作用(降低湿度、排除侵蚀性物质等)，提高材料本身对外界作用的抵抗性(提高材料的密度、采取防腐措施等)，也可用其他材料保护主体材料免受破坏(覆面、抹灰、刷涂料等)。

§2-3　土木工程材料的工程应用

土木工程材料作为古代和现代土木建筑的主要材料，在工程中得到了广泛和灵活应用，充分体现了广大设计人员的智慧。

一、在建筑工程中的应用

从辉煌的北京故宫到亲切、舒适的苏州园林，从巍巍的长城到小巧的庭院，无不是材料和建筑艺术的完美结合。古代建筑使用的材料主要有砖、木、石灰等，通过材料与建筑艺术的有机结合,形成了中国古代的建筑艺术与文化,如图 2-11。

辉煌的北京故宫

亲切舒适的苏州园林

图 2-11　古代建筑艺术

现代建筑更是与材料科学的进步密切相关,建筑艺术的实现与材料科学的发展相辅相成。现代钢筋混凝土结构、预应力混凝土结构、钢结构等与建筑艺术有机结合,形成了形形色色的建筑艺术。

如总高度为 420.5 m、地上 88 层、地下 3 层、总建筑面积 29 万 m^2 的金茂大厦(图 2-12)是一座集智能化、信息化、现代化于一体的大楼,当代最先进的高新技术在大厦中得到最为完美的体现,其整体结构为钢筋混凝土轻钢框架结构。大厦充分体现了中国传统的文化与现代高新科技相融合的特点,既是中国古老塔式建筑的延伸和发展,又是海派建筑风格的再现。在装潢过程中办公区入口大堂地面和墙面采用大理石,外幕墙内侧墙面采用枫木贴面的中密度多孔板,天花板用石膏板做成简洁的造型,组合巨柱则用津巴布韦花岗石。因此,大厦的整体建筑与装潢设计都巧妙地与土木工程材料的特性完美的结合。

水泥混凝土、建筑钢材、各种装饰材料是主要的建筑工程材料。

底层架空的某现代建筑

上海金茂大厦

图 2-12　现代建筑工程

二、在桥梁工程中的应用

古体的象形会意字"橋"就能说明我国在古代桥的建设上的美学意义。首先,桥的材料以木开始,其次右侧下方的"咼"就是拱桥的形状,而上立之人与桥间是其副桥拱。这已经说明了木质结构在最早的古代桥梁中得到大量应用。

泉州的洛阳桥、北京的卢沟桥、河北的赵州桥和广东的广济桥并称为我国古代四大名桥,其建设艺术均体现了材料的灵活应用。如距今已 1 400 年的赵州桥桥长 64.40 m,跨径 37.02 m,是当今世界上跨径最大、建造最早的单孔敞肩型石拱桥。因桥两端肩部各有两个小孔,故称敞肩型,这是世界造桥史的一个创造(没有小拱的称为满肩或实肩型),而全桥主要采用石材材料,如图 2-13。

河北的赵州桥   北京的卢沟桥

图 2-13 古代桥梁

现代桥梁建筑更是与材料科学密不可分,现代伟大的桥梁工程除了先进的结构设计与施工技术外,均使用了先进的材料。

如位于贵州省的江界河大桥(图 2-14),主桥为预应力混凝土桁式组合拱,边孔为桁式刚构,大桥全长 461 m,宽 13.4 m,桥面至最低水面 263 m,主孔跨径 330 m。在同类桥梁中,江界河大桥雄居世界第一,堪称天下第一桥。结构设计集中采用了高强钢筋轧丝锚和高强钢丝镦头锚、弗式锚两种预应力体系;在桁式结构的节点设计中,采用了空心节点,减轻了吊重和自重;采用了多点、分散的群锚及竖直桩锚与水平墙锚相结合的锚碇体系。全桥的圬工只有 10 800 m³,钢材重量只有 1 279 t。

世界第一大跨径双塔双索面斜拉桥——苏通长江公路大桥设计主跨径达 1 088 m,比目前世界上最大跨径的日本多多罗大桥长 200 m 左右。大桥主塔高 298 m,为世界第一高桥塔,比国内现有最高桥塔高出近百米。大桥基础埋置深度达 80 m,通航净空高度 62 m。其设计与施工均与现代材料科学的进步密切相关。

水泥混凝土、建筑钢材是主要的现代桥梁建筑材料。

贵州江界河大桥   苏通长江大桥

图 2-14 现代桥梁工程

三、在现代高速公路工程中的应用

现代高速公路主要采用沥青混凝土路面和水泥混凝土路面。因此,沥青混凝土和水泥混凝土是主要的筑路材料。

沥青路面是用沥青材料作胶结料修筑面层和各类无机结合料(含水泥和石灰等)稳定材料基层或底基层或水泥混凝土基层或无粘结集料基层所组成的路面结构。水泥混凝土路面是用水泥混凝土面层和各类无机结合料(含水泥和石灰等)稳定材料基层或底基层或无粘结集料基层所组成的路面结构。如图 2-15,图 2-16。

图 2-15 高速公路沥青路面施工

宁杭高速公路沥青混凝土路面   水泥混凝土路面

图 2-16 路面工程

复习思考题

2-1 结合材料拉伸和压缩特性,请举例说明拉伸和压缩特性的重要性。

2-2 结合材料扭转特性,请举例说明如何提高材料扭转特性。

2-3 结合材料弯曲特性,请说明梁或水泥混凝土路面弯曲特性的异同。

2-4 举例说明材料弹性、塑性、黏弹性、脆性的意义及用途(参考工程力学等)。

2-5 举例说明评价材料与水有关性质的作用和意义。

2-6 举例说明材料表面特性评价的作用和意义。

2-7 举例说明土木工程材料的工程应用。

2-8 Define the coefficient of thermal expansion. What is the relation between the linear and the volumetric coefficients of thermal expansion?

2-9 State four failure modes of materials. Describe typical examples of each mode.

2-10 What is the factor of safety? On what basis is its value selected?

创新设计

通过深刻了解土木工程材料的物理、力学性质,研究土木工程材料与水有关的性质;研究土木工程材料的弹性、塑性和黏性的科学实例和理论解释,选择其中之一写出科技小论文。

第3章 石材与集料

学习目的：石材与集料是土木工程的基本材料，集料由石材加工而成。通过与地质学的对比学习，了解石材的物理、化学性质与原始岩石之间的关系，了解在工程中如何根据地质学知识进行现场勘查，对岩石进行初选。同时，对集料的轧制过程有所了解，分析轧制方法、集料的外形特性及集料等级的优选，为工程服务。

教学要求：结合工程地质中有关岩石形成规律的讲解，分析岩石的种类及其不同的物理、化学性质的成因；

重点对比石材与集料的物理、力学性质的概念差异；

深刻理解集料的级配的概念，通过例题讲解级配设计的要求、方法；

通过现代教学手段演示石材、集料的基本物理力学试验，并进行实际操作。

石材有天然形成和人工制造两大类。由开采的天然岩石经过或不经过加工的材料称为天然石材。我国对天然石材的使用已有悠久的历史和丰富的经验，例如河北的隋代赵州永济桥、江苏洪泽湖大堤、人民英雄纪念碑等都是使用石材的典范。我国有丰富的天然石材资源，可用于工程的天然石材几乎遍布全国。重质致密的块体石材常用于砌筑基础、桥涵挡土墙、护坡、沟渠与隧道衬砌等；散粒石材（如碎石、砾石、砂等）广泛用作混凝土骨料、道碴和筑路材料等；轻质多孔的块体石材常用于墙体材料，粒状石材可用作轻混凝土的骨料；坚固耐久、色泽美观的石材可用作土木工程构筑物的饰面或保护材料。由于天然石材具有抗压强度高、耐久性和耐磨性良好，资源分布广，便于就地取材等优点而被广泛应用。但岩石的性质较脆，抗拉强度较低，表观密度大，硬度高，开采和加工比较困难。人造石材是由无机或有机胶结料、矿物质原料及各种外加剂配制而成，例如人造大理石、花岗石等，从广义而言，各种混凝土也属这一类。由于人造石材可以人为控制其性能、形状、花色图案等，因此也得到了广泛应用。

§3-1 常用的天然岩石

岩石是由各种不同的地质作用所形成的天然固态矿物的集合体。矿物是在地壳中受各种不同地质作用，所形成的具有一定化学组成和物理性质的单质或化合物。目前已发现的矿物有3 300多种，绝大多数是固态无机物。主要造岩矿物有30多种。由单一矿物组成的岩石叫单矿岩；由两种或更多种矿物组成的岩石叫多矿岩。例如：石灰岩主要是由方解石矿物组成的单矿岩；花岗岩是由长石、石英、云母等几种矿物组成的多矿岩。

按地质分类法，天然岩石可以分为岩浆岩、沉积岩、变质岩三大类。

一、岩浆岩

（一）岩浆岩的形成

岩浆岩又称火成岩，是地壳内的熔融岩浆在地下或喷出地面后冷凝而成的岩石。根据不

同的形成条件,岩浆岩可分为以下三种:

1. 深成岩

深成岩是地壳深处的岩浆在受上部覆盖层压力的作用下经缓慢冷凝而形成的岩石。其结晶完整、晶粒粗大、结构致密,具有抗压强度高、孔隙率及吸水率小、表观密度大、抗冻性好等特点。土木工程常用的深成岩有花岗岩、正长岩、橄榄岩、闪长岩等。

2. 喷出岩

喷出岩是岩浆喷出地表时,在压力降低和冷却较快的条件下而形成的岩石。由于其大部分岩浆来不及完全结晶,因而常呈隐晶(细小的结晶)或玻璃质(非晶质)结构。当喷出的岩浆形成较厚的岩层时,其岩石的结构与性质类似深成岩;当形成较薄的岩层时,由于冷却速度快及气压作用而易形成多孔结构的岩石,其性质近似于火山岩。土木工程常用的喷出岩有辉绿岩、玄武岩、安山岩等。

3. 火山岩

火山岩是火山爆发时,岩浆被喷到空中而急速冷却后形成的岩石。有多孔玻璃质结构的散粒状火山岩,如火山灰、火山渣、浮石等;也有因散粒状火山岩堆积而受到覆盖层压力作用并凝聚成大块的胶结火山岩,如火山凝灰岩等。

(二)岩浆岩的种类

岩浆岩的矿物成分是岩浆化学成分的反映。岩浆岩化学成分相当复杂,但含量高、对岩石的矿物成分影响最大的是 SiO_2。根据 SiO_2 的含量,岩浆岩可分为下面几类:

1. 酸性岩类(SiO_2 含量>65%)

矿物成分以石英、正长石为主,并含有少量的黑云母和角闪石。岩石的颜色浅,密度小。常见的酸性岩类有花岗岩、花岗斑岩、流纹岩等。

2. 中性岩类(SiO_2 含量 65%~52%)

矿物成分以正长石、斜长石、角闪石为主,并含有少量的黑云母及辉石。岩石的颜色比较深,密度比较大。常见的中性岩类有正长岩、正长斑岩、粗面岩、闪长岩、闪长斑岩、宝山岩等。

3. 基性岩类(SiO_2 含量 52%~45%)

矿物成分以斜长石、辉石为主,含有少量的角闪石及橄榄石。岩石的颜色深,密度也比较大。常见的基性岩类有辉长岩、辉绿岩、玄武岩等。

4. 超基性岩类(SiO_2 含量<45%)

矿物成分以橄榄石、辉石为主,其次有角闪石,一般不含硅铝矿物。岩石的颜色很深,密度很大。由于沥青属酸性材料,沥青混凝土所用集料宜选用优质碱性或基性(SiO_2 含量<52%)的石材轧制而成。

(三)常用的岩浆岩

1. 花岗岩

花岗岩是岩浆岩中分布较广的一种岩石,主要由长石、石英和少量云母(或角闪石等)组成,具有致密的结晶结构和块状构造。其颜色一般为灰白、微黄、淡红等;由于结构致密,其孔隙率和吸水率很小,表观密度大于 2 700 kg/m³;抗压强度达 120~250 MPa;抗冻性达 100~200 次冻融循环;耐风化,使用期约为 75~200 年;对硫酸和硝酸的腐蚀具有较强的抵抗性。表面经琢磨加工后光泽美观,是优良的装饰材料。在土木工程中花岗岩常用于作基础、闸坝、桥墩、台阶、路面、墙石和勒脚及纪念性土建结构物等。但在高温作用下,由于花岗岩内的石英膨胀将引起石材破坏。另外,其耐火性也不好。

2. 玄武岩、辉绿岩

玄武岩是喷出岩中最普通的一种,颜色较深,常呈玻璃质或隐晶质结构,有时也呈多孔状或斑形构造。硬度高,脆性大,抗风化能力强,表观密度为 2 900～3 500 kg/m³,抗压强度为 100～500 MPa,常用作高强混凝土的骨料、道路路面的抗滑表层等。

辉绿岩主要由铁、铝硅酸盐组成,具有较高的耐酸性。常用作高强混凝土的骨料、耐酸混凝土骨料、道路路面的抗滑表层等。其熔点为 1 400～1 500℃,可作铸石的原料,所制得的铸石结构均匀致密且耐酸性好,是化工设备耐酸衬里的良好材料。

3. 火山灰、浮石

火山灰是颗粒粒径小于 5 mm 的粉状火山岩。它具有火山灰活性,即在常温和有水的情况下可与石灰(CaO)反应生成具有水硬性胶凝能力的水化物。因此,可作水泥的混合材料及混凝土的掺和料。

浮石是粒径大于 5 mm 并具有多孔构造(海绵状或泡沫状火山玻璃)的火山岩。其表观密度小,一般为 300～600 kg/m³,可作轻质混凝土的骨料。

主要岩浆岩的矿物成分及性质可参见表 3-1。

表 3-1　主要岩浆岩矿物成分及性质

岩浆岩		矿物成分	主要性质	
深成岩	喷出岩		表观密度/(kg·m⁻³)	抗压强度/MPa
花岗岩	石英斑岩	石英、长石、云母	2 500～2 700	120～250
正长岩	粗面岩	长石、暗色矿物(较少)	2 600～2 800	120～250
闪长岩	安山岩	长石、暗色矿物(较多)	2 800～3 000	150～300
辉长岩	玄武岩、辉绿岩	暗色矿物	2 900～3 500	100～500

二、沉积岩

(一)沉积岩的形成和种类

沉积岩又名水成岩,是由地表的各类岩石经自然界的自然风化、风力搬运、流水冲刷等作用后再沉积(压实、相互胶结、重结晶等)而形成的岩石,主要存在于地表及不太深的地下。其特征是呈层状构造,外观多层理,表观密度小,孔隙率和吸水率较大,强度较低,耐久性较差。沉积岩是地壳表面分布最广的一种岩石,虽然它的体积只占地壳的 5%,但是露出面积约占陆地表面积的 75%。根据沉积岩的生成条件,可分为机械沉积岩、化学沉积岩、生物有机沉积岩。

(二)常用的沉积岩

1. 石灰岩

石灰岩俗称灰石或青石,主要化学成分为 $CaCO_3$,主要矿物成分是方解石,但常含有白云石、菱镁硬矿、石英、蛋白石、含水铁矿物及黏土等。因此,石灰岩的化学成分、矿物组成、致密程度以及物理性质等差别甚大。

石灰岩通常为灰白色、浅白色，常因含有杂质而呈现深灰、灰黑、浅黄、浅红，表观密度为 2 600～2 800 kg/m³，抗压强度为 20～160 MPa，吸水率为 2%～10%。

石灰石来源广、硬度低、易劈裂，便于开采，具有一定的强度和耐久性，因而广泛用于土木工程中。块石可作基础、墙身、阶石及路面等，碎石是常用的水泥混凝土和沥青混凝土的骨料。此外，它也是生产水泥和石灰的主要原料。

2. 砂岩

砂岩主要是由石英砂或石灰岩等细小碎屑经沉积并重新胶结而成的岩石。它的性质决定于胶结物的种类及胶结的致密程度。以氧化硅胶结而成为硅质砂岩，以碳酸钙胶结而成为石灰质砂岩，还有铁质砂岩和黏土质砂岩。砂岩的主要矿物为石英，次要矿物有长石、云母及黏土等，致密的硅质砂岩其性能接近于花岗岩，密度大、强度高、硬度大、加工较困难，可用于纪念性土木工程及耐酸工程等；钙质砂岩的性质类似于石灰岩，抗压强度为 60～80 MPa，加工较易，应用较广，可作基础、踏步、人行道等，但不耐酸的侵蚀；铁质砂岩的性能比钙质砂岩差，其密实者可用于一般土木工程；黏土质砂岩浸水易软化，在土木工程中一般不用。

三、变质岩

(一)变质岩的形成及种类

变质岩是地壳中原有的各类岩石，在地层的压力和温度作用下，原岩石在固体状态下发生再结晶作用，其矿物成分、结构构造以至化学成分发生部分或全部改变而形成的新岩石。一般由岩浆岩变质而成的称正变质岩，如片麻岩等；由沉积岩变质而成的称副变质岩，如大理石、石英岩等。

(二)常用的变质岩

1. 大理岩

大理岩又称大理石，是由石灰岩或白云石经高温高压作用，重新结晶变质而成。其表观密度为 2 500～2 700 kg/m³，抗压强度为 50～140 MPa，耐用年限为 30～100 年。

大理石构造致密，密度大，但硬度不大，易于分割。纯大理石常呈雪白色，含有杂质时，呈现黑、红、黄、绿等各种色彩。大理石锯切、雕刻性能好，磨光后非常美观，可用于高级土木工程物的装饰工程。我国的汉白玉、丹东绿切花白、红奶油、墨玉等大理石均为世界著名高级土木工程装饰材料。

2. 石英岩

石英岩是由硅质砂岩变质而成，晶体结构，岩体均匀致密，抗压强度大(250～400 MPa)，耐久性好，但硬度大、加工困难，常用作耐磨耐酸的装饰材料。

3. 片麻岩

片麻岩是由花岗岩变质而成，其矿物成分与花岗岩相似，呈片状构造，因而各个方向的物理、力学性质不同。在垂直于解理(片层)方向有较高的抗压强度，可达 120～200 MPa；沿解理方向易于开采加工，但在冻融循环过程中易剥落分离成片状，故抗冻性差，易于风化。片麻岩常用作碎石、块石及人行道石板等。

§3-2 天然石材的技术性质、加工类型及选用原则

一、技术性质

天然石材的技术性质可分为物理性质、力学性质、化学性质与工艺性质。

天然石材因生成条件各异,常含有不同种类的杂质,矿物成分会有所变动,所以,即使是同一类岩石,它们的性能可能有很大的差别。因此,在使用时,必须进行检验和鉴定,以保证工程质量。常用天然石材的性能可参见表3-2。

表3-2 土木工程中常用天然石材的性能及用途

名 称	主要质量指标			主要用途
花岗岩	表观密度/(kg·m^{-3})		2 500~2 700	基础、桥墩、堤坝、阶石、路面、海港结构、基座、勒脚、窗台、装饰石材等
	强度/MPa	抗压	120~250	
		抗折	8.5~15	
		抗剪	13~19	
	吸水率/%		<1	
	膨胀系数/(10^{-6}·℃$^{-1}$)		5.6~7.34	
	平均韧性/cm		8	
	平均质量磨耗率/%		11	
	耐用年限/a		75~200	
石灰岩	表观密度/(kg·m^{-3})		1 000~2 600	墙身、桥墩、基础、阶石、路面及石灰和粉刷材料原料等
	强度/MPa	抗压	22~140	
		抗折	1.8~20	
		抗剪	7~14	
	吸水率/%		2~6	
	膨胀系数/(10^{-6}·℃$^{-1}$)		6.75~6.77	
	平均韧性/cm		7	
	平均质量磨耗率/%		8	
	耐用年限/a		20~40	
砂岩	表观密度/(kg·m^{-3})		2 200~2 500	基础、墙身、衬面、阶石、人行道、纪念碑及其他装饰石材等
	强度/MPa	抗压	47~140	
		抗折	3.5~14	
		抗剪	8.5~18	
	吸水率/%		<10	
	膨胀系数/(10^{-6}·℃$^{-1}$)		9.2~11.2	
	平均韧性/cm		10	
	平均质量磨耗率/%		12	
	耐用年限/a		20~200	

名　称	主要质量指标			主要用途
大理岩	表观密度/(kg·m⁻³)		2 500~2 700	装饰材料、踏步、地面、墙面、柱面、柜台、栏杆等
	强度/MPa	抗压	47~140	
		抗折	2.5~1.6	
		抗剪	8~12	
	吸水率/%		<1	
	膨胀系数/(10⁻⁶·℃⁻¹)		6.5~11.2	
	平均韧性/cm		10	
	平均质量磨耗率/%		12	
	耐用年限/a		30~100	

1. 物理性质

由于岩石含有一定的孔隙(包括开口孔隙和闭口孔隙),因此,考虑孔隙的方式不同,其密度的计算结果也不同(图 3-1)。

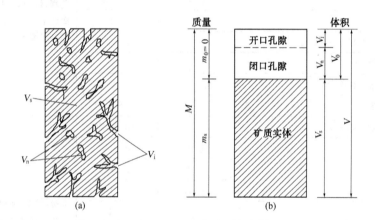

图 3-1　岩石组成结构示意图

(a)岩石材组成结构外观示意图;(b)岩石材的质量与体积示意图

（1）岩石的密度

岩石的密度是指岩石在规定条件(105~110℃烘干至恒重,室温 20℃±2℃)绝对密实状态下(绝对密实状态是指不包括任何孔隙在内的体积)单位体积所具有的质量,按下式计算:

$$\rho = \frac{m_s}{V_s} \tag{3-1a}$$

式中　ρ——岩石的密度(g/cm³);

　　　m_s——岩石实体的质量(g);

　　　V_s——岩石实体的体积(cm³)。

【密度的测定原理】　(参考《公路工程岩石试验规程》JTG E41 T0203)在测定有孔隙的岩石密度时,应把岩石磨成细粉以排除其内部孔隙,在 105~110℃烘干 6~12 h 至恒重,冷却至室温($20℃\pm2℃$)后称得其质量m_1；然后在密度瓶中加水煮沸后，使水分充分进入岩粉孔隙中，冷却后再将水注满，称得其质量m_3；倒出岩粉与水的混合液，洗净后注满水，再称得其质量m_2，岩石的密度ρ_t为

$$\rho_t = \frac{m_1}{m_1+m_2-m_3}\rho_w \tag{3-1b}$$

式中　ρ_t——岩石的密度(g/cm^3)；

　　　　m_1——烘干岩粉的质量(g)；

　　　　m_2——密度瓶与试液的合质量(g)；

　　　　m_3——密度瓶、水与岩粉的总质量(g)；

　　　　ρ_w——与试验同温度洁净水的密度(g/cm^3)，见表3-3。

表3-3　不同水温时水的密度 ρ_w 和水温修正系数 α_T

水温/℃	15	16	17	18	19	20	21	22	23	24	25
ρ_w/($g \cdot cm^{-3}$)	0.999 126 5	0.998 970 1	0.998 802 2	0.998 623 2	0.998 433 1	0.998 232 3	0.998 021 0	0.997 799 3	0.997 567 4	0.997 325 6	0.997 073 4
α_T	0.002	0.003	0.003	0.004	0.004	0.005	0.005	0.006	0.006	0.007	0.007

在测量某些较致密的不规则的散粒岩石(如卵石、砂等)的实际密度时，常直接用排水法测其绝对体积的近似值(颗粒内部的封闭孔隙体积无法排除)，这时所求的密度为近似密度。

(2) 毛体积密度(Bulk Density)

岩石的毛体积密度是单位体积(含岩石实体矿物及不吸水的闭口孔隙，能吸水的开口孔隙在内的体积)所具有的质量，也称体积密度，按下式计算：

$$\rho_b = \frac{m_s}{V_s+V_n+V_i} \tag{3-2a}$$

式中　ρ_b——岩石的堆积密度(kg/m^3)；

　　　　m_s、V_s——意义同式(3-1a)；

　　　　V_n——岩石不能吸水的闭口孔隙的体积(m^3)；

　　　　V_i——岩石能吸水的开口孔隙的体积(m^3)。

【毛体积密度的测定原理】　(岩石毛体积密度试验可采用量积法、水中称重法和蜡封法，对水中称重法参考《公路工程岩石试验规程》JTG E41 T0204)称取质量m_0的岩石并在$105\sim110℃$烘干至恒重，冷却后称得其质量m_d；然后在水中浸泡24 h，并轻轻搅拌岩石，使附着在岩石表面的气泡逸出，然后在浸水天平上称出饱水材料在水中的质量m_w。取出浸水试件并用纱布擦去试件表面水分后称其在空气中的饱和面干质量m_s，按下式计算岩石的毛体积密度ρ_d：

$$\rho_0 = \frac{m_0}{m_s-m_w} \cdot \rho_w \tag{3-2b}$$

$$\rho_s = \frac{m_s}{m_s-m_w} \cdot \rho_w \tag{3-2c}$$

$$\rho_d = \frac{m_d}{m_s-m_w} \cdot \rho_w \tag{3-2d}$$

式中　ρ_0——天然密度(g/cm^3)；

ρ_s—— 饱和密度(g/cm³);

ρ_d—— 干密度(g/cm³);

m_0—— 试件烘干前的质量(g);

m_s—— 试件强制饱和后的质量(g);

m_d—— 试件烘干后的质量(g);

m_w—— 试件强制饱和后在洁净水中的质量(g);

ρ_w—— 洁净水的密度(g/cm³),见表3-3。

(3)含水率

岩石含水率是天然状态下岩石的含水比率,是天然岩石水的质量与干燥岩石质量之比,用百分比表示。岩石的含水率可间接反映岩石中空隙的多少、岩石的致密程度等特性。

$$w = \frac{m_1 - m}{m} \qquad (3\text{-}3)$$

式中　w—— 岩石的含水率(%);

m_1—— 岩石试件含水时的质量(g);

m—— 岩石试件烘干至恒重时的质量(g)。

【岩石含水率的测定原理】 (参考《公路工程岩石试验规程》JTGE41 T0202)把岩石试件在室温(20℃±2℃)称其质量(m_1),然后将试件在105℃~110℃的条件下烘干至恒重,烘干时间一般为12~24 h;对于含结晶水的岩石,在60℃±5℃的条件下烘干至恒重,烘干时间一般为24~48 h,再计算岩石的含水率。

(4)吸水性

岩石在浸水状态下吸入水分的能力称为吸水性。吸水性的大小以吸水率表示。吸水率有吸水率和饱和吸水率。

吸水率:规定条件下,岩石最大吸水质量与烘干岩石试件质量之比,用百分率表示。

饱和吸水率:在强制条件下,岩石试样最大吸水质量与烘干岩石试件质量之比,用百分率表示。

$$w_a = \frac{m_1 - m}{m} \times 100 \qquad (3\text{-}4a)$$

$$w_{sa} = \frac{m_2 - m}{m} \times 100 \qquad (3\text{-}4b)$$

式中　w_a——岩石的吸水率(%);

w_{sa}——岩石的饱和吸水率(%);

m_1——岩石试件吸水至恒重时的质量(g);

m——岩石试件烘干至恒重时的质量(g);

m_2——岩石试件经强制饱和后的质量(g)。

【岩石吸水率的测定原理】 (参考《公路工程岩石试验规程》JTG E41 T0205)把岩石试件在105~110℃条件下烘干12~24 h至恒重,在室温(20℃±2℃)称其质量m,将称重后的试件放在水中吸水48 h,待空气逸出后取出用纱布擦去试件表面的水分,并称其质量m_1,再用真空吸水法抽真空至100 kPa,取出用纱布再擦去试件表面的水分,并称其质量m_2,再计算其吸水率等。

吸水率低于 1.5% 的岩石称为低吸水性岩石,介于 1.5%~3.0% 的称为中吸水性岩石,高于 3.0% 的称高吸水性岩石。

岩浆深成岩以及许多变质岩,它们的孔隙率都很小,故而吸水率也很小,例如花岗岩的吸水率通常小于 0.5%。沉积岩由于形成条件、密实程度与胶结情况有所不同,因而孔隙率与孔隙特征的变动很大,这导致石材吸水率的波动也很大,例如致密的石灰岩,它的吸水率可小于 1%,而多孔贝壳石灰岩可高达 15%。

（5）耐水性

岩石的耐水性以软化系数(见式(2-5))表示。岩石中含有较多的黏土或易溶物质时,软化系数则较小,其耐水性较差。根据软化系数大小可将石材分为高、中、低三个等级。软化系数 >0.90 为高耐水性,软化系数在 0.75~0.90 之间为中耐水性,软化系数在 0.6~0.75 之间为低耐水性,软化系数 <0.60 者不允许用于重要土木工程结构物中。

（6）抗冻性

岩石在饱水状态下,能经受多次冻结和融化作用(冻融循环)而不破坏,同时也不严重降低强度的性质称为抗冻性(试验方法见 JTG E41 T0241)。通常采用 −15℃ 的温度(水在微小的毛细管中低于 −15℃ 才能冻结)冻结后,再在 20℃ 的水中融化,这样的过程为一次冻融循环,一般采用 15 次或 25 次循环。

岩石经多次冻融交替作用后,表面将出现剥落、裂纹,产生质量损失,强度也将会降低。因为,石岩孔隙内的水结冰时体积膨胀将引起材料的破坏。

根据经验,吸水率 <0.5% 的石材具有抗冻性,可不进行抗冻试验。

（7）耐热性

耐热性与其化学成分及矿物组成有关。含有石膏的岩石,在 100℃ 以上时就开始破坏;含有碳酸镁的岩石,温度高于 725℃ 会发生破坏;含有碳酸钙的岩石,温度达 827℃ 时开始破坏。由石英与其他矿物所组成的结晶岩如花岗岩等,当温度达到 700℃ 以上时,由于石英受热发生膨胀,强度迅速下降。石岩的耐热性与导热性有关,导热性主要与其致密程度有关。重质石材的热导率可达 2.91~3.49 W/(m·K)。具有封闭孔隙的岩石,导热性较差。

（8）坚固性

坚固性采用硫酸钠侵蚀法(JTG E41 T0242)来测定。该法是将烘干并已称量过的规则试件浸入饱和的硫酸钠溶液中,经 20 h 后取出置于 105~110℃ 的烘箱中烘 4 h。然后取出冷却至室温,这样作为一个循环。如此重复 5 个循环。最后用蒸馏水沸煮洗净,烘干称量,再计算其质量损失率。此方法的原理是基于硫酸钠饱和溶液浸入岩石孔隙后,经烘干,硫酸钠结晶体积膨胀,产生和水结冰相似的作用,使岩石孔隙周壁受到张应力,经过多次循环,引起岩石破坏。坚固性是测定岩石耐候性的一种简易、快速的方法。

由于用途及使用条件不同,对岩石的性质及其所要求的指标均有所不同。工程中用于基础、桥梁、隧道以及石砌工程的岩石,一般规定其抗压强度、抗冻性与耐水性必须达到一定指标。

（9）放射性

近年来,随着我国人民生活品质的不断提高,人们对建筑物使用的建材所产生的污染高度重视,其中一个就是建筑材料的放射性。

建筑装饰用的石材、瓷砖等都是由天然原料加工而成,它们均存在一定程度的放射性。放射性是指元素从不稳定的原子核自发地放出射线,衰变成稳定的元素而停止放射,这种现象称为放射性。

放射性对人体的危害可分为外照射和内照射两类。外照射指天然辐射源和人为辐射源的天然放射性核素所产生的 β、γ 射线对人体的直接照射,主要由 γ 射线造成;内辐射指存在于空气、食品和饮水中的天然放射性核素,通过呼吸和消化系统进入人体内部而形成的照射。放射性污染物质来源于自然界和人工制造两方面。主要评价指标有放射性比活度、内照射指数和外照射指数。

放射性比活度 C 是物质中的某种核素放射性活度与该物质的质量比值。

$$C = \frac{A}{m} \qquad (3\text{-}5a)$$

式中　C——放射性比活度(Bq/kg);

　　　A——核素放射性活度(Bq);

　　　m——物质的质量,单位为千克(kg)。

内照射指数是建筑材料中天然放射性核素镭-226 的放射性比活度与本标准中规定的限量值之比值。

$$I_{Ra} = \frac{C_{Ra}}{200} \qquad (3\text{-}5b)$$

式中　I_{Ra}——内照射指数;

　　　C_{Ra}——建筑材料中天然放射性核素镭-226 的放射性比活度(Bq/kg);

　　　200——仅考虑内照射情况下,本标准规定的建筑材料中放射性核素镭-226 的放射性比活度限量(Bq/kg)。

外照射指数是建筑材料中天然放射性核素镭-226、钍-232 和钾-40 的放射性比活度分别与其各单独存在时本标准规定的限量值之比值的和。

$$I_r = \frac{C_{Ra}}{370} + \frac{C_{Th}}{260} + \frac{C_K}{4\,200} \qquad (3\text{-}5c)$$

式中　I_r——外照射指数;

　　　C_{Ra}、C_{Th}、C_K——分别为建筑材料中天然放射性核素镭-226、钍-232 和钾-40 的放射性比活度(Bq/kg);

　　　370、260、4 200——分别为仅考虑外照射情况下,本标准规定的建筑材料中天然放射性核素镭-226、钍-232 和钾-40 在其各自单独存在时本标准规定的限量(Bq/kg)。

建筑主体材料中天然放射性核素镭-226、钍-232 和钾-40 的放射性比活度应同时满足 $I_{Ra} \leqslant 1.0$ 和 $I_r \leqslant 1.0$。

对空心率大于 25% 的建筑主体材料,其天然放射性核素镭-226、钍-232、钾-40 的放射性比活度同时满足 $I_{Ra} \leqslant 1.0$ 和 $I_r \leqslant 1.3$。

装饰装修材料根据放射性水平大小划分为以下三类:A 类装饰材料、B 类装饰材料和 C 类装饰材料。

A 类装饰装修材料中天然放射性核素镭-226、钍-232、钾-40 的放射性比活度同时满足 $I_{Ra} \leqslant 1.0$ 和 $I_r \leqslant 1.3$ 要求,A 类装饰装修材料产销与使用范围不受限制。

B 类装饰材料不满足 A 类装饰装修材料要求但同时满足 $I_{Ra}\leqslant1.3$ 和 $I_r\leqslant1.9$ 要求,B 类装饰装修材料不可用于Ⅰ类民用建筑的内饰面,但可用于Ⅱ类民用建筑物、工业建筑内饰面及其他一切建筑的外饰面。

C 类装饰材料不满足 A、B 类装修材料要求但满足 $I_r\leqslant2.8$ 要求,C 类装饰装修材料只可用于建筑物的外饰面及室外其他用途。

2. 力学性质

天然岩石的力学性质主要包括抗压强度、冲击韧性、硬度及耐磨性等。

(1) 抗压强度

抗压强度试验(也称单轴抗压强度)主要是检验岩石在不同状态下(天然状态、烘干状态、饱和状态、冻融循环后)的抗压特性,用立方体试件进行测定。

【岩石抗压强度的测定原理】 (参考《公路工程岩石试验规程》JTGE41 T0221)按照规定要求对试件(建筑工程用直径 50 mm±2 mm,高径比为 2∶1 的圆柱体试件、桥梁工程用边长为 70 mm±2 mm 的立方体试件、道路工程用直径或边长和高均为 50 mm±2 mm 的圆柱体或立方体试件)以 0.5～1.0 MPa/s 的速度加载得到试件破坏时的最大荷载 P,计算岩石的抗压强度 R 和软化系数 K_P。

$$R = \frac{P}{A} \tag{3-6a}$$

式中　R—— 软化系数;

　　　P—— 试件破坏时的荷载(N);

　　　A—— 试件的截面积(mm^2)。

$$K_P = \frac{R_w}{R_P} \tag{3-6b}$$

式中　K_P—— 岩石的抗压强度(MPa);

　　　R_w—— 岩石饱和(按照 T0205 方法进行饱和)状态下的抗压强度(MPa);

　　　R_P—— 岩石烘干状态下的抗压强度(MPa)。

根据抗压强度的大小,岩石共分九个强度等级:MU100、MU80、MU60、MU50、MU40、MU30、MU20、MU15 和 MU10。抗压试件也可采用表 3-4 所列边长尺寸的立方体,但应对其试验结果乘以相应的换算系数。

表 3-4　岩石强度等级的换算系数

立方体边长/mm	200	150	100	70	50
换算系数	1.43	1.28	1.14	1	0.86

矿物组成对岩石抗压强度有一定影响。例如,组成花岗岩的主要矿物成分中石英是很坚硬的矿物质,其含量愈高则花岗岩的强度也愈高;而云母为片状矿物,易于分裂成柔软薄片,因此,若云母愈多则其强度愈低。沉积岩的抗压强度则与胶结物成分有关,由硅质物质胶结的其抗压强度较大,石灰质物质胶结的次之,泥质物质胶结的则最小。

结构与构造特征对岩石的抗压强度也有很大影响。结晶质的强度较玻璃质的高,等粒状结构的强度较斑状的高,构造致密的强度较疏松多孔的高。层状、带状或片状构造石材,其垂直于层理方向的抗压强度较平行于层理方向的高。

（2）抗折强度

抗折强度试验主要是检验岩石的抗弯曲特性，用棱柱体试件进行测定。

【岩石抗折强度的测定原理】（参考《公路工程岩石试验规程》JTG E41 T0226）准备 3 个烘干试件（50 mm×50 mm×250 mm 的棱柱体在 105～110℃ 的条件下烘干至恒重）、3 个饱和试件（50 mm×50 mm×250 mm 的棱柱体按照 T0205 方法进行饱和），分别放在图 3-2 的试验机抗折支架上，用跨中单点加荷，以 15～20 MPa/min 的应力速度均匀加载得到试件破坏时的最大荷载 P，计算岩石的抗折强度 R_b。

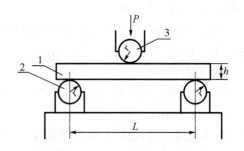

图 3-2 抗折强度试验装置示意图

L-试样跨度；h-试样高度；P-集中荷载；1-试样；2-下支点；3-上支点；r-支点曲率半径

$$R_b = \frac{3PL}{2bh^2} \tag{3-7}$$

式中 R_b——岩石的抗压强度（MPa）；

        P——试件破坏时的荷载（N）；

        L——支点跨距，采用 200 mm；

        b——试件断面宽（mm）；

        h——试件断面高（mm）。

（3）冲击韧性

它取决于矿物组成的硬度与构造。凡由致密、坚硬矿物组成的岩石，其硬度就高。岩石的硬度以莫氏硬度表示。

（4）耐磨性

耐磨性是指岩石在使用条件下抵抗摩擦以及冲击等复杂作用的性质。岩石的耐磨性与其内部组成矿物的硬度、结构性以及岩石的抗压强度和冲击韧性等性质有关。组成矿物愈坚硬，构造愈致密以及其抗压强度和冲击韧性愈高，则岩石的耐磨性愈好。

凡是用于可能遭受磨损作用的场所，例如台阶、人行道、地面、楼梯踏步和可能遭受磨耗作用的道路路面的碎石等，应采用具有高耐磨性的岩石。

3. 工艺性质

岩石的工艺性质指开采和加工过程的难易程度及可能性，包括加工性、磨光性与抗钻性等。

（1）加工性

加工性是指对岩石劈解、破碎与凿琢等加工工艺的难易程度。凡强度、硬度、韧性较高的石材，不易加工。性脆而粗糙，有颗粒交错结构，含有层状或片状构造以及业已风化的岩石，都难以满足加工要求。

（2）磨光性

磨光性是指岩石能否磨成光滑表面的性质。致密、均匀、细粒的岩石，一般都有优良的磨光性，可以磨成光滑整洁的表面。疏松多孔、有鳞片状构造的岩石，磨光性均不好。

（3）抗钻性

抗钻性指岩石钻孔难易程度的性质。影响抗钻性的因素很复杂，一般与岩石的强度、硬度等有关。

4. 化学性质

在土木工程中，各种矿质集料是与结合料（水泥或沥青）组成混合料而使用于结构物中的。早年的研究认为，矿质集料是一种惰性材料，它在混合料中只起着物理作用。随着近代物化力学研究的发展，认为矿质集料在混合料中与结合料起着复杂的物理-化学作用，矿质集料的化学性质很大程度地影响着混合料的物理-力学性质。

在沥青混合料中，由于矿质集料的化学性质变化（图3-3），对沥青混合料的物理-力学性质起着极为重要的作用。例如，在其他条件完全相同的情况下，采用石灰岩、花岗岩和石英岩与同一种沥青组成的沥青混合料，它们的强度和浸水后强度就有差异。

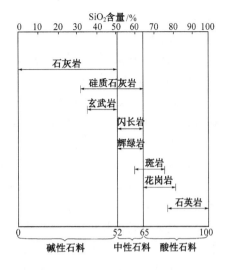

图3-3　岩石种类与 SiO_2 含量的关系

二、加工类型

1. 砌筑用石材

砌筑用石材分为毛石、料石两类。

（1）毛石

毛石又称片石或块石，是由爆破直接得到的石块。按其表面的平整程度分为乱毛石和平毛石两类。

① 乱毛石　乱毛石是形状不规则的毛石，一般在一个方向的尺寸达 300~400 mm，质量约为 20~30 kg，强度不小于 10 MPa，软化系数不应小于 0.75，常用于砌筑基础、勒脚、墙身、堤坝、挡土墙等，也可作混凝土的骨料。

② 平毛石　平毛石是乱毛石略经加工而成的石块，形状较整齐，表面粗糙，其中部厚度不应小于 200 mm。

（2）料石

料石又称条石，系由人工或机械开采的较规则的并略加凿琢而成的六面体石块。按料石表面加工的平整程度可分为以下四种：

① 毛料石　一般不加工或仅稍加修整，为外形大致方正的石块。其厚度不小于 200 mm，长度常为厚度的 1.5~3 倍，叠砌面凹凸深度不应大于 25 mm。

② 粗料石　外形较方正，截面的宽度、高度不应小于 200 mm ，而且不小于长度的 1/4，叠砌面凹凸深度不应大于 20 mm。

③ 半细料石　外形方正，规格尺寸同粗料石，但叠砌面凹凸深度不应大于 15 mm。

④ 细料石　经过细加工，外形规则，规格尺寸同粗料石，其叠砌面凹凸深度不应大于 10 mm。制作为长方形的称作条石，长、宽、高大致相等的称方料石，楔形的称为拱石。

上述料石常用致密的砂岩、石灰岩、花岗岩等开采凿制，至少应有一个面的边角整齐，以便相互合缝。料石常用于砌筑墙身、地坪、踏步、拱和纪念碑等;形状复杂的料石制品可用作柱头、柱基、窗台板、栏杆和其他装饰等。

2. 板材

用致密岩石凿平或锯解而成的厚度一般为 20 mm 的石材称为板材。

(1)天然大理石板材

大理石板材是用大理石荒料(即由矿山开采出来的具有规则形状的天然大理石块)经锯切、研磨、抛光等加工的石板。常用规格为厚 20 mm,宽 150~915 mm,长 300~1 220 mm,也可加工为 8~12 mm 厚的薄板及异形板材。其技术性能见表 3-5。大理石板材主要用于室内饰面,如墙面、地面、柱面、台面、栏杆、踏步等。当用于室外时,因大理石抗风化能力差,易受空气中二氧化硫的腐蚀而使表面层失去光泽、变色并逐渐破损。通常,只有汉白玉等少数几种致密、质纯的品种可用于室外。

天然大理石板材可分为普通型板材(N)(正方形或长方形板材)、异型板材(S)(其他形状的板材)。按其外观质量、镜面光泽度等分为优等品(A)、一等品(B)、合格品(C)三个等级。板材正面的外观缺陷应符合 GB/T 19766-2016 规定,见表 3-5 和表 3-6。

表 3-5　大理石板材正面的外观质量要求

缺陷名称	规定内容	技术指标		
		A	B	C
裂纹	长度≥10 mm 的条数/条	0		
缺棱①	长度≤8 mm,宽度≤1.5 mm(长度≤4 mm,宽度≤1 mm 不计),每米长允许个数/个	0	1	2
缺角①	沿板材边长顺延方向,长度≤3 mm,宽度≤3 mm(长度≤2 mm,宽度≤2 mm 不计),每块板允许个数/个			
色斑	面积≤6 cm²(面积<2 cm² 不计),每块板允许个数/个			
砂眼	直径<2 mm		不明显	有,不影响装饰效果

注:① 对毛光板不做要求。

表 3-6　大理石技术要求

项　目		技术指标		
		方解石大理石	白云石大理石	蛇纹石大理石
毛体积密度/(g·cm⁻³) ≥		2.60	2.80	2.56
吸水率/% ≤		0.50	0.50	0.60
抗压强度/MPa ≥	干燥	52	52	70
	水饱和			
抗折强度/MPa ≥	干燥	7.0	7.0	7.0
	水饱和			
耐磨性①/cm⁻³ ≥		10	10	10

注:① 仅适用于地面、楼梯踏步、台面等易磨损部位的大理石石材。

(2)天然花岗石板材

花岗石板材是以火成岩中的花岗岩、安山岩、辉长岩、片麻岩等块料经锯片、磨光、修边等

加工而成的板材。其主要技术性能见表3-8。该类板材品种、质地、花色繁多。根据用途和加工方法可分为以下四种:

剁斧板材　表面粗糙,具有规则的条状斧纹;

机刨板材　表面平整,具有相互平行的刨纹;

粗磨板材　表面平整、光滑但无光泽;

磨光板材　表面光亮平整,色泽鲜明,晶体纹理清晰,有镜面感。

由于花岗石板材质感丰富,具有华丽高贵的装饰效果,且质地坚硬耐久性好,所以是室内外高级饰面材料,可用于各类高级土木工程物的墙、柱、地、楼梯、台阶等的表面装饰及服务台、展示台及家具等。

天然花岗石板材按形状分为普通板材(N)和异型板材(S);按其表面加工程度分为细面板材(RB)、镜面板材(PL)和粗面板材(RU);按其尺寸、平面度、角度偏差、外观质量等分为优等品(A)、一等品(B)、合格品(C)三个等级,板材正面的外观质量应符合GB/T 18601-2009的规定,见表3-7。

表 3-7　花岗石板材正面的外观质量要求

缺陷名称	规定内容	技术指标		
		优等品	一等品	合格品
缺棱	长度≤10 mm,宽度≤1.2 mm(长度≤5 mm,宽度≤1.0 mm不计),周边每米长允许个数(个)	0	1	2
缺角	沿板材边长,长度≤3 mm,宽度≤3 mm(长度≤2 mm,宽度≤2 mm不计),每块板允许个数(个)			
裂纹	长度不超过两端顺延至板边总长度的1/10(长度<20 mm的不计),每块板允许条数(条)			
色斑	面积≤15 mm×30 mm(面积<10 mm×10 mm不计),每块板允许个数(个)		2	3
色线	长度不超过两端顺延至板边总长度的1/10(长度<40 mm不计),每块板允许条数(条)			

注:干挂板材不允许有裂纹存在。

表 3-8　花岗石技术要求

项目		技术指标	
		一般用途	功能用途
毛体积密度/(g·cm^{-3}),≥		2.56	2.56
吸水率/%,≤		0.60	0.40
抗压强度/MPa,≥	干燥	100	131
	水饱和		
抗折强度/MPa,≥	干燥	8.0	8.3
	水饱和		
耐磨性[①]/cm^{-3},≥		25	25

注:① 使用在地面、楼梯踏步、台面等严重踩踏或磨损部位的花岗石石材应检验此项。

3. 颗粒状石材

（1）碎石

碎石是天然岩石经人工或机械破碎而成的粒径大于 4.75 mm 的颗粒状石材,其性质决定于母岩的品质,主要用于配制混凝土或作道路、基础等的垫层。

（2）卵石

卵石是母岩经自然条件风化、磨蚀、冲刷等作用而形成的表面较光滑的颗粒状石材。其用途同碎石,还可作为装饰混凝土(如粗露石混凝土等)的骨料和园林庭院地面的铺砌材料等。

（3）石渣

石渣是用天然大理石与花岗石等的残碎料加工而成,具有多种颜色和装饰效果,可作为人造大理石、水磨石、斩假石、水刷石等的骨料,还可用于制作粘石制品。

三、岩石的选用原则

在土木工程设计和施工中,应根据适用性和经济性的原则选用岩石。

1. 适用性

主要考虑岩石的技术性能是否能满足使用要求。可根据岩石在土木工程结构物中的用途和部位,选定其主要技术性质能满足要求的岩石。如承重用的石材(基础、勒脚、柱、墙等)主要应考虑其强度等级、耐久性、抗冻性等技术性能;围护结构用的石材应考虑是否具有良好的绝热性能;用作地面、台阶等的石材应坚韧耐磨;装饰用的构件(饰面板、栏杆、扶手等)需考虑石材本身的色彩与环境的协调性及可加工性等;沥青路面表面结构主要应考虑集料的耐磨耗性、压碎特性及沥青与集料的黏结特性,而沥青路面其他结构层则应考虑集料的压碎特性及沥青与集料的黏结特性;对处在高温、高湿、严寒等特殊条件下的构件,还要分别考虑所用石材的耐久性、耐水性、抗冻性及耐化学侵蚀性等。

2. 经济性

天然岩石的密度大,不宜长途运输,应综合考虑地方资源,尽可能做到就地取材。

四、天然岩石的破坏及其防护

天然岩石在使用过程中受周围环境的影响,如水分的浸渍与渗透,空气中有害气体的侵蚀及光、热或外力的作用等,会发生风化而逐渐破坏。

水是岩石发生破坏的主要原因,它能软化岩石并加剧其冻害,且能与有害气体结合成酸,使岩石发生分解与溶解。大量的水流还能对岩石起冲刷与冲击作用,从而加速岩石的破坏。因此,使用岩石时应特别注意水的影响。

为了减轻与防止岩石的风化与破坏,可以采取以下防护措施:

1. 合理选材

岩石的风化与破坏速度,主要决定于岩石抵抗破坏因素的能力,所以,合理选用岩石品种是防止破坏的关键。对于重要的工程,应该选用结构致密、耐风化能力强的岩石,而且,其外露的表面应光滑,以使水分能迅速排掉。

2. 表面处理

可在石材表面涂刷憎水性涂料,如各种金属皂、石蜡等,使石材表面由亲水性变为憎水性,并与大气隔绝,以延缓风化过程的发生。

§3-3 人造石材及制品

由于天然石材加工较困难,花色品种较少,因此,20 世纪 70 年代以后,人造石材发展较快。人造石材是以大理石碎料、石英砂、石渣等为骨料,树脂、聚酯或水泥等为胶结料,经拌和、成型、聚合和养护后,打磨抛光切割而成。常用人造石材有人造花岗石、大理石等。它们具有天然石材的装饰效果,而且花色、品种、形状等多样化,并具有质量轻、强度高、耐腐蚀、耐污染、施工方便等优点。缺点是色泽、纹理不及天然石材自然、柔和。

一、人造石材的分类

根据人造石材使用的胶结料类型可将其分为以下四类:

1. 水泥型人造石材

以白色、彩色水泥或硅酸盐、铝酸盐水泥为胶结料,砂为细骨料,碎大理石、碎花岗石或工业废渣等为粗骨料,必要时再加入适量的耐碱颜料,经配料、搅拌、成型和养护后,再进行磨平抛光而制成。例如,各种水磨石制品等。该类产品的规格、色泽、性能等均可根据使用要求制作。

2. 聚酯型人造石材

以不饱和聚酯为胶结料,加入石英、大理石、方解石粉等无机填料和颜料,经配料、混合搅拌、浇注成型、固化、烘干、抛光等工序而制成。

目前国内外人造大理石、花岗石以聚酯型为最多,该类产品光泽好,颜色浅,可调配成各种鲜明的花色图案。由于不饱和聚酯的黏度低,易于成型,且在常温下固化较快,因此便于制作形状复杂的制品。与天然大理石相比,聚酯型人造石材具有强度高、密度小、厚度薄、耐酸碱腐蚀及美观等优点。但其耐老化性能不及天然花岗石,故多用于室内装饰,可用于宾馆、商店、公共土木工程和制作各种卫生器具等。

3. 复合型人造石材

该类人造石材由无机胶结料(各类水泥、石膏等)和有机胶结料(不饱和聚酯或单体)共同组合而成。例如可在廉价的水泥型基板材(不需磨、抛光)上复合聚酯型薄层,组成复合型板材,以获得最佳的装饰效果和经济指标;也可将水泥基等人造石材浸渍于具有聚合性能的有机单体中并加以聚合,以提高制品的性能和档次。有机单体可用苯乙烯、甲基丙烯酸、甲酯、二氯乙烯、丁二烯等。

4. 烧结型人造石材

把斜长石、石英石粉和赤铁矿以及高岭土等混合成矿粉,再经 1 000℃左右的高温焙烧而成。如仿花岗岩瓷砖、仿大理石陶瓷艺术板等。

二、人造石材的性能

1. 装饰性

人造石材模仿天然花岗石、大理石的表面纹理、特点等设计仿造而成,具有天然石材的花纹和质感,美观、大方,仿真效果好,具有很好的装饰性。

2. 物理性能

用不同的胶结料和工艺方法所制的人造石材,其物理—力学性能不完全相同。现以 196#

聚酯型人造石材为例,将其性能列入表3-9中供参考。

表3-9　人造石材的物理性能

抗折强度/ MPa	抗压强度/ MPa	抗冲击强度/ (J·cm^{-2})	表面硬度/ HB	表面光泽度/ 度	密度/ (g·cm^{-3})	吸水率/%	线膨胀系数/ (10^{-6}·℃$^{-1}$)
38左右	>100	15左右	40左右	>100	2.1左右	<0.1	2～3

3. 耐久性

聚酯型人造石材的耐久性为:

(1) 骤冷、骤热(0℃ 15 min与80℃ 15 min)交替进行30次,表面无裂纹,颜色无变化。

(2) 80℃烘100 h,表面无裂缝,色泽略微变黄。

(3) 室外暴露300 d,表面无裂纹,色泽略微变黄。

(4) 人工老化试验结果参见表3-10。

表3-10　人工老化试验

树　脂	项　目	时　间/h		
		0	200	1 000
306—2#	光泽度	85	63	26.7
	色　差	43.6	—	41.3
196#	光泽度	86	74	29
	色　差	43.8		41

4. 可加工性

人造石材具有良好的可加工性,可用加工天然石材的常用方法对其施加锯、切、钻孔等。因加工容易,这对人造石材的安装和使用十分有利。

§3-4　集料的技术性质

集料是混合料中起骨架和填充作用的粒料,包括碎石、砾石、机制砂、石屑、砂等。由于不同粒径的集料在水泥(或沥青)混合料中所起的作用不同,因此对它们的技术要求不同,为此将集料分为粗集料、细集料和填料,有时还有纤维和添加剂。在沥青混合料中,凡粒径小于2.36 mm的天然砂、人工砂(包括机制砂)及石屑称为细集料(Fine Aggregate);在水泥混凝土中,凡粒径小于4.75 mm的天然砂、人工砂(包括机制砂)及石屑称为细集料。在沥青混合料中,凡粒径大于2.36 mm的碎石、破碎砾石、筛选砾石和矿渣等称为粗集料(Coarse Aggregate);在水泥混凝土中,凡粒径大于4.75 mm的碎石、破碎砾石、筛选砾石和矿渣等称为粗集料。集料的物理、力学、化学性质对沥青混凝土或水泥混凝土有较大的影响。

一、集料取样

从采石场皮带运输机、沥青混合料拌和楼冷料输送带、水泥混凝土拌和楼冷料输送带、无机结合料拌和楼冷料输送带、级配碎石拌和楼冷料输送带上取料时,要求先急停输送带,然后取得规定数量的料样;从料场同批来料的样堆上取料时,应先铲除堆脚等处无代表性的部分,从料堆顶部、中部和底部取得数量相同的料样,再混合得到试验料样;从火车、汽车、货船上取样时,应从不同位置和深度取得数量相同的料样,再混合得到试验料样;从沥青拌和楼的热料仓取样时,应在放料口的全断面上取样。

对每一单项试验,每组试样的取样数量应大于表 3-11 的量;需做几样试验时,在能保证试样经过一项试验不影响其他试验,可用同一组试样进行不同的试验,否则应选用不同的试样进行试验。

试样缩分可采用分料器法或四分法,图 3-4 是分料器示意图,图 3-5 是四分法示意图。

图 3-4 分料器示意图

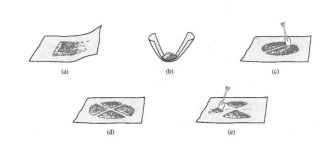

图 3-5 四分法示意图

表 3-11 各试验项目所需粗集料的最小取样数量

试验项目	相对于下列公称最大粒径(mm)的最小取样量/kg										
	4.75	9.5	13.2	16	19	26.5	31.5	37.5	53	63	75
筛分	8	10	12.5	15	20	20	30	40	50	60	80
表观密度	6	8	8	8	8	8	12	16	20	24	24
含水率	2	2	2	2	2	2	3	3	4	4	6
吸水率	2	2	2	2	4	4	4	6	6	6	8
堆积密度	40	40	40	40	40	40	80	80	100	120	120
含泥量	8	8	8	8	24	24	40	40	60	80	80
泥块含量	8	8	8	8	24	24	40	40	60	80	80
针片状含量	0.6	1.2	2.5	4	8	8	20	40	—	—	—
硫化物、硫酸盐	1.0										

注:① 有机物含量、坚固性及压碎指标值试验,应按规定粒级要求取样,其试验所需试样数量,按有关规定施行。
  ② 采用广口瓶法测定表观密度时,集料最大粒径不大于 40 mm 者,其最少取样数量为 8 kg。

二、粗集料的技术性质

(一)粗集料的物理性质

1. 粗集料的密度

在计算集料的密度时,不仅要考虑到集料颗粒中的孔隙(开口孔隙和闭口孔隙),还要考虑颗粒间的空隙(Void)。根据集料的体积和质量的关系(如图 3-6),粗集料的密度可分为表观密度、毛体积密度和表干密度。

（1）表观密度（Apparent Density）

粗集料的表观密度（简称视密度）是在规定条件（105℃±5℃烘干至恒重）下，单位表观体积（包括矿质实体和闭口孔隙的体积）的质量。

由图 3-6 体积与质量的关系，集料表观密度 ρ_a 可表示为

$$\rho_a = \frac{m_s}{V_s + V_n} \qquad (3\text{-}8a)$$

式中　ρ_a——集料的表观密度（g/cm³）；

　　　　m_s——矿质实体的质量（g）；

　　　　V_s——材料矿质实体的体积（cm³）；

　　　　V_n——材料不吸水的闭口孔隙体积（m³）。

【粗集料表观密度测定原理】（参考《公路工程集料试验规程》JTG E42 T0304）规定，采用浸水天平法将粗集料在规定条件（105℃±5℃烘干至恒重）下烘干后称其质量为 m_a，再将干燥粗集料装在金属吊篮中浸水 24 h，使开口孔隙饱水，然

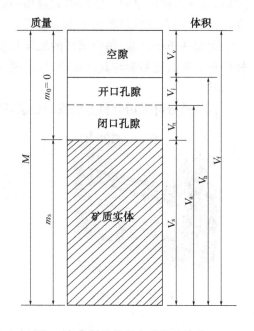

图 3-6　集料的体积和质量的关系

后在浸水天平上称出饱水的粗集料在水中的质量 m_w，再用湿毛巾擦干饱水集料的表面水后称得饱和面干质量 m_f。根据粗集料的烘干质量 m_a 和饱水后在水中的质量 m_w，按式（3-8b）计算粗集料表观相对密度 γ_a：

$$\gamma_a = \frac{m_a}{m_a - m_w} \qquad (3\text{-}8b)$$

式中　m_a——粗集料的烘干质量（g）；

　　　　m_w——粗集料饱水后水中的质量（g）。

同样，由于在不同水温条件下水的密度不同，粗集料在水中称得的质量也不同，必须考虑不同水温条件下水的密度影响。例如，在实际的沥青混合料配合比设计或施工质量检验计算理论密度时，使用室温条件下粗集料与水的相对密度，此温度差对沥青混合料的空隙率有影响。所以一般应先计算粗集料的表观相对密度，再计算相应条件下的粗集料的密度。其计算式为

$$\rho_a = \rho_w \gamma_a \qquad (3\text{-}8c)$$

式中　ρ_a——粗集料的表观密度（g/cm³）；

　　　　ρ_w——同式（3-1b）（见表 3-3）。

（2）毛体积密度（Bulk Density）

粗集料的毛体积密度是在规定的条件下，单位毛体积（包括矿质实体、闭口孔隙和开口孔隙）的质量。按图 3-6，粗集料毛体积密度可由式（3-9a）求得：

$$\rho_b = \frac{m_s}{V_s + V_n + V_i} \qquad (3\text{-}9a)$$

式中　ρ_b——粗集料毛体积密度(g/cm^3)；

　　　V_s、V_n、V_i——分别为粗集料矿质实体、闭口孔隙和开口孔隙体积(cm^3)；

　　　m_s——矿质实体质量(g)。

【粗集料毛体积密度测定原理】　同粗集料表观密度测定原理,但按下式计算毛体积相对密度：

$$\gamma_b = \frac{m_a}{m_f - m_w} \qquad (3\text{-}9b)$$

式中　m_a——粗集料的烘干质量(g)；

　　　m_f——粗集料的饱和面干质量(g)；

　　　m_w——粗集料饱水后水中的质量(g)。

同样应考虑不同水温条件下水的密度的影响,先计算粗集料的毛体积相对密度,再计算相应条件下的粗集料的毛体积密度。其计算式为

$$\rho_b = \rho_w \gamma_b \qquad (3\text{-}9c)$$

式中符号同前。

(3) 表干密度(Saturated Surface-Dry Density)

粗集料的表干密度是在规定的条件下,单位毛体积(包括矿质实体、闭口孔隙和开口孔隙)的饱和面干质量。粗集料表干密度可由下式求得：

$$\rho_s = \frac{m_f}{V_s + V_n + V_i} \qquad (3\text{-}10a)$$

式中　ρ_s——粗集料表干密度(g/cm^3)；

　　　V_s、V_n、V_i——分别为粗集料矿质实体、闭口孔隙和开口孔隙体积(cm^3)；

　　　m_f——粗集料的饱和面干质量(g)。

【粗集料表干密度测定原理】　同粗集料表观密度测定原理,但按下式计算表干相对密度 γ_s：

$$\gamma_s = \frac{m_f}{m_f - m_w} \qquad (3\text{-}10b)$$

式中　m_f——粗集料的饱和面干质量(g)；

　　　m_w——粗集料饱水后水中的质量(g)。

同样应考虑不同水温条件下水的密度的影响,先计算粗集料的表干相对密度,再计算相应条件下的粗集料的表干密度。其计算式为

$$\rho_s = \rho_w \gamma_s \qquad (3\text{-}10c)$$

式中符号同前。

(4) 堆积密度(Accumulated Density)

粗集料的堆积密度是集料装填于容器中(包括集料之间的空隙和颗粒内部的孔隙)单位体

积的质量,可按下式求得:

$$\rho = \frac{m_s}{V_s + V_p + V_v}$$ (3-11a)

式中 ρ——粗集料的堆积密度(g/cm³);

V_s、V_p、V_v——分别为矿质实体、孔隙和空隙的体积(cm³);

m_s——矿质实体的质量(g)。

粗集料的堆积密度由于颗粒排列的松紧程度不同,又可分为自然堆积密度、振实密度和捣实密度。

粗集料的自然堆积密度是干燥的粗集料用平头铁锹离筒口 50 mm 左右装入规定容积的容量筒的单位体积的质量;振实密度是将装满试样的容量筒在振动台上振动 3 min 后单位体积的质量;捣实密度是将试样分三次装入容量筒,每层用捣棒均匀捣实 25 次的单位体积的质量。

【堆积密度的测定原理】 (参考《公路工程集料试验规程》JTG E42 T0309)规定将干燥的材料用平头铁锹离筒口 50 mm 左右装入、振动台上振动或捣棒均匀捣实体积为 V 的容量筒,并称得其质量 m_2,倒出材料再称得容量筒的质量为 m_1。按式(3-11b)计算材料的堆积密度(包括自然堆积密度、振实密度和捣实密度):

$$\rho = \frac{m_2 - m_1}{V}$$ (3-11b)

式中 ρ——粗集料的堆积密度(g/cm³);

m_1——容量筒的质量(g);

m_2——容量筒和试样的总质量(g);

V——容量筒的体积(cm³)。

沥青混凝土用粗集料捣实状态间隙率(Percentage of Void):

材料捣实状态的骨架(通常指粒径 4.75 mm 以上的部分)间隙率按式(3-12)计算:

$$VCA_{DRC} = \left(1 - \frac{\rho}{\rho_b}\right) \times 100$$ (3-12)

式中 VCA_{DRC}——捣实状态下粗集料的骨架间隙率(%);

ρ_b——粗集料的毛体积密度(g/cm³);

ρ——捣实状态下粗集料的堆积密度(g/cm³)。

水泥混凝土用粗集料空隙率(Percentage of Void):

水泥混凝土用粗集料空隙率是集料试样在自然堆积、振实堆积和捣实堆积时的空隙占总体积的百分率。粗集料空隙率可按式(3-13)计算:

$$n = \left(1 - \frac{\rho}{\rho_a}\right) \times 100$$ (3-13)

式中 n——粗集料的空隙率(%);

ρ_a——粗集料的表观密度(g/cm³);

ρ——振实状态下粗集料的堆积密度(g/cm³)。

(5) 含水率（Percentage of Water）

集料在干燥、自然状态、饱和面干和潮湿状态含水率不同（图 3-7），粗集料含水率是粗集料在自然状态条件下的含水量的大小，粗集料含水率 w 可按式（3-14）计算（参考《公路工程集料试验规程》JTG E42 T0305）：

$$w=\frac{m_1-m_2}{m_2-m_3}\times100 \tag{3-14}$$

式中　w——粗集料含水率（%）；

　　　m_3——容器质量（g）；

　　　m_1——烘干前的试样与容器的总质量（g）；

　　　m_2——烘干后的试样与容器的总质量（g）。

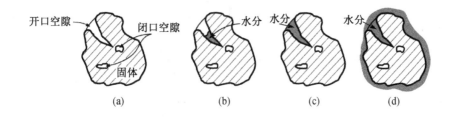

图 3-7　集料不同潮湿状态示意图
(a) 干燥；(b) 自然状态；(c) 饱和面干；(d) 潮湿

集料在饱水状态下的吸水率与集料孔隙大小有一定的关系，因此，一般状态下要测定材料的吸水率（参考《公路工程集料试验规程》JTG E42 T0307）。粗集料吸水率可按式（3-15）计算：

$$w_x=\frac{m_2-m_1}{m_1-m_3}\times100 \tag{3-15}$$

式中　w_x——集料的吸水率（%）；

　　　m_1——烘干后的试样与容器的总质量（g）；

　　　m_2——烘干前的试样与容器的总质量（g）；

　　　m_3——容器质量（g）。

2. 集料粒径与筛孔

(1) 集料最大粒径（Maximum Size of Aggregate）

指集料 100% 都要求通过的最小的标准筛孔尺寸。

(2) 集料公称最大粒径（Nominal Maximum Size of Aggregate）

指集料可能全部通过或允许有少量不通过（一般容许筛余不超过 10%）的最小标准筛筛孔尺寸，通常比集料的最大粒径小一个粒径。

(3) 标准筛

对颗粒材料进行筛分试验应用符合标准形状和尺寸规格要求的系列样品筛。标准筛筛孔为正方形（方孔筛），筛孔尺寸（单位：mm）依次为 75、63、53、37.5、31.5、26.5、19、16、13.2、9.5、4.75、2.36、1.18、0.6、0.3、0.15、0.075。

(4) 目

目数是指物料的粒度或粗细度，是指在 1 英寸×1 英寸的面积内有的网孔数，即筛网的网孔数,物料能通过该网孔即定义为多少目数:如 200 目,就是该物料能通过 1 英寸×1 英寸内有 200 个网孔的筛网。表 3-12 给出了筛孔尺寸与标准目数之间的关系。

表 3-12　筛孔尺寸与标准目数之间的关系

筛孔尺寸/mm	标准目数/目	筛孔尺寸/mm	标准目数/目
4.75	4	0.25	60
2.00	10	0.212	70
1.70	12	0.18	80
1.40	14	0.15	100
1.18	16	0.125	120
1.00	18	0.106	140
0.85	20	0.09	170
0.71	25	0.075	200
0.60	30	0.063	230
0.50	35	0.053	270
0.425	40	0.45	325
0.355	45	0.0374	400
0.300	50		

3. 级配(Gradation)

粗集料中各组成颗粒的分级和搭配称为级配,级配通过筛分试验确定(参考《公路工程集料试验规程》JTG E42 T0302)。筛分试验就是将集料通过一系列规定筛孔尺寸的标准筛,测定出存留在各个筛上的集料质量 m_i,根据集料试样的质量 m_0、存留在各筛孔尺寸标准筛上的集料质量的总和 $\sum m_i$、由于筛分造成的损耗 m_5,就可求得一系列与集料级配有关的参数:分计筛余百分率、累计筛余百分率和通过百分率。

(1) 由于筛分造成的损耗

$$m_5 = m_0 - \left(\sum m_i + m_{底} \right) \tag{3-16}$$

式中　m_5——由于筛分造成的损耗(g);

　　　m_0——用于干筛的干燥集料总质量(g);

　　　m_i——各号筛上的分计筛余(g);

　　　i——依次为 0.075mm、0.15mm…至集料最大粒径的排序;

　　　$m_{底}$——筛底(0.075mm 以下部分)集料总质量(g)。

(2) 分计筛余百分率(Percentage Retained)是在某号筛上的筛余质量占试样总质量的百分率,可按式(3-17)求得:

$$p'_i = \frac{m_i}{m_0 - m_5} \times 100 \tag{3-17}$$

式中　p'_i——各号筛的分计筛余百分率(%);

　　　m_5——由于筛分造成的损耗(g);

　　　i——依次为 0.075 mm、0.15 mm…至集料最大粒径的排序;

m_i——存留在某号筛上的试样的质量(g);

m_0——用于干筛的干燥集料总质量(g)。

(3)累计筛余百分率(Cumulative Percentage Retained)是某号筛的分计筛余百分率和大于某号筛的各筛分计筛余百分率之总和,可按式(3-18)求得:

$$A_i = p_1 + p_2 + p_3 + \cdots + p_i \tag{3-18}$$

式中　A_i——累计筛余百分率(%);

　　　p_i——某号筛的分计筛余百分率(%)。

(4)通过百分率(Percentage Passing)是通过某筛的试样质量占试样总质量的百分率,亦即100与累计筛余百分率之差,按式(3-19)求得:

$$P_i = 100 - A_i \tag{3-19}$$

式中　P_i——某号筛的通过百分率(%);

　　　A_i——累计筛余百分率(%)。

综上所述,分计筛余、累计筛余和通过量的关系可参见表3-13。

表3-13　分计筛余、累计筛余和通过量的关系

筛孔尺寸/mm	存留质量/g	分计筛余/%	累计筛余/%	通过百分率/%
$D_0 = D_{max}$	$m_0 = 0$	$p_0 = 0$	$A_0 = 0$	$P_0 = 100$
D_1	m_1	p_1	$A_1 = p_1$	$P_1 = 100 - A_1$
D_2	m_2	p_2	$A_2 = p_1 + p_2$	$P_2 = 100 - A_2$
D_3	m_3	p_3	$A_3 = p_1 + p_2 + p_3$	$P_3 = 100 - A_3$
D_4	m_4	p_4	$A_4 = p_1 + p_2 + p_3 + p_4$	$P_4 = 100 - A_4$
D_5	m_5	p_5	$A_5 = p_1 + p_2 + p_3 + p_4 + p_5$	$P_5 = 100 - A_5$
$\vdots$	$\vdots$	$\vdots$	$\vdots$	$\vdots$
D_i	m_i	p_i	$A_i = p_1 + p_2 + p_3 + p_4 + p_5 + \cdots + p_i$	$P_i = 100 - A_i$
$\vdots$	$\vdots$	$\vdots$	$\vdots$	$\vdots$
D_n	m_n	p_n	$A_n = p_1 + p_2 + p_3 + p_4 + p_5 + \cdots + p_n$	$P_n = 100 - A_n$
备注	$\sum_{i=1}^{n} m_i = m$	$\sum_{i=1}^{n} p_i = 100$		

4.坚固性

除前述的将原岩加工成规则试块进行抗冻性和坚固性试验外,对已轧制成的碎石或天然的卵石,亦可采用规定级配的各粒级集料进行坚固性试验。

【集料坚固性测定原理】(参考《公路工程集料试验规程》JTG E42 T0315)选取规定数量的集料,装在金属网篮中浸入饱和硫酸钠溶液中浸泡20 h,取出放在105℃±5℃的烘箱中烘烤4 h,冷却至20~25℃,再进行第二个循环。经循环5次后,观察其表面破坏情况,并按式(3-20)计算质量损失百分率来表征集料的坚固性。

$$Q_i = \frac{m_i - m'_i}{m_i} \times 100 \tag{3-20}$$

式中 Q_i——各级集料的分计质量损失百分率(%);

m_i——各粒级试样试验前的烘干质量(g);

m'_i——经硫酸钠溶液法试验后各粒级筛余颗粒的烘干质量(g)。

根据试样的粒级,按表 3-14 选用各粒级试样的质量。

表 3-14 坚固性试验所需的各粒级试样质量

公称粒级/mm	2.36~4.75	4.75~9.5	9.5~19	19~37.5	37.5~63	63~75
试样质量/g	500	500	1 000	1 500	3 000	5 000

要求粒级 9.5~19 mm 的试样中,9.5~16 mm 的粒级颗粒达 40%,16~19 mm 的粒级颗粒达 60%;粒级 19~37.5 mm 的试样中,19~31.5 mm 的粒级颗粒达 40%,31.5~37.5 mm 的粒级颗粒达 60%。

(二)粗集料的力学性质

土木工程用粗集料的力学性质,主要是压碎值和磨耗度,其次是磨光值(PSV)、道瑞磨耗值和冲击值。现代公路建设对集料提出了更高的要求,中等及以上交通和轻交通沥青表面层用粗集料应选用硬质、耐磨碎石,其中碎石磨光值应符合表 3-15 的要求。

表 3-15 集料磨光值(PSV)的技术要求

公路等级 / PSV / 年降雨量/mm	中等及以上交通	轻交通
>1 000(潮湿区)	>42	>40
500~1 000(湿润区)	>40	>38
250~500(半干区)	>38	>36
<250(干旱区)	>36	—

公路工程沥青混合料用粗集料应该洁净、干燥、表面粗糙,质量应符合表 3-16 的规定,公路工程水泥混凝土用粗集料技术要应符合表 3-17 的规定,公路工程水泥混凝土用再生粗集料应符合表 3-18 的规定,公路工程基层用粗集料应符合表 3-19 的规定。公路工程基层、底基层用集料压碎值应符合表 3-17 的规定。

表 3-16 沥青混合料用粗集料技术要求

指 标	单位	技术要求						轻交通	试验方法
		极重、特重交通			重、中等交通				
		表面层	中面层	其他层位	表面层⑧	中面层	其他层位		
微型狄法尔磨耗值①,不大于	%	15	15	20	20	20	25	30	T0363
洛杉矶磨耗值①,不大于	%	20	20	25	25	25	30	35	T0317
压碎值①,不大于	%	21	21	26	26	26	28	30	T0316
表观相对密度②,不小于	—	2.600	2.600	2.600	2.600	2.600	2.500	2.450	T0304

48

指　标	单位	技术要求						轻交通	试验方法
		极重、特重交通			重、中等交通				
		表面层	中面层	其他层位	表面层⑧	中面层	其他层位		
吸水率②③,不大于	%	2.0	2.0	2.0	2.0	2.0	3.0	3.0	T0304
坚固性试验质量损失③ 　饱和硫酸镁溶液,不大于 　饱和硫酸钠溶液,不大于	 % %	 18 8	 18 8	 18 8	 18 8	 18 8	 18 8	 18 8	 T0314 T0314
冻融试验质量损失③ 　纯水,不大于 　氯化钠水溶液,不大于	 % %	 1(2) 5(8)	 1(2) /	 1(2) /	 1(2) 5(8)	 1(2) /	 1(2) /	 1(2) 5(8)	 T0364 T0364
针片状颗粒含量④ 　混合料,不大于 　粒径大于 9.5 mm,不大于 　粒径小于 9.5 mm,不大于	 % % %	 12 10 15	 15 12 18	 18 15 20	 15 12 18	 15 12 18	 18 15 20	 20 18 20	 T0312 T0312 T0312
棱角性(流动时间)⑤,不小于	s	105	100	95	100	100	95	90	T0362
0.075 mm 通过率⑥,不大于	%	1(2)	1(2)	1(2)	1(2)	1(2)	1(2)	2(4)	T0310
软石含量,不大于	%	1	3	5	3	3	5	5	T0320
高温稳定性试验⑤ 　磨耗值变化,不大于	 %	5							T0365
热老化试验⑤⑦ 　母岩抗热老化性 　质量损失,不大于 　磨耗值变化,不大于	 — % %	合格 1 8							T0366 T0366 T0366

注:①　压碎值、洛杉矶磨耗值和微型狄法尔磨耗值应选择其一进行检验。
　　②　多孔玄武岩的表观相对密度可放宽至 2.45,吸水率可放宽至 3%。钢渣的吸水率可放宽至 3%。重矿渣的表观相对密度可不予要求,其吸水率可放宽至 6%。对 S14 集料,吸水率可不予要求。
　　③　当吸水率不大于 1.0% 时,坚固性和冻融试验可不予要求。当吸水率大于 1.0% 时,坚固性和冻融试验应选择其一进行检验。坚固性试验,可选择饱和硫酸钠溶液法或饱和硫酸镁溶液法其一进行检验,当有争议时以饱和硫酸镁溶液法为准。冻融试验括号中值适合于冬温区、冬冷区或干旱区;易受融雪剂、除冰盐影响或沿海地区,表面层可选择氯化钠水溶液法,其他条件选择纯水法。
　　④　对 S14 集料,针片状颗粒含量可不予要求。
　　⑤　选择性指标,经建设单位要求时可作为评价指标;当建设单位未作要求时,应进行实测。
　　⑥　对 S13、S14 集料,0.075 mm 通过率可分别放宽至 2%、3%;对重矿渣集料,其 0.075 mm 通过率可适当放宽。当粗集料干筛的 0~0.15 mm 颗粒按 T0349 测定的 MB$_F$ 不大于 7% 时,0.075 mm 通过率可放宽至括号中要求。
　　⑦　热老化试验仅用于评价玄武岩集料。当母岩抗热老化性检验通过时,可不检验质量损失和磨耗值变化。
　　⑧　超薄磨耗层、PA 沥青混合料的集料应按极重、特重交通条件下表面层进行规定。稀浆封层、微表处和表处的集料宜按极重、特重交通条件下表面层进行规定。
　　⑨　交通等级划分见《公路水泥混凝土路面设计规范》(JTG D40)和《公路沥青路面设计规范》(JTG D50)。

表 3-17　水泥混凝土用粗集料技术要求

项次	项目	技术要求			试验方法
		Ⅰ级	Ⅱ级	Ⅲ级	
1	碎石压碎值/% ≤	18.0	25.0	30.0	JTG E42 T0316
2	卵石压碎值/% ≤	21.0	23.0	26.0	JTG E42 T0316

项次	项目		技术要求			试验方法
			Ⅰ级	Ⅱ级	Ⅲ级	
3	坚固性(按质量损失计)/% ≤		5.0	8.0	12.0	JTG E42 T0314
4	针片状颗粒含量(按质量计)/% ≤		8.0	15.0	20.0	JTG E42 T0311
5	含泥量(按质量计)/% ≤		0.5	1.0	2.0	JTG E42 T0310
6	泥块含量(按质量计)/% ≤		0.2	0.5	0.7	JTG E42 T0310
7	吸水率①(按质量计)/% ≤		1.0	2.0	3.0	JTG E42 T0307
8	硫化物及硫酸盐含量②(按SO₃质量计)/% ≤		0.5	1.0	1.0	GB/T 14685
9	洛杉矶磨耗损失③/% ≤		28.0	32.0	35.0	JTG E42 T0317
10	有机物含量(比色法)		合格	合格	合格	JTG E42 T0313
11	岩石抗压强度②/MPa ≥	岩浆岩	100			JTG E41 T0221
		变质岩	80			
		沉积岩	60			
12	表观密度/(kg·m⁻³) ≥		2 500			JTG E42 T0308
13	松散堆积密度/(kg·m⁻³) ≥		1 350			JTG E42 T0309
14	空隙率/% ≤		47			JTG E42 T0309
15	磨光值③/% ≥		35.0			JTG E42 T0321
16	碱活性反应②		不得有碱活性反应或疑似碱活性反应			JTG E42 T0325

注:① 有抗冰冻、抗盐冻要求时,应检验粗集料吸水率。
② 硫化物及硫酸盐含量、碱活性反应、岩石抗压强度在粗集料使用前应至少检验一次。
③ 洛杉矶磨耗损失、磨光值仅在要求制作露石水泥混凝土面层时检测。

表 3-18 水泥混凝土用再生粗集料技术要求

项次	项目	技术要求			试验方法
		Ⅰ级	Ⅱ级	Ⅲ级	
1	压碎值/% ≤	21.0	30.0	43.0	JTG E42 T0316
2	坚固性(按质量损失计)/% ≤	5.0	10.0	15.0	JTG E42 T0314
3	针片状颗粒含量(按质量计)/% ≤	10.0	10.0	10.0	JTG E42 T0311
4	微粉含量(按质量计)/% ≤	1.0	2.0	3.0	JTG E42 T0310
5	泥块含量(按质量计)/% ≤	0.5	0.7	1.0	JTG E42 T0310
6	吸水率(按质量计)/% ≤	3.0	5.0	8.0	JTG E42 T0307
7	硫化物及硫酸盐含量(按SO₃质量计)/% ≤	2.0	2.0	2.0	GB/T 14685
8	氯化物含量(以氯离子质量计)/% ≤	0.06	0.06	0.06	GB/T 14685
9	洛杉矶磨耗损失/% ≤	35	40	45	JTG E42 T0317
10	杂物含量(按质量计)/% ≤	1.0	1.0	1.0	JTG E42 T0313
11	表观密度/(kg·m⁻³) ≥	2 450	2 350	2 250	JTG E42 T0308
12	空隙率/% ≤	47	50	53	JTG E42 T0309

注:① 当再生粗集料中碎石的岩石品种变化时,应重新检测上述指标。
② 硫化物及碳酸盐含量、氯化物含量、洛杉矶磨耗损失在再生粗集料使用前应至少检验一次。

表 3-19　基层用粗集料技术要求

| 指标 | 层位 | 高速公路和一级公路 | | | | 二级及二级以下公路 | | 试验方法 |
| | | 极重、特重交通 | | 重、中、轻交通 | | | | |
		Ⅰ类	Ⅱ类	Ⅰ类	Ⅱ类	Ⅰ类	Ⅱ类	
压碎值/%	基层	≤22①	≤22	≤26	≤26	≤35	≤30	T0316
	底基层	≤30	≤26	≤30	≤26	≤40	≤35	
针片状颗粒含量/%	基层	≤18	≤18	≤22	≤18	—	≤20	T0312
	底基层	—	≤20	—	≤20	—	≤20	
0.075 mm 以下粉尘含量/%	基层	≤1.2	≤1.2	≤2	≤2	—	—	T0310
	底基层	—	—	—	—	—	—	
软石含量/%	基层	≤3	≤3	≤5	≤5	—	—	T0320
	底基层	—	—	—	—	—	—	

注:① 对花岗岩石料,压碎值可放宽至 25%。

1. 集料压碎值(Aggregate Crushing Value)

集料压碎值是集料在逐渐增加的荷载下抵抗压碎的能力。它作为衡量石料强度的一个相对指标,用以评价公路路面和基层用集料的质量。

【集料压碎值测定原理】　(参考《公路工程集料试验规程》JTG E42 T0316)将风干集料用 13.2 mm 和 9.5 mm 的标准筛过筛,称取 13.2～9.5 mm 的试样 3 组各 3 000 g,分三层依次倒入内径 112.0 mm、高 179.4 mm(容积 1 767 cm³)的圆筒内(如图 3-8),每层用金属棒在集料表面均匀捣实 25 次,最后用金属棒刮平并放上压头,将装有试样的试模移到压力机上,在 10 min 时间内加荷至 400 kN,并稳压 5 s,将试模取下倒出集料,并过 2.36 mm 的标准筛,计算通过 2.36 mm

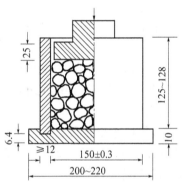

图中单位:mm

图 3-8　集料压碎值试验

标准筛的质量占原集料总质量的百分率,此值称为压碎值,用 Q'_a 表示,可按式(3-21)求得:

$$Q'_a = \frac{m_1}{m_0} \times 100 \qquad (3-21)$$

式中　Q'_a——集料压碎值(%);

m_0——试验前试样的质量(g);

m_1——试验后通过 2.36 mm 筛孔的细集料的质量(g)。

2. 集料磨光值(Aggregate Polishing Value)

现代高速交通的条件对路面的抗滑性提出了更高的要求。作为高速公路沥青路面用的集料,在车辆轮胎的作用下,不仅要求具有高的抗磨耗性,而且要求具有高的抗磨光性。

【集料磨光值测定原理】　(参考《公路工程集料试验规程》JTG E42 T0321)集料抗磨光性用集料的磨光值(Polished Stone Value,简称 PSV)来表示。选取粒径为 9.5～13.2 mm 集料试样先在 105℃±5℃的烘箱中烘干,再密排于试模中,用砂填密集料间空隙,然后再用环氧树脂砂浆固结,在 40℃的烘箱中养护 3 h,再自然冷却 9 h 后,即制成试件,每种集料要制备 4 块试件。将制备好的试件安装于加速磨光机的道路轮上(如图3-9),当电机开动时,模拟汽车轮胎即以 320 r/min±5 r/min 的转速旋转,在两轮之间加入水和金刚砂,使试件受到金刚砂的磨耗。先用 30 号金刚砂粗砂磨57 600转(约 3 h),再用 280 号金刚砂细砂,经磨耗 57 600 转(约3 h)后取下试件,冲洗去金刚砂,用摆试摩擦系数仪测定试件的摩擦系数值,乘以折算系数及按标准试件磨光的平均值换算后,即可得到集料磨光值。

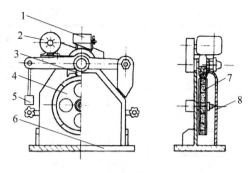

图 3-9　集料磨光值试验
1-金刚砂箱;3-电动机;3-模拟汽车轮胎;4-道路轮;
5-配重锤;6-底座;7-试件;8-罩壳

集料磨光值愈高,表示其抗滑性愈好。抗滑面层应选用磨光值高的集料,如玄武岩、安山岩、砂岩和花岗岩等。几种典型集料的磨光值如表 3-20。

表 3-20　几种典型岩石的磨光值

岩石名称		石灰岩	角页岩	斑岩	石英岩	花岗岩	玄武岩	砂岩
磨光值(PSV)	平均值	43	45	56	58	59	62	72
	范围	30~70	40~50	43~71	45~67	45~70	45~81	60~82

3. 集料冲击值(Aggregate Impact Value)

集料抵抗多次连续重复冲击荷载作用的性能称为冲击韧性。

【集料冲击值测定原理】　(参考《公路工程集料试验规程》JTG E42 T0322)集料抗冲击能力采用"集料冲击值"(简称 AIV)表示。选取粒径为 9.5~13.2 mm 的集料试样,分三层将集料装于冲击值试验仪(图3-10)的盛样器中,用捣实杆每层捣实 25 次,使其初步压实。然后用质量为 13.75 kg±0.05 kg 的冲击锤,沿导杆自 380 mm±5 mm 处自由落下锤击集料,并连续锤击 15 次,每次锤击间隔时间不少于 1 s。

将试验后的集料用 2.36 mm 的筛进行筛分,称得通过 2.36 mm 筛的试样质量,然后按式(3-22)计算集料冲击值:

$$AIV = \frac{m_2}{m} \times 100 \quad (3-22)$$

式中　AIV——石材的冲击值(%);

　　　m——试样总质量(g);

　　　m_2——试验后通过 2.36 mm 筛的试样质量(g)。

4. 集料磨耗值(Aggregate Abrasion Value)

集料磨耗值用于评定抗滑表层的集料抵抗车轮撞

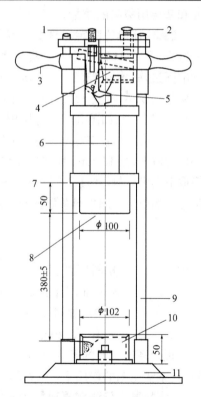

图 3-10　冲击试验仪(尺寸单位:mm)
1-卸机销钉;3-可调的卸机制动螺栓;3-手提把;
4-冲击计数器;5-卸机钩;6-冲击锤;7-削角;
8-钢化表面;9-冲击锤导杆;
10-圆形钢筒内侧钢化表面;11-圆形基座

击和磨耗的能力。

（1）道瑞磨耗试验

【集料道瑞磨耗值测定原理】 （参考《公路工程集料试验规程》JTG E42 T0323）采用道瑞磨耗试验机（Dorry Abrasion Testing Machine）来测定集料磨耗值（简称 AAV）。选取粒径为 9.5～13.2 mm 洗净、烘干的集料试样，单层紧排于两个试模内（不少于 24 粒），然后用 0.1～0.3 mm 的细砂填充，再用环氧树脂砂浆填充密实。经养护 24 h 后，拆模取出试件，刷清残砂，准确称出试件质量，然后将试件安装在试验机附的托盘上（如图3-11）。为保证试件受磨时的压力固定，应使试件、托盘和配重的总质量为 2 000 g ±10 g。将试件安装于道瑞磨耗机上。道瑞磨耗机的磨盘以 28～30 r/min 的转速旋转，与此同时，料斗上的石英砂、磨料可均匀地洒于磨盘上，石英砂磨料流速应保证为 700～900 g/min。可预磨 100 圈调整流速，然后再磨 400 圈，共磨 500 圈后，取出试件，刷净残砂，准确称出试件质量。每块试件的集料磨耗值按式（3-23）计算：

图 3-11　集料磨耗试验试样

$$AAV = \frac{3(m_1 - m_2)}{\rho_s}$$ （3-23）

式中　AAV——集料磨耗值；

　　　m_1——磨耗前试件的质量（g）；

　　　m_2——磨耗后试件的质量（g）；

　　　ρ_s——集料的表干密度（g/cm³）。

集料磨耗值愈高，表示集料的耐磨性愈差。高速公路、一级公路抗滑层用集料的 AAV 应不大于 14。

（2）洛杉矶式磨耗试验

【洛杉矶式磨耗试验（Los Angeles Abrasion Test）的测定原理】

（参考《公路工程集料试验规程》JTG E42 T0317）洛杉矶式磨耗试验又称搁板式磨耗试验。试验机是由一个直径为 710 mm±5 mm、长为 510 mm±5 mm 的圆鼓和鼓中一个搁板所组成。试验用的试样是按一定规格组成的级配集料，总质量为 5 000 g±10 g。当试样加入磨耗鼓中的同时，加入 12 个钢球，钢球总质量为 5 000 g±25 g。磨耗鼓以 30～33 r/min 的转速旋转。在旋转时，由于搁板的作用，可将集料和钢球带到高处落下。经旋转 500 次后，将集料试样取出，用 1.7 mm 方孔筛筛去石屑，并洗净烘干称其质量。集料磨耗率按式（3-24）计算：

图 3-12　洛杉矶磨耗机

$$Q = \frac{m_1 - m_2}{m_1} \times 100$$ （3-24）

式中 Q——集料的磨耗率(%);

m_2——试验后集料在 1.7 mm 筛上洗净烘干的集料质量(g);

m_1——试验前烘干集料的质量(g)。

5. 粗集料的针片状含量

土木工程(尤其是道路工程)材料一般采用粗集料中针片状颗粒的含量来评价集料的形状和抗压碎的能力,以评定粗集料在工程中的适用性。

(1) 水泥混凝土用粗集料的针片状含量

水泥混凝土一般用 4.75 mm 以上的粗集料的针状及片状颗粒含量占总集料的比例代表粗集料的针片状含量,以百分率计。要求利用专用的规准仪测定的粗集料颗粒的最小厚度方向与最大长度方向的尺寸之比小于一定比例的颗粒。

【粗集料针片状含量测定原理】 (参考《公路工程集料试验规程》JTG E42 T0311)按表3-21规定的最小质量称取 4.75mm 以上的粗集料试样 m_0,用规准仪(图 3-13 和图 3-14)逐一对试样进行针状颗粒鉴定,挑出颗粒长度大于针状规准仪相应间距而不能通过者即为针状颗粒,同样用规准仪逐一对试样进行片状颗粒鉴定,挑出厚度小于片状规准仪相应孔宽能通过者即为片状颗粒,称量由各粒级挑出的针状颗粒和片状颗粒的总质量 m_1,按式(3-25)计算颗粒的针片状含量。

$$Q_e = \frac{m_1}{m_0} \times 100 \tag{3-25}$$

式中 Q_e——试样片状、针状颗粒的含量(%);

m_1——试样中片状和针状颗粒的总质量(g);

m_0——试样总质量(g)。

表 3-21　针片状颗粒试验所需的最小质量

公称最大颗粒/mm	9.5	16	19	26.5	31.5	37.5	53	63
试样最小质量/kg	0.3	1	2	3	5	10	10	10

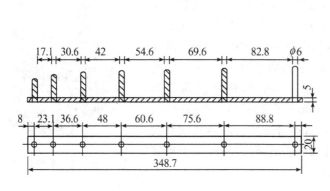

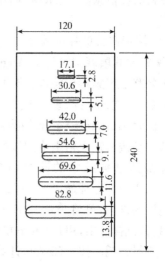

图 3-13　针状规准仪
(尺寸单位:mm)

图 3-14　片状规准仪
(尺寸单位:mm)

（2）粗集料的针片状含量（游标卡尺法）

沥青混合料，各种基层、底基层一般用 4.75 mm 以上的粗集料的针状及片状颗粒含量占总集料的比例代表粗集料的针片状含量，以百分率计。用游标卡尺测定的粗集料颗粒的最大长度（或宽度）与最小厚度（或直径）方向的尺寸之比达 3 倍的颗粒。

【粗集料针片状含量测定原理（游标卡尺法）】 （参考《公路工程集料试验规程》JTG E42 T0312）称取 1 kg 左右 4.75 mm 以上的粗集料试样 m_0，按图 3-15 所示的方法将颗粒放在左面成一稳定的状态，图中颗粒平面方向的长度为 L，侧面厚度的最大尺寸为 t，颗粒最大宽度为 w，一般 $t<w<L$。用卡尺逐一测量集料的 L 及 t，将 $L/t\geqslant3$ 的颗粒（颗粒的最大长度与最小厚度方向的尺寸之比达 3 倍）作为针片状颗粒，并称其重量 m_1，按式（3-26）计算颗粒的针片状含量。

$$Q_e=\frac{m_1}{m_0}\times100 \tag{3-26}$$

式中　Q_e——试样针片状颗粒的含量（%）；

　　　m_1——试样中片状和针状的总质量（g）；

　　　m_0——试样总质量（g）。

6. 粗集料的破碎砾石含量

集料的破碎砾石含量主要是为了保证沥青混合料具有较高的内摩阻角和抵抗永久变形的能力。它定义为大于 4.75 mm 的颗粒具有一个或两个轧碎面的质量占总质量的百分比，被机械破碎的砾石破碎面的面积大于或等于该颗粒最大横截面积的 1/4 即为破碎面（图3-16）。

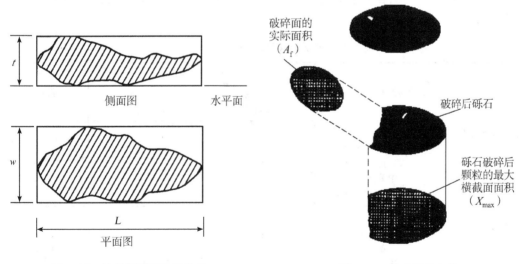

图 3-15　针片状颗粒稳定状态　　　　　　图 3-16　破碎面的定义

【破碎砾石含量测定原理】 （参考《公路工程集料试验规程》JTG E42 T0346）按表3-22的规定称取 1 kg 左右 4.75 mm 以上的粗集料试样（如果最大粒径大于 19 mm 时，再用 9.5 mm 的筛分成每份不少于 200 g 的两部分，测试后取平均值），然后将两部分试样放在 4.75 mm 或 9.5 mm 的筛上用水冲洗干净，逐粒目测判断挑出具有一个以上破碎面的破碎碎石以及肯定不满足一个破碎面的砾石(N),将难以判断是否满足一个破碎面的碎石另堆成一堆(Q),如果难以判断是否满足一个破碎面的碎石含量大于15%,则应再仔细挑选直到此部分的比例小于15%。再从具有一个以上破碎面的破碎碎石中挑选出具有两个破碎面的碎石(F)和只有一个破碎面的碎石并分成两堆,将难以判断是否满足两个破碎面的碎石分成第三堆(Q),直到第三堆的比例小于该部分的15%。按公式(3-27)计算破碎砾石含量:

$$P=\frac{F+Q/2}{F+Q+N}\times100 \qquad\qquad (3-27)$$

式中　　P——具有一个以上或两个以上破碎面砾石占集料总量的百分率(%);

　　　　F——满足一个或两个破碎面要求的集料的质量(g);

　　　　N——不满足一个或两个破碎面要求的集料的质量(g);

　　　　Q——难以判断是否满足具有一个或两个破碎面要求的集料的质量(g)。

表 3-22　试样质量要求

公称最大粒径/mm	最少试样质量/g	公称最大粒径/mm	最少试样质量/g
9.5	200	26.5	3 000
13.2	500	31.5	5 000
16.0	1 000	37.5	7 500
19.0	1 500	50	15 000

为了增加集料与黏结材料(如沥青,水泥)的黏结性能,要求粗集料、破碎砾石、重矿渣碎石等应采用粒径大于 50 mm、含泥量不大于 1%的岩石、砾石、重矿渣等轧制,粗集料破碎颗粒含量技术要求见表 3-23。

表 3-23　粗集料破碎颗粒含量技术要求

路面部位或混合料类型		破碎颗粒含量/%		试验方法
		具有 1 个或 1 个以上破碎面	具有 2 个或 2 个以上破碎面	
表面层、中面层				
	特重及极重交通,不小于	100	100	T0346
	重交通,不小于	100	90	T0346
	中等交通,不小于	90	80	T0346
	轻交通,不小于	80	70	T0346
其他层位				
	特重及极重交通,不小于	100	100	T0346
	重交通,不小于	90	80	T0346
	中等交通,不小于	80	70	T0346
	轻交通,不小于	70	60	T0346
SMA 混合料,不小于		100	90	T0346
PA 混合料,不小于		100	100	T0346
超薄磨耗层,不小于		100	100	T0346
贯入式混合料,不小于		80	60	T0346

注:当粗集料棱角性满足要求时,破碎颗粒含量可不做要求。

7. 粗集料的碱值、碱活性和抑制集料碱活性效能试验

由于沥青属于偏酸性材料,如果集料属于酸性,那么集料与沥青之间的黏结能力将比较差,因此,粗集料的碱值主要是为了增加集料与沥青之间的黏结特性。

混凝土的碱-集料反应是指混凝土中的碱与集料中活性组分发生的化学反应,引起混凝土的膨胀、开裂、甚至破坏。因反应的因素在混凝土内部,其危害作用往往不能根治,是混凝土工程中的一大隐患。许多国家因碱-集料反应不得不拆除大坝、桥梁、海堤和学校,造成巨大损失。国内工程中也有碱-集料反应损害的类似报道,一些立交桥、铁道轨枕等发生不同程度的膨胀破坏。因此,水泥中的碱活性检验主要是为了有效控制碱-集料反应。

抑制集料碱活性效能试验则是采用一定的方法进行事先碱-集料反应试验,判断材料的抑制效能。

【集料碱值测定原理】 (参考《公路工程集料试验规程》JTG E42 T0347)称取烘干后碾成粉末过 0.075 mm 筛的石粉试样 $2g\pm0.002$ g,加入硫酸标准溶液 100 mL(氢离子浓度 N_0),并放入 130℃的油浴锅中回流 30 min 再冷却,用精密酸度计测定清液的氢离子浓度 N_1。称取 $2 g\pm0.002$ g 的分析纯碳酸钙粉末,再加入硫酸标准溶液 100 mL(氢离子浓度 N_0),并放入 130℃的油浴锅中回流 30 min 再冷却,用精密酸度计测定清液的氢离子浓度 N_2,按公式 (3-28)计算集料的碱值:

$$C=\frac{N_0-N_1}{N_0-N_2}\times100 \tag{3-28}$$

式中 C——集料的碱值;

N_0——硫酸标准溶液的氢离子浓度;

N_1——检测集料与硫酸反应后的清液的氢离子浓度;

N_2——纯碳酸钙与硫酸反应后的清液的氢离子浓度。

【集料碱活性检验测定原理】 (参考《公路工程集料试验规程》JTG E42 T0325)对工程中使用的含碱量大于 0.6% 的水泥和实际使用的集料按水泥与砂的质量比 1:2.25 制作 25.4 mm×25.4 mm×285 mm 的砂浆试样梁,养护 24 h±4 h 测试。在 20℃±2℃的长度作为基准长度 L_0,测试完成后放入 38℃±2℃的养护室,在测定前一天再放入 20℃±2℃的恒温室,然后分别测定 14d、1月、2月、3月、6月、9月、12月这几个龄期的长度 L_t。测试过程中加强观察试件的变形、裂缝、渗出物等及注意观测有无胶体物质。按式(3-29)计算试件的膨胀率:

$$\sum_t=\frac{L_t-L_0}{L_0-2\Delta}\times100 \tag{3-29}$$

式中 $\sum_t$—— 试件在龄期 t 内的膨胀率（%）;

L_t——试件在龄期 t 的长度(mm);

L_0——试件的基准长度(mm);

Δ——测头(即埋钉)的长度(mm)。

对于砂料和集料,当砂浆 6 月的膨胀率大于 0.6% 或 3 月的膨胀率大于 0.05% 时,即评定该集料为具有危险性的活性集料。

【抑制集料碱活性测定原理】 (参考《公路工程集料试验规程》JTG E42 T0326)对工程

中使用的含碱量大于1.0%的水泥和实际使用的集料按水泥与砂的质量比1:2.5制作25.4 mm×25.4 mm×285 mm的砂浆试样梁,养护24 h±4 h测试。在20℃±2℃的长度作为基准长度L_0,测试完成后放入38℃±2℃的养护室,在测定前一天再放入20℃±2℃的恒温室,然后分别测定14 d、56 d这两个龄期的长度L_t,按式(3-30)计算试件的膨胀率:

$$\sum_t = \frac{L_t - L_0}{L_0 - 2\Delta} \times 100 \tag{3-30}$$

式中　$\sum_t$——试件在龄期t内的膨胀率(%);

　　　L_t——试件在龄期t的长度(mm);

　　　L_0——试件的基准长度(mm);

　　　Δ——测头(即埋钉)的长度(mm)。

碱集料反应的抑制效能掺混合材或外加剂的对比时间14 d龄期砂浆膨胀率降低值应符合式(3-31)的要求。对比试件56 d龄期的膨胀率小于0.05%时,则认为所试验的材料及相应的掺加量具有抑制集料碱活性的抑制效能。

$$R_e = \frac{E_s - E_t}{E_s} \times 100 \geqslant 75 \tag{3-31}$$

式中　R_e——膨胀率降低值(%);

　　　E_s——高碱水泥标准试件14 d龄期膨胀率(%);

　　　E_t——对比试件14 d龄期膨胀率(%)。

三、细集料的技术性质

细集料的技术性质与粗集料的技术性质基本相同,沥青混合料用经轧制的细集料应符合表3-24的规定,水泥混凝土用天然砂(或机制砂)细集料应符合表3-25或表3-26的规定(极重、特重、重交通荷载等级应不低于Ⅱ级,中、轻交通荷载等级可使用Ⅲ级天然砂),基层用细集料应符合表3-27的规定。由于细度的特点,其试验方法和技术要求有不同之处。

表3-24　沥青混合料用细集料技术要求

| 项　目 | 单位 | 技术要求 | | | | | | | 试验方法 |
| | | 特重及极重交通 | | | 重、中等交通 | | | 轻交通 | |
		表面层	中面层	其他	表面层	中面层	其他		
表观相对密度,不小于	—	2.600	2.600	2.500	2.600	2.500	2.500	2.450	T0328
坚固性试验质量损失[①] 　饱和硫酸镁溶液,不大于 　饱和硫酸钠溶液,不大于	 % %	 18 8	 18 8	 18 8	 18 8	 18 8	 18 8	 18 8	 T0340 T0340
微型狄法尔磨耗值[②],不大于	%	18	18	21	18	21	21	24	T0363
含泥量[③],不大于	%	1	1	3	3	3	3	3	T0333
砂当量[④] 　0~5 mm,不小于 　0~3 mm,不小于	 % %	 65 55	 65 55	 60 50	 65 55	 60 50	 60 50	 50 40	 T0334 T0334

项 目	单位	技术要求							试验方法
		特重及极重交通			重、中等交通			轻交通	
		表面层	中面层	其他	表面层	中面层	其他		
亚甲蓝值④ 0～2.36 mm,不大于	g/kg	2	2	2.5	2	2.5	2.5	3	T0349
0～0.15 mm,不大于	g/kg	7	7	7	7	7	7	10	T0349
棱角性⑤ 流动时间,不小于	s	35	35	30	35	35	30	30	T0345

注:① 坚固性试验,可选择饱和硫酸钠溶液法或饱和硫酸镁溶液法其一进行检验,当有争议时以饱和硫酸镁溶液法为准。
② 选择性指标,经建设单位要求时可作为评价指标;当建设单位未作要求时,应进行实测。
③ 含泥量适用于评价天然砂洁净程度。
④ 砂当量和亚甲蓝适用于评价石屑和机制砂洁净程度。当 0.075 mm 通过率不大于 3% 时,无需检验;当 0.075 mm 通过率大于 3% 时,只需砂当量和亚甲蓝其中之一检验合格即评价为合格。对于砂当量,应按集料实际规格进行检验。对于亚甲蓝值指标,应筛分出 0～2.36 mm 和 0～0.15 mm 规格分别进行检验;当 0.075 mm 通过率小于 10% 时,可仅筛分出 0～2.36 mm 进行检验。
⑤ 将细集料筛出 0～2.36 mm 部分,采用 12 mm 孔径漏斗测定流动时间。

表 3-25 水泥混凝土用天然砂细集料技术要求

项次	项目	技术要求			试验方法
		Ⅰ级	Ⅱ级	Ⅲ级	
1	坚固性(按质量损失计)/% ≤	6.0	8.0	10.0	JTG E42 T0340
2	含泥量(按质量计)/% ≤	1.0	2.0	3.0	JTG E42 T0333
3	泥块含量(按质量计)/% ≤	0	0.5	1.0	JTG E42 T0335
4	氯离子含量(按质量计)/% ≤	0.02	0.03	0.06	GB/T 14684
5	云母含量(按质量计)/% ≤	1.0	1.0	2.0	JTG E42 T0337
6	硫化物及硫酸盐含量①(按 SO_3 质量计)/% ≤	0.5	0.5	0.5	JTG E42 T0341
7	海砂中的贝壳类物质含量(按质量计)/% ≤	3.0	5.0	8.0	JGJ 206
8	轻物质含量(按质量计)/% ≤	1.0			JTG E42 T0338
9	吸水率/% ≤	2.0			JTG E42 T0330
10	表观密度/(kg·m⁻³) ≥	2 500.0			JTG E42 T0328
11	松散堆积密度/(kg·m⁻³) ≥	1 400.0			JTG E42 T0331
12	空隙率/% ≤	45.0			JTG E42 T0331
13	有机物含量(比色法)	合格			JTG E42 T0336
14	碱活性反应①	不得有碱活性反应 或疑似碱活性反应			JTG E42 T0325
15	结晶态二氧化硅含量②/% ≥	25.0			JTG E42 T0324

注:① 碱活性反应、氯离子含量、硫化物及硫酸盐含量在天然砂使用前应至少检验一次。
② 按现行《公路工程集料试验规程》(JTG E42 T0324)岩相法,测定除隐晶质、玻璃质二氧化硅以外的结晶态二氧化硅的含量。

表 3-26　水泥混凝土用机制砂细集料技术要求

项次	项目		技术要求			试验方法
			Ⅰ级	Ⅱ级	Ⅲ级	
1	机制砂母岩的抗压强度/MPa ≥		80.0	60.0	30.0	JTG E41 T0221
2	机制砂母岩的磨光值 ≥		38.0	35.0	30.0	JTG E42 T0321
3	机制砂单位级最大压碎指标/% ≤		20.0	25.0	30.0	JTG E42 T0350
4	坚固性(按质量损失计)/% ≤		6.0	8.0	10.0	JTG E42 T0340
5	氯离子含量①(按质量计)/% ≤		0.01	0.02	0.06	GB/T 14684
6	云母含量(按质量计)/% ≤		1.0	2.0	2.0	JTG E42 T0337
7	硫化物及硫酸盐含量①(按SO₃质量计)/% ≤		0.5	0.5	0.5	JTG E42 T0341
8	泥块含量(按质量计)/% ≤		0	0.5	1.0	JTG E42 T0335
9	石粉含量/% <	MB值<1.40或合格	3.0	5.0	7.0	JTG E42 T0349
		MB值≥1.40或不合格	1.0	3.0	5.0	
10	轻物质含量(按质量计)/% ≤		1.0			JTG E42 T0338
11	吸水率/% ≤		2.0			JTG E42 T0330
12	表观密度/(kg·m⁻³) ≥		2 500.0			JTG E42 T0328
13	松散堆积密度/(kg·m⁻³) ≥		1 400.0			JTG E42 T0331
14	空隙率/% ≤		45.0			JTG E42 T0331
15	有机物含量(比色法)		合格			JTG E42 T0336
16	碱活性反应①		不得有碱活性反应或疑似碱活性反应			JTG E42 T0325

注:① 碱活性反应、氯离子含量、硫化物及硫酸盐含量在机制砂使用前应至少检验一次。

表 3-27　基层用细集料技术要求

项目	水泥稳定①	石灰稳定	石灰粉煤灰综合稳定	水泥粉煤灰综合稳定	试验方法
颗粒分析	满足级配要求				T0302/0303/0327
塑性指数②	≤17	适宜范围 15～20	适宜范围 12～20	—	T0118
有机质含量/%	<2	≤10	≤10	<2	T0313/0336
硫酸盐含量/%	≤0.25	≤0.8	—	≤0.25	T0341

注:① 水泥稳定包含水泥石灰综合稳定。

② 应测定 0.075 mm 以下材料的塑性指数。

　　细集料的表观密度、堆积密度和空隙率等技术性质的含义与粗集料基本相同,现分述如下。

　　1. 细集料的密度

　　(1) 细集料的表观密度

　　一般用容量瓶法测定细集料(天然砂、石屑、机制砂,并含有少量大于 2.36 mm 颗粒)在23℃时对水的表观相对密度和表观密度。

【细集料表观密度的测定原理】 （参考《公路工程集料试验规程》JTG E42 T0328）将细集料在规定条件($105℃\pm5℃$烘干至恒重)下烘干后称其质量为m_0,再将干燥细集料装入盛半瓶蒸馏水(温度为$23℃\pm1.7℃$)的容量瓶中,在水中浸24 h,使开口孔隙饱水后将水加满,然后称其质量为m_2,倒出容量瓶中的水和细集料并装满水,称得容量瓶装满水的质量为m_1,按式(3-32a)计算出细集料表观相对密度γ_a:

$$\gamma_a=\frac{m_0}{m_0+m_1-m_2} \tag{3-32a}$$

式中　m_0——细集料的烘干质量(g);

　　　m_1——水及容量瓶的总质量(g);

　　　m_2——试样、水及容量瓶的总质量(g)。

考虑水温影响,细集料表观密度计算式为

$$\rho_a=\rho_w\gamma_a \tag{3-32b}$$

式中符号的意义同前,ρ_w和α_T的数据同表3-3。

(2)细集料的毛体积密度、饱和面干密度、吸水率

一般用坍落筒法测定细集料(天然砂、石屑、机制砂,不含有大于2.36 mm的颗粒)的毛体积密度、表观密度和表干密度。

【细集料毛体积密度、饱和面干密度的测定原理】 （参考《公路工程集料试验规程》JTG E42 T0330）将细集料用2.36 mm标准筛,除去大于2.36 mm的颗粒,用四分法称取集料约1 000 g,放在水中浸24 h,使开口孔隙饱水。再用手提吹风机缓缓吹风,达到估计的饱和面干状态,将试样松散地一次装入饱和面干试模,用手捣棒轻捣25次,提起饱和面干试模后要求饱和面干试样的坍陷形状如图3-17,立即称取饱和面干试样质量m_3,迅速放入容量瓶中,将水加满,称其质量m_2。倒出容量瓶中的水和细集料并装满水,称得容量瓶装满水的质量为m_1,将倒出的细集料在规定条件($105℃\pm5℃$烘干至恒重)下烘干后称其质量为m_0。按式(3-33a)～式(3-33c)计算出毛体积相对密度γ_b、表干相对密度γ_s、表观相对密度γ_a。

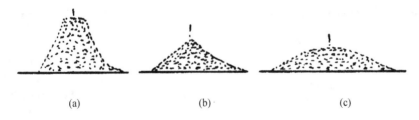

(a)　　　　　　　　　(b)　　　　　　　　　(c)

图3-17　试样的坍陷情况

(a)尚有表面水;(b)饱和面干状态;(c)干燥过分

$$\gamma_b=\frac{m_0}{m_3+m_1-m_2} \tag{3-33a}$$

$$\gamma_s=\frac{m_3}{m_3+m_1-m_2} \tag{3-33b}$$

61

$$\gamma_a = \frac{m_0}{m_0 + m_1 - m_2} \tag{3-33c}$$

式中 m_0——细集料的烘干质量(g);

$\qquad m_1$——水及容量瓶的质量(g);

$\qquad m_2$——饱和面干试样、水及容量瓶的总质量(g);

$\qquad m_3$——饱和面干试样的质量(g)。

考虑水温影响,细集料毛体积密度 ρ_b、饱和面干密度 ρ_s 计算式为

$$\rho_b = \rho_w \gamma_b \tag{3-34a}$$

$$\rho_s = \rho_w \gamma_s \tag{3-34b}$$

$$\rho_a = \rho_w \gamma_a \tag{3-34c}$$

含水率 $w_x(\%)$ 可按式(3-35)计算:

$$w_x = \frac{m_3 - m_0}{m_0} \times 100 \tag{3-35}$$

(3)细集料的堆积密度和紧装密度

细集料在自然状态下的堆积密度是反映细集料棱角性的主要指标。细集料自然状态下的空隙率愈大,说明细集料的棱角性愈好。

【细集料堆积密度及紧装密度的测定原理】 (参考《公路工程集料试验规程》JTG E42 T0331)将细集料装入漏斗中(图 3-18),漏斗出料口距容量筒筒口50 mm左右,装满并刮平后称试样和容量筒的总质量 m_1。如果平均分两层装入,第一层装完后,在筒底垫放一根直径为 10 mm 的钢筋,将筒按住,左右交替颠击地面各 25 下,然后装入第二层,在第一层颠击的垂直方向再颠击各 25 次,刮平称得试样和容量筒的总质量 m_2。

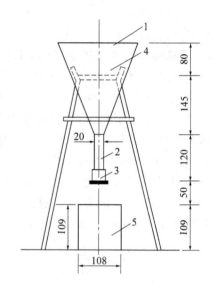

图 3-18 标准漏斗

1-漏斗;3-ϕ20 mm 管子;3-活动门;
4-筛;5-金属量筒

$$\rho = \frac{m_1 - m_0}{V} \tag{3-36a}$$

$$\rho' = \frac{m_2 - m_0}{V} \tag{3-36b}$$

式中 ρ——自然状态下细集料的堆积密度(g/cm³);

$\qquad \rho'$——颠击状态下细集料的紧装密度(g/cm³);

$\qquad m_0$——容量筒的质量(g);

$\qquad m_1$——试样和容量筒的总质量(g);

$\qquad m_2$——颠击状态下试样和容量筒的总质量(g)。

细集料空隙率可按式(3-37)计算:

$$n = \left(1 - \frac{\rho}{\rho_a}\right) \times 100 \tag{3-37}$$

式中 n——细集料的空隙率(%);

  ρ_a——细集料的表观密度(g/cm³);

  ρ——自然状态下细集料的堆积密度(g/cm³)。

2. 细集料级配(Gradation)

细集料级配是细集料各级颗粒的分配情况,细集料的级配可通过细集料的筛分试验确定。取试样500g在一整套标准筛上进行筛分试验,分别求出试样存留在各筛上的质量,然后计算其级配有关参数,具体方法与粗集料相同。

3. 粗度(Coarseness)

粗度是评价细集料粗细程度的一种指标。细度模数(Fineness Modulus)是4.75 mm以下各号筛的累计筛余百分率之和除以100之商。

细集料的细度模数按式(3-38)计算:

$$M_x = \frac{(A_{0.15}+A_{0.3}+A_{0.6}+A_{1.18}+A_{2.36})-5A_{4.75}}{100-A_{4.75}} \tag{3-38}$$

式中 M_x——细度模数;

  $A_{4.75}, A_{2.36}, \cdots, A_{0.15}$——4.75,2.36,$\cdots$,0.15 mm各筛的累计筛余百分率(%)。

细度模数愈大,表示细集料愈粗。砂的粗度按细度模数一般可分为下列三级:

$M_x = 3.7 \sim 3.1$ 为粗砂;

$M_x = 3.0 \sim 2.3$ 为中砂;

$M_x = 2.2 \sim 1.6$ 为细砂。

细度模数的数值主要决定于累计筛余量。由于在累计筛余的总和中,粗颗粒分计筛余的"权"比细颗粒大,所以它的数值很大程度上决定于粗颗粒含量。另外,细度模数的值与小于0.15 mm的颗粒含量无关,所以虽然细度模数在一定程度上能反映砂的粗细概念,但并未能全面反映砂的粒径分布情况,因为不同级配的砂可以具有相同的细度模数。

4. 细集料的砂当量(SE)

由于集料中的含泥量对水泥混凝土和沥青混凝土的性能均有很大的影响,一般采用细集料砂当量试验来测定细集料(含天然砂、人工砂、石屑等)中小于0.075 mm颗粒部分的塑性特性,以确定含泥量的多少。

【细集料的砂当量测定原理】 (参考《公路工程集料试验规程》JTG E42 T0334)称取准备好的试验试样120 g±1 g倒入盛满水的试筒中(图3-19)静置10 min,之后将试筒水平固定在振荡机上,振荡90次,冲洗黏附在试筒壁上的集料,并保持液面高度在380 mm的刻度线上,开动秒表在没有振动的情况下

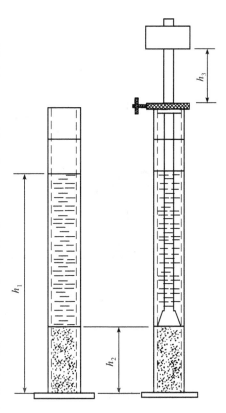

图3-19 读数示意图

静置 20 min±15 s,然后量测从筒底部到絮状凝结物上液面的高度 h_1,再将配重活塞徐徐插入试筒内直至碰到沉淀物,量取套筒底面至活塞底面的高度 h_2,按式(3-39)计算试样的砂当量:

$$SE=\frac{h_2}{h_1}\times 100 \tag{3-39}$$

式中 SE——试样的砂当量(%);

h_2——试筒中用活塞测定的集料沉淀物的高度(mm);

h_1——试筒中絮凝物和沉淀物的总高度(mm)。

5. 细集料的棱角性

细集料的棱角性与沥青混合料的内摩阻角和抗流动变形性能关系密切,因此,一般采用细集料棱角性试验确定细集料的路用特性。

【细集料的棱角性测定原理】 (参考《公路工程集料试验规程》JTG E42 T0344)称取容器重 m_0,再称取容器装满水后的重 m_1。按照集料最大粒径的不同选择已经过 2.36 mm 或 4.75 mm 筛的试样约 2 000 g,加水浸泡 24 h,并用水冲洗除掉小于 0.075 mm 的部分,放在 105℃±5℃ 的烘箱中烘干至恒重,再称取 190 g±1 g 的试样不少于 3 份,将试样倒入图3-20所示的漏斗。打开漏斗开启门,试样流入容器,轻轻刮平容器表面后称取容器与细集料的总重量 m_2。采用式(3-40)和式(3-41)计算细集料的松装密度和棱角性:

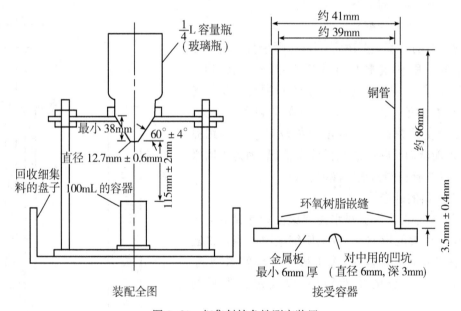

图 3-20 细集料棱角性测定装置

$$\gamma_{fa}=\frac{m_2-m_0}{m_1-m_0} \tag{3-40}$$

$$U=(1-\frac{\gamma_{fa}}{\gamma_b})\times 100 \tag{3-41}$$

式中 γ_{fa}——细集料的松装相对密度;

64

m_0——容器空质量(g)；

m_1——容器与水的总质量(g)；

m_2——容器与细集料的总质量(g)；

U——细集料的间隙率，即棱角性(%)；

γ_b——细集料的毛体积相对密度。

6. 细集料的亚甲蓝(MBV)

一般采用细集料的亚甲蓝(纯度为98.5%的 $C_{16}H_{18}CIN_3S \cdot 3H_2O$)试验来评定细集料中是否含有膨胀性黏土矿物，以评定细集料的洁净程度。

【细集料的亚甲蓝(MBV)测定原理】 （参考《公路工程集料试验规程》JTG E42 T0349）称取代表性的试样400 g，在105℃±5℃的烘箱中烘干至恒重，冷却后筛除大于2.36 mm的颗粒分成两份，然后倒入盛有500 mL±5 mL洁净水的烧杯中用搅拌器以600 r/min的转速搅拌5 min。加入5 mL的亚甲蓝，并保持以4 00 r/min的转速不断搅拌。如果第一次的5 mL亚甲蓝没有出现色晕，再加入5 mL亚甲蓝，再搅拌1 min，进行第二次色晕试验，若依然没有色晕出现，重复5 mL亚甲蓝和1 min搅拌试验，直到出现规定状态的色晕(图3-21)。按式(3-42)计算细集料的亚甲蓝试验结果：

$$MBV = \frac{V}{m} \times 10 \tag{3-42}$$

式中 MBV——亚甲蓝值(g/kg)，表示每千克0~2.36 mm粒级试样所消耗的亚甲蓝克数；

m——试样质量(g)；

V——所加入的亚甲蓝溶液的总量(mL)。

公式中的系数10用于将每千克试样消耗的亚甲蓝溶液体积换算成亚甲蓝质量。

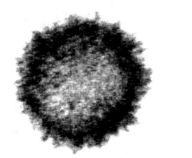

图3-21 亚甲蓝试验得到的色晕图像

(左图符合要求,右图不符合要求)

四、粗集料和细集料规格

由于沥青混凝土和水泥混凝土在标准化施工过程中一般要求几种规格的集料拌和，为便于粗集料和细集料的生产、使用及管理，保证混凝土工程的建设质量，集料应按照规定的规格供应。沥青混合料用各规格的粗集料按表3-28的规定生产和使用，基层用粗集料规格要求见表3-29，沥青混合料用石屑或机制砂规格见表3-30，基层用石细集料规格见表3-31。

表3-28 沥青混合料用粗集料规格

规格名称	公称粒径/mm	通过下列筛孔（mm）的质量百分率/%												
		106	75	63	53	37.5	31.5	26.5	19.0	13.2	9.5	4.75	2.36	0.6
S1	40~75	100	90~100	—	—	0~15	—	0~5						
S2	40~60		100	90~100	—	0~15	—	0~5						
S3	30~60		100	90~100	—	—	0~15		0~5					
S4	25~50			100	90~100	—	—	0~15		0~5				
S5	20~40				100	90~100	—	—	0~15		0~5			
S56	20~30					100	90~100	—	0~10		0~5			
S57	20~25						100	90~100	—	0~10	0~5			
S6	15~30					100	90~100	—	—	0~15	—	0~5		
S67	15~25						100	90~100	—	—	0~10	0~5		
S68	15~20							100	90~100	—	0~10	0~5		
S7	10~30					100	90~100	—	—	—	0~15	0~5		
S8	10~25						100	90~100	—	0~15	—	0~5		
S9	10~20							100	90~100	—	0~15	0~5		
S10	10~15								100	90~100	0~15	0~5		
S11	5~15								100	90~100	40~70	0~15	0~5	
S12	5~10									100	90~100	0~15	0~5	
S13	3~10									100	90~100	40~70	0~20	0~5
S14	3~5										100	90~100	0~15	0~3

表 3-29　基层用粗集料规格

规格名称	工程粒径/mm	通过下列筛孔(mm)的质量百分率/%									公称粒径/mm
		53	37.5	31.5	26.5	19.0	13.2	9.5	4.75	2.36	
G1	20~40	100	90~100	—	—	0~10	0~5	—			19~37.5
G2	20~30	—	100	90~100	—	0~10	0~5	—			19~31.5
G3	20~25	—	—	100	90~100	0~10	0~5	—			19~26.5
G4	15~25	—	—	100	90~100	0~10	0~5	—			13.2~26.5
G5	15~20	—	—	—	100	90~100	0~10	0~5	—		13.2~19
G6	10~30	—	100	90~100	—		0~10	0~5	—		9.5~31.5
G7	10~25	—	—	100	90~100		0~10	0~5	—		9.5~26.5
G8	10~20	—	—	—	100	90~100	0~10	0~5	—		9.5~19
G9	10~15	—	—	—	—	100	90~100	0~10	0~5	—	9.5~13.2
G10	5~15	—	—	—	—	100	90~100	40~70	0~10	0~5	4.75~13.2
G11	5~10	—	—	—	—	—	100	90~100	0~10	0~5	4.75~9.5

表 3-30　沥青混合料用石屑或机制砂细集料规格

规格名称	公称粒径/mm	水洗法通过下列筛孔(mm)的质量百分率/%							
		9.5	4.75	2.36	1.18	0.6	0.3	0.15	0.075
S15	0~5	100	90~100	60~90	40~75	20~55	7~40	2~20	0~10
S16	0~3		100	80~100	50~80	25~60	8~45	0~25	0~15

表 3-31　基层用细集料规格

规格名称	工程粒径/mm	通过下列筛孔(mm)的质量百分率/%								公称粒径/mm
		9.5	4.75	2.36	1.18	0.6	0.3	0.15	0.075	
XG1	3~5	100	90~100	0~15	0~5	—	—	—		2.36~4.75
XG2	0~3	—	100	90~100	—	—	—	—	0~15	0~2.36
XG3	0~3	100	90~100	—	—	—	—	—	0~20	0~4.75

五、填料

填料主要指粒径小于 0.075 mm 的矿物质颗粒,通常使用石灰岩等强基性岩石磨细的矿粉,矿粉应干燥、洁净(表 3-32)。填料也可以使用石灰、水泥、粉煤灰,但粉煤灰不得超过填料总量的 50%;石灰和水泥因其活性,并易吸水膨胀,用量应予控制。

表 3-32　沥青混合料用矿粉技术要求

指标	单位	技术要求	试验方法
外观	—	无团粒结块	目测
表观相对密度,不小于	—	2.50	T0352
含水率,不大于	%	1	T0359

续表 3-32

指标		单位	技术要求	试验方法
通过百分率				
	0.6 mm	%	100	T0351
	0.15 mm	%	90～100	T0351
	0.075 mm	%	75～100	T0351
亲水系数,不大于		—	1	T0353
亚甲蓝值				
	0～0.15 mm,不大于	g/kg	7	T0349
干压空隙率①		%	28～50	T0357
加热安定性		—	颜色无明显变化	T0355
碳酸钙含量①,不小于		%	70	T0361

注:① 选择性指标,经建设单位要求时可作为评价指标;当建设单位未作要求时,应进行实测。

六、冶金矿渣集料的技术性质

冶金矿渣是在冶金生产过程中由矿石、燃料及助熔剂中易熔硅酸盐化合而成的副产物。冶金矿渣分为黑色金属冶金矿渣与有色金属冶金矿渣两大类。黑色金属冶金矿渣又分为高炉重矿渣和钢渣两类。这些冶金矿渣从熔炉排出后,在空气中自然冷却,形成坚硬的材料,是一种很好的路用人工矿渣集料。它可作为基层材料,又可作为修筑水泥混凝土或沥青混凝土路面的集料。

（一）矿渣的化学成分和矿物成分

矿渣化学成分随矿物成分、燃料、助熔剂及熔化金属的化学成分的不同而异,大部分矿渣成分中基本上包含着 SiO_2、Al_2O_3、CaO,并混有 MgO、CaO、FeO、MnO 等。根据化学成分采用碱度（或酸度）作为矿渣分类基础,碱度是矿渣中碱性氧化物之和与酸性氧化物之和的比值,通常用模量来表示。

MgO、CaO、FeO 和 MnO 属于碱性氧化物,SiO_2、P_2O_3 和 TiO_2 等是酸性氧化物。硫化物 FeS、MnS 是矿渣的中性成分。Al_2O_3 是具有两面性的氧化物,遇碱时它起弱酸作用,而遇酸则起弱碱作用。矿渣的酸性和碱性可用下列模量表示:

碱性矿渣 $\quad M_{bc} = \dfrac{m_{CaO} + m_{MgO}}{m_{SiO_2} + m_{Al_2O_3}} > 1;$

酸性矿渣 $\quad M_{ac} = \dfrac{m_{CaO} + m_{MgO} + m_{Al_2O_3}}{m_{SiO_2}} < 1;$

中性矿渣 $\quad M_{bc} < 1$ 且 $M_{ac} > 1$。

其中 m_i 分别为矿渣中矿物成分的含量。

矿渣中常见的矿物成分有:黄长石、假硅灰石、辉石、橄榄石及少量的硫化物。在氧化钙含量最高的重矿渣中,还含有一定的硅酸二钙。

（二）矿渣的稳定性

矿渣在土木工程中使用,稳定性是一个决定其适用性的重要因素。影响重矿渣稳定性的因素,主要有下列三种:

1. 矿渣盐分解

在氧化钙含量较高的重矿渣中含有一定量的硅酸二钙（C_2S）。硅酸二钙是一种多晶型矿物,在重矿渣冷却的过程中,它可由 β 型转变为 γ 型,体积增大,在固体矿物渣中产生很大的内应力。内应力超过重矿渣本身组织的结合力时,就会导致重矿渣的碎裂甚至粉化,这种现象称为硅酸盐分解。

一般重矿渣的硅酸盐分解现象,主要是在矿渣冷却过程中出现,几天内就基本结束。在分解结束后,含有 β 型硅酸二钙的矿渣,并不影响在常温工程中应用。只要强度合格,无需进行硅酸盐分解鉴定。

2. 石灰质分解

矿渣中含有游离石灰,遇水后生成熟石灰,体积增大 1～2 倍,在重矿渣中产生很大的内应力导致矿渣碎裂、崩解等现象,称为石灰质分解。

石灰质分解检验方法是将矿渣试块置于蒸压釜中,在 202.65 kPa 的压力下,进行蒸汽处理 2 h。根据矿渣有无粉化、破碎或胀裂等现象,以评定矿渣有无石灰质分解的可能性。

3. 铁、锰分解

矿渣中含有 FeS 和 MnS 时,在水的作用下生成氢氧化铁和氢氧化亚锰,体积相应增大 38% 和 24%,因此在矿渣中产生很大的内应力,引起矿渣裂解或破碎,这种现象称为铁或锰分解。

铁、锰分解检验方法是将矿渣在水中浸泡 14d,根据渣块上是否出现裂纹、碎裂等分解现象,评定矿渣是否有铁、锰分解的可能性。

(三)矿渣的物理、力学性质

矿渣的相对密度与其矿物成分有关。矿渣的相对密度一般较岩石为大,大约在 2.97～3.32 之间。矿渣堆积密度约为 1 900 kg/m³ 以上。矿渣的耐冻性(或坚固性)通常均能符合路用要求。

矿渣的力学强度一般均较高,其强度与孔隙率有关,通常极限抗压强度在 50 MPa 以上,高者可达 150 MPa,相当于石灰至花岗岩的强度。其他性能,如压碎值、磨光值和磨耗值等均能符合筑路石材的要求。因此,冶金矿渣只要稳定性合格,其力学性能均能满足路用要求。稳定的冶金矿渣集料可以应用于各种路面基层和面层,对新料源的矿渣必须通过试验试用,积累使用经验后,才能逐步推广使用。

(四)矿渣的技术要求

钢渣和重钢渣在使用前应进行质量检验,各项质量指标应符合表 3-33 的要求,并满足粗集料技术要求和分档要求。

表 3-33 钢渣、重矿渣集料技术要求

	项目	单位	技术要求	试验方法
钢渣	浸水膨胀率①,不大于	%	2	T0348
	磁性金属铁含量,不大于	%	2	T0374
	游离氧化钙含量,不大于	%	3	T0375
重矿渣	堆积密度②,不小于	g/cm³	1.150	T0309
	硅酸二钙分解	—	无分解	T0376
	铁分解	—	无分解	T0377
	比色试验	—	无明显颜色变化	T0378
	磁性金属铁含量,不大于	%	2.0	T0374

注:① 对于超薄磨耗层、稀浆封层、微表处和表处,浸水膨胀率可放宽至 2.5%。
② 测定 10～20 mm 或 10～15 mm 或 3～5 mm 粒级的捣实堆积密度。

§3-5 集料的级配设计理论

土木工程材料大多数是以矿质混合料的形式与各种结合料(如水泥或沥青等)组成混合料使用。为此,对矿质混合料必须进行组成的设计,其内容包括级配理论和级配范围的确定、基本组成的设计方法两个方面。

一、矿质混合料的级配理论和级配曲线范围

(一)矿质混合料的级配理论

1. 级配曲线(Gradation Curve)

各种不同粒径的集料,按照一定的比例搭配起来,以达到较高的密度(和/或较大的内摩擦力),可以采用下列两种级配组成。

(1)连续级配(Continuous Gradation)

连续级配是某一矿质混合料在标准筛孔组成的套筛中进行筛分时,所得的级配曲线平顺圆滑,具有连续不间断的性质,相邻粒径的粒料之间,有一定的比例关系(按质量计)。这种由大到小逐级粒径均有,并按比例互相搭配组成的矿质混合料,称为连续级配矿质混合料。

(2)间断级配(Gap Gradation)

间断级配是在矿质混合料中剔除其一个(或几个)分级,形成一种不连续的混合料。这种混合料称为间断级配矿质混合料。连续级配曲线和间断级配曲线如图3-22所示。

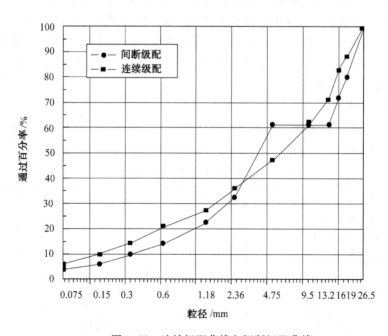

图 3-22　连续级配曲线和间断级配曲线

2. 级配理论(Theory of Gradation)

目前常用的级配理论主要有最大密度曲线理论和粒子干涉理论。最大密度曲线理论主要描述了连续级配的粒径分布。粒子干涉理论不仅可用于计算连续级配,而且也可用于计算间断级配。

(1) 最大密度曲线理论(Theory of Maximum Density Curve)

最大密度曲线是通过大量试验提出的一种理想曲线。W. B. 富勒(Fuller)和他的同事研究认为:固体颗粒按粒度大小,有规则地组合排列,粗细搭配,可以得到密度最大、空隙最小的混合料。初期研究理想曲线是:细集料以下的颗粒级配曲线为椭圆形曲线,粗集料级配曲线为与椭圆曲线相切的直线,由这两部分组成的级配曲线,可以达到最大的密度。这种曲线计算比较繁杂,后来经过许多研究改进,提出简化的抛物线最大密度理想曲线。该理论认为:矿质混合料的颗粒级配曲线愈接近抛物线,则其密度愈大。

① 最大密度曲线公式

根据上述理论,当矿质混合料的级配曲线为抛物线时,最大密度理想曲线集料各级粒径(d_i)与通过量(p_i)表示如式(3-43):

$$p_i^2 = kd_i \qquad (3\text{-}43)$$

式中　d_i——集料各级粒径(mm);

　　　p_i——集料各级粒径的通过量(%);

　　　k——常数。

当集料各级粒径 d_i 等于最大粒径 D 时,则通过量 $p=100$。即 $d_i=D$ 时,$p=100$。故

$$k = 100^2\,\frac{1}{D} \qquad (3\text{-}44)$$

当希望求任一级集料粒径的通过量时,可用式(3-44)代入式(3-43)得:

$$p_i = 100\left(\frac{d_i}{D}\right)^{0.5} \qquad (3\text{-}45)$$

式中　D——矿质混合料的最大粒径(mm);

　　　其他符号同前。

式(3-45)就是最大密度理想曲线的级配组成计算公式。根据这个公式,可以计算出矿质混合料最大密度时各级粒径(d_i)的通过量(p_i)。

② 最大密度曲线 n 幂公式

最大密度曲线是一种理想的级配曲线。A. N. Talbol 将 W. B. Fuller 曲线指数 0.5 改成 n,认为指数不应该是一个常数,而应该是一个变数。研究认为,沥青混合料中用 $n=0.45$ 时,密度最大;水泥混凝土中用 $n=0.25\sim0.45$ 时施工和易性较好。通常使用的矿质混合料的级配范围(包括密级配和开级配)n 幂在 0.3~0.7 之间。因此在实际应用时,矿质混合料的级配曲线应该允许在一定范围内波动,可以假定 n 幂分别为 0.3 和 0.7 计算混合料的级配上限和下限。

$$p_i = 100\left(\frac{d_i}{D}\right)^{n} \qquad (3\text{-}46)$$

式中　d_i——集料各级粒径(mm);

　　　p_i——集料各级粒径的通过量(%);

D——矿质混合料的最大粒径(mm);

n——实验指数。

【例3-1】 已知矿质混合料最大粒径为 37.5 mm,试用最大密度曲线公式计算其最大密度曲线的各级粒径的通过百分率;并按 $n=0.3$ 和 $n=0.7$ 计算级配范围曲线的各级粒径的通过百分率。

【解】 将 $n=0.3$、$n=0.5$、$n=0.7$ 代入式(3-46)可以计算各级粒径的通过百分率,具体计算结果见表3-34。

表3-34 最大密度曲线和线配范围曲线各级粒径通过百分率

分级顺序		1	2	3	4	5	6	7	8	9	10
粒径 d_i/mm		37.5	19	9.5	4.75	2.36	1.18	0.6	0.3	0.15	0.075
最大密度曲线	$n=0.5$	100	71.18	50.33	35.59	25.09	17.74	12.65	8.94	6.32	4.47
级配范围	$n=0.3$	100	81.55	66.24	53.80	43.62	35.43	28.92	23.49	19.08	15.50
	$n=0.7$	100	62.13	38.25	23.54	14.43	8.88	5.53	3.41	2.10	1.29

③ k 法

n 幂公式法存在一个缺点,因为它是无穷级数,没有最小粒径的控制。对于沥青混合料,往往造成矿粉含量过高,使路面高温稳定性不足。苏联控制筛余量递减系数 k 的方法,恰好克服了这个缺点。

k 法以颗粒直径的 1/2 为递减标准,即各级粒径分别为 $d_0=\dfrac{D}{2^0}$,$d_1=\dfrac{D}{2^1}$,$d_2=\dfrac{D}{2^2}$,$\cdots$,$d_n=\dfrac{D}{2^n}$。假定 $d_0\sim d_1$ 为第一级,$d_1\sim d_2$ 为第二级,$\cdots$,$d_{n-1}\sim d_n$ 为第 n 级。设 k 为筛余量的递减系数,则第一级筛余量 $\alpha_1=\alpha_1 k^0$,第二级筛余量 $\alpha_2=\alpha_1 k^1$,第三级筛余量 $\alpha_3=\alpha_1 k^2$,$\cdots$,第 n 级筛余量 $\alpha_n=\alpha_1 k^{n-1}$。

假定 $d_n=0.004$ mm,并控制其通过量为零。则分级数

$$n=3.321\,9\,\lg D/d_n=3.321\,9\,\lg D/0.004$$

由于各级筛余量相加总和为100,则

$$\alpha_1(k^0+k^1+k^2+\cdots+k^{n-1})=100$$

则可得:$\alpha_1=\dfrac{100(1-k)}{1-k^n}$

因第 x 级的筛余量 $\alpha_x=\alpha_1 k^{x-1}$,通过量为 $P_x=(100-\sum \alpha_x)\%$,则

$$P_x=100\left(1-\frac{1-k^x}{1-k^n}\right)\% \tag{3-47}$$

式中 $x=3.321\,9\,\lg D/d_x$,$n=3.321\,9\,\lg D/d_n$。

【例3-2】 如果设计最大粒径为 9.5 mm,最小粒径为 0.075 mm,计算各级粒径的通过百分率。

【解】 因 $n=3.321\,9\,\lg D/d_n$,则 $n=3.32\lg 10/0.075=7.05$,划分的颗粒尺寸数为 $n+1=8$ 个,具体计算结果见表3-35。

表 3-35　级配计算结果

粒径/mm	9.5	4.75	2.36	1.18	0.6	0.3	0.15	0.075
x	0	1	2.009	3.009	3.985	4.985	5.985	6.985
$k=0.65$	100	63.18	39.08	23.58	13.71	7.09	2.80	0
$k=0.8$	100	74.67	54.24	38.06	25.04	14.99	6.06	0
$k=0.9$	100	80.80	63.38	47.84	34.19	21.57	10.22	0

由此可以看出,k 值愈大,级配愈细,因此,一般 k 值为 0.65~0.84。具体可以根据对比计算确定。

④ $k-P_n$ 法

k 法规定 d_n 级的通过量为零,其他各级无法根据需要确定。有些工程要求规定某一级或某几级的通过量,$k-P_n$ 法就能满足这一要求。

$k-P_n$ 法以颗粒直径的 1/2 为递减标准,即各级粒径分别为 $d_0=\dfrac{D}{2^0}$,$d_1=\dfrac{D}{2^1}$,$d_2=\dfrac{D}{2^2}$,$\cdots$,$d_n=\dfrac{D}{2^n}$,要求 d_n 级的通过量为 P_n。实践证明,矿质混合料各颗粒尺寸筛孔的累计筛余满足 $(100-P_x):(100-P_n)=(1-k^x):(1-k^n)$,混合料就能达到最大密实度。则

$$P_x=100-(100-P_n)\frac{1-k^x}{1-k^n} \tag{3-48}$$

式中　$x=3.321\,9\lg D/d_x$,$n=3.321\,9\lg D/d_n$。

【例 3-3】　已知 $D=19$ mm,$d_n=0.6$ mm,$P_n=5$,$k=0.6$,计算各级粒径的通过百分率。

【解】　将具体数据代入式(3-48)可以计算各级粒径的通过百分率,$x=3.321\,9\lg19/d_x$,$n=3.321\,9\lg19/0.6$,具体计算结果见表3-36。

表 3-36　级配计算结果

d_x	19	13.2	9.5	4.75	1.18	0.6
$x=3.321\,9\lg D/d_x$	0	0.525 5	1	2	4.009 1	4.984 9
$P_x=100-(100-P_n)\dfrac{1-k^x}{1-k^n}$	100	75.73	58.77	34.03	10.22	5

【例 3-4】　$D_1=37.5$ mm,$d_n=9.5$ mm 和 9.5~2.36 mm 处间断;$D_2=2.36$ mm,$d_{2n}=0.075$ mm,$P_{1n}=40$,$P_{2n}=4$,$k=0.65$,计算各级粒径的通过百分率。

【解】　将具体数据代入式(3-48)可以计算各级粒径的通过百分率,具体计算结果见表3-37。

表 3-37　级配计算结果

d_x	37.5	26.5	13.2	9.5	4.75	2.36	1.18	0.6	0.3	0.15	0.075
x	0	0.500 9	1.503 6	1.980 9		0	1.00	1.975 7	2.975 7	3.975 7	4.975 7
P_{x1}	100	79.71	50.10	40	40						
P_{x2}						40	25.73	16.63	10.54	6.57	4

表中　$P_{x1}=100-(100-40)\dfrac{1-k^x}{1-k^n}$，$n=3.321\,9\lg37.5/9.5$，$x=3.321\,9\lg37.5/d_x$；

$P_{x2}=40-(40-4)\dfrac{1-k^x}{1-k^n}$，$n=3.321\,9\lg2.36/0.075$，$x=3.321\,9\lg2.36/d_x$。

（2）粒子干涉理论（Theory of Particle Interference）

C. A. G. 魏矛斯（Weymouth）研究认为达到最大密度时前一级颗粒之间的空隙，应由次一级颗粒所填充；其所余空隙又由再次级小颗粒所填充，但填隙的颗粒粒径不得大于其间隙之距离，否则大小颗粒粒子之间势必发生干涉现象（如图 3-23），为避免干涉，大小粒子之间应按一定数量分配。在临界干涉的情况下可导出前一级颗粒的距离应为

$$t=\left[\left(\dfrac{\Psi_0}{\Psi_s}\right)^{1/3}-1\right]D \qquad (3\text{-}49a)$$

当处于临界干涉状态时 $t=d$，则式（3-49a）可写成（3-49b）：

$$\Psi_s=\dfrac{\Psi_0}{\left(\dfrac{d}{D}+1\right)^3} \qquad (3\text{-}49b)$$

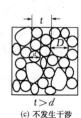

(a) 颗粒干涉　(b) 临界干涉　(c) 不发生干涉

图 3-23　粒子干涉理论模型

式中　t——前粒级的间隙（即等于次粒级的粒径 d）；

D——前粒级的粒径；

Ψ_0——次粒级的理论实积率（实积率即堆积密度与表观密度之比）；

Ψ_s——次粒级的实用实积率。

式（3-49b）即为粒子干涉理论公式。应用时如已知集料的堆积密度和表观密度，即可求得集料理论实积率（Ψ_0）。连续级配时 $d/D=1/2$，则可按式（3-49b）求得实用实积率（Ψ_s）。由实用实积率可计算出各级集料的配量（即各级分计筛余）。据此计算的级配曲线与富勒最大密度曲线相似。后来，R. 瓦利特（Vallete）又发展了粒子干涉理论，提出间断级配矿质混合料的计算方法。

（二）级配曲线范围的绘制

按前述级配理论公式计算出矿质混合料的各级集料通过百分率，以通过百分率为纵坐标，以粒径（mm）为横坐标，绘制成曲线，即为理论级配曲线。但由于矿料在轧制过程中的不均匀性，以及混合料配制时的误差等因素影响，使所配制的混合料往往不可能与理论级配完全相符合。因此，必须允许配料时的合成级配在适当的范围内波动，这就是级配范围（Gradation Envelope）。

常用筛孔约按 1/2 递减，筛分曲线如按常坐标绘制，则必然造成先疏后密，不便于绘制和查阅。为此，通常用半对数坐标代替，即横坐标颗粒粒径（即筛孔尺寸）采用对数坐标，而纵坐标通过（或存留）百分率采用常坐标。

我国沿用半对数坐标系绘制级配范围曲线的方法，首先要按对数计算出各种颗粒粒径（即筛孔尺寸）在横坐标轴上的位置，而表示通过（或存留）百分率的纵坐标则按普通算术坐标绘制。绘制好纵、横坐标后，最后将计算所得的各颗粒粒径（d_i）的通过百分率（p_i）绘制在坐标图上，再将确定的各点连接为光滑的曲线。

二、矿质混合料的组成设计方法

天然或人工轧制的一种集料的级配往往很难完全符合某一级配范围的要求,因此必须采用两种或两种以上的集料配合起来才能符合级配范围的要求。矿质混合料级配组成设计的任务就是确定组成混合料各集料的比例。确定混合料配合比的方法很多,但是归纳起来主要有数解法与图解法两大类。

（一）数解法（Mathematical Method）

用数解法确定矿质混合料组成的方法很多,最常用的为试算法和正规方程法(或称线性规划法)。前者用于3~4种矿料组成,后者可用于多种矿料组成,所得结果准确,但计算较为繁杂,不如图解法简便。

1. 试算法

（1）基本原理

设有几种矿质集料,欲配制某一种一定级配要求的混合料。在决定各组成集料在混合料中的比例时,先假定混合料中某种粒径的颗粒是由某一种对该粒径占优势的集料所组成,而其他各种集料不含这种粒径。如此根据各个主要粒径去试算各种集料在混合料中的大致比例。如果比例不合适,则稍加调整,这样逐步渐进,最终达到符合混合料级配要求的各集料配合比例。

设有 A、B、C 三种集料,欲配制成级配为 M 的矿质混合料,求 A、B、C 集料在混合料中的比例,即为配合比。

按题意作下列两点假设：

① 设 A、B、C 三种集料在混合料 M 中的用量比例为 X、Y、Z,则

$$X+Y+Z=100 \tag{3-50}$$

② 又设混合料 M 中某一级粒径要求的含量为 $\alpha_{M(i)}$,A、B、C 三种集料在该粒径的含量为 $\alpha_{A(i)}$、$\alpha_{B(i)}$、$\alpha_{C(i)}$。则

$$\alpha_{A(i)}X+\alpha_{B(i)}Y+\alpha_{C(i)}Z=\alpha_{M(i)} \tag{3-51}$$

（2）计算步骤

① 计算 A 料在矿质混合料中的用量

在计算 A 料在混合料中的用量时,按 A 料占优势的某一粒径计算,而忽略其他集料在此粒径的含量。设按粒径尺寸为 $i(\text{mm})$ 的粒径来进行计算,则 B 料和 C 料在该粒径的含量 $\alpha_{B(i)}$ 和 $\alpha_{C(i)}$ 均等于零。由式(3-51)可得

$$\alpha_{A(i)}X=\alpha_{M(i)} \tag{3-52}$$

则 A 料在混合料中的用量为

$$X=\frac{\alpha_{M(i)}}{\alpha_{A(i)}}\times100 \tag{3-53}$$

② 计算 C 料在矿质混合料中的用量

同前,在计算 C 料在混合料中的用量时,按 C 料占优势的某一粒径计算,而忽略其他集料在此粒径的含量。

设按 C 料粒径尺寸为 j(mm)的粒径来进行计算,则 A 料和 B 料在该粒径的含量 $a_{A(j)}$ 和 $a_{B(j)}$ 均等于零。由式(3-51)可得

$$\alpha_{C(j)}Z=\alpha_{M(j)} \tag{3-54}$$

即 C 料在混合料中的用量为

$$Z=\frac{\alpha_{M(j)}}{\alpha_{C(i)}}\times100 \tag{3-55}$$

③ 计算 B 料在矿质混合料中的用量

由式(3-54)和式(3-55)求得 A 料和 C 料在混合料中的含量 X 和 Z 后,由式(3-50)即可得

$$Y=100-(X+Z) \tag{3-56}$$

如为四种集料配合时,C 料和 D 料仍可按其占优势粒径用试算法确定。

④ 校核调整

按以上计算的配合比经校核如不在要求的级配范围内,应调整配合比重新计算和复核,经几次调整,逐步渐进,直到符合要求为止。如经计算确不能满足级配要求时,可掺加某些单粒级集料,或调换其他原始集料。

2. 正规方程法

多种集料采用数解法求算配合比,其基本原理是根据各种集料的筛分数据和规范要求的级配中值,列出正规方程,然后用数学回归的方法或电算的方法求解。

设矿质混合料任何一级筛孔规定的通过率为 $P_{(j)}$,它是由各种组成集料在该级的通过百分率 $P_{i(j)}$ 乘各种集料在混合料中的用量(x_i)之和,即

$$\sum P_{i(j)} \cdot x_i=P_{(j)} \tag{3-57}$$

式中 i——集料的种类,$i=1,2,\cdots,k$;

  j——任一级筛孔的筛孔号,$j=1,2,\cdots,n$。

按式(3-57)可列出下列方程组:

$$\begin{cases} P_{1(1)} \cdot x_1+P_{2(1)} \cdot x_2+\cdots+P_{k(1)} \cdot x_k=P_{(1)} \\ P_{1(2)} \cdot x_1+P_{2(2)} \cdot x_2+\cdots+P_{k(2)} \cdot x_k=P_{(2)} \\ \cdots\cdots\cdots\cdots\cdots\cdots\cdots\cdots\cdots\cdots\cdots\cdots \\ P_{1(n)} \cdot x_1+P_{2(n)} \cdot x_2+\cdots+P_{k(n)} \cdot x_k=P_{(n)} \end{cases} \tag{3-58}$$

上述方程组有 k 个变量,有 n 个方程式,因此,可用数学回归法或电算法求解。

请同学利用课余时间及计算机技术进行分析计算。

(二)图解法(Graphical Method)

采用图解法来确定矿质混合料的组成,常用的有两种集料组成的矩形法和三种集料组成的三角形法。多种集料级配可采用平衡面积法(Balanced Area Method),该法是采用一条直线来代替集料的级配曲线,这条直线是使曲线左右两边的面积平衡(即相等),这样简化了曲线的复杂性。这个方法又经过许多研究者的修正,故称现行的图解方法为修正平衡面积法(以下

简称图解法）。

1. 基本原理

① 级配曲线坐标图的绘制方法

通常级配曲线采用半对数坐标图，即纵坐标的通过量（P_i）为线性坐标，横坐标的粒径（d_i）为对数坐标。因此，按 $p_i = 100(d_i/D)^n$ 绘出的级配中值是曲线。为使级配中值为直线，规定纵坐标的通过量（P）仍为算术坐标，横坐标的粒径采用 $(d_i/D)^n$ 表示，则级配曲线中值为直线（如图 3-24）。

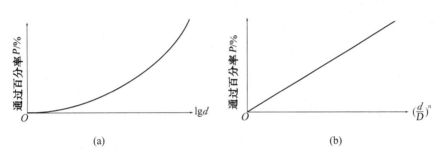

图 3-24　图解法级配曲线坐标图

$(a)P-\lg d$；(b) $P-\left(\dfrac{d}{D}\right)^n$

② 各种集料用量的确定方法

将各种集料级配曲线绘于坐标图上。为简化起见，作下列假设：①各集料为单一粒径，即各种集料的级配曲线均为直线；②相邻两曲线相接，即在同一筛孔上，前一集料的通过量为零时，而后一集料的通过量为 100%。因此将各集料级配曲线和设计混合料级配中值绘成曲线如图 3-25。

将 A、B、C 和 D 各类集料首尾相连，即作垂线 AA'、BB' 和 CC'。各垂线与级配中值 OO' 相交于 M、N 和 R，由 M、N 和 R 作水平线与纵坐标交于 P、Q 和 S，则 OP、PQ、QS 和 ST 即为 A、B、C 和 D 四种集料在混合料中的配合比 $X:Y:Z:W$。

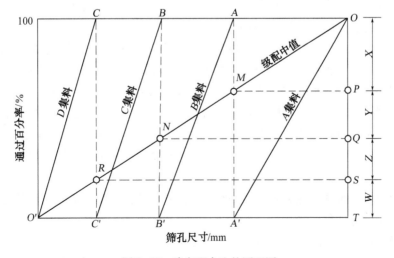

图 3-25　确定配合比的原理图

2. 计算步骤

(1) 绘制级配曲线坐标图

按上述原理,在设计说明书上按规定尺寸绘方形图框。通常纵坐标通过量取 10 cm,横坐标筛孔尺寸(或粒径)取 15 cm。连对角线作为要求级配曲线中值。纵坐标按算术标尺,标出通过量百分率(0~100%)。根据要求级配中值和各筛孔通过百分率标于纵坐标上,则从纵坐标引水平线与对角线相交,再从交点作垂线与横坐标相交,其交点即为各相应筛孔尺寸的位置。

(2) 确定各种集料用量

将各种集料的通过量绘于级配曲线坐标图上(如图 3-26)。因为实际集料的相邻级配曲线并不是像计算原理所述的那样均为首尾相接的,可能有下列三种情况(如图 3-26)。根据各集料之间的关系,按下述方法即可确定各处集料用量。

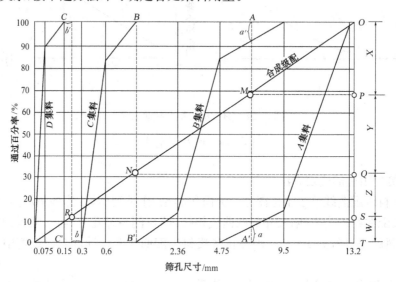

图 3-26 图解法计算图

① 两相邻级配曲线重叠(如集料 A 级配曲线的下部与集料 B 级配曲线上部搭接时),在两级配曲线之间引一根垂直于横坐标的直线(即 $a=a'$)AA' 与对角线 OO' 交于点 M,通过 M 作水平线与纵坐标交于 P 点,OP 即为集料 A 的用量。

② 两相邻级配曲线相接(如集料 B 的级配曲线末端与集料 C 的级配曲线首端,正好在一垂直线上时),将前一集料曲线末端与后一集料曲线首端作垂线相连,垂线 BB' 与对角线 OO' 相交于点 N,通过 N 作水平线与纵坐标交于 Q 点,PQ 即为集料 B 的用量。

③ 两相邻级配曲线相离(如集料 C 的级配曲线末端与集料 D 的级配曲线首端,在水平方向彼此离开一段距离时),作垂直平分相离开的距离(即 $b=b'$),垂线 CC' 与对角线 OO' 相交于点 R,通过 R 作水平线与纵坐标交于 S 点,QS 即为 C 集料的用量,剩余 ST 即为集料 D 用量。

(3) 校核

按图解所得的各种集料用量,校核计算所得合成级配是否符合要求。如不能符合要求(超出级配范围),应调整各集料的用量。

(三) 美国公路战略研究计划(SHRP)的级配要求

SHRP 采用 0.45 次方最大级配线图来规定容许级配,这种级配图利用单一绘图技术来确定集料粒径在横轴上的分布。纵坐标为集料的通过百分率,横坐标是以 mm 为单位的粒径的计算刻度,它是粒径的 0.45 次方。在级配图上的一个重要点是最大密度线,最大密度线是最大粒径 100% 通过量与原点的连线。集料的公称粒径为筛余大于 10% 的第一个集料的尺寸上一粒径,最大粒径为大于集料公称粒径的第一个粒径,或第一个通过率为 100% 的粒径(表3-38)。

表 3-38 Superpave 级配类型

Superpave 混合料标准	公称粒径/mm	最大粒径/mm
37.5	37.5	50
25	25	37.5
19	19	25
12.5	12.5	19
9.5	9.5	12.5

在 0.45 次方图上有另两个级配控制点:控制点和禁区。控制点为级配曲线必须通过的几个特定的尺寸范围,禁区为最大密度线附近 0.3~2.36 mm 范围不希望级配通过的区域。

禁区的范围在中间粒径(2.36 mm 或 4.75 mm)与 0.3 mm 之间的最大密度线附近,这一范围级配曲线不能通过。通过禁区的级配一般称为“驼峰级配”。在大多数情况下,驼峰级配中细砂的含量较高,这种级配可能导致混合料软化,使得施工时难以压实和混合料抵抗永久变形的能力下降。沥青混合料的强度主要由胶结料的黏结力提供,集料的骨架作用较小。这种混合料同时对沥青用量很敏感及极容易塑性化。设计较好的混合料结构称为设计骨架结构,骨架集料结构在控制点附近并避开禁区,Superpave 提供了六种以公称最大粒径表示的级配类型。

图 3-27 给出了 12.5 mm 的混合料的控制点和禁区,表 3-39 为具体的级配限值。

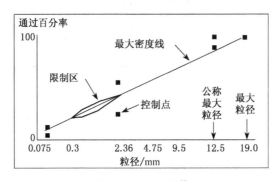

图 3-27 级配限值

表 3-39 Superpave 集料级配标准

最大公称粒径 12.5 mm				
筛孔/mm	控制点		限制区边界	
			最小	最大
19		100.0		
12.5	90.0	100.0		
9.5				

最大公称粒径 12.5 mm				
筛孔/mm	控制点		限制区边界	
			最小	最大
4.75				
2.36	28.0	58.0	39.1	39.1
1.18			25.6	31.6
0.6			19.1	23.1
0.3			15.5	15.5
0.15				
0.075	2.0	10.0		

Superpave 建议但没有规定混合料级配必须低于禁区,同时随着交通量的提高,Superpave 建议混合料向粗的控制点接近。且级配的控制点和禁区不适用于 SMA 和开级配混合料。表 3-40 是美国的密级配范围及级配容许偏差建议。

表 3-40　美国的密级配范围

筛孔尺寸	密实混合料								
	混合料名称与标称最大集料尺寸								
	2英寸 (50 mm)	$1\frac{1}{2}$英寸 (37.5 mm)	1英寸 (25.0 mm)	3/4英寸 (19.0 mm)	1/2英寸 (12.5 mm)	3/8英寸 (9.5 mm)	4号(4.75 mm) (沥青砂)	8号 (2.36 mm)	16号 (1.18 mm) (片沥青)
	总集料(粗、细集料加填料)级配 细于每一试验筛孔(方孔)数量,重量百分率								
$2\frac{1}{2}$英寸 (63 mm)	100	—	—	—	—	—	—	—	—
2英寸 (50 mm)	90～100	100	—	—	—	—	—	—	—
$1\frac{1}{2}$英寸 (37.5 mm)	—	90～100	100	—	—	—	—	—	—
1英寸 (25.0 mm)	60～80	—	90～100	100	—	—	—	—	—
3/4英寸 (19.0 mm)	—	56～80	—	90～100	100	—	—	—	—
1/2英寸 (12.5 mm)	35～65	—	56～80	—	90～100	100	—	—	—
3/8英寸 (9.5 mm)	—	—	—	56～80	—	90～100	100	—	—
4号 (4.75 mm)	17～47	23～53	29～59	35～65	44～74	55～85	80～100		100
8号 (2.36 mm)	10～36	15～41	19～45	23～49	28～58	32～67	65～100		95～100
6号 (1.18 mm)	—	—	—	—	—	—	40～80	—	85～100

筛孔尺寸	密实混合料								
	混合料名称与标称最大集料尺寸								
	2 英寸 (50 mm)	1 $\frac{1}{2}$ 英寸 (37.5 mm)	1 英寸 (25.0 mm)	3/4 英寸 (19.0 mm)	1/2 英寸 (12.5 mm)	3/8 英寸 (9.5 mm)	4 号(4.75 mm)(沥青砂)	8 号 (2.36 mm)	16 号 (1.18 mm)(片沥青)
30 号 (600 μm)	—	—	—	—	—	—	25~65	—	70~95
50 号 (300 μm)	3~15	4~16	5~17	5~19	5~21	7~23	7~40	—	45~75
100 号 (150 μm)	—	—	—	—	—	—	3~20	—	20~40
200 号 (75 μm)	0~5	0~6	1~7	2~8	2~10	2~10	2~10	—	9~20

（四）贝雷法级配设计

贝雷法沥青混合料级配设计理论是由美国以利诺州交通部 Robert D. Bailey 先生发明的一套确定沥青混合料级配的方法。经过 Heritage 研究组近十年的内部使用和普渡大学进一步研究和验证，采用"贝雷法"设计的沥青混合料具有良好的骨架结构，同时可以保证密实。

1. 设计理论

贝雷理论认为，沥青混合料矿料组成中可以分为形成骨架的粗骨料和形成填充的细集料，其设计原理是级配要求细集料的体积数量等于粗级料空隙的体积。同样，细集料也按照此原理分成细集料中的粗集料与细集料中的细集料，并形成依次的填充状态。根据平面模型，形成填充的粒径与骨料直径的关系根据圆形与片状的不同，大致系数在 0.15~0.29 之间。形成第一级填充的细集料平均直径为最大公称尺寸的 0.22 倍，即最大公称尺寸乘以 0.22 即为主要控制粒径。

一般以大于 2.36 mm 的集料称为粗集料，小于该值的集料称为细集料。贝雷法粗细集料的区分动态地根据最大公称尺寸（NMPS）的 0.22 倍所对应的相近尺寸的筛孔孔径作为粗细集料的分界点。例如，最大公称尺寸为 37.5 mm 混合料对应 9.5 mm 的筛孔孔径。然后将粗细集料的分界点作为第一个控制筛孔（PCS—Primary Control Sieve）。见图 3-28。

首先确定细集料含量。细集料含量确定的基本原则是：

细集料的体积≤粗集料空隙率的体积

粗集料的体积＋细集料的体积＝单位体积

为进一步对粗集料的不同粒径进行约束，采用 CA 比指标对粗集料的级配进行约束，主要是从集料的离析和压实方面进行考虑。贝雷法要求 CA 比＝0.4~0.8。根据在美国的经验，如果 CA 比大于 1，则混合料不能形成良好的骨架结构，如果 CA 比小于 0.4，则混合料容易产生离析并难以压实。

$$CA = \frac{P_{(NMPS/2)} - P_{PCS}}{100\% - P_{(NMPS/2)}} \tag{3-59}$$

$P_{(NMPS/2)}$＝最大公称尺寸的 1/2 所对应的筛孔的通过率；

P_{PCS}＝关键筛孔的通过率。

为确定细集料中较粗部分与较细部分的比例关系，将 PCS 点×0.22 对应的筛孔作为细

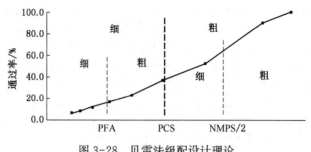

图 3-28 贝雷法级配设计理论

集料中的粗细分界点 FA_C；将 $FA_C \times 0.22$ 再分为 FA_F 点，然后根据 FA_C 比和 FA_F 比确定各部分的组成含量（式 3-60）。一般要求 FA_C 和 FA_F 小于 0.5。

$$FA_C = \frac{P_{FA_C}}{P_{PCS}} \qquad FA_F = \frac{P_{FA_F}}{P_{FA_C}} \qquad\qquad (3-60)$$

贝雷法设计有一个非常复杂的计算和修订的过程，需要计算每一种原材料在混合料中可能形成的状态，以及根据原材料级配的不均匀性修正骨料的分布和数量，整个过程需要由相应的试验规程和计算机设计程序完成。

2. 设计过程

以最大公称粒径 D 为例。

第一步 对各种集料进行筛分，初步确定集料的级配组成。

第二步 测定各种粗细集料的表观密度、毛体积密度和吸水率。

第三步 以 $0.22D$、0.22^2D、0.22^3D、$\cdots$、0.075 确定对应筛孔尺寸，并将合成级配分级。测定各组合成级配，即：$>0.22D$、$>0.22^2D$、$>0.22^3D$、$\cdots$、>0.075 的松装密度和干捣实密度；测定相应的 $<0.22D$、$<0.22^2D$、0.22^3D、$\cdots$、<0.075 的松装密度和干捣实密度。

第四步 计算各组合成集料的毛体积密度和视密度；以合成集料的毛体积密度为基础，计算各组合成集料松散和捣实状态下的孔隙率。

第五步 确定各级细集料含量，其基本原则为：各级细集料的体积 $<$ 相应各级粗集料的空隙体积，其余类推。直到确定整个级配。计算时各级粗集料体积与相应各级细集料体积的和应等于单位体积。

第六步 利用式(2-59)计算 CA 比。

第七步 利用式(2-60)计算 FA_C 和 FA_F。

第八步 由于 FA 直接影响 VMA，调整粗细集料的比例，使得 VMA 满足要求。

第九步 进行混合料试验，测试相应的体积指标和力学指标。

复习思考题

3-1 石材有哪几项主要物理性能指标？简述它们的含义及其对建筑结构与路用石材性能的影响。

3-2 试论述影响石材抗压强度的主要因素（内因和外因）。

3-3 集料磨光值、磨耗值和冲击值表征石材的什么性能？这些数值对路面抗滑层用集料有什么实际意义？

3-4 石材与沥青的黏附性取决于石材的什么性质?

3-5 石材的技术等级是如何确定的?

3-6 集料的主要物理常数有哪几项?简述它们的含义及其与石材物理常数的不同之处。

3-7 何谓分计筛余百分率、累计筛余百分率、通过百分率及细度模数?

3-8 何谓级配?试述集料级配的表示方法。

3-9 冶金矿渣在应用时应注意什么?

3-10 论述最大密度曲线理论的含义及表达方式。

3-11 n 幂最大密度公式对最大密度曲线公式理论有什么发展?它在实际应用中应考虑什么问题?

3-12 试述试算法和图解法的基本原理和计算步骤。

3-13 某工地现有拟作水泥混凝土用的砂料一批,经按取样方法选取样品筛析结果如下表,试计算其分计筛余、累计筛余和通过百分率,绘出级配曲线,并用细度模数评价其细度。

砂料样品筛析结果

筛孔尺寸 d_i/mm	4.75	2.36	1.18	0.6	0.3	0.15	<0.15
存留量 m_i/g	25	35	90	125	125	75	25
要求通过范围/%	100~90	100~75	90~50	59~30	30~8	10~0	—

3-14 为制备水泥混凝土,在矿料允许根据需要选择的条件下,为节约水泥,拟采用高密度矿质骨架,试用 n 幂最大密度公式设计适宜的砂石混合料级配范围。

【原始资料】

(1) 按钢筋间距允许粗集料最大粒径 30 mm,建议采用下列筛孔尺寸(单位:mm):26.5、19、9.5、4.75、2.36、1.18、0.6、0.3、0.15。

(2) 根据结构复杂程度和施工机械所要求的和易性,推荐 n 幂公式 $n=0.4\sim0.6$。

3-15 试用试算法设计符合题 3-14 级配范围的水泥混凝土用矿质混合料。

【原始资料】

(1) 已知碎石、石屑和砂三种原始材料的通过百分率如下表。

(2) 级配范围按题 3-14 计算结果。

【设计要求】

(1) 将下表原材料的级配画在级配图上。

(2) 用计算法求出各种原材料在混合料中的用量。

(3) 校核合成级配是否在级配范围中,如超出级配范围应重新调整。

原材料通过百分率

石材名称	筛孔尺寸/mm								
	26.5	19	9.5	4.75	2.36	1.18	0.6	0.3	0.15
	通过百分率/%								
碎石	100	70	30	5	0	0	0	0	0
石屑	100	100	98	95	59	25	5	2	0
细砂	100	100	100	100	100	98	95	70	54

3-16 试用平衡面积法设计细粒式沥青混凝土用矿质混合料配合比。

【原始资料】

(1) 已知碎石、石屑、砂和矿粉四种原材料的通过百分率,见下表。

(2) 级配范围见下表。

【设计要求】

(1) 根据题目给的级配范围和各材料的通过百分率绘出级配中值和各材料的级配曲线图。

(2) 用图解法求出各材料在混合料的用量,并计算出合成级配。

(3) 校核合成级配,如合成曲线不在级配范围或曲线成锯齿形应调整各材料用量使之变成平顺光滑的曲线。

细粒式沥青混凝土级配要求

石材名称	筛孔尺寸/mm								
	13.2	9.5	4.75	2.36	1.18	0.6	0.3	0.15	0.075
	通过百分率/%								
碎石	100	80	38	4	0	0	0	0	0
石屑	100	100	100	96	50	20	0	0	0
砂	100	100	100	100	90	80	60	20	0
矿粉	100	100	100	100	100	100	100	100	80
级配范围	100	70~88	48~68	36~53	24~41	18~30	12~22	8~16	4~8

3-17 What are the three mineralogical or geological classifications of rocks, and how are they formed?

3-18 Discuss five different desirable characteristics of aggregate used in asphalt concrete. Three samples of fine aggregate have the following properties:

Measure	Sample		
	A	B	C
Wet Mass(g)	521.0	522.4	523.4
Dry Mass(g)	491.6	491.7	492.1
Absorption(%)	2.5	2.4	2.3

3-19 A sample of wet aggregate weighed 297.2 N. After drying in an oven, this sample weighed 281.5 N. The absorption of this aggregate is 2.5%. Calculate the percent of free water in the original wet sample.

3-20 Samples of coarse aggregate from a stockpile are brought to the laboratory for determination of specific gravities. The following weights are found:

Mass of moist aggregate sample as brought to the laboratory: 5 298 grams

Mass of oven dried aggregate: 5 216 g

Mass of aggregates submerged in water: 3 295 g

Mass of SSD (Saturated Surface Dry) Aggregate: 5 227 g

Calculate the bulk density, apparent density and the saturated surface-dry density of the aggregate.

创新设计

　　调查建筑或公路施工工地,了解集料的品种、来源、规格、级配等情况,进一步分析集料的轧制工艺、设备的技术要求。写出集料选材、加工、设备构造、质量检测、组成设计等内容的科技小论文,并用正规方程法编写程序,进行设计计算、调整、绘图。

第 4 章　沥青胶结料

学习目的：沥青是一种典型的有机胶结材料,也是现代公路及城市道路的主要路面胶结材料和结构工程中常用的防水材料;通过本章的学习,重点掌握沥青的主要性能特点,深刻认识沥青性能与环境的关系,为沥青混合料的学习打下基础。

教学要求：结合现代路面工程和屋面防水工程,讲解沥青材料的主要技术性质与技术标准,重点掌握石油沥青的组成和结构、技术性质及与环境的关系,并了解沥青防水材料的基本性能及常用改性沥青的性质和品种。

§4-1　沥青的分类与生产

沥青材料是由一些极其复杂的高分子碳氢化合物和这些碳氢化合物的非金属(氧、硫、氮)衍生物所组成的黑色或黑褐色的固体、半固体或液体的混合物。

沥青属于有机胶凝材料,与矿质混合料有非常好的黏结能力,是道路工程重要的筑路材料。沥青属于憎水性材料,结构致密,几乎完全不溶于水和不吸水,因此广泛用于土木工程的防水、防潮和防渗;同时沥青还具有较好的抗腐蚀能力,能抵抗一般酸性、碱性及盐类等具有腐蚀性的液体和气体的腐蚀,因此可用于有防腐要求而对外观质量要求较低的表面防腐工程。

一、沥青的分类

对于沥青材料的命名和分类,目前世界各国尚未取得统一的认识,现就我国通用的命名和分类简述如下。

沥青按其在自然界中获得的方式,可分为地沥青和焦油沥青两大类。

1. 地沥青

地沥青是天然存在的或由石油精制加工得到的沥青材料。按其产源又可分为天然沥青和石油沥青。

天然沥青是石油在自然条件下,长时间经受地球物理因素作用而形成的产物,我国新疆克拉玛依等地产有天然沥青。产自特立尼达和多巴哥共和国的特立尼达湖沥青也是一种世界上使用广泛的著名的天然沥青。

石油沥青是指石油原油经蒸馏等工艺提炼出各种轻质油及润滑油以后的残留物,或将残留物进一步加工得到的产物。

2. 焦油沥青

焦油沥青是利用各种有机物(煤、泥炭、木材等)干馏加工得到的焦油,经再加工而得到的产品。焦油沥青按其加工的有机物名称而命名,如由煤干馏所得的煤焦油,经再加工后得到的沥青,即称为煤沥青。

以上各类沥青,可归纳如下:

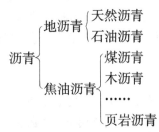

页岩沥青按其技术性质接近石油沥青,而按其生产工艺则接近焦油沥青,目前暂归焦油沥青类。

二、石油沥青的生产

目前,土木工程中大量使用的都是石油沥青。石油沥青是由原油经过常、减压蒸馏、溶剂沉淀和吹风氧化等基本方法生产的。以这些工艺得到的产品还可作为半成品或原料进一步进行调和、乳化或改性,制取具有各种性能和用途的沥青产品。若非特殊说明,本书中沥青都是指石油沥青。石油沥青生产流程示意图如图 4-1 所示。

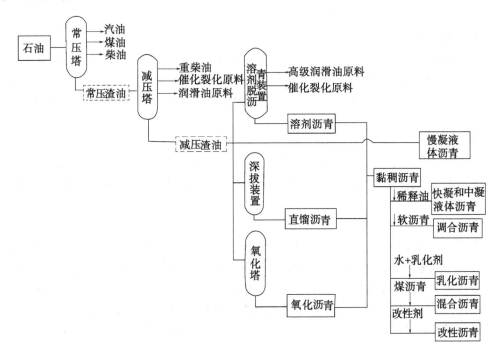

图 4-1　石油沥青生产流程示意图

不同地区出产原油的物理和化学性质差别巨大,直接影响了石油沥青性质。即使是同一种原油,生产工艺的不同也影响了沥青的技术性质。目前我国在炼油厂中生产沥青的主要工艺方法有:蒸馏法、氧化法、半氧化法、溶剂脱沥青法和调配法等。制造方法不同,沥青的性状有很大的差异。

1. 蒸馏法

原油经过常压塔和减压塔装置,根据原油中所含馏分的沸点不同,将汽油、煤油、柴油等馏分分离后,可以得到加工沥青的原料(渣油),这些渣油都属于低标号的慢凝液体沥青。为提高沥青的稠度,以慢凝液体沥青为原料,经过再减蒸工艺,进一步深拔出各种重质油品,可以直接获得针入度级的黏稠沥青。这种直接由蒸馏得到的沥青,称为直馏沥青,是生产道路沥青的主要方法,也是最经济的生产方法。与氧化沥青相比,通常直馏沥青具有较好的低温变形能力,但温度感应性大(即温度升高容易变软)。

2. 氧化法

以蒸馏法得到的渣油或直馏沥青为原料,在氧化釜(或氧化塔)中,经加热并吹入空气(有时还加入催化剂),减压渣油在高温和吹空气的作用下产生脱氢、氧化和缩聚等化学反应,沥青中低分子量的烃类转变为高分子量的烃类,这样得到稠度较高、温度感应性较低的沥青,称为氧化沥青。与直馏沥青相比,通常氧化沥青具有软化点高,针入度小以及较低的温度感应性,高温时抗变形能力较好,但低温时变形能力较差(即低温时容易脆裂),主要用作建筑沥青或专用沥青。

3. 半氧化法

半氧化法是一种改进的氧化法。为了避免直馏沥青的温度感应性大和深度氧化沥青低温变形能力差的缺点,在氧化时,采用较低的温度、较长的时间、吹入较小风量的空气,用控制温度、时间和风量的方法,使沥青中各种不同分子量的烃组,按人为意志转移,得到不同稠度的沥青,最终达到适当兼顾高温和低温两方面性能的要求。

4. 溶剂脱沥青法

非极性的低分子烷烃溶剂对减压渣油中的各组分具有不同的溶解度,利用溶解度的差异可以从减压渣油中除去对沥青性质不利的组分,生产出符合规格要求的沥青产品,即溶剂脱沥青。常用的溶剂有丙烷、丙-丁烷和丁烷等。如以丙烷为溶剂时,得到的沥青含蜡量大大降低,使沥青的路用性能得到改善。

5. 调配法

采用两种(或两种以上)不同稠度(或其他技术性质)的沥青,按选定的比例互相调配后,得到符合要求稠度(或其他技术性质)的沥青产品称调合沥青。调配比例可根据要求指标,用实验法、计算法或组分调节法确定。

6. 稀释法

通常,沥青在常温下是黏稠的固体或半固体形态,在施工时需要加热到150℃以上以保持流动状态。有时为施工需要,希望沥青在常温条件下具有较大的施工流动性,在施工完成后短时间内又能凝固而具有高的黏结性,为此将黏稠沥青加热后掺加一定比例的煤油或汽油等稀释剂,经适当的搅拌、稀释制成的沥青称为稀释沥青或液体石油沥青。液体石油沥青适用于透层、黏层及拌制冷拌沥青混合料。根据其凝固速度的不同,分为快凝、中凝及慢凝液体石油沥青。

7. 乳化法

制作液体沥青需要耗费高价的有机稀释剂,同时要求石料必须是干燥的。为节约溶剂和扩大使用范围,可将沥青分散于有乳化剂的水中而形成沥青乳液,即,以水来稀释沥青。沥青和水的表面张力差别很大,在常温或高温下都不会相互混溶。但是将黏稠沥青加热至流动态,经过高速离心、剪切、冲击等机械作用,形成粒径约 $0.1 \sim 5\ \mu m$ 的微粒,并分散到有表面活性剂(乳化剂-稳定剂)的水中,由于乳化剂能定向吸附在沥青微粒表面,因而降低了水与沥青的界面张力,使沥青微粒能在水中形成均匀稳定的乳状液,称为乳化沥青。

乳化沥青呈茶褐色,在常温下有良好的流动性。按使用乳化剂的类型可将其分为阳离子乳化沥青、阴离子乳化沥青及非离子乳化沥青。

8. 改性沥青

在沥青中掺加橡胶、树脂、高分子聚合物、天然沥青、磨细的橡胶粉或其他材料等外掺剂(改性剂),使其性能得以改善而制成的沥青,称为改性沥青。

此外,为更好地发挥石油沥青和煤沥青的优点,选择适当比例的煤沥青与石油沥青混合而成一种稳定的胶体,这种胶体称为混合沥青。

石油沥青又根据其原油的基属分为石蜡基沥青、中间基沥青和环烷基沥青。环烷基原油密度大,也称沥青基原油,富含环烷—芳烃和胶质—沥青质,最适宜生产道路沥青,并且可用最简单的蒸馏法制取。石蜡基原油密度小,富含烷烃,蜡含量高,难以用简单的蒸馏法或氧化法直接制取符合规格的沥青产品。中间基原油也称混合基原油,其组成和性质介于环烷基和石蜡基之间。

三、煤沥青

煤沥青是由煤干馏的产品——煤焦油再加工而获得的。根据煤干馏的温度不同,可分为高温煤焦油(700℃以上)和低温煤焦油(450~700℃)两类。路用煤沥青主要是由炼焦或制造煤气得到的高温焦油加工而得。以高温焦油为原料可获得数量较多且质量较佳的煤沥青。而低温焦油则相反,获得的煤沥青数量较少,且质量往往亦不稳定。

煤沥青的组成主要是高度缩聚的芳香族碳氢化合物及其氧、硫和氮的衍生物,其元素组成的特点是碳氢比较石油沥青大得多。与石油沥青相比,煤沥青的主要技术特点是:

1. 温度稳定性较低

煤沥青中树脂的可溶性较高,表现为热稳定性较低。当煤沥青温度升高时,粗分散相的游离碳含量增加,但不足以补偿由于同时发生的可溶树脂数量的变化带来的热稳定性损失。

2. 与矿质集料的黏附性较好

在煤沥青组成中含有较多数量的极性物质,它赋予煤沥青高的表面活性,所以它与矿质集料具有较好的黏附性。

3. 气候稳定性较差

煤沥青化学组成中含有较高含量的不饱和芳香烃,这些化合物有相当大的化学潜能,它在周围介质(空气中的氧、日光的温度和紫外线以及大气降水)的作用下,老化进程(黏度增加、塑性降低)较石油沥青快。

4. 耐腐蚀性强

可用于木材等的表面防腐处理。

由上可见,煤沥青的主要技术性质都比石油沥青差,所以在建筑工程中很少使用。但它抗腐性能好,故适用于地下防水层或作防腐材料等。表4-1列出了煤沥青与石油沥青的简易鉴别方法。

表 4-1 煤沥青与石油沥青的鉴别

鉴别方法	石油沥青	煤沥青
密度	1.0×10^3 kg/m³ 左右	$1.25 \sim 1.28 \times 10^3$ kg/m³
燃烧	烟少、无色、有松香味、无毒	烟多、黄色、臭味大、有毒
捶击	声哑、有弹性、韧性好	声脆、韧性差
颜色	呈亮黑褐色	呈脓黑色
溶解	易溶于煤油或汽油中,溶液呈棕黑色	难溶于煤油或汽油中,溶液呈黄绿色

§4-2　石油沥青的组成与结构

石油沥青是由多种碳氢化合物及其非金属(氧、硫、氮)衍生物组成的混合物。所以它的组分主要是碳(80%～87%)、氢(10%～15%),其余是非烃元素,如氧、硫、氮等(<3%)。此外,还含有一些微量的金属元素,如镍、钡、铁、锰、钙、镁、钠等,但含量都很少。

由于沥青化学组成结构的复杂性,虽然多年来许多化学家致力于这方面的研究,但要想按化合物单体对石油沥青加以分离和研究几乎是不可能的,目前还没有直接得到沥青元素含量与工程性能之间的关系。在生产应用中,也并没有这样的必要。目前对沥青组成和结构的研究主要集中在组分理论、胶体理论和高分子溶液理论。

一、组分分析

化学组分分析就是将沥青分离为化学性质相近,而且与其工程性能有一定联系的几个化学成分组,这些组就称为组分。

对石油沥青的化学组分,许多研究者曾提出不同的分析方法。早年德国 J. 马尔库松(Mar-cusson)就提出将石油沥青分离为沥青酸、沥青酸酐、油分、树脂、沥青质、沥青碳和似碳物等组分的方法,后来经过许多研究者的改进,美国 L. R. 哈巴尔德(Hubbard)和 K. E. 斯坦费尔德(Stanfield)完善为三组分分析法,再后美国 L. W. 科尔贝特(Corbett)又提出四组分分析法。此外,还有五组分分析法和多组分分析法等。目前组分分析方法还在不断修正和发展中,对沥青组分的划分也可以根据工作的需要加以粗分或细分。我国现行《公路工程沥青及沥青混合料试验规程》(JTG E20)中规定有三组分(T0617)和四组分(T0618)两种分析法。

1. 三组分分析法

石油沥青的三组分分析法(T0617)是以沥青在吸附剂上的吸附性和在抽提溶剂中溶解性差异为基础,先用低分子烷烃沉淀出沥青质,再用硅胶吸附可溶分,将其分成吸附部分——树脂和未吸附部分——油分,从而将石油沥青分离为油分、树脂和沥青质三个组分,各组分性状如表4-2所示。因我国富产石蜡基和中间基沥青,在油分中往往含有蜡,故在分析时还应进行油蜡分离。由于这种组分分析方法兼用了选择性溶解和选择性吸附的方法,所以又称为溶解-吸附法。

表 4-2　石油沥青三组分分析法的各组分性状

性状 / 组分	外观特征	平均分子量	碳氢比	含量/%	物化特征
油分	淡黄色透明液体	200～700	0.5～0.7	45～60	几乎溶于大部分有机溶剂,具有光学活性,常发现有荧光,相对密度约0.7～1.0
树脂	红褐色黏稠半固体	800～3 000	0.7～0.8	15～30	温度敏感性高,熔点低于100℃,相对密度大于1.0～1.1
沥青质	深褐色固体微粒	1 000～5 000	0.8～1.0	5～30	加热不熔化而碳化,相对密度1.1～1.5

油分赋予沥青以流动性,油分含量的多少直接影响沥青的柔软性、抗裂性及施工难度。油分在一定条件下可以转化为树脂甚至沥青质。

树脂又分为中性树脂和酸性树脂,中性树脂使沥青具有一定塑性、可流动性和黏结性,其含量增加,沥青的黏结力和延伸性增加。除中性树脂外,沥青树脂中还含有少量的酸性树脂,即沥青酸和沥青酸酐,为树脂状黑褐色黏稠状物质,密度大于 $1.0~g/cm^3$,是油分氧化后的产物,呈固态或半固态,具有酸性,能为碱皂化,易溶于酒精、氯仿,而难溶于石油醚和苯。酸性树脂是沥青中活性最大的组分,它能改善沥青对矿质材料的浸润性,特别是提高了与碳酸盐类岩石的黏附性,增加了沥青的可乳化性。

沥青质决定着沥青的黏结力、黏度和温度稳定性,以及沥青的硬度、软化点等。沥青质含量增加时,沥青的黏度和黏结力增加,硬度和温度稳定性提高。

按上述分析方法,对几种不同油源和工艺的典型国产沥青进行组分分析,结果如表 4-3。

表 4-3 石油沥青三组分分析

沥青标号	沥青黏稠度	油源工艺		组分组成/%			
		油源基属	加工工艺	油分	树脂	沥青质	蜡
AL(S)-4	$C_{60,5}=38s$	低硫石蜡基	直馏	36.41	30.35	10.32	22.92
AL(S)-4	$C_{60,5}=32s$	含硫中间基	直馏	39.87	32.46	12.39	16.18
AL(S)-4	$C_{60,5}=34s$	含硫环烷基	直馏	37.41	37.29	16.40	8.90
70 号	$P_{25℃}=70(0.1~mm)$	低硫石蜡基	氧化	13.64	19.97	33.86	32.53
70 号	$P_{25℃}=62(0.1~mm)$	低硫石蜡基	丙脱	4.06	77.05	14.86	4.03

从表中分析结果可看出,相同黏度等级的沥青,由于原油基属的差异其所含化学组分不同。通常是,环烷基沥青较石蜡基沥青含蜡量低,树脂和沥青质含量高;中间基沥青的组分则介于其间。用相同原油为原料所生产的沥青,由于工艺条件的不同,其沥青的化学组分亦不同。通常是,在相同稠度等级的沥青中,氧化沥青的沥青质含量增加,使沥青的高温稳定性得到提高,但低温抗裂性也相应降低。必须指出,氧化工艺不能降低沥青中的含蜡量,所以从总体来说,石蜡基原油生产的氧化沥青其性能得不到改善。丙烷脱沥青的含蜡量有了减少,使沥青的低温抗裂性增加,但沥青质仍嫌不足,所以高温稳定性没有明显改善。目前以石蜡基和中间基原油为原料,用直馏工艺尚不能生产符合 70 号标号要求的路用沥青。

三组分分析的优点是组分界限很明确,组分含量能在一定程度上说明它的工程性能,但是它的主要缺点是分析流程复杂,分析时间很长。

2. 四组分分析法

L. W. 科尔贝特首先提出将沥青分离为饱和分(Saturate)、环烷-芳香分(Naphetene-aromatic)、极性-芳香分(Palar-aromatic)和沥青质(Asphaltene)等的色层分析方法。后来也有人将上述 4 个组分称为饱和分、芳香分(Aromatic)、胶质(Resin)和沥青质,故这一方法亦称 SARA 法。我国现行四组分分析法(T0618)是将沥青用正庚烷沉淀出沥青质并定量,然后将可溶分吸附于氧化铝谱柱上,先用正庚烷冲洗,所得组分称为饱和分;继而用甲苯冲洗,得到芳香分;最后用甲苯-乙醇、甲苯、乙醇冲洗,得到胶质,从而将石油沥青分离为沥青质(At)、饱和分(S)、芳香分(A)和胶质(R)四组分。

石油沥青按四组分分析法所得各组分的性状如表 4-4。

表 4-4　石油沥青四组分分析法的各组分性状

性状 组分	外观特征	平均相对密度	平均分子量	主要化学结构
饱和分	无色液体	0.89	625	烷烃、环烷烃
芳香分	黄色至红色液体	0.99	730	芳香烃、含 S 衍生物
胶　质	棕色黏稠液体	1.09	970	多环结构,含 S、O、N 衍生物
沥青质	深棕色至黑色固体	1.15	3 400	缩合环结构,含 S、O、N 衍生物

科尔贝特的研究认为四组分分析法中各组分对沥青性质的影响为:饱和分含量增加,可使沥青稠度降低(针入度增大);芳香分对许多高分子烃和非烃类有很强的溶解能力,比例合适的芳香分和饱和分能保证沥青结构的稳定性;树脂含量增大,可使沥青的延性增加;在有饱和分存在的条件下,沥青质含量增加,可使沥青获得低的感温性;树脂和沥青质的含量增加,可使沥青的黏度提高。

按上述分析方法对几种国产沥青化学组分进行研究,选择其中典型油源和工艺、相同等级的 4 种沥青分析结果列于表 4-5。从表中可以看出:①石蜡基沥青化学组分的特点是含蜡量高、芳香分和沥青质含量低;环烷基沥青与其相反,含蜡量较低、芳香分和沥青质含量较高,中间基沥青介于其间。由于石蜡基沥青属于少环(多直链烃)低芳香性的结构,所以它的路用性能较差。②对石蜡基原油,采用丙烷脱沥青工艺,可以使沥青组分中含蜡量降低,饱和分含量相对减少,芳香分相对增加,路用性能得到适当改善。

表 4-5　石油沥青的四组分分析

沥青标号	油源工艺		组分组成/%					技术性质		
	油源基属	加工 工艺	饱和分	芳香分	胶质	沥青质	蜡	针入度 $P_{25℃,100\,g,5s}$ /0.1 mm	软化点 $T_{R&B}$ /℃	延度 (25℃) /cm
70 号	低硫石蜡基	半氧化	7.5	22.7	56.7	0.3	12.8	64.5	51.8	12.6
70 号	低硫中间基	丙烷脱	1.3	25.6	63.9	0.2	9.0	62.0	48.3	58.8
50 号	含硫环烷- 中间基	氧化	10.8	26.1	48.0	10.0	5.1	44.5	51.0	69.3
50 号	低硫环烷基	氧化	8.1	41.6	28.4	20.0	1.9	43.0	51.3	＞100

二、胶体结构

石油沥青的化学组分不是简单的混合或溶解,各组分间的存在状态,即胶体结构决定了石油沥青的技术性质。

1. 胶体结构的形成

现代胶体理论认为,沥青的胶体结构是以固态超细微粒的沥青质为分散相,通常是若干个沥青质聚集在一起,它们吸附了极性半固态的胶质,而形成胶团。由于胶溶剂——胶质的胶溶作用,而使胶团胶溶、分散于液态的芳香分和饱和分组成的分散介质中,形成稳定的胶体。

在沥青中,分子量很高的沥青质不能直接胶溶于分子量很低的芳香分和饱和分的介质中,特别是饱和分为胶凝剂,它会阻碍沥青质的胶溶。沥青之所以能形成稳定的胶体,是因为强极性的沥青质吸附极性较强的胶质,胶质中极性最强的部分吸附在沥青质表面,然后逐步向外扩散,极性逐渐减小,芳香度也逐渐减弱。距离沥青质愈远,则极性愈小,直至与芳香分接近,甚至到几乎没有极性的饱和分。这样,在沥青胶体结构中,从沥青质到胶质,乃至芳香分和饱和分,它们的极性是逐步递变的,没有明显的分界线。所以,只有在各组分的化学组成和相对含量相匹配时,才能形成稳定的胶体。

2. 胶体结构分类

根据沥青中各组分的化学组成和相对含量的不同,可以形成不同的胶体结构。沥青的胶体结构,可分为下列 3 个类型。

(1) 溶胶型结构

当沥青中沥青质分子量较低,并且含量很少(例如在 10% 以下),同时有一定数量的芳香度较高的胶质时,胶团能够完全胶溶而分散在芳香分和饱和分的介质中。在此情况下,胶团相距较远,它们之间吸引力很小(甚至没有吸引力),胶团可以在分散介质黏度许可范围之内自由运动,这种胶体结构的沥青,称为溶胶型沥青(如图 4-2a)。溶胶型沥青的特点是流动性和塑性较好,开裂后自行愈合能力较强,而对温度的敏感性强,即对温度的稳定性较差,温度过高会流淌。通常,大部分直馏沥青都属于溶胶型沥青。

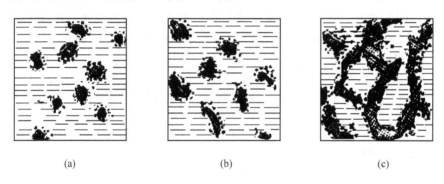

(a)   (b)   (c)

图 4-2   沥青胶体结构
(a) 溶胶结构;(b) 溶-凝胶结构;(c) 凝胶结构

(2) 溶-凝胶型结构

沥青中沥青质含量适当(例如在 15%~25% 之间),并有较多数量芳香度较高的胶质。这样形成的胶团数量增多,胶体中胶团的浓度增加,胶团距离相对靠近(如图 4-2b),它们之间有一定的吸引力。这是一种介于溶胶与凝胶之间的结构,称为溶-凝胶结构。这种结构的沥青,称为溶-凝胶型沥青。修筑现代高等级沥青路面用的沥青,都属于这类胶体结构类型。通常,环烷基稠油的直馏沥青或半氧化沥青,以及按要求组分重(新)组(配)的溶剂沥青等,往往能符合这类胶体结构。这类沥青的工程性能好,在高温时具有较低的感温性,低温时又具有较好的形变能力。

(3) 凝胶型结构

沥青中沥青质含量很高(例如>30%),并有相当数量芳香度高的胶质来形成胶团。这样,沥青中胶团浓度有很大程度的增加,它们之间的相互吸引力增强,使胶团靠得很近,形成空间网络结构。此时,液态的芳香分和饱和分在胶团的网络中成为分散相,连续的胶团成为分散介质(如图 4-2c)。这种胶体结构的沥青,称为凝胶型沥青。通常,深度氧化的沥青多属于凝胶型沥青。这类沥青的特点是,弹性和黏性较高,温度敏感性较小,开裂后自行愈合能力较差,流动性和塑性较低。在工程性能上,虽具有较好的温度稳定性和较高的耐热性,但低温变形能力较差,即感温性的改善是以丧失塑性为代价的。

3. 胶体结构类型的判定

沥青的胶体结构与其工程性能有密切的关系。胶体结构类型可以根据流变学的方法和物理化学的方法等确定。为工程使用方便,通常采用沥青黏滞性对温度的敏感程度——针入度指数来进行判断。沥青针入度指数的确定方法,参见本章沥青的技术性质。

三、高分子溶液

随着对石油沥青研究的深入发展,有些学者已开始摒弃石油沥青胶体结构观点,而认为它是一种高分子溶液。在石油沥青高分子溶液里,分散相沥青质与分散介质软沥青质(树脂和油分)具有很强的亲和力,而且在每个沥青质分子的表面上紧紧地保持着一层软沥青质的溶剂分子,而形成高分子溶液。石油沥青高分子溶液对电解质具有较大的稳定性,即加入电解质不能破坏高分子溶液。高分子溶液具有可逆性,即随沥青质与软沥青质相对含量的变化,高分子溶液可以是较浓的或是较稀的。较浓的高分子溶液,沥青质含量就多,相当于凝胶型石油沥青;较稀的高分子溶液,沥青质含量少,软沥青质含量多,相当于溶胶型石油沥青;稠度介于两者之间的为溶-凝胶型。这是一个新的研究发展方向,目前这种理论应用于沥青老化和再生机理的研究,已取得一些初步的成果。

§4-3　石油沥青的主要技术性质

一、物理特征常数

1. 密度

沥青密度是指在规定温度条件下,单位体积所具有的质量,单位为 kg/m^3 或 g/cm^3。我国现行《公路工程沥青及沥青混合料试验规程》(JTG E20 T0603)规定温度为 25℃ 及 15℃。也可用相对密度表示,相对密度是指在规定温度下,沥青质量与同体积水质量之比。

沥青的密度主要用于体积和重量的换算,是沥青混合料配合比设计的重要参数。沥青的密度与其化学组成有密切的关系,通过沥青的密度测定,可以概略地了解沥青的化学组成。通常黏稠沥青的相对密度波动在 0.96~1.04 范围。我国富产石蜡基沥青,其特征为含硫量低、含蜡量高、沥青质含量少,所以相对密度常在 1.00 以下。

2. 热胀系数

沥青在温度上升 1℃ 时的长度或体积的变化,分别称为线胀系数和体胀系数,统称热胀系数。

沥青路面的开裂,与沥青混合料的温缩系数有关。沥青混合料的温缩系数,主要取决于沥青的热学性质。特别是含蜡沥青,当温度降低时,蜡由液态转变为固态,比容突然增大,沥青的温缩系数发生突变,因而易导致路面开裂。

二、黏滞性(黏性)

石油沥青的黏滞性是反映沥青材料内部阻碍其相对流动的一种特性,以绝对黏度表示,是沥青性质的重要指标之一。

各种石油沥青的黏滞性变化范围很大,黏滞性的大小与组分及温度有关。沥青质含量较高,同时又有适量树脂,而油分含量较少时,则黏滞性较大。在一定温度范围内,当温度升高时,则黏滞性随之降低,反之则随之增大。

绝对黏度为应力与应变速率之比,其数值上等于面积为 $1 m^2$ 相距 $1 m$ 的两平板,以 $1 m/s$ 的速度作相对运动时,因之间存在的流体互相作用

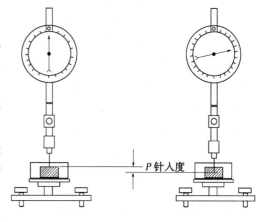

图 4-3 黏稠沥青针入度测试示意图

所产生的内摩擦力,单位为 Pa·s。可以采用真空减压毛细管黏度计测定黏稠石油沥青的绝对黏度(又称动力黏度)。沥青的动力黏度(简称为黏度)是沥青性质的主要指标之一,许多国家采用 60℃ 黏度作为道路石油沥青的分级标准。

绝对黏度的测定方法因材而异,并且较为复杂,工程上常用相对黏度(条件黏度)来表示。

测定沥青相对黏度的主要方法是用标准黏度计和针入度仪。黏稠石油沥青的相对黏度是用针入度仪测定的针入度来表示的,如图 4-3 所示。针入度是检验沥青黏稠度和划分品种牌号的最基本的指标,它反映石油沥青抵抗剪切变形的能力。针入度值越小,表明黏度越大。黏稠石油沥青的针入度是在规定温度 25℃ 条件下,以规定重量 100 g 的标准针,经历规定时间 5 s 贯入试样中的深度,以 0.1 mm 为单位表示,符号为 $P_{(25℃, 100 g, 5 s)}$。

液体石油沥青或较稀的石油沥青的相对黏

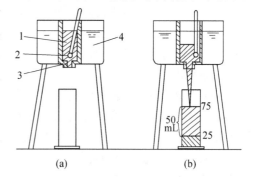

图 4-4 液体沥青标准黏度测定示意图
1-沥青;2-活动球杆;3-流孔;4-水

度,可用标准黏度计测定的标准黏度表示,如图 4-4 所示。标准黏度是在规定温度(20、25、30或 60℃)、规定直径(3、4、5 或 10 mm)的孔口流出 50 mL 沥青所需的时间秒数,常用符号"$C_{t, d}$"表示,d 为流孔直径,t 为试样温度。

三、温度稳定性

1. 耐热性

沥青受热后软化的性质即耐热性,用软化点来评价。

沥青软化点是反映沥青高温稳定性的重要指标。由于沥青材料组成极为复杂,从固态至液态没有明显的熔融相变过程,而有很大的变态间隔,故规定其中某一状态作为从固态转到黏流态(或某一规定状态)的起点,相应的温度称为沥青软化点。

软化点的数值随采用的仪器、试验条件的不同而异，我国现行《公路工程沥青及沥青混合料试验规程》（JTG E20 T0606）是采用环球法软化点。该法（如图4-5）是将黏稠沥青试样注入内径为19.8 mm的铜环中，环上置一重3.5 g的钢球，在规定的加热速度（5℃/min）下进行加热，沥青试样逐渐软化，直至在钢球荷重作用下，使沥青下坠25.4 mm时的温度称为软化点，符号为$T_{R\&B}$。根据已有研究认为：沥青在软化点时的黏度约为1 200 Pa·s，或相当于针入度值800（0.1 mm）。据此，可以认为软化点是一种人为的"等黏温度"。

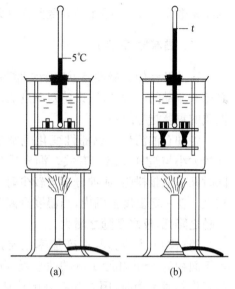

图4-5　沥青软化点测定

因沥青是一种高分子非晶态热塑性物质，故没有一定的熔点。当温度升高时，沥青由固态或半固态逐渐软化，使沥青分子之间发生相对滑动，此时沥青就像液体一样发生了黏性流动，称为黏流态。与此相反，当温度降低时，沥青又逐渐由黏流态凝固为固态（或称高弹态），甚至变硬变脆（像玻璃一样硬脆称作玻璃态）。此过程反映了沥青随温度升降其黏滞性和塑性的变化。

在软化点之前，沥青主要表现为黏弹态，而在软化点之后主要表现为黏流态；软化点越低，表明沥青在高温下的体积稳定性和承受荷载的能力越差。

可见，针入度是在规定温度下测定沥青的条件黏度；软化点是测定沥青达到规定条件黏度时的温度。软化点既是反映沥青材料热稳定性的一个指标，也是沥青黏滞性的一种度量。

2. 耐低温性

沥青性能随温度下降逐渐表现出硬脆性。沥青的低温稳定性可以用低温下沥青的可延展性能或者脆点表征。沥青从黏流态转变为固态也没有明显的熔融相变过程，脆点即为沥青从黏流态转变为人为规定的某一脆性固态时的温度。

我国现行《公路工程沥青及沥青混合料试验规程》（JTG E20 T0613）用弗拉斯（Fraass）脆点仪测试沥青的脆点。该法是将0.4g沥青试样涂在洁净的薄钢片上，形成光滑的薄膜。将涂有试样薄膜的钢片稍稍弯曲，装入脆点仪中的弯曲器（如图4-6）。控制温度以1℃/min的速率下降，至预计脆点前10℃时，摇动脆点仪的摇把，使涂有沥青薄膜的钢片产生弯曲，观察钢片上的试样是否产生裂缝，以薄钢片弯曲时，出现一个或多个裂缝时的温度作为沥青的脆点。

脆点虽然在一定程度上最直接的反映了沥青的低温脆性，但受沥青中蜡含量的影响，实测的弗拉斯脆点并不能很好地反映沥青的低温性能，脆点低的沥青路面在冬季的开裂情况仍然相当严重。沥青的温度针入度半对数回归曲线上，针入度值大概在1.2（0.1 mm）时的温度称为沥青的当量脆点，有研究认为当量脆点与沥青的低温抗裂性能有很好的相关性。

沥青的软化点与脆点间的温度范围可以表征沥青的温度敏感性，温度范围越大说明沥青的温度稳定性越好。

3. 温度敏感性

温度敏感性是指石油沥青的黏滞性和塑性随温度升降而变化的性能。沥青的温度敏感性

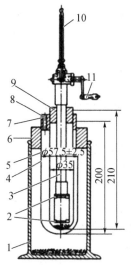
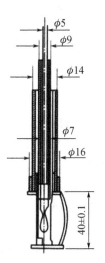

(a) 弗拉斯脆点仪(尺寸单位:mm)   (b)弯曲器(尺寸单位:mm)

1-外侧;2-夹钳;3-硬塑料管;4-真空玻璃管;5-试样管;
6、7、9-橡胶管;8-通冷却液管道;10-温度计;11-摇把

图 4-6   弗拉斯脆点仪和弯曲器

与沥青路面的施工和使用性能密切相关,是评价沥青技术性质的一个重要指标。

在相同的温度变化间隔里,各种沥青黏滞性及塑性变化幅度不会相同,工程要求沥青随温度变化而产生的黏滞性及塑性变化幅度应较小,即温度敏感性应较小。

通常石油沥青中沥青质含量多,在一定程度上能够减小其温度敏感性。在工程使用时往往加入滑石粉、石灰石粉或其他矿物填料来减小其温度敏感性。沥青中含蜡量较多时,则会增大温度敏感性。多蜡沥青不能用于直接暴露在阳光和空气中的土木工程,就是因为该沥青温度敏感性大,当温度不太高(60℃左右)时就发生流淌,在温度较低时又易变硬开裂。评价沥青温度敏感性的指标很多,通常用沥青针入度或绝对黏度随温度变化的幅度来表示,目前常用指标为针入度指数 PI。

针入度指数(简称 PI)是 P. Ph. 普费(Pfeifer)和 F. M. 范杜尔马尔(Van Doormaal)等提出的一种评价沥青感温性的指标。建立这一指标的基本思路是:根据大量试验结果,沥青针入度值的对数(lg$P$)与温度(T)具有线性关系(如图 4-7b):

$$\lg P = AT + K \qquad (4-1)$$

式中 A——直线斜率;

　　　　K——截距(常数)。

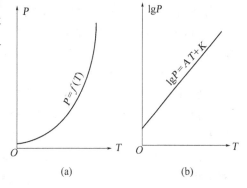

图 4-7   沥青针入度-温度关系图

A 表征沥青针入度(lg$P$)随温度(T)的变化率,越大表明温度变化时,沥青的针入度变化得越大,也即沥青的感温性大。因此,可以用斜率 $A=\mathrm{d}(\lg P)/\mathrm{d}T$ 来表征沥青的温度敏感性,故称 A 为针入度-温度感应性系数。

为了计算 A 值,可以根据已知的 25℃时的针入度值 $P_{(25℃,100\,g,5\,s)}$(0.1 mm)和软化点 $T_{R\&B}$

(℃),并假设软化点时的针入度值为 800(0.1 mm),由此可建立针入度-温度感应性系数 A 的基本计算公式:

$$A=\frac{\lg800-\lg P_{(25℃,100g,5s)}}{T_{R\&B}-25}\qquad(4-2)$$

式中 $\quad P_{(25℃,100g,5s)}$——在 25℃,100g,5s 条件下测定的针入度值(0.1 mm);

$\qquad T_{R\&B}$——环球法测定的软化点(℃)。

按式(4-2)计算得的 A 值均为小数,为使用方便起见,普费等作了一些处理,改用针入度指数(PI)表示,如式(4-3):

$$PI=\frac{30}{1+50A}-10=\frac{30}{1+50\left(\dfrac{\lg800-\lg P_{(25℃,100g,5s)}}{T_{R\&B}-25}\right)}-10\qquad(4-3)$$

由式(4-3)可知,沥青的针入度指数范围是-10~20;针入度指数是根据一定温度变化范围内,沥青性能的变化来计算出的,因此利用针入度指数来反映沥青性能随温度的变化规律更为准确;针入度指数(PI)值愈大,表示沥青的感温性愈低。现行《公路工程沥青及沥青混合料试验规程》(JTG E20 T0604)中规定,针入度指数是利用 15℃、25℃和 30℃的针入度回归得到的。

针入度指数不仅可以用来评价沥青的温度敏感性,同时也可以用来判断沥青的胶体结构:当 PI<-2 时,沥青属于溶胶结构,感温性大;当 PI>2 时,沥青属于凝胶结构,感温性低;介于其间的属于溶-凝胶结构。

不同针入度指数的沥青,其胶体结构和工程性能完全不同。相应的,不同的工程条件也对沥青有不同的 PI 要求:一般路用沥青要求 PI>-2;沥青用作灌缝材料时,要求-3<PI<1;如用作胶粘剂,要求-2<PI<2;用作涂料时,要求-2<PI<5。

四、延展性

延展性是指石油沥青在外力作用下产生变形而不破坏(裂缝或断开),除去外力后仍保持变形后的形状不变的性质,它反映的是沥青受力时所能承受的塑性变形的能力。

石油沥青的延展性与其组分和胶体结构有关,石油沥青中树脂含量较多,且其他组分含量又适当时,则塑性较大。沥青胶体结构发达,则延度小。影响沥青塑性的因素有温度和沥青膜层厚度,温度升高,则延展性增大,膜层愈厚,则塑性愈高。反之,膜层愈薄,则塑性愈差,当膜层薄至 1 μm 时,塑性近于消失,即接近于弹性。沥青中蜡的含量对延度的影响很大,对于由石蜡基原油制取的沥青,要提高其延度就必须降低蜡含量。

在常温下,延展性较好的沥青在产生裂缝时,也可能由于特有的黏塑性而自行愈合,故延展性还反映了沥青开裂后的自愈能力。沥青之所以能用来制造出性能良好的柔性防水材料,很大程度上决定于沥青的延展性。沥青的延展性使其对冲击振动荷载有一定吸收能力,并能减少摩擦时的噪声,故沥青是一种优良的路面材料。

通常是用延度作为延展性指标。延度试验方

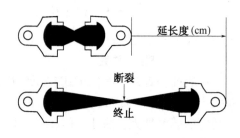

图 4-8　沥青延度测试

法是,将沥青试样制成8字形标准试件(最小断面积1 cm²),在规定拉伸速度和规定温度下拉断时的长度(以 cm 计)称为延度,如图 4-8 所示。常用的试验温度有 25℃、15℃、10℃或 5℃。

以上所论及的针入度、软化点和延度是评价黏稠石油沥青工程性能最常用的经验指标,所以统称"三大指标"。

五、黏附性

黏附性是指沥青与其他材料(这里主要是指集料)的界面黏结性能和抗剥落性能。沥青与集料的黏附性直接影响沥青路面的使用质量和耐久性,所以黏附性是评价道路沥青技术性能的一个重要指标。沥青裹覆集料后的抗水性(即抗剥性)不仅与沥青的性质有密切关系,而且亦与集料性质有关。沥青是一种低极性有机物质,树脂有较高的活性,沥青质和油分的活性较低。沥青与集料间发生物理吸附时,两者的结合力较弱,易被水剥离。若沥青与集料间发生化学吸附,则不易被水剥离。

1. 黏附机理

沥青与集料的黏附作用,是一个复杂的物理-化学过程。目前,对黏附机理有多种解释。按润湿理论认为:在有水的条件下,沥青对石料的黏附性,可用沥青-水-石料三相体系(如图 4-9)来讨论。设沥青与水的接触角为 θ,石料-沥青、石料-水和沥青-水的界面剩余自由能(简称界面能)分别为 γ_{sb}、γ_{sw}、γ_{bw}。

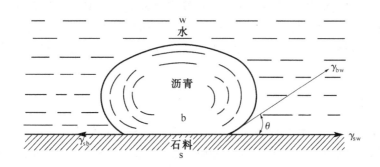

图 4-9 沥青-水-石料的三相界面

如沥青-水-石料体系达到平衡时,必须满足杨格(Young)和杜布尔(Dupre)方程,得:

$$\gamma_{sw} + \gamma_{bw}\cos\theta - \gamma_{sb} = 0 \tag{4-4}$$

$$\cos\theta = \frac{\gamma_{sb} - \gamma_{sw}}{\gamma_{bw}}$$

一般情况下,$\gamma_{sb} > \gamma_{sw}$,因此 $\theta < 90°$,也即在有水的情况下,沥青对集料表面的浸润角较小,水分会逐渐将沥青由集料表面剥落下来,从而使沥青的黏结作用丧失,结构变得松散,出现水损害。γ_{sb} 的大小主要取决于集料和沥青的性质,当集料中 CaO 含量增加,而沥青的稠度和沥青酸等极性物质含量增加时,γ_{sb} 降低,也即沥青与集料的黏附性得到提高。

2. 评价方法

评价沥青与集料黏附的方法最常采用的是水煮法和水浸法,我国现行《公路工程沥青及沥青混合料试验规程》(JTG E20 T0616)规定,沥青与粗集料的黏附性试验,根据集料的最大粒径决定,大于13.2 mm者采用水煮法;小于(或等于)13.2 mm者采用水浸法。水煮法是选取粒径为13.2~19 mm形状接近正立方体的规则集料5个,经沥青裹覆后,在蒸馏水中沸煮3 min,按沥青膜剥落的情况分为5个等级来评价沥青与集料的黏附性。水浸法是选取9.5~13.2 mm的集料100 g与5.5 g的沥青在规定温度条件下拌和,配制成沥青-集料混合料,冷却后浸入80℃的蒸馏水中保持30 min,然后按剥落面积百分率来评定沥青与集料的黏附性。

六、耐久性

耐久性是指石油沥青热施工时受高温的作用,以及使用时在热、阳光、氧气和潮湿等因素的长期综合作用下保持良好的流变性能、凝聚力和黏附性的性能。

在阳光、空气和热的综合作用下,沥青各组分会不断递变。低分子化合物将逐步转变成高分子物质,即油分和树脂逐渐减少,而沥青质逐渐增多。实验发现,树脂转变为沥青质比油分变为树脂的速度快得多(约50%)。因此,石油沥青随着时间的进展,流动性和塑性逐渐减小,硬脆性逐渐增大,直至脆裂,这个过程称为石油沥青的老化。所以沥青的大气稳定性可以用抗老化性能来说明。

我国现行《公路工程沥青及沥青混合料试验规程》(JTG E20 T0609)规定,石油沥青的老化性能是以沥青试样在加热蒸发前后的质量损失百分率、针入度比和老化后的延度来评定。其测定方法是:先测定沥青试样的质量及其针入度,然后将试样置于烘箱中,在163℃下加热蒸发5 h,待冷却后再测定其质量和针入度。计算出蒸发损失质量占原质量的百分数,称为蒸发损失百分率;测得老化后针入度与原针入度的比值,称为针入度比,同时测定老化后的延度。沥青经老化后,质量损失百分率愈小、针入度比和延度愈大,则表示沥青的大气稳定性愈好,即老化愈慢。

七、施工安全性

黏稠沥青在使用时必须加热,当加热至一定温度时,沥青材料中挥发的油分蒸气与周围空气组成混合气体,此混合气体遇火焰则易发生闪火。若继续加热,油分蒸气和饱和度增加。由于此种蒸气与空气组成的混合气体遇火焰极易燃烧,而引发火灾,为此,必须测定沥青加热闪火和燃烧的温度,即所谓闪点和燃点。

闪点是指加热沥青至挥发出的可燃气体和空气的混合物,在规定条件下与火焰接触,初次闪火(有蓝色闪光)时的沥青温度(℃)。

燃点是指加热沥青产生的气体和空气的混合物,与火焰接触能持续燃烧5 s以上时,此时沥青的温度即为燃点(℃)。燃点温度通常比闪点温度约高10℃。沥青质含量越多,闪点和燃点相差愈大,液体沥青由于轻质成分较多,闪点和燃点的温度相差很小。

闪点和燃点的高低表明沥青引起火灾或爆炸可能性的大小,它关系到运输、贮存和加热使用等方面的安全性。石油沥青在熬制时,一般温度为150~200℃,因此通常控制沥青的闪点应大于230℃。但为安全起见,沥青加热时还应与火焰隔离。

§4-4　石油沥青的技术标准

根据石油沥青的性能不同,选择适当的技术标准,将沥青划分成不同的种类和标号(等级)

以便于沥青材料的选用。目前石油沥青主要划分为三大类:道路石油沥青、建筑石油沥青和普通石油沥青,其中道路石油沥青是沥青的主要类型。

一、石油沥青的技术标准

1. 传统的沥青分级

在对沥青划分等级时,针入度、黏度、软化点等是划分沥青标号的主要指标。我国道路石油沥青以 25℃针入度为分级标准,其适用范围见表 4-6,其质量要求见表 4-7。

表 4-6　道路石油沥青的适用范围

沥青等级	适用范围
A 级沥青	各交通等级公路沥青路面的各个层次
B 级沥青	中等及以上交通公路沥青路面下面层及以下的层次,轻交通公路沥青路面各个层次
C 级沥青	轻交通公路沥青路面的各个层次

注:① 本标准中交通荷载等级均按《公路沥青路面设计规范》(JTG D50—2017)表 3.0.4 标准确定。

　② 对于 50 号及以下标号的道路石油沥青,不进行沥青等级分级。

石油沥青质量的外观简易鉴别方法见表 4-8,牌号简易判断见表 4-9。

2. 沥青的性能分级

传统的沥青分级指标,如针入度或者黏度等不仅在测试方法上存在局限性,而且不能提供典型路面温度范围内的全面信息。如图 4-10 所示,虽然沥青 A 和沥青 B 在各点的针入度不同,但它们有相同的温度敏感性,沥青 A 和沥青 C 在低温时的针入度比较接近,但在高温时的温度敏感性差异很大。沥青 B 和沥青 C 在 60℃的针入度相同,但它们在高温或低温时将表现出不同的温度特性。按传统分级标准可能把不同沥青归类为相同的等级。

沥青的性能分级是美国公路战略研究计划(SHRP)的一个成果。SHRP 研究经费中的 5 千万美元用于开发基于性能的沥青材料规范,把实验室分析同现场性能联系起来。

沥青是一种黏弹性材料,其黏性或者弹性的出现取决于温度和荷载作用时间。如图 4-11 所示,沥青的流动性能在 60℃温度下 1 h 或 25℃温度下 10 h 是相同的。

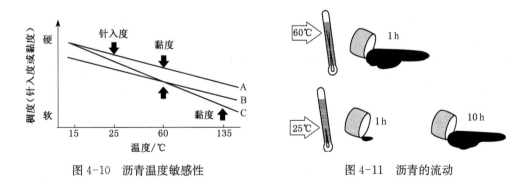

<table>
<tr><td align="center">图 4-10　沥青温度敏感性</td><td align="center">图 4-11　沥青的流动</td></tr>
</table>

在高温条件下(如沙漠气候)或持续荷载情况下(如慢速行驶的货车),沥青胶结料的性能像黏性液体和流体,可用黏度来描述其流动阻力。在寒冷天气或者快速荷载作用情况下,沥青的性状像弹性固体,但会变得很脆弱,当承受过大的荷载后发生断裂。大多数的环境条件是处于酷热与严寒之间,沥青的特性既有黏性液体特征,也有弹性固体特性。

表 4-7 道路石油沥青技术要求

项 目	单位	等级	160号①	130号①	110号	90号	70号	50号②	35号③	25号③	20号④	15号④	试验方法
针入度(25℃,100 g,5 s)	0.1 mm	—	140~200	120~140	100~120	80~100	60~80	40~60	30~45	20~30	15~25	10~20	T0604
适用的气候分区	—		—	—	2-1、2-2、2-3	1-1 1-2 1-3 2-2 2-3	1-2 1-3 1-4 2-2 2-3 2-4	1-4			—	—	—
针入度指数 PI⑤	—	A								-1.5~+1.0			T0604
		B				-1.5~+1.0							
						-1.8~+1.0							
软化点(T_R&B),不小于	℃	A	38	40	43	45	46 / 45 / 44	48~56	52~60	56~64	60~70	63~73	T0606
		B	36	39	42	43	44 / 43 / 42						
		C	35	37	41	42	43						
动力黏度(60℃),不小于	Pa·s	A	—	60	120	160	180 / 160 / 140	250	500	800	1500	2000	T0620
延度(10℃,5 cm/min),不小于	cm	A	50	50	40	45 / 30 / 20	25 / 20 / 15						T0605
		B	30	30	30	30 / 20 / 15	20 / 15 / 10						
延度(15℃,5 cm/min),不小于	cm	A,B	80	80	60	50	40	80					
		C	80	80	60	50	40						
延度(25℃,5 cm/min),不小于	cm	A							50	40	30	20	
蜡含量(蒸馏法),不大于	%	A				2.2				2.2			T0615
		B				3.0							
		C				4.5							
闪点(COC),不小于	℃		230	230	245	245	260	260	260	260	260	260	T0611

102

续表 4-7

项目	单位	等级	160号①	130号①	110号	90号	70号	50号②	35号③	25号③	20号④	15号④	试验方法
溶解度(三氯乙烯),不小于	%		99.5							99.0			T0607
相对密度(25℃)	—		实测										T0603
TFOT(或RTFOT)后⑥													
质量变化,不大于	%		±0.8					±0.6	±0.5	±0.3	±0.3	±0.3	T0609(或T0610)
针入度比(25℃,100g,5s),不小于	%	A	48	54	55	57	61						T0604
		B	45	50	52	54	58	63	65	67	67	67	
		C	40	45	48	50	54						
延度(10℃,5cm/min),不小于	cm	A	12	12	10	8	6						T0605
		B	10	10	8	6	4						
		C											
延度(15℃,5cm/min),不小于	cm		40	35	30	20	15						
软化点差($T_{R\&B}$⑤),不大于	℃		—	—	—	—	—	9	8	8	8	8	T0606

注:①130号和160号沥青除寒冷地区可直接在轻交通公路上应用外,通常用作乳化沥青、稀释沥青、改性沥青的基质沥青。

②50号沥青,其用于表面层时应按照适用的气候分区选用;当用于中、下面层或基层时则不受其气候分区限制。

③25号、35号沥青主要用于浇筑式沥青混凝土,也可用于中、下面层或基层的密级配沥青混合料(AC)、密级配沥青稳定碎石混合料(ATB);或掺加添加剂后可用于中、下面层或基层的高模量沥青混合料(HFM)。

④20号沥青主要用于中、下面层或基层的高疲劳性能高模量沥青混合料(HFM)。15号沥青主要用于中、下面层或基层的高疲劳性能高模量沥青混合料(HFM)。

⑤针入度指数和软化点差是选择性指标,经实测软化点差可作为评价指标;当建设单位未作要求时,应实测软化点差。针入度指数用于伸缩试验;求取PI时的5个温度的针入度关系的相关系数不得小于0.997。

⑥老化试验以薄膜烘箱试验(TFOT)为准,也可以旋转薄膜烘箱试验(RTFOT)代替。仲裁时使用薄膜烘箱试验(TFOT)。

表4-8 石油沥青质量的外观简易鉴别

沥青形态	外观简易鉴别
固体	敲碎,检查新断口处,色黑而发亮的质量好,色暗淡的质量差
半固体	取少许,拉成细丝,越细长,质量越好
液体	黏性大,有光泽,没有沉淀和杂质的质量好,也可利用拉丝来判断

表4-9 石油沥青牌号的简易判断

牌号	简易鉴别方法
140~100	质软
60	用铁锤敲,不碎、只变形
30	用铁锤敲,变成较大的碎块
10	用铁锤敲,变成较小的碎块,表面呈黑色而有光泽

由于沥青的一些物理特性在长期使用过程中发生变化,SHRP评价沥青的一个重要试验是进行老化试验,以模拟沥青路面的老化特性。旋转式薄膜烘箱(RTFO)是模拟施工期的老化,压力老化容器(PAV)试验是模拟路面使用期的老化。

动态剪切流变仪(DSR)检验沥青胶结料的黏弹性特性,它通过测定沥青的复数剪切模量 G^* 和转角 δ 的关系来表明沥青的温度特性。图4-12所示为作用在沥青试样上的剪切应力,相位滞后用角度表示,对完全弹性材料,在施加的剪切应变和剪切应变响应之间没有滞后,则相位角为零,对完全黏性的材料,应变响应与应力相位差为90°。像沥青这种黏弹性材料,其相位差在0~90°之间,具体值取决于试验温度。

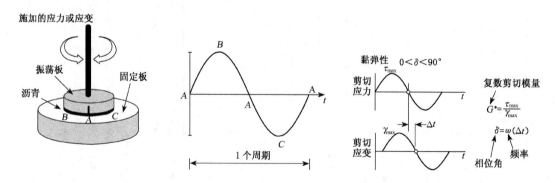

图4-12 动态剪切流变仪(DSR)及 G^* 和 δ 的计算

通过控制高温时的劲度,沥青胶结料标准能保证在高温时的剪切强度。从高温稳定性角度讲,较高的劲度 G^* 值和较低的相位角 δ 值是比较理想的。因此,定义 $G^*/\sin\delta$ 为车辙因子,表征沥青的高温黏性部分。通过规定其最小值来保证材料能抵抗永久变形。

同时,限定沥青胶结料中低温时的劲度以保证沥青混合料的疲劳性能。理想的抗疲劳材料应像软弹性材料一样,变形能从多次加载后恢复。但过高的 G^* 和过小的 δ 意味着材料更像弹性固体,不能有效地抗疲劳开裂。因此,定义 $G^* \sin \delta$ 为疲劳开裂因子,通过限定其最大值来控制沥青路面的疲劳开裂。

弯曲梁流变仪(BBR)用于测定低温时沥青的蠕变劲度(S)和沥青劲度变化率(m),如图4-13所示。蠕变荷载用来模拟温度下降时,逐渐施加到路面的应力。胶结料规范规定了路面实际的气候条件下的蠕变劲度和 m 值。如果蠕变劲度过高,沥青就会呈现脆性,裂缝发生的可能性就较大。需要设定蠕变劲度的最大值以防止裂缝。大的 m 值将促使沥青路面在温度发生变化时内应力能及时消散,从而减少路面的温度开裂。因此,规范最小的 m 值要求,以保证沥青有较好的应力松弛能力。

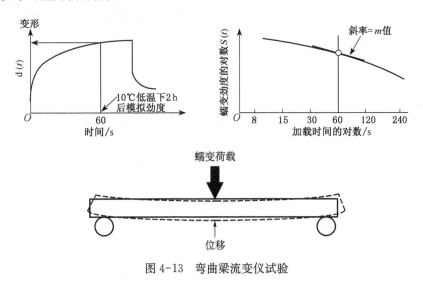

图 4-13　弯曲梁流变仪试验

对一些胶结料,尤其是聚合物改性沥青,其低温时的蠕变劲度高,但其裂缝率仍然比较小。因为这类沥青延展性好,破坏前经受了很大的伸长。用BBR量测的蠕变劲度并不适于完整地表征沥青在破裂前伸长的能力。直接拉伸试验(DTT)针对具有相对高的蠕变劲度,而在低温也能显示较好的延展性的材料设计。这一附加要求仅适用于 BBR 蠕变劲度为 $300 \sim 600$ MPa 之间的沥青。DTT 的试验结果是沥青的拉伸破坏应变,如图4-14所示,该应变是哑铃状试件在低温时拉伸至破坏时的应变量。同 BBR的试验目的一样,DTT 试验也是为保证沥青在低温下抵抗变形的能力达到最大。

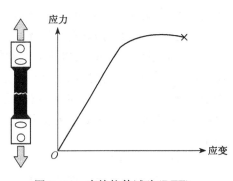

图 4-14　直接拉伸试验(DTT)

为保证沥青的可施工性能,使其在泵送和拌和时具有足够的流动性,需要采用旋转式黏度计(RTV)测定沥青在 $135 \, ^\circ\!\text{C}$ 时的劲度。通过测定浸没在一恒定温度试样中的纺锤形锥以一定速度旋转所需要的扭矩表示沥青的黏性状态(图4-15)。沥青性能分级规范规定 $135 \, ^\circ\!\text{C}$ 未老化沥青的黏度不得超过 3 Pa·s。

基于性能的沥青分级是针对路面特定的环境和气候提出特定的胶结料标准,虽然其物理特性要求基本与原来的相同,但是其试验温度随特定的条件的改变而改变。例如,没有老化的沥青的 $G^*/\sin\delta$ 至少应大于 1 kPa,那么如果修建的公路在高温地区,其沥青胶结料在当地高温下必须达到以上标准。

图 4-15　旋转式黏度计

沥青性能等级(PG)表示为 PG X-Y,第一个数 X 指高温等级,这表明其胶结料在 X℃时其性能必须满足使用要求,这表明胶结料将可以在这种高温的气候环境中工作。第二个数字-Y 指低温等级,这表明其胶结料在-Y℃时其性能也必须满足使用要求。其他需要考虑的因素是公路的设计年限、道路类型、荷载的大小。表 4-10 给出了沥青性能分级要求。

二、石油沥青的选用

1. 道路石油沥青

道路石油沥青主要在道路工程中用作胶凝材料,用来与碎石等矿质材料共同配制成沥青混合料。通常,道路石油沥青牌号越高,则黏性越小(即针入度越大),延展性越好,而温度敏感性也随之增加。在道路工程中选用沥青材料时,要根据交通量和气候特点来选择。南方高温地区宜选用高黏度的石油沥青,如 50 号或 70 号,以保证在夏季沥青路面具有足够的稳定性,不会出现车辙等破坏形式;而北方寒冷地区宜选用低黏度的石油沥青,如 90 号或 110 号,以保证沥青路面在低温下仍具有一定的变形能力,减少低温开裂。

2. 建筑石油沥青

建筑石油沥青针入度较小(黏性较大),软化点较高(耐热性较好),但延伸度较小(塑性较小),主要用作制造油纸、油毡、防水涂料和沥青嵌缝膏。它们绝大部分用于屋面及地下防水、沟槽防水、防腐蚀及管道防腐等工程。使用时制成的沥青胶膜较厚,增大了对温度的敏感性。同时黑色沥青表面又是好的吸热体,一般的,同一地区的沥青屋面的表面温度比其他材料的都高。据高温季节测试,沥青屋面达到的表面温度比当地最高气温高 25～30℃。为避免夏季流淌,一般屋面用沥青材料的软化点还应比本地区屋面最高温度高 20℃以上。例如武汉、长沙地区沥青屋面温度约达 68℃,选用沥青的软化点应在 90℃左右,低了夏季易流淌;但也不宜过高,否则冬季低温易硬脆甚至开裂。所以选用石油沥青时要根据地区、工程环境及要求而定。

3. 普通石油沥青

普通石油沥青含蜡量高达 15%～20%,有的甚至达 25%～35%。由于石蜡是一种熔点低(约 32～55℃)、黏结力差的材料,当沥青温度达到软化点时,蜡已接近流动状态,所以容易产生流淌现象。当采用普通石油沥青黏结材料时,随着时间增长,沥青中的石蜡会向胶结层表面渗透,在表面形成薄膜,使沥青黏结层的耐热性和黏结力降低。所以在工程中一般不宜采用普通石油沥青。

表 4-10 沥青性能分级规范(部分)

沥青使用性能等级	PG46			PG52							PG58						PG64					
	−34	−40	−46	−10	−16	−22	−28	−34	−40	−46	−10	−16	−22	−28	−34	−40	−10	−16	−22	−28	−34	−40
平均7天最高路面设计温度①(℃)	<46			<52							<58						<64					
最低路面设计温度①(℃)	>−34	>−40	>−46	>−10	>−16	>−22	>−28	>−34	>−40	>−46	>−10	>−16	>−22	>−28	>−34	>−40	>−10	>−16	>−22	>−28	>−34	>−40
原样沥青																						
闪点(COC,ASTM D92),min(℃)	230																					
粘度(ASTM4402②),max,3Pa·s 试验温度(℃)	135																					
动态剪切(ASTM D7175)③ G*/sinδ,min,1.0 kPa 试验温度@10 rad/s(℃)	46			52							58						64					
RTFOT(ASTM D2872)残留沥青																						
质量损失,max(%)	1.00																					
动态剪切(ASTM D7175) G*/sinδ,min,2.2 kPa 试验温度@10 rad/s(℃)	46			52							58						64					
PAV残留沥青(ASTM D6521)																						
PAV老化温度④(℃)	90			90							100						100					
动态剪切(ASTM D7175) G*·sinδ,max,5 000 kPa 试验温度@10 rad/s(℃)	10	7	4	25	22	19	16	13	10	7	28	25	22	19	16	13	31	28	25	22	19	16
蠕变劲度(ASTM D648)⑤ S,max,300 MPa,min,0.3 m值,min 试验温度@60 s(℃)	−24	−30	−36	0	−6	−12	−18	−24	−30	−36	0	−6	−12	−18	−24	−30	0	−6	−12	−18	−24	−30
直接拉伸(ASTM D6273)⑤ 破坏应变,min,1.0%试验温度@1.0 mm/min(℃)	−24	−30	−36	0	−6	−12	−18	−24	−30	−36	0	−6	−12	−18	−24	−30	0	−6	−12	−18	−24	−30

注:① 路面温度由大气温度按 SUPERPAVE 程序中的方法计算,也可由指定的机构提供。

② 如果供应商能保证所有认可的温度下,沥青有很好地泵送或拌和,此要求可由指定的机构确定放弃。

③ 为控制非改性沥青结合料产品的质量,在试验温度下测定原样沥青结合料的旋转黏度计或毛细管黏度计的标称转矩黏度计(AASHTO T201 或 T202)。在此温度下,沥青多处于牛顿流体状态,任何测定黏度的标准方法均可使用,可以取代动态剪切的 G*/sinδ。

④ PAV 老化温度为模拟气候条件而定,从 90℃、100℃、110℃ 中选择一个温度,高于 PG64 时为 100℃,在沙漠条件下为 110℃。

⑤ 如果蠕变劲度小于 300 MPa,直接拉伸试验可不要求,如果蠕变劲度在 300~600 MPa 之间,直接拉伸试验的破坏应变可代替蠕变劲度要求的破坏应变应满足。m 值在两种条件下都应满足。

107

§4-5 石油沥青的老化与改性

一、沥青的老化

沥青在贮运、加工、施工及使用过程中,由于长时间暴露在空气中,在风雨、温度变化等自然条件的作用下,会发生一系列的物理及化学变化,如蒸发、脱氢、缩合、氧化等。此时沥青中除含氧官能团增多外,其他的化学组成也有变化,最后使沥青逐渐变脆开裂,不能继续发挥其原有的黏结或密封作用。沥青在长期使用过程中所表现出的胶体结构、理化性质或机械性能不可逆的劣化称为老化。

由于沥青的老化,引起沥青物理-力学性质的变化。通常的规律是:针入度变小、延度降低、软化点和脆点升高,表现为沥青变硬、变脆、延伸性降低,导致沥青产生裂缝、松散等破坏。沥青老化后物理-力学性质变化如表 4-11 所示。

表 4-11　老化沥青和再生沥青的技术性质示例

沥青名称	技术性质			
	针入度/(1/10 mm)	延度/cm	软化点/℃	脆点/℃
原始沥青	106	73	48	−6
老化沥青	39	23	55	−4
再生沥青	80	78	49	−10

沥青的老化过程一般分为两个阶段,即施工过程中的热老化和使用过程中的长期老化。施工过程中的短期老化主要发生在沥青加热拌和与摊铺的过程中,老化程度和温度、拌和时间及贮存的时间密切相关。使用过程中的长期老化除了与光、氧等自然条件相关外,也与沥青材料的形态,如沥青膜厚度、混合料空隙率等有关。一般用蒸发损失、薄膜烘箱及旋转薄膜烘箱试验评价沥青的短期老化,用压力老化试验评价沥青的长期老化性能。

在实际应用中,人们要求沥青有尽可能长的耐久性,老化的速度就尽可能地小一些,因而提出了对沥青耐久性的要求。耐久性是沥青使用性能方面一个十分重要的综合性指标。由于老化带来的性能劣化,造成使用沥青材料的工程经过一定的使用年限后,都要进行大规模的翻修。至 2018 年年末,我国公路养护里程达 475 万 km,占公路总里程 98.2%。所以如何提高沥青的耐久性,延长沥青材料的使用寿命,在国民经济中占有相当重要的地位,同时也是沥青科学专业研究和生产方面的一个十分迫切的课题。

与老化过程相反,利用某种工艺及材料,来改善沥青的组分组成、胶体结构以及宏观性能,使其工程性能得到一定程度的恢复,此过程称为再生,如表 4-11 所示。目前沥青材料的再生,是理论界及工程界的一个热点,并取得了较好的成果。但由于沥青混合料的复杂性,再生方面的研究还将持续深入进行。

二、沥青的改性

沥青材料无论是用作屋面防水材料还是用作路面胶结材料,都是直接暴露于自然环境中的,而沥青的性能又受环境因素影响较大;同时现代土木工程不仅要求沥青具有较好的使用性能,还要求具有较长的使用寿命。单纯依靠自身性质,很难满足现代土木工程对沥青的多方面要求。如现代高等级公路的交通特点是交通密度大、车辆轴载重、荷载作用间歇时间短,以及高速和渠化等。由于这些特点造成沥青路面高温出现车辙,低温产生裂缝,抗滑性很快衰降,使用年限不长等。为使沥青路面高温不推、低温不裂,保证安全快速行车,延长使用年限,在沥青材料的技术性质方面,必须提高沥青的流变性能,改善沥青与集料的黏附性,延长沥青的耐久性,才能适应现代交通的要求。

因此,现代土木工程中,常在沥青中加入其他材料,来进一步提高沥青的性能,称为改性沥青。目前世界各国所用的沥青改性材料多为聚合物,例如橡胶、树脂等。聚合物改性沥青的作用机理,至今尚未研究得十分清楚,大量研究证明,大部分聚合物改性沥青中均无任何新物质生成。目前,沥青工作者一般认为,聚合物的掺入,主要改变了体系的胶体结构。

为了解释聚合物的改性作用,可以提出一些假设。我们不妨把聚合物沥青看作是一种复合材料,其中沥青起着基体的作用,聚合物为分散相。复合材料本身作为一个统一的整体,其中各种颗粒的黏合,可以认为是各种成分通过表面结合(黏接)所产生的相互间的力学作用。制成的复合物,其性能通常都胜过各单一成分的平均或综合性能,也就是说,都体现了共同作用的效果。

当聚合物浓度不大时,混合物可看作是分散强化复合材料,强化作用是由于聚合物的分散颗粒阻止了基体中的位移运动所致。强化程度与颗粒对位移运动所产生的阻力成正比。当分散相含量占体积的比例为 $2\%\sim4\%$ 时,可以观察到这种作用。如果再看一下聚合物含量为 $3\%\sim5\%$ 的聚合物沥青混合物的性能,可以发现冷脆点显著降低,而变形性能并未增大。显然,脆点之所以降低,是由于强度增长所致。

聚合物浓度高时,混合物可以认为是一种纤维复合材料或片状复合材料,这时基体(沥青)将转变为把荷载传递给纤维的介质,并将在纤维破坏时发生应力再分配。这种复合物的特征是强度、弹性和疲劳破坏强度高,这对保证材料的使用可靠性是必不可少的。这种复合材料的破坏过程通常是开始时微裂缝增大,随后,裂缝一碰到高模量橡胶颗粒即停止发展;接着又由于裂缝顶端发生应力松弛,以致裂缝增长率减小,甚至完全停止。目前,国内外常用的聚合物改性沥青包括以下三大类:

1. 热塑性树脂类改性沥青

用作沥青改性的树脂主要是热塑性树脂,常被采用的为聚乙烯(PE)和聚丙烯(PP)。它们所组成的改性沥青性能,主要是提高沥青的黏度,改善高温抗流动性,同时可增大沥青的韧性。所以它们对改善沥青高温性能是肯定的,但对低温性能改善有时并不明显。此外,无规聚丙烯(APP)由于具有更为优越的经济性,所以也经常被用来生产改性沥青油毡,与前述相似,其高温改善效果较好,低温效果不明显,并且抗疲劳性能较差。

新近的研究认为,价格低廉和耐寒性好的低密度聚乙烯(LDPE)与其他高聚物组成合金,可以得到优良的改性沥青。

2. 橡胶类改性沥青

橡胶类改性沥青的性能,主要取决于沥青的性能、橡胶的种类和制备工艺等因素。当前合成橡胶类改性沥青中,通常认为改性效果较好的是丁苯橡胶(SBR)。丁苯橡胶改性沥青的性能主要表现为:

① 在常规指标上,针入度值减小,软化点升高,常温(25℃)延度稍有增加,特别是低温(5℃)延度有较明显的增加。

② 不同温度下的黏度均有增加,随着温度降低,黏度差逐渐增大。

③ 热流动性降低,热稳定性明显提高。

④ 韧度明显提高。

⑤ 黏附性亦有所提高。

3. 共聚物类改性沥青

共聚物是一类新型的高分子材料,是通过两种或两种以上的单体共同聚合而形成的,也称作热塑型橡胶。如SBS就是苯乙烯和丁二烯的嵌段共聚物,它同时兼具了树脂和橡胶的优点,是一种优良的沥青改性剂。目前国际上40%左右的改性沥青都采用了SBS。采用SBS作为沥青的改性剂,可以同时改善沥青的高温性能和低温性能。聚合物改性沥青的质量应符合表4-12的技术要求。

除了聚合物改性剂改性沥青外,利用废橡胶粉改性沥青也是一个大类。将废旧轮胎轧碎再通过磨细可制得一定粒径的微粒,即橡胶粉(CRM)。将废橡胶粉在160℃~180℃温度下与热沥青拌和,通过高速剪切装置,使橡胶粉在沥青中的分散均匀,所得到的混合物即为橡胶沥青。还可以在沥青混合料生产过程中将废橡胶粉直接喷入拌和锅中,通过拌和获得废胶粉改性沥青混合料。废橡胶粉对沥青路面的高低温性能均有所改善,而且在环保上优势明显。

根据加工特性和性能不同,橡胶沥青可分为三类。第一类是道路石油沥青、废胎胶粉、稳定剂(必要时)等现场现制、即时使用、非均质的废胎胶粉橡胶沥青;第二类是道路石油沥青、废胎胶粉、稳定剂(必要时)等经工厂化生产、亚均质的改性胶粉橡胶沥青,也称工厂稳定型橡胶沥青。第三类是道路石油沥青、废胎胶粉、稳定剂(必要时)等经工厂化生产、接近均质化的聚合物胶粉复合改性橡胶沥青。

此外,将湖沥青或岩沥青等天然沥青加热融化成液态后与道路石油沥青或聚合物改性沥青混融得到天然沥青改性沥青成品,也可以先将天然岩沥青材料经物理研磨等微粒化,加工得到微米级粉状改性材料,然后与道路石油沥青混合、剪切得到均匀的天然沥青改性沥青成品。天然沥青与石油沥青有良好的混融性,能直接改变原有沥青的成分组成。天然沥青改性沥青具备较高的黏度、优良的高温稳定性和抗水损害能力,多用于浇注式沥青混凝土和高疲劳性能高模量沥青混凝土中。

表4-12 聚合物改性沥青技术要求

试验项目	单位	SBS类（I类）					SBR类（II类）			EVA、PE类（III类）				试验方法
		I-A	I-B	I-C	I-D	I-E	II-A	II-B	II-C	III-A	III-B	III-C	III-D	
针入度（25℃，100g，5s）	0.1mm	>100	80~100	60~80	40~60	20~40	>100	80~100	60~80	>80	60~80	40~60	30~40	T0604
针入度指数PI①，不小于	—	-1.2	-0.8	-0.4	0	0	-1.0	-0.8	-0.6	-1.0	-0.8	-0.6	-0.4	T0604
延度（5℃，5cm/min），不小于	cm	50	40	30	20	10	60	50	40	—	—	—	—	T0605
软化点（T$_{R\&B}$），不小于	℃	50	55	60	65	85	45	48	50	48	52	56	60	T0606
表观黏度（135℃）②，不大于	Pa·s						3							T0625
闪点（COC），不小于	℃	230	230	230	230	280	230	230	230	230	230	230	230	T0611
溶解度（三氯乙烯），不小于	%	99												T0607
弹性恢复（25℃），不小于	%	65	70	75	85	85	—	—	—	—	—	—	—	T0662
粘韧性（25℃），不小于	N·m						5							T0624
离析（软化点差）②，不大于	℃	2.5					实测			无改性剂明显析出、凝聚				T0661
相对密度（25℃）	—	实测												T0603
TFOT（或RTFOT）后④														
质量变化，不大于	%	±1.0												T0609（或T0610）
针入度比（25℃，100g，5s），不小于	%	50	55	60	65	70	50	55	60	50	55	58	60	T0604
延度（5℃，5cm/min），不小于	cm	30	25	20	15	—	30	20	10	—	—	—	—	T0605
软化点差（T$_{R\&B}$）①	℃	-5~+10	-5~+10	-5~+10	-5~+10	-5~+10	-2~+8	-2~+8	-2~+8	-5~+10	-5~+10	-5~+10	-5~+10	T0606

注：① 针入度指数和软化点点差为选择性指标，经建设单位要求时可作为评价指标；当建设单位未作要求时，应进行实测。

② 离析指标适用于工厂生产的成品改性沥青。现场制作的改性沥青对贮存稳定性指标可不作要求，但必须在制件前及拌送循环或采送循环，保证使用前设有明显的离析。软化点点差为老化后软化点与原样软化点之差值。软化点差可不要求测定135℃黏度。

③ 老化试验以TFOT为准，也可以RTFOT代替。仲裁时使用TFOT。

§4-6 沥青基防水材料

沥青的使用历史非常悠久,随着现代沥青生产技术的不断发展,其应用领域不断拓宽。沥青的主要应用方式是与各类集料拌和制成沥青混合料用于基础建筑设施,或与其他材料混合制取复合材料用于建筑业、水利工程等的防水材料。沥青用作防水、防潮材料的主要品种有防水卷材和防水涂料。

防水卷材是建筑工程防水材料的重要品种之一。它主要包括沥青防水卷材、高聚物改性沥青防水卷材和合成高分子卷材三大类。由于沥青具有良好的防水性能,而且资源丰富、价格低廉,所以我国目前在防水工程中仍然广泛采用沥青防水卷材。沥青防水卷材是用原纸、纤维织物、纤维毡等胎体浸涂沥青,表面撒布粉状、粒状或片状材料制成可卷曲的片状防水材料。常见的有石油沥青纸胎油毡、石油沥青玻璃布油毡、石油沥青玻纤胎油毡、石油沥青麻布胎油毡等。但是,沥青材料的低温柔性差,温度敏感性大,在大气作用下易老化,防水耐用年限较短,因而属低档防水卷材。高聚物改性沥青防水卷材和合成高分子卷材,是 20 世纪 80 年代发展起来的新型防水卷材,由于其优异的性能,应用日益广泛,是防水卷材的发展方向。防水卷材的分类见图 4-16。

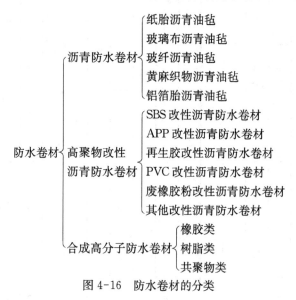

图 4-16 防水卷材的分类

防水卷材的品种较多、性能各异,但其均必须具备以下性能:

1. 耐水性

耐水性是指要满足建筑防水工程的要求,在水的作用和被水浸润后其性能基本不变,在压力水作用下具有不透水性,常用不透水性、吸水性等指标表示。

2. 温度稳定性

指在高温下不流淌、不起泡、不滑动,低温下不脆裂的性能。即在一定温度变化下保持原有性能的能力,常用耐热度、耐热性等指标表示。

3. 机械强度、延伸性和抗断裂性

指承受一定荷载、应力或在一定变形的条件下不断裂的性能,常用拉力、拉伸强度和断裂伸长率等指标表示。

4．柔韧性

指在低温条件下保持柔韧性的性能。它对保证施工性能是很重要的,常用低温弯折性等指标表示。

5．大气稳定性

指在阳光、热、臭氧及其他化学侵蚀介质等因素的长期综合作用下抵抗侵蚀的能力,用耐老化性、热老化保持率等指标表示。

各类防水卷材的选用应充分考虑建筑物的特点、地区环境条件、使用条件等多种因素,结合材料的特性和性能指标来选择。

一、石油沥青防水卷材

目前世界各国的防水卷材仍以石油沥青防水卷材为主。石油沥青防水卷材广泛应用于地下、水工、工业及其他建筑物的防水工程,特别是屋面工程中。

1．石油沥青纸胎油毡

石油沥青纸胎油毡(简称油毡)系用低软化点石油沥青浸渍原纸(原纸是一种生产油毡的专用纸,主要成分为棉纤维,外加入 20％～30％的废纸制成),然后用高软化点沥青涂盖油纸的两面,并涂撒防黏隔离材料所制成的一种纸胎防水卷材。涂撒粉状材料(滑石粉)的称为"粉毡",涂撒片状材料(云母片)的称为"片毡"。

油毡幅宽为 1 000 mm,按卷重和物理性能分为Ⅰ型、Ⅱ型和Ⅲ型三类,其中Ⅰ型和Ⅱ型油毡因原纸纸胎较薄,抗拉强度较低,一般只适用于辅助防水、保护隔离层、临时性建筑防水、防潮及包装等。Ⅲ型油毡适用于屋面工程的多层防水。

石油沥青纸胎油毡的质量应符合国家标准(GB326)的规定,各类型油毡的卷重及物理性能要求见表 4-13 所示。

表 4-13　石油沥青纸胎油毡的卷重及物理性能

项　目		指标		
		Ⅰ型	Ⅱ型	Ⅲ型
卷重/(kg/卷),≥		17.5	22.5	28.5
单位面积浸涂材料总质量/(g·m⁻²),≥		600	750	1 000
不透水性	压力/MPa,≥	0.02	0.02	0.10
	保持时间/min,≥	20	30	30
吸水率/％,≤		3.0	2.0	1.0
耐热度		(85±2)℃,2 h 涂盖层无滑动、流淌和集中性气泡		
拉力(纵向)/(N/50 mm),≥		240	270	340
柔度		(18±2)℃,绕 φ20 mm 棒或弯板无裂纹		

注:本标准Ⅲ型产品物理性能要求为强制性的,其余为推荐性的。

油毡在运输与贮存时,不同类型、规格的产品应分别堆放,不应混杂。卷材在贮存时应在45℃以下竖直立放,高度不超过两层。贮运时注意避免日晒雨淋,并注意通风。在正常的运输、贮存条件下,贮存期自生产之日起为 1 年。

2. 其他胎体材料的油毡

为了克服纸胎的抗拉能力低、易腐烂、耐久性差的缺点,通过改进胎体材料,使沥青防水卷材的性能得到了改善,并发展成玻璃布沥青油毡、玻纤沥青油毡、黄麻织物沥青油毡、铝箔胎沥青油毡等一系列沥青防水卷材。

用玻璃纤维布、合成纤维无纺布等胎体材料制成的油毡(制法与纸胎油毡相同),其性能比纸胎油毡要好得多,它们的抗拉强度高、柔韧性好、吸水率小、延伸率大、抗裂性和耐久性均有很大提高,适用于防水性、耐久性和防腐性要求较高的工程。各种油毡的性能及使用见表 4-14 所示。

表 4-14　石油沥青防水卷材的特点及使用

卷材种类	特点	使用范围	施工工艺
石油沥青纸胎油毡	是我国传统的防水材料,目前在屋面工程中仍占主导地位;其低温柔性差,防水层耐用年限较短,但价格较低	三毡四油、二毡三油叠层铺设的屋面工程	热玛蹄脂、冷玛蹄脂粘贴施工
玻璃布沥青油毡	抗拉强度高,胎体不易腐烂,材料柔韧性好,耐久性比纸胎油毡提高一倍以上	多用作纸胎油毡的增强附加层和突出部位的防水层	
黄麻胎沥青油毡	抗拉强度高,耐水性好,但胎体材料易腐烂	常用作屋面增强附加层	
铝箔胎沥青油毡	有很高的阻隔蒸汽渗透的能力,防水性能好,且具有一定的抗拉强度	与带孔玻纤毡配合或单独使用,宜用于隔汽层	热玛蹄脂粘贴

沥青玛蹄脂是在沥青中掺入适量粉状或纤维状填充物拌制而成的混合物,主要用于粘贴沥青类防水卷材、嵌缝补漏及作为防腐、防水涂层等。掺入粉状填充料时,合适的掺量一般为沥青重量的 10%～25%;采用纤维态填充料时其掺入量一般为 5%～10%。

对于屋面防水工程,根据《屋面工程技术规范》(GB 50345)的规定,沥青防水卷材仅适用于屋面防水等级为Ⅲ级(一般的工业与民用建筑,防水耐用年限为 10 年)和Ⅳ级(非永久性的建筑,防水耐用年限为 5 年)的屋面防水工程。除外观质量和规格应符合要求外,沥青防水卷材还应检验拉力、耐热度、柔性和不透水性等物理性能。对于防水等级为Ⅲ级的屋面,应选用三毡四油沥青卷材防水;对于防水等级为Ⅳ级的屋面,可选用二毡三油沥青卷材防水。

二、聚合物改性沥青防水卷材

聚合物改性沥青防水卷材是以合成高分子聚合物改性沥青为涂盖层,纤维织物或纤维毡为胎体,粉状、粒状、片状或薄膜材料为覆面材料制成的防水卷材。

1. APP 改性沥青油毡

APP 改性沥青油毡是以无规聚丙烯(APP)改性石油沥青涂覆玻璃纤维无纺布(或聚酯纤维无纺布),撒布滑石粉或用聚乙烯薄膜覆盖制得的防水卷材。与沥青油毡相比,其特点是耐高温和低温柔韧性好、抗拉强度高、延伸率大、耐候性强、单层防水、施工方便,适用于各类屋面、地下防水、水池、隧道、水利工程使用,使用寿命在 15 年以上。

2. SBS 改性沥青柔性油毡

SBS 改性沥青柔性油毡是以聚酯纤维无纺布为胎体,以 SBS 改性石油沥青浸渍涂盖层

（面层），以树脂薄膜为防黏隔离层或油毡表面带有砂粒的防水卷材。

用 SBS 改性后的沥青油毡具有良好的弹性、耐疲劳、耐高温、耐低温等性能。它的价格低、施工方便，可以冷作粘贴，也可以热熔铺贴，具有较好的温度适应性和耐老化性能，是一种技术经济效果较好的中档新型防水材料，可用于屋面及地下室防水工程。

3. 铝箔塑胶油毡

铝箔塑胶油毡是以聚酯纤维无纺布为胎体，以高分子聚合物（合成橡胶及合成树脂）改性沥青类材料为浸渍涂盖层，以树脂薄膜为底面防黏隔离层，以银白色软质铝箔为表面反光保护层而加工制成的新型防水材料。

铝箔塑胶油毡对阳光的反射率高，具有一定的抗拉强度和延伸率，弹性好，低温柔性好，在−20～80℃温度范围内适应性较强，并且价格较低，是一种中档的新型防水材料，适用于工业与民用建筑工程的屋面防水。

4. 沥青再生橡胶油毡

沥青再生橡胶油毡是用 10 号石油沥青与再生橡胶改性材料和填充料（石灰石粉）等经混炼、压延或挤出成型制得的无胎防水卷材。它具有质地均匀、延伸性大、弹性好等优点，并且抗腐蚀性强，不透水性、不透气性、低温柔韧性和抗拉强度均较高。

沥青再生橡胶油毡适用于屋面防水，尤其适用于有保护层的屋面或基层沉降较大（包括不均匀沉降）的建筑物变形处的防水；地下结构（如地下室、深基础、贮水池等）的防水及作浴室、洗衣室、冷库等处的蒸汽隔离层。

常见高聚物改性沥青防水卷材的特点和使用性能见表 4-15。

表 4-15 常见高聚物改性沥青防水卷材的特点和使用

卷材种类	特点	使用范围	施工工艺
SBS 改性沥青防水卷材	耐高、低温性能有明显提高，卷材的弹性和耐疲劳性能明显改善	单层铺设的屋面防水工程或复合使用。适用于寒冷地区和结构变形较大的结构	冷施工铺贴或热熔铺贴
APP 改性沥青防水卷材	具有良好的强度、延伸性、耐热性、耐紫外线及耐老化性能	单层铺设，适用于紫外线辐射强烈及炎热地区	热熔法或冷粘铺设
PVC 改性沥青防水卷材	有良好的耐热及耐低温性能，最低开卷温度为−18℃	有利于在冬季负温度下施工	可热作业，也可冷施工
再生胶改性沥青防水卷材	有一定的延伸性和防腐蚀能力，且低温柔性较好，价格低廉	变形较大或档次较低的防水工程	热沥青粘贴
废橡胶粉改性沥青防水卷材	比普通石油沥青纸胎油毡的抗拉强度、低温柔性均有明显改善	叠层使用于一般屋面防水工程，宜在寒冷地区使用	

三、沥青基防水涂料

石油基防水涂料是由石油沥青或改性沥青经乳化或高温加热成黏稠状液态材料，涂喷在建筑防水工程表面，使其表面与水隔绝，起到防水防潮的作用，是一种柔性防水材料。

防水涂料同样需具有耐水性、耐候、耐酸碱性、优异的延伸性能和施工可操作性。

沥青基防水涂料一般可分为溶剂型涂料和水乳型涂料。溶剂型涂料由于含有甲苯等有机溶剂，易燃、有毒，而且价格较高，用量已越来越小。高聚物改性沥青防水涂料是以沥青为基料，用高聚物进行改性配制成的溶剂型或水乳型涂料。由于改性沥青防水涂料具有良好的防水防渗能力，耐变形，有弹性，低温不开裂，高温不流淌，黏附力强，使用寿命长，已逐渐代替沥青基涂料。目前常用的改性沥青防水涂料有阳离子氯丁胶乳沥青、丁苯胶乳沥青、SBS 改性沥青、APP 改性沥青等。

阳离子氯丁胶乳沥青是以阳离子氯丁胶乳与阳离子乳化沥青混合而成，是氯丁橡胶及沥青的微粒借助于阳离子型表面活性剂的作用，稳定地分散在水中而形成的一种乳状液。它具有成模快、强度高、耐候性好、难燃烧、不污染环境、冷施工及抗裂性好的特点，是我国防水涂料中的主要品种。

丁苯胶乳沥青是以沥青为基料，以丁苯橡胶为改性材料，以膨润土为分散剂，经乳化而制成的一种防水涂料。其特点是涂膜具有橡胶状弹性和延伸性、易形成厚膜、冷施工、不污染环境和价格低廉的特点。

SBS 改性沥青可以直接热喷或与表面活性剂制成乳液。SBS 改性沥青防水材料具有良好的弹性、低温柔性和高温耐热性能，与防水基层间黏结良好，适用于复杂基层的防水工程。

今后我国建筑防水材料发展的方向是：大力发展弹性体（SBS）、塑性体（APP）改性沥青防水卷材，积极推进高分子防水卷材，适当发展防水涂料，限制发展和使用石油沥青纸胎油毡和沥青复合胎柔性防水卷材，淘汰焦油类防水材料。

复习思考题

4-1 我国现行的石油沥青化学组分分析方法将石油沥青分离为哪几个组分？各化学组分与沥青的路用性质间有什么关系？

4-2 石油沥青可以划分为哪几种胶体结构？如何进行划分？不同的胶体结构对沥青的路用性能有什么影响？

4-3 石油沥青的三大指标和 PI 分别表示了沥青的什么性能？其测试条件是什么？

4-4 沥青老化的主要表现是什么？

4-5 石油沥青防水卷材主要有哪几类？各自适用于什么工程？

4-6 常用的改性沥青有哪几类？其性能特点是什么？

创新设计

选取三种不同针入度等级的沥青，设计几项简单试验，直观地检验沥青的黏度、延度和感温性。

第5章 沥青混合料

学习目的: 沥青混合料是现代高速公路及城市道路的主要路面材料,本章主要应了解沥青混合料的技术性质及技术指标和沥青混合料设计方法等。

教学要求: 结合现代沥青路面的主要破坏类型,讲解沥青混合料的主要技术性质及技术指标;重点讲解沥青混合料的设计要点,包括目标配合比设计、生产配合比设计及生产配合比的验证过程。

§5-1 沥青混合料的分类

由于沥青混合料路面平整性好、行车平稳舒适、噪音低,被许多国家在建设高速公路时优先采用。而半刚性基层具有强度大、稳定性好及刚度大等特点,被广泛用于修建高等级公路沥青路面的基层或底基层。我国在建或已建成的高速公路路面90%以上采用半刚性基层沥青路面。由于沥青混合料最能适应现代交通的特点,所以它是现代高速公路最主要的路面材料,并广泛应用于干线公路和城市道路路面。

沥青混合料是将粗集料、细集料和填料经人工合理选择级配组成的矿质混合料与适量的沥青材料经拌和而成的均匀混合料。国际上对沥青混合料的分类并没有统一的方法,本书参考沥青混合料近年来的发展,对其进行多种分类。

一、按沥青混合料路面成型特性分类

根据沥青路面成型时的技术特性可将沥青混合料分为沥青表面处治、沥青贯入式碎石和热拌沥青混合料。

1. 沥青表面处治是指沥青与细粒矿料按层铺法(分层洒布沥青和集料,然后碾压成型)或拌和法(先由机械将沥青与集料拌和,再摊铺碾压成型)铺筑成的厚度不超过3 cm的沥青路面。沥青表面处治的厚度一般为1.5~3.0 cm,适用于中等、轻交通荷载等级的表面层和旧沥青面层上的罩面或表面功能恢复。

2. 沥青贯入式碎石是指在初步碾压的集料层洒布沥青,再分层洒铺嵌挤料,并借行车压实而形成路面。沥青贯入式碎石路面依靠颗粒间的锁结作用和沥青的黏结作用获得强度,是一种多空隙的结构。其厚度一般为4~8 cm,主要适用于中等、轻交通荷载等级的公路面层。

3. 热拌沥青混合料是指把一定级配的集料烘干并加热到规定温度,与加热到具有一定黏度的沥青按规定比例,在给定的温度下拌和均匀而成的混合料。热拌沥青混合料适用于各交通荷载等级的表面层、中面层和下面层路面,在道路和机场建筑中,热拌热铺的沥青混凝土应用最广。热铺沥青混凝土面层的最重要特点是形成期短,实际上面层碾压结束并冷却到气温时就基本形成了强度。因此,沥青混凝土混合料铺筑几小时就可以开放交通。在城市以及在

不允许中断交通情况下改建和维修道路时具有十分重要的意义。

传统上还可将其分为沥青混凝土和沥青碎石,两者的区别仅在于是否加矿粉填料及级配比例是否严格。

沥青稳定碎石混合料(简称沥青碎石)指由矿料和沥青组成具有一定级配要求的混合料,通常含有较多的碎石颗粒(粒径 4.75 mm 或 2.36 mm 以上的颗粒),而且对它的级配要求较松。按其空隙率、集料最大粒径、添加矿粉数量的多少,分为密级配沥青碎石(ATB),开级配沥青碎石(OGFC 表面层及 ATPB 基层)、半开级配沥青碎石(AM)。

沥青碎石具有较高的强度和稳定性,可以在中等交通道路以及重交通道路上用作面层或面层的下层(即底面层)。用砾石制备的沥青混合料只能在轻交通道路上用作面层。在一些发达国家中,沥青碎石是一种使用广泛的沥青结合料层。

沥青碎石面层具有下列一些特点:

① 由于沥青碎石的强度主要靠石料颗粒间的嵌锁力,受沥青软化的影响较小,因此其热稳定性较好。在经常起动和刹车处(如停车站、十字路口等)不易发生搓板状形变。

② 沥青碎石的沥青用量较沥青混凝土和沥青贯入式为少,因此,沥青碎石的工程造价较低。

③ 沥青碎石混合料可以在中心站集中控制,质量容易得到保证。由于采用的碎石级配较好,压实后密度较大。

④ 沥青碎石面层的可施工期比沥青贯入式面层长。

沥青碎石的主要缺点是空隙率较大,空气和表面水易透入。空气进入会促使沥青老化;水透入对沥青与矿料的黏结力起着有害作用,使沥青易从石料上剥离。特别是夏季高温时期,雨水进入沥青碎石层后在重车作用下容易产生沥青剥落、路面变形,甚至松散和坑洞等病害。因此,开级配沥青碎石,用作道路的排水层时应选用黏度大的沥青和与沥青黏附性好的石料。与沥青黏结不好的酸性石料不宜直接应用,应采用活性添加剂以改善沥青与石料的黏结力。在潮湿多雨地区,使用单层式沥青碎石面层时,为克服沥青碎石透水性大的缺点,宜采用最大粒径 19~26.5 mm 且空隙率接近低限的混合料,并应在其上加做封层。

用不同粒级的碎石、天然砂或人工砂、填料和沥青按一定比例在拌和机中热拌所得的混合料称沥青混凝土混合料。这种混合料的矿料部分具有严格的级配要求,压实后所得的材料具有规定的强度和空隙率。

二、根据沥青混合料施工温度分类

根据所用沥青的稠度和沥青混合料摊铺和压实时的温度,沥青混合料可分成热拌、温拌和冷拌沥青混合料。

制备热拌沥青混凝土混合料,不少国家采用针入度 40~100(0.1 mm)的黏稠沥青,沥青和集料在加热状态,约 170℃拌和。做面层时,混合料的摊铺温度为 120~160℃,经压实冷却后,面层就基本形成。热拌沥青混合料以 HMA 表示。

温拌沥青混合料是拌和温度比热拌沥青混合料低不少于 20℃的混合料,以 WMA 表示。温拌沥青混凝土混合料使用稠度较低的沥青,如将表面活性剂加入到沥青中,制备出温拌沥青;或在低针入度级的黏稠沥青中加入一些有机添加剂,降低沥青在施工温度区间的黏度,或采用发泡技术,增加沥青混合料的可施工性。混合料可在较低气温下拌和、铺筑,其摊铺温度为 60~100℃。温拌沥青混凝土面层的形成与沥青和矿料类型、气候条件、混合料摊铺时的温度、交通组成和交通量有关。

冷拌沥青混凝土混合料用慢凝或中凝液体沥青 $C_{60,5}＝70\sim130$ 或乳化沥青,在常温下拌和,摊铺温度与气温相同,但不低于10℃。已拌好的混合料应立即运至现场进行摊铺,并在乳液破乳前结束。在拌和与摊铺过程中已破乳的混合料,应予废弃。冷拌冷铺沥青混合料只适用于轻交通公路的沥青面层、中交通公路的罩面层施工以及各交通等级公路沥青路面的基层、联接层或整平层。冷拌沥青混合料以 CMA 表示。

三、按矿料级配类型分类

根据沥青混合料的材料组成及结构可将其分为连续级配和间断级配混合料。

连续级配沥青混合料指矿料按级配原则,从大到小各级粒径都有,按比例相互搭配组成的混合料。

间断级配沥青混合料指矿料级配组成中缺少一个或几个档次(或用量很少)而形成的沥青混合料。

四、按混合料密实度分类

根据沥青混合料矿料级配组成及空隙率大小将其分为密级配、半开级配和开级配沥青混合料。

密级配沥青混合料是指按密实级配原理设计组成的各种粒径颗粒的矿料,与沥青结合料拌和而成,设计空隙率较小(对不同交通及气候情况、层位可作适当调整)的密实式沥青混凝土混合料(以 AC 表示)和密实式沥青稳定碎石混合料(以 ATB 表示)。按关键性筛孔通过率的不同又可分为细型、粗型密级配沥青混合料,如表5-1所示。粗集料嵌挤作用较好的也称嵌挤密实型沥青混合料。

表5-1 粗型和细型密级配沥青混凝土的关键性筛孔通过率

级配类型	公称最大粒径/mm	用以分类的关键性筛孔/mm	粗型密级配		细型密级配	
			名称	关键性筛孔通过率/%	名称	关键性筛孔通过率/%
AC-25	26.5	4.75	AC-25C	＜40	AC-25F	≥40
AC-20	19	4.75	AC-20C	＜45	AC-20F	≥45
AC-16	16	2.36	AC-16C	＜38	AC-16F	≥38
AC-13	13.2	2.36	AC-13C	＜40	AC-13F	≥40
AC-10	9.5	2.36	AC-10C	＜45	AC-10F	≥45

开级配沥青混合料是指矿料级配主要由粗集料嵌挤组成,细集料及填料较少,设计空隙率18%左右的混合料,如开级配抗滑磨耗层(OGFC)及排水性沥青稳定碎石基层(ATPB)。

半开级配沥青碎石混合料是指由适当比例的粗集料、细集料及少量填料(或不加填料)与沥青结合料拌和而成,经马歇尔标准击实成型试件的剩余空隙率在 6%～12% 的半开式沥青碎石混合料(以 AM 表示)。

五、按集料公称最大粒径分类

根据沥青混合料所用集料公称最大粒径的大小可将其分为粗粒式(公称最大粒径

26.5 mm)、中粒式(公称最大粒径 16 mm 或 19 mm)、细粒式(公称最大粒径 9.5 mm 或 13.2 mm)、砂粒式(公称最大粒径小于 9.5 mm)沥青混合料。

我国目前主要用矿料的公称最大粒径区分沥青混凝土混合料,并在公称最大粒径之前冠以字母表示混合料的类型。如 AC-16 表示公称最大粒径为方孔筛 16 mm 的密实型沥青混凝土混合料。

粗粒式沥青混凝土通常用于铺筑面层的下层,它的粗糙表面使它与上层黏结良好。同时也可用于铺筑全厚式沥青路面基层,使面层底部弯拉应力较小,有利于避免结构发生疲劳破坏。从提高沥青面层的抗弯拉疲劳寿命出发,采用粗粒式沥青混凝土做底面层明显优于采用沥青碎石。

中粒式沥青混凝土主要用于铺筑面层的上层,或用于铺筑路面中层或下层。粗型中粒式沥青混凝土铺筑的沥青路面,表面有较大的粗糙度,在环境不良路段可保证汽车轮胎与面层有适当的附着力,在高速行车时可使面层表面的摩擦系数降低的幅度小,有利于行车安全,但其空隙率较大和透水性较大,因此耐久性较差。

细型中粒式沥青混凝土可具有良好的密水性能,摩擦系数也较好。在城市道路沥青路面表层使用最广的是细粒式沥青混凝土。与中粒式和粗粒式沥青混凝土相比,细粒式沥青混凝土的均匀性较好,并有较高的抗腐蚀稳定性。只要矿料的级配组成合适并满足其他技术要求,细粒式沥青混凝土能具有足够的抗剪稳定性,可以防止产生推挤、波浪和其他剪切形变。细粒式沥青混凝土的表面构造深度通常达不到要求,抗滑性能较差。

沥青混凝土的使用经验表明,在磨耗、水和正负温度作用下的稳定性等方面,砂质沥青混凝土不仅不低于细粒式沥青混凝土,常常还优于后者。砂质沥青混凝土的造价常低于其他密实沥青混凝土。因此,城市道路面层的上层也常用砂质沥青混凝土铺筑。

热拌沥青混合料种类见表 5-2。

表 5-2　热拌沥青混合料种类

混合料类型	密级配						开级配			半开级配
	连续级配				间断级配		间断级配			AM
	AC	ATB	HFM	GA	SMA	ARHM	PA	UBWC	ATPB	
粗粒式	—	ATB-30	—		—		—		ATPB-30	AM-30
	AC-25	ATB-25	—		—		—		ATPB-25	AM-25
中粒式	AC-20	—	EME-20		SMA-20	ARHM-20	—			AM-20
	AC-16	—	EME-16		SMA-16	ARHM-16	PA-16		—	AM-16
细粒式	AC-13			GA-13	SMA-13	ARHM-13	PA-13	UBWC-13		AM-13
	AC-10			GA-10	SMA-10	ARHM-10	PA-10	UBWC-10		AM-10
砂粒式	AC-5			GA-5	SMA-5		PA-5	UBWC-5		—
空隙率/%	3～6	3～6	1～4		3～4	3～5	≥18	≥8	≥18	6～18

注:AC 表示沥青混凝土,ATB 表示沥青稳定碎石,HFM 表示高疲劳性能高模量沥青混合料,GA 表示浇注式沥青混合料,SMA 表示沥青玛蹄脂碎石,ARHM 表示橡胶沥青混合料,PA 表示排水沥青混合料,UBWC 表示超薄磨耗层,ATPB 表示排水式沥青稳定碎石,AM 表示沥青碎石。

§5-2 沥青混合料的强度构成

一、沥青混合料组成结构理论

沥青混合料是一种复杂的多种成分的材料,其"结构"概念同样也极其复杂,因为这种材料的各种不同特点都与结构概念联系在一起。这些特点是:矿物颗粒的大小及其不同粒径的分布;颗粒的相互位置;沥青在沥青混合料中的特征和矿物颗粒上沥青层的性质;空隙量及其分布;闭合空隙量与连通空隙量的比值等。"沥青混合料结构"这个综合性的术语是这种材料单一结构和相互联系结构概念的总和,其中包括沥青结构、矿物骨架结构及沥青-矿粉分散系统结构等。上述每种单一结构中的每种性质都对沥青混合料的性质产生很大的影响。

随着混合料组成结构研究的深入,对沥青混合料组成结构有下列两种互相对立的理论。

1. 表面理论

按传统的理解,沥青混合料是由粗集料、细集料和填料经人工组配成密实的级配矿质骨架,此矿质骨架由沥青分布其表面,将它们胶结成为一个具有强度的整体。这种理论认识可表示如下:

2. 胶浆理论

胶浆理论认为沥青混合料是一种多级空间网状胶凝结构的分散系。它是以粗集料为分散相而分散在沥青砂浆介质中的一种粗分散系;同样,砂浆是以细集料为分散相而分散在沥青胶浆介质中的一种细分散系;而胶浆又是以填料为分散相而分散在高稠度沥青介质中的一种微分散系。这种理论认识可表示如下:

沥青混合料（粗分散系）
{
分散相——粗集料
分散介质——砂浆（细分散系）
{
分散相——细集料
分散介质——沥青胶结物（微分散系）
{
分散相——填料
分散介质——沥青
}
}
}

这三级分散系以沥青胶浆（沥青-矿粉系统）最为重要,典型的沥青混合料具有弹-黏-塑性,其主要取决于起黏结作用的沥青-矿粉系统的结构特点。这种多级空间网状胶凝结构的特点是结构单元(固体颗粒)通过液相的薄层(沥青)而黏结在一起。胶凝结构的强度取决于结构单元产生的分子力。胶凝结构具有力学破坏后结构触变性复原自发可逆的特点。

对于胶凝结构,固体颗粒之间液相薄层的厚度起着很大的作用。相互作用的分子力随薄层厚度的减小而增大,因而系统的黏稠度增大,结构就变得更加坚固。此外,分散介质(液相)本身的性质对于胶凝结构的性质亦有很大的影响。

可以认为,沥青混合料的弹性和黏塑性的性质主要取决于沥青的性质、黏结矿物颗粒的沥青层的厚度以及矿物材料与结合料相互作用的特性。沥青混合料胶凝键合的特点也取决于这些因素。

矿物骨架结构即沥青混合料成分中矿物颗粒在空间的分布情况。由于矿物骨架本身承受大部分的内力,因此骨架应由相当坚固的颗粒所组成,并且是密实的。沥青混合料的强度,在一定程度上取决于内摩阻力的大小,而内摩阻力又取决于矿物颗粒的形状、大小及表面特性等。

形成矿物骨架的材料结构,也在沥青混合料结构的形成中起很大作用。可把沥青混合料中沥青的分布特点,以及矿物颗粒上形成的沥青层的构造综合理解为沥青混合料中的沥青结构。为使沥青能在沥青混合料中起到自己应有的作用,沥青应均匀地分布到矿物材料中,并尽可能完全包裹矿物颗粒。矿物颗粒表面上的沥青层厚度,以及填充颗粒间空隙的自由沥青的数量都具有重要的作用。自由沥青和矿物颗粒表面所吸附沥青的性质,对于沥青混合料的结构产生影响。沥青混合料中的沥青性质,取决于原来沥青的性质、沥青与矿料的比值,以及沥青与矿料相互作用的特点。

综上所述可以认为:沥青混合料是由矿质骨架和沥青胶结物所构成的、具有空间网络结构的一种多相分散体系。沥青混合料的力学强度,主要由矿质颗粒之间的内摩阻力和嵌挤力,以及沥青胶结料及其与矿料之间的黏结力所构成。

二、沥青混合料组成结构类型

沥青混合料,按其强度构成原则的不同可分为按嵌挤原则构成的结构和按密实级配原则构成的结构两大类。

按嵌挤原则构成的沥青混合料的结构强度是以矿质颗粒之间的嵌挤力和内摩阻力为主,沥青结合料的黏结作用为辅而构成的。这类路面是以较粗的、颗粒尺寸均匀的矿料构成骨架,沥青结合料填充其空隙,并把矿料黏结成一个整体。这类沥青混合料结构强度受自然因素(温度)的影响较小。

按密实级配原则构成的沥青混合料的结构强度是以沥青与矿料之间的黏聚力为主,矿质颗粒间的嵌挤力和内摩阻力为辅而构成的。沥青混凝土路面和沥青碎石混合料路面属于此类。这类沥青混合料的结构强度受温度的影响较大。

根据混合料中嵌挤结构和密实结构所占比例不同,沥青混合料的结构通常可分为下列三种方式(图 5-1)。

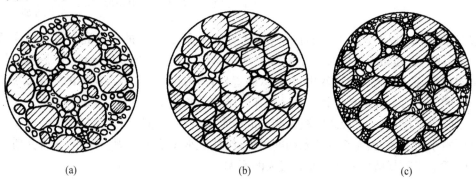

(a)   (b)   (c)

图 5-1 沥青混合料矿料骨架类型
(a)悬浮密实结构;(b)骨架空隙结构;(c)骨架密实结构

悬浮密实结构:由连续级配矿质混合料组成的密实混合料,集料从大到小连续存在,并且各有一定数量,实际上同一档较大颗粒都被较小一档颗粒挤开,大颗粒以悬浮状态处于较小颗粒之中。这种结构通常按最大密度级配原理进行设计,因此密实度与强度较高,水稳定性、低温抗裂性能、耐久性都比较好,但受沥青材料的性质和物理状态的影响较大,故高温稳定性较差。

骨架空隙结构:较粗石料彼此紧密相接,较细粒料的数量较少,不足以充分填充空隙。混合料的空隙较大,石料能够充分形成骨架。在这种结构中,粗骨料之间的内摩阻力起着重要的作用,其结构强度受沥青的性质和物理状态的影响较小,因而高温稳定性较好,但由于空隙率较大,其水稳定性、耐老化性能、低温抗裂性能、耐久性都较差。

骨架密实结构:综合以上两种方式组成的结构。混合料中既有一定数量的粗骨料形成骨架,又根据粗料空隙的多少加入细料,形成较高的密实度和较小的空隙率。这种结构兼备上述两种结构的优点,是一种较为理想的结构类型。间断级配即按此原理构成。

三、沥青混合料的强度理论与强度参数

沥青混合料属于分散体系,是由粒料与沥青材料所构成的混合体。根据沥青混合料的颗粒特征,可以认为沥青混合料的强度构成起源于两个方面,即由于沥青与集料间产生的黏聚力和由于骨料与骨料间产生的内摩阻力。

目前,对沥青混合料强度构成特性开展研究时,许多学者普遍采用了摩尔-库仑理论作为分析沥青混合料的强度理论,并引用两个强度参数——黏聚力 c 和内摩阻角 φ,作为其强度理论的分析指标。摩尔-库仑理论的一般表达式为

$$f(\sigma_{ij}) = \sigma_1 - \sigma_3 - (\sigma_1 + \sigma_3)\sin\varphi - 2c\cos\varphi = 0$$

式中　σ_1——最大主应力;

σ_3——最小主应力;

σ_{ij}——应力状态张量;

φ——材料的内摩阻角;

c——材料的黏聚力。

对于组成沥青混合料的两种原始材料——沥青和骨料,通过试验研究和强度理论分析,可以认为:纯沥青材料的 $c \neq 0$ 而 $\varphi = 0$;干燥骨料的 $c = 0$ 而 $\varphi \neq 0$。但由此形成的沥青混合料,其 $c \neq 0$ 且 $\varphi \neq 0$,沥青混合料在参数 c、φ 值的确定上需要把理论准则与试验结果结合起来。理论准则采用摩尔—库仑理论,而试验结果则可通过三轴试验、简单拉压试验或直剪试验获得。

1. 三轴试验

对于三轴试验来说,其摩尔-库仑的理论表达式为

$$\sigma_1 = \frac{1+\sin\varphi}{1-\sin\varphi}\sigma_3 + 2c\frac{\cos\varphi}{1-\sin\varphi} \tag{5-1}$$

显然,在一定的力学加载条件下,如果材料是给定的,那么内在参数 c、φ 值应为常数,σ_1 与 σ_3 之间便具有线性关系。同时,众多试验研究结果也表明,在给定试验条件下,σ_1 与 σ_3 之间具有如下形式的线性关系:

$$\sigma_1 = k\sigma_3 + b \tag{5-2}$$

式中 k 与 b 均大于零。

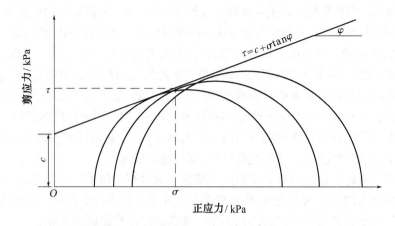

图 5-2　沥青混合料三轴试验确定 c、φ 值的摩尔-库仑包络线图

将以上两式对等,则可得到内在参数 c、φ 值的计算公式:

$$\begin{cases} \sin\varphi = \dfrac{k-1}{k+1} \\ c = \dfrac{b}{2} \cdot \dfrac{1-\sin\varphi}{\cos\varphi} = \dfrac{b}{2\sqrt{k}} \end{cases} \tag{5-3}$$

目前,国内外研究者主要是通过三轴试验来确定沥青混合料的 c、φ 值。但是,由于三轴试验在仪器设备方面比较复杂,要求较高,试验所需人力物力较多,在操作上难度大,因此,尽管三轴试验能够很好地模拟真实的应力应变状态,但它的实际应用受到一定程度的限制,在工程上难以普及使用。

2. 简单拉压试验

沥青混合料的 c、φ 值亦可通过测定无侧限抗压强度 R 和抗拉强度 r 予以换算。其换算关系可通过推导获得,也可以直接利用摩尔圆求得。

当无侧限抗压时,相当于 $\sigma_3 = 0$ 及 $\sigma_1 = R$,得

$$R = \sigma_1 = \frac{2c\cos\varphi}{1-\sin\varphi} = 2c \cdot \tan\left(\frac{\pi}{4} + \frac{\varphi}{2}\right) \tag{5-4}$$

当抗拉时,相当于 $\sigma_1 = 0$ 及 $-\sigma_3 = r$,则

$$r = -\sigma_3 = \frac{2c\cos\varphi}{1+\sin\varphi} = 2c \cdot \cot\left(\frac{\pi}{4} + \frac{\varphi}{2}\right) \tag{5-5}$$

联立解得

$$c = \frac{1}{2}\sqrt{Rr} \tag{5-6}$$

$$\sin\varphi = \frac{R-r}{R+r} \tag{5-7}$$

简单拉压试验确定沥青混合料的内在参数 c、φ 值的基本假定是在试验变量(材料组成变量、力学激励变量)相同的条件下,沥青混合料在压缩和拉伸两种加载方式下的内在参数值相同。

124

这种试验方法相对于三轴试验来说,在操作上要容易得多,且在一般试验机上均可以实施,易于推广应用。但其试验结果的准确性要依赖于试验技术的完善与提高,特别是拉伸试验。在拉伸试验中,有两个试验技术难关需要克服,即:① 沥青混合料的拉伸试验技术(拉头问题);② 试件的偏心受拉问题。通过改进试验技术,这两个困难目前都可以克服。

参数 c、φ 值的确定还可以通过沥青混合料的直剪试验来实现。这种试验方法与土的直剪试验非常类似,主要是通过测定不同正压力水平 σ_i 下的抗剪强度 τ_{fi},在 $\tau\sigma$ 坐标系中绘制库仑直线,从而获得沥青混合料的 c、φ 值。

沥青混合料的直剪试验相对于三轴试验、简单拉压试验,在 c、φ 值的原理上更为直观明了,但在操作上可能更不容易实现,比如因剪切挤压而引起的破坏面不均匀问题。就现有资料来看,目前还没有见到关于沥青混合料直剪试验方面的研究报告。关于这种试验方法可行性、准确性,以及它的试验结果与三轴试验和简单拉压试验结果之间的可比性等三方面的研究工作,还有待于进一步探讨,以便确定一种较为有效和简便的方法来获得参数 c、φ 值。

四、影响沥青混合料强度的因素

沥青混合料的强度由两部分组成:矿料之间的内摩阻力和沥青与矿料之间的黏聚力。下面从内因、外因两方面分析沥青混合料强度的影响因素。

1. 影响沥青混合料强度的内因

(1) 沥青黏度的影响

沥青混凝土作为一个具有多级网络结构的分散系,从最细一级网络结构来看,它是各种矿质集料分散在沥青中的分散系,因此它的强度与分散相的浓度和分散介质黏度有着密切的关系。在其他因素固定的条件下,沥青混合料的黏聚力是随着沥青黏度的提高而增大的。因为沥青的黏度即沥青内部沥青胶团相互位移时其分散介质抵抗剪切作用的抗力,所以沥青混合料受到剪切作用时,特别是受到短暂的瞬载时,具有高黏度的沥青能赋予沥青混合料较大的黏滞阻力,因而具有较高抗剪强度。在相同的矿料性质和组成条件下,随着沥青黏度的提高,沥青混合料黏聚力有明显的提高,同时内摩擦角亦稍有提高。

(2) 沥青与矿料化学性质的影响

① 沥青与矿料之间的相互作用

沥青与矿料之间的相互作用是沥青混合料结构形成的决定性因素,它直接关系到沥青混合料的强度、温度稳定性、水稳定性以及老化速度等一系列重要性能。因此,深入研究沥青与矿料之间相互作用的原理,充分认识并积极地利用与改善这个作用过程具有十分重要的意义。研究表明,沥青与矿料相互作用时,所发生的效应是各种各样和特殊的,主要与表面效应有关。

前苏联 JI. A. 列宾捷尔研究认为,沥青与矿料相互作用后,沥青在矿料表面产生化学组分的重新排列,在矿料表面形成一层扩散结构膜(如图 5-3a 所示),在此膜厚度以内的沥青称为结构沥青,此膜以外的沥青称为自由沥青。结构沥青与矿料之间发生相互作用,并且沥青的性质有所改变;而自由沥青与矿料距离较远,没有与矿料发生相互作用,仅将分散的矿料黏结起来,并保持原来的性质。

如果颗粒之间接触处由扩散结构沥青膜所联结(如图 5-3b 所示),则促成沥青具有更高的黏滞度和更大的扩散结构膜的接触面积,从而可以获得更大的颗粒黏着力。反之,如颗粒之间接触处为自由沥青所联结(如图 5-3c 所示),则具有较小的黏着力。

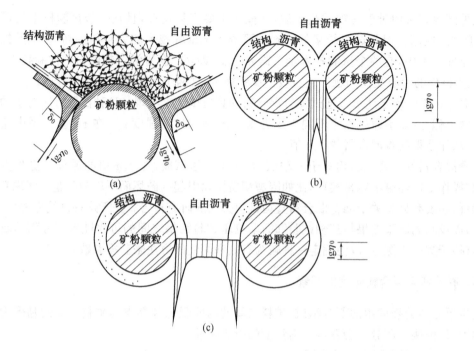

图 5-3　沥青与矿粉交互作用的结构图式

按照物理化学观点,沥青与矿料之间的相互作用过程是个比较复杂的、多种多样的吸附过程,它们包括沥青层被矿物表面的物理吸附过程、沥青-矿料接触面上进行的化学吸附过程以及沥青组分向矿料的选择性扩散过程。

固体或液体的表面和与它进行接触的液态或气态物质分子的黏结性质,以及对气体或液体的吸着现象称为吸附。吸附作用分为物理吸附和化学吸附两种形态。当吸附物质(吸附剂)与被吸附物质之间仅有分子作用力(即范德华力)存在时,则产生物理吸附;当接触的两种相(沥青和矿料)形成化合物时则产生化学吸附。

在引力作用下发生物理吸附作用,会在矿料表面形成沥青的定向层,此时,被吸附的沥青不发生任何化学变化。在化学吸附的情况下,被吸附的沥青发生化学变化。但是,化学吸附作用仅触及被吸附物质的一层分子,而物理吸附时,实际上可能形成几个分子厚度的吸附层。

沥青在矿料表面上的吸附强度很大程度上取决于这些材料之间发生的黏结性质。当存在化学键时(即产生化学吸附时),沥青与矿料的黏结最为牢固。当碳酸盐或碱性岩石与含有足够数量酸性表面活性物质的活化沥青黏结时,会发生化学吸附过程。这种表面活性物质能在沥青与矿料的接触面上,形成新的化合物。因为这些化合物不溶于水,所以矿料表面上形成的沥青层具有较高的抗水能力。而当沥青与酸性岩石(SiO_2 含量大于 65% 的岩石)黏结时,不会形成化学吸附化合物,故其间的黏结强度较低,遇水易剥离。

前苏联 A. И. 雷西辛娜等人的研究表明,碳酸盐和碱性石料每个单位表面上吸附的沥青多于酸性石料,具有更坚固的结构,对于比表面大和吸附力很大的矿料更具有特殊意义。

沥青与矿料表面黏结牢固的必要先决条件是沥青能很好地润湿矿料的表面。由物理化学知识得知,彼此接触物体相互作用过程的特性和强度主要取决于物体的表面性质,首先是表面自由能。

126

研究物质内部质点（原子、离子、分子）与位于表面的质点之间的相互作用时，可以得到关于固体或液体表面能的概念。位于固体或液体内部的每一固体或液体质点，都从各方面承受着围绕它的并和它相类似的质点的引力作用，而位于固体或液体表面的质点，只从一面受到处于固体或液体内部质点的引力作用，而另一面是空气（气相）。由于气体分子彼此相距甚远，因此只有临近固体或液体表面的气体分子才产生力场。气体分子对固体或液体表面质点的作用非常小，不能平衡承受从内部质点方面产生的力的作用。

固体或液体表面未平衡（未补偿）元素质点的存在相当于该表面每单位面积具有一定数量的自由能，其数量等于形成表面所消耗的功。该自由能称为表面自由能或表面能力。

润湿是自发的过程，在这一过程中，相接触的三相——矿料、水和空气或沥青体系内，在一定的温度条件下会发生体系表面自由能的降低现象。

大多数的造岩矿物，如氧化物、碳酸盐、硅酸盐、云母、石英等，均具有亲水性。所有亲水性矿物都具有离子键（有极性的）的晶格，因此，当它们分裂时在表面层可能有未平衡的离子——带自由价的离子。

憎水性矿物具有共价键（原子键）的晶格，或者具有分子键的晶格。有些憎水性材料具有离子和分子键的晶格，即元素质点内部有牢固的离子键，质点之间有分子键。这些元素质点的表面几乎没有未补偿的键。

两种相互接触的物体，例如沥青同矿料的接触表面相互作用所消耗的能量，以黏结作用来表征，这种黏结作用通常简称为黏结力。

能良好地润湿固体干燥表面的液体，并不意味着一定有良好的黏结力。沥青润湿与黏结潮湿矿料表面的能力，取决于固体表面排挤水分的性质和沥青的个别组分在边界层中的选择性吸附，这就相应地减小了体系的表面自由能。吸附的结果增加了相界面处被吸附物质的浓度，且减小了界面上的表面自由能。

吸附层的性质取决于被吸附物质的数量、被吸附物质与固体相互作用的性质和能量。这些因素将构成固体-液体分界面上二相相互联系的特性。吸附层，特别是在完全饱和的情况下，它类似于很薄的固体膜，具有高的力学强度。这种性质由于周围液体介质（溶剂-沥青中的油分）的作用，其能力再一次地加强了。

化学吸附是沥青中的某些物质（如沥青酸）与矿料表面的金属阳离子产生化学反应，生成沥青酸盐，在矿料表面构成化学吸附层的过程。化学相互作用力的强度，超过分子力作用许多倍。化学相互作用的能量转为化学反应的热量时，其数值为数百焦耳/摩尔以上；而物理相互作用的能量转为热量时最大仅为数十焦耳/摩尔。因此，当沥青与矿料形成化学吸附层时，相互间的黏附力远大于物理吸附时的黏附力。也只有产生化学吸附，沥青混合料才可能具有良好的水稳性。

化学吸附产生与否以及吸附程度，决定于沥青及矿料的化学成分。例如石油沥青中因含有沥青酸及沥青酸酐能与碱性矿料中的高价金属盐产生化学反应，生成不溶于水的有机酸盐，与低价金属盐反应生成的有机酸盐则易溶于水，而与酸性矿料之间则只能产生物理吸附。煤沥青中既有酸性物质（如酚类），又有碱性物质（如吡啶类），因而与酸性矿料及碱性矿料均能起化学吸附作用，当然其吸附程度和生成物的性质仍与矿料的化学成分密切相关。

所谓选择性吸附，就是沥青中的某一特定组分由于扩散作用沿着另一相的微孔渗入到其内部。当沥青与矿料相互作用时，选择性扩散产生的可能性以及其作用大小，取决于矿料的表面性质、孔隙状况及沥青的组分与活性。

矿料对沥青的选择性吸附作用,主要产生于表面具有微孔(孔隙直径小于 0.02 mm)的矿料,如石灰岩、泥灰岩、矿渣等。此时沥青中活性较高的沥青质吸附在矿料表面,树脂吸附在矿料表层小孔中,而油分则沿着毛细管被吸收到矿料内部。因此,矿料表面的树脂和油分相对减少,沥青质增多,结果沥青性质发生变化——稠度提高和黏结力增加,从而在一定程度上改善了沥青混合料的热稳定性与水稳定性。

沥青与多孔的材料相互作用,一方面取决于表面性质和吸附物的结构(孔隙的大小及其位置),另一方面与沥青的特性有关(主要是活性和基团组成)。矿料表面上如有微孔,就会大大改变其与沥青相互作用的条件,微孔具有极大的吸附势能,因而孔中吸附大部分的沥青表面活性组分。当沥青与结构致密的矿料(如石英岩)相互作用时,上述过程就失去了必要的条件,因而其对沥青的选择性吸附不显著。

沥青与矿料相互作用不仅与沥青的化学性质有关,而且与矿粉的性质有关。H. M. 鲍尔雷曾采用紫外线分析法对两种最典型的矿粉进行研究,在石灰石粉和石英石粉的表面上形成一层吸附溶化膜,如图 5-4 所示。研究认为,在不同性质矿粉表面形成不同成分和不同厚度的吸附溶化膜,所以在沥青混合料中,当采用石灰石矿粉时,矿粉之间更有可能通过结构沥青来联结,因而具有较高的黏聚力。

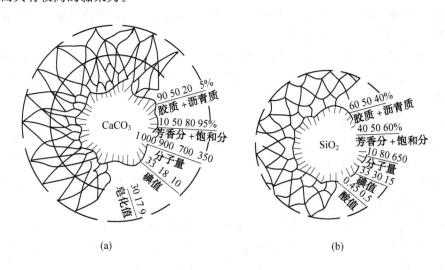

图 5-4 不同矿粉的吸附溶化膜结构图式

(a) 石灰石矿粉;(b) 石英石粉

酸值—中和1g沥青所耗用的KOH毫克数,表示沥青中游离酸的含量;皂化值—皂化1g沥青所需的KOH毫克数,表示沥青中游离脂肪酸的含量;碘值—1g沥青所能吸收碘的厘克数,表示沥青的不饱和程度。

② 沥青与初生矿物表面的相互作用

沥青与初生矿物表面的相互作用是一种特殊的作用形式,因为它决定于化学-力学过程,并与上面叙述的化学吸附同时发生。

化学-力学是一个比较新的科学领域,它研究力学作用对各种物质所产生的范围极广的现象。许多研究人员对化学-力学有着特殊兴趣,这与在力学作用时有可能在一定条件下引起化学过程有关。因此,利用化学-力学手段进行材料机械加工过程的研究具有非常广阔的前景。

远在 1873 年,卡列.M. 里曾经指出,某些化学反应只能在力学作用的条件下才会更有效,或是一般只能在这种作用下才能发生反应。

引起固体中大部分力学化学过程的最重要的因素有:化学活性很大的新表面的产生;受机械力破坏而形成的颗粒表面层的结构变化;初生颗粒表面上进行的化学反应。

固体受机械力作用产生的初生表面的能量状态的研究包括初生表面的带电及其吸附能力的研究、重新形成的颗粒表层结构的研究以及自由基的产生过程和相互反应过程的研究。

Ь. B. 德拉金指出,颗粒经磨碎后成为带电颗粒,并且电荷的正负与大小取决于颗粒的大小和物质的性质。初生表面的带电,在矿料的活化过程中起着一定的作用。

决定初生表面具有很高化学活性的一个因素是由于出现自由基,自由基是借助机械力的破坏作用,使化学键断开而产生的。化学键在机械力作用下断开的可能性是史塔乌金捷尔最先提出的。1952 年,帕依克和瓦特森证实了在这种情况下可能产生自由基。

自由基是分子的残余部分,或是处于电子受激震状态下的分子,它具有很大的化学活性。自由基具有很高的反应能力,这种能力与自由化合价有关。自由基易与一般的饱和分子起化学反应。

初生表面很高的活性,也与磨碎过程中形成的颗粒表面层的结构变化有关。例如,德姆波斯捷尔等人的研究表明,磨碎的石英表面是由变化了的含结晶硅砂层所组成。阿尔姆斯特朗格观测到磨碎石英颗粒表层的非晶形性,并且某些磨碎破坏的深度约为 $50\sim100~\mu m$。在磨碎的石英表面上,非晶形层的厚度达 40 nm。

因磨细而产生的颗粒表面层的松散结构,有助于它的反应能力和吸附能力,从而提高了其活化效果。顺磁共振试验表明,矿料中自由基的浓度随磨碎时间的增长而增大,试验还证明,当沥青与花岗石或石英进行一般的拌和时,只产生矿料与沥青的物理吸附,而在沥青与花岗石或石英一起磨碎的过程中,沥青和矿料之间发生了化学键。

在沥青与矿料一起磨碎的过程中,沥青与矿料表面的相互作用,与沥青和早先磨细的矿料拌和时的相互作用,有着明显的差别,前者化学吸附的沥青量及其随磨碎时间的增长速率均明显高于后者。

(3) 矿料比表面的影响

从沥青与矿粉交互作用的原理可知,结构沥青的形成主要是由于矿料与沥青的交互作用,由此引起沥青化学组分在矿料表面的重分布。所以在相同的沥青用量条件下,与沥青产生交互作用的矿料表面积愈大,则形成的沥青膜愈薄,在沥青中结构沥青所占的比率愈大,因而沥青混合料的黏聚力也愈高。通常在工程应用上,以单位质量集料的总表面积来表示表面积的大小,称为比表面积(简称比面)。例如 1 kg 粗集料的表面积约为 $0.5\sim3$ m^2,它的比面即为 $0.5\sim3$ m^2/kg,矿粉用量虽只占 7% 左右,而其表面积却占矿质混合料的总表面积的 80% 以上,所以矿粉的性质和用量对沥青混合料的强度影响很大。为增加沥青与矿料物理-化学作用的表面,在沥青混合料配料时,必须含有适量的矿粉。提高矿粉细度可增加矿粉比面,所以对矿粉细度也有一定的要求。希望小于 0.075 mm 粒径的矿粉含量不要过少;但是小于0.005 mm 部分的含量亦不宜过多,否则将使沥青混合料结成团块,不易施工。

(4) 沥青用量的影响

在固定品质的沥青和矿料的条件下,沥青与矿料的比例(即沥青用量)是影响沥青混合料抗剪强度的重要因素。

在沥青用量很少时,沥青不足以形成结构沥青的薄膜来黏结矿料颗粒。随着沥青用量的增加,结构沥青逐渐形成,沥青更为完满地包裹在矿料表面,使沥青与矿料间的黏附力随着沥青的用量增加而增加。当沥青用量足以形成薄膜并充分黏附矿料颗粒表面时,沥青胶浆具有最优的黏聚力。随后,如沥青用量继续增加,则由于沥青用量过多,逐渐将矿料颗粒推开,在颗粒间形成未与矿料交互作用的自由沥青,则沥青胶浆的黏聚力随着自由沥青的增加而降低。当沥青用量增加至某一用量后,沥青混合料的黏聚力主要取决于自由沥青,所以抗剪强度几乎不变。随着沥青用量的增加,沥青不仅起着黏结剂的作用,而且起着润滑剂的作用,降低了粗集料的相互密排作用,因而降低了沥青混合料的内摩擦角。

沥青用量不仅影响沥青混合料的黏聚力,同时也影响沥青混合料的内摩擦角。通常,当沥青薄膜达最佳厚度(亦即主要以结构沥青黏结)时,具有最大的黏聚力;随着沥青用量的增加,沥青混合料的内摩擦角逐渐减小。

沥青用量对混合料强度的影响如图5-5所示。

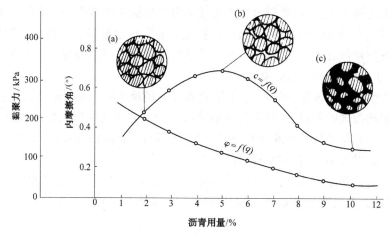

图 5-5　不同沥青用量时的沥青混合料结构和 c、φ 值变化示意图
(a) 沥青用量不足;(b) 沥青用量适中;(c) 沥青用量过度

(5) 矿质集料的级配类型、粒度、表面性质的影响

沥青混合料的强度与矿质集料在沥青混合料中的分布情况有密切关系,矿料级配类型是影响沥青混合料强度的因素之一。沥青混合料有悬浮密实型、骨架空隙型及骨架密实型等不同组成结构类型已如前述。

此外,沥青混合料中,矿质集料的粗度、形状和表面粗糙度对沥青混合料的强度都具有极为明显的影响。因为颗粒形状及其粗糙度,在很大程度上将决定混合料压实后颗粒间相互位置的特性和颗粒接触有效面积的大小。通常具有显著的面和棱角,各方向尺寸相差不大,近似正方体,以及具有明显细微凸出粗糙表面的矿质集料,在碾压后能相互嵌挤锁结而具有很大的内摩擦角。在其他条件相同的情况下,这种矿料所组成的沥青混合料较之圆形而表面平滑的颗粒具有较高的抗剪强度。

许多试验证明,要想获得具有较大内摩擦角的矿质混合料,必须采用粗大、均匀的颗粒。在其他条件相同的情况下,矿质集料颗粒愈粗,所配制的沥青混合料愈具有较高的内摩擦角。相同粒径组成的集料,卵石的内摩擦角较碎石的为低。

2. 影响沥青混合料强度的外因

（1）温度的影响

沥青混合料是一种热塑性材料，它的抗剪强度随着温度的升高而降低。在材料参数中，黏聚力随温度升高而显著降低，但是内摩擦角受温度变化的影响较小。

（2）形变速率的影响

沥青混合料是一种黏-弹性材料，它的抗剪强度与形变速率有密切关系。在其他条件相同的情况下，变形速率对沥青混合料的内摩擦角影响较小，而对沥青混合料的黏聚力影响较为显著。试验资料表明，黏聚力随变形速率的增加而显著提高，而内摩擦角随变形速率的变化很小。

综上所述可以认为，高强度沥青混合料的基本条件是：密实的矿物骨架，这可以通过适当地选择级配和使矿物颗粒最大限度地相互接近来取得；对所用的混合料、拌制和压实条件都适合的最佳沥青用量；能与沥青起化学吸附的活性矿料。

过多的沥青量和矿物骨架空隙率的增大，都会使削弱沥青混合料结构黏聚力的自由沥青量增多。上面已经指出，沥青与矿粉在一定配合比下的强度，可达到二元系统（沥青与矿粉）的最高值。这就是说，矿粉在混合料中的某种浓度下，能形成黏结相当牢固的空间结构。

显然，为使沥青混合料产生最高的强度，应设法使自由沥青含量尽可能地少或完全没有。但是，必须有某些数量的自由沥青，以保证应有的耐侵蚀性，以及沥青混合料具有最佳的塑性。

所以，最好的沥青混合料结构，不是用最高强度来表示，而是所需要的合理强度。这种强度应配合沥青混合料在低温下具有充分的变形能力以及耐侵蚀性。这也是有关沥青混合料配合比设计的一个中心问题。

上面已经指出，选择空隙率最低的沥青混合料的矿料级配，能降低自由沥青量，因此许多国家都规定了矿料最大空隙率。此外，自由沥青量也取决于空隙的填满程度。配合比正确的沥青混合料中，被沥青所充满的颗粒之间的空隙容积，应不超过总空隙的 $80\% \sim 85\%$，以免在温度升高时沥青溢出。

这种可能性是因为沥青比矿质材料具有更高的体积膨胀系数。除此之外，自由沥青的填满程度过大，还会导致路面的附着力（摩阻力）降低。

沥青混合料的拌制与压实工艺的进一步完善，也能大大减少自由沥青量，并提高沥青混合料的结构强度。

五、提高沥青混合料强度的措施

提高沥青混合料的强度包括两个方面：一是提高矿质骨料之间的嵌挤力与摩阻力；二是提高沥青与矿料之间的黏聚力。

为了提高沥青混合料的嵌挤力和摩阻力，要选用表面粗糙、形状方正、有棱角的矿料，并适当增加矿料的粗度。此外，合理地选择混合料的结构类型和组成设计，对提高沥青混合料的强度也具有重要的作用。当然，混合料的结构类型和组成设计还必须根据稳定性方面的要求，结合沥青材料的性质和当地自然条件加以权衡确定。

提高沥青混合料的黏聚力可以采取下列措施：改善矿料的级配组成，以提高其压实后的密实度；增加矿粉含量；采用稠度较高的沥青；改善沥青与矿料的物理-化学性质及其相互作用过程。

131

改善沥青和矿料的物理-化学性质及其相互作用过程可以通过以下三个途径：

（1）采用调整沥青的组分，往沥青中掺加表面活性物质或其他添加剂等方法；

（2）采用表面活性添加剂使矿料表面憎水的方法；

（3）对沥青和矿料的物理-化学性质同时作用的方法。

下面着重从往沥青中掺加表面活性物质和改善矿料表面性质，以及改善沥青与矿料之间的相互作用两个方面加以论述。

1. 表面活性物质及其作用原理

表面活性物质是一种能降低表面张力且相应地吸附在该表面层的物质。表面活性物质大都具有两亲性质，由极性（亲水的）基团和非极性基团两部分组成。极性基团带有偶极矩，且激烈地表现力场，属于此类基的有羟基、羧基和胺基等。极性基有水合作用能力，是亲水的、可溶的，且强烈地表现为化合价力。非极性基是由具有弱副价力和偶极矩接近于零的碳氢链或芳香族链所组成的分子钝化部分，是憎水性的。

表面活性物质吸附在相界面上时，就形成定向分子层。此时，分子的极性基团定向于极性较大的矿料表面，而烃基却朝向外面。由于朝向外面的烃链很大，致使矿料表面（大多数是亲水的）产生憎水性。同时，当表面活性物质的极性基团与矿料表面上的吸附处产生化学链时，憎水效果就会大大增加。使用与该种矿物材料具有化学亲和力的表面活性物质，就能达到这个目的。因此，相界面上表面活性物质分子的定向层，改变了表面的分子性质和相互接触相界的反应条件。表面活性物质的作用效果，随烃链的长度增大而增大。

采用表面活性物质达到的沥青与矿料表面黏结力的改善，极大地提高了沥青路面的耐侵蚀性，并且有助于扩大选用矿料的品种。

表面活性物质按其化学性质，可以分为离子型和非离子型两大类。离子型表面活性物质，又可分为阴离子型活性和阳离子型活性两种基本形式。阴离子型表面活性物质在水中离解时，形成带负电荷的表面活性离子（阴离子）；阳离子型表面活性物质是带正电荷的离子（阳离子）。因此，在阴离子型表面活性物质中，分子的烃基包含在阴离子组分内；而在阳离子型表面活性物质中，分子的烃基包含在阳离子组分内。

为了改善沥青与碳酸盐矿料和碱性矿料（石灰石、白云石、玄武岩、辉绿岩等）的黏结力，可使用阴离子型表面活性物质。在这类矿料表面上，可形成不溶于水的化合物（如羧酸钙皂），有助于加强与沥青的黏结。

当使用酸性矿料（石英、花岗岩、正长岩、粗面岩等）时，可采用阳离子型表面活性物质来改善其与沥青的黏结。

高羧酸、高羧酸重金属盐和碱土金属的盐类（皂），以及高酚物质等，是阴离子型表面活性物质的典型代表。高脂肪胺盐、四代铵碱等是典型的阳离子型表面活性物质。

当前，生产中常使用的阴离子型工业产品及其副产品有：油萃取工厂的棉子树脂（棉子渣油）、合成脂肪酸的蒸馏釜残渣、次级脂肪渣油（生产肥皂的副产品）、炼油厂生产的氧化石蜡油等。含羧酸铁盐的表面活性产品得到了某些发展。这种产品是用上述一种物质（如棉子油渣、蒸馏釜残渣等）与氯化铁水溶液和增塑剂聚合而成的。

表面活性物质掺入沥青混合料的方法有两种，即掺入沥青中或洒在矿料表面上。第一种方法无疑在操作上比较方便，也可以直接在炼油厂将表面活性物质注入沥青中，将表面活性物质掺到矿料表面上，虽然工艺比较繁琐，可是它是一种有效的方法。

2. 矿料表面的活化

许多研究表明,在往沥青中掺加表面活性物质的同时,用表面活性添加剂使矿料表面活化,对提高沥青混合料的强度可望获得更好的效果。

用各种矿物盐类(钙盐、铁盐、铜盐、铅盐等)以及石灰、水泥等电解质水溶液活化矿料表面,是以吸附理论和吸附层中的离子交换为基础的。由于多价阳离子吸附在未补偿阴离子的矿料表面,或者在表面层的一价阳离子对两个和三个阳离子交换的结果,减小了亲水性,而改善了其与沥青之间相互作用的特性,为形成不溶于水的化合物的化学吸附创造了更好的条件。

通常,矿料表面的改性处理有以下三个目的:① 改善矿料与沥青之间相互作用;② 改善吸附层中的沥青性质;③ 扩大矿料的使用品种和改善其性质。

特别值得注意的是,预先物理-化学活化是能最有效地利用表面活性添加剂的一种方法。实践证明,产生新表面的时刻是进行化学改性的最好时机,因为这时可以利用只有初生的表面才具有的特殊能态。这种特殊的能态会强烈地激发表面的反应能力,有助于与各种改性的活化剂起相互反应。这种反应在一般的材料加工条件下是有可能发生的。

利用初生表面所产生的效果与处理丧失了原有潜能的"旧表面"所得到的效果是无法比拟的。新表面的高度活性没有及时而合理地利用时,也会引起相反的效果。这是因为初生表面不论怎样总要吸附各种物质,其中也包括吸附影响以后与沥青相互作用的物质。

利用初生表面的使用效果证明,促使材料颗粒产生新表面在经济上是划算的,因为矿物材料任何的破碎或磨细过程,都需要消耗很多能量,所以适宜于同时对制得产品作相应的物理-化学处理(活化)。

矿物材料按上述工艺进行物理-化学活化时,伴随力学化学过程而发生的最主要作用是:由于化合链的断开产生顺磁中心(自由基)以及磨碎过程中形成的矿料表面层结构的变化。

自由基具有非常大的活性,易与其他物质的普通分子起化学反应。

表面层结构的变化也促进初生表面反应能力的提高。研究表明,预先物理-化学活化作用能从根本上改变矿料和用它拌制的沥青混合料的性质。

矿粉的活化工艺是考虑用它使沥青能在矿料上形成高度结聚的沥青最初接触层,它会改变矿粉和用它拌制的沥青混合料的性质。为使沥青容易分布、提高矿料的磨细和用沥青活化处理的效果,可以掺入适量的表面活性物质。

活化矿粉对沥青混凝土性质的影响表现在以下几个方面:加强沥青与矿粉的结构分散作用;提高沥青混凝土的密实度、降低透水性;延缓沥青混凝土的老化过程,提高抗水性和抗冻性,因而从本质上改善沥青混凝土的耐久性这一最重要的使用性质。

砂子的活化工艺是考虑用适当的活化剂来改变颗粒表面的性质。活化剂与初生表面接触,也是产生良好相互作用的条件。

改善石英砂性质的一种最有效的方法,是在砂粒新表面裸露的状况下,对它进行物理-化学活化处理。研究表明,熟石灰可用来做活化剂,它能与石英砂的初生表面相互作用而使砂粒改性,新表面强烈地吸附熟石灰,此时产生的链合是最强的。

这种改性处理根本改变了颗粒表面的吸附性质和颗粒与沥青相互作用的状况。应指出的是,这里谈到的并不是砂的细磨,而只是使用机械力击出颗粒的新表面并使它容易与活化剂接触。

颗粒的表面改性后,砂子变为沥青混凝土结构形成的活性组分。在变了性的砂粒表面上发生强烈的结构形成过程,加强了砂与沥青的接触,从而增强了沥青混凝土的结构强度。

试验表明,在磨碎过程中,硅砂与石灰相互作用,在砂粒表面能形成活性的含水硅酸钙,用沥青处治时,在砂粒的活化表面上形成钙皂,使沥青吸附层得到加强。

根据上述变了性的砂粒表面对沥青产生影响的机理,可以认为,含活化砂的沥青混凝土中,可以使用阴离子表面活性物质浓缩的沥青来促进结构形成过程。

实践证明,用活化砂拌制的沥青混凝土,具有很高的强度、耐热性、抗水性和抗冻性。由于这种沥青混凝土的强度较高,因此可以少许降低沥青的黏稠度,以提高其低温抗裂性能。

试验表明,碎石初生表面的形成,可以在水电破碎过程中进行,由于在液体中发生高压的火花放电,液体中产生冲击波和空蚀过程,这种现象属于"水电效应"概念。破碎岩石是利用这种效应的一个可能的领域。这种破碎方法的特点是:可以得到立方体的碎石;完全没有粉尘;水电破碎机磨损小;可以控制碎石的级配在一定范围内等。

破碎过程有可能用有机结合料处理所形成的产品,或使该过程与其物理-化学活化结合在一起进行,在这种情况下,应更换进行破碎过程所用的液相——用沥青乳浊液、表面活性物质的水溶液来取代水。

使用沥青乳液作为液相,能立即得到黑色碎石。当使用表面活性物质的水溶液时,能有效地使矿质颗粒表面改性,使初生表面固有的高度化学活性得到最大限度的利用。

试验表明,在水电破碎过程中,用沥青处理的材料,比一般条件下用乳液处理的同样材料,黏结力要大得多。

活化材料的采用,提供了强化沥青混合料结构形成过程的可能性。此时,可使一部分沥青用于矿料的预先处理,而另一些沥青用来拌制沥青混合料。许多场合(特别是温、冷沥青混凝土混合料)适宜于采用黏稠度较高的沥青来活化矿粉,而用黏稠度较低的沥青来拌制沥青混凝土混合料,在使用乳化沥青拌制的沥青混凝土中,活化矿料对结构的形成起着重要的作用。

§5-3　沥青混合料的技术性质

沥青混合料在路面中直接承受车辆荷载和大气因素的影响,同时沥青混合料的物理、力学性质受气候因素与时间因素影响较大,因此为了能使路面给车辆提供稳定、耐久的服务,必须要求沥青路面具有一定的稳定性和耐久性。其中包括高温稳定性、低温抗裂性、抗滑性、耐久性、施工和易性以及水稳定性。

一、沥青混合料的高温稳定性

由于沥青混合料的强度与刚度(模量)随温度升高而显著下降,为了保证沥青路面在高温季节行车荷载反复作用下,不致产生诸如波浪、推移、车辙、拥包等病害,沥青路面应具有良好的高温稳定性。

沥青混合料的高温稳定性习惯上是指沥青混合料在荷载作用下抵抗永久变形的能力。稳定性不足的问题,一般出现在高温、低加荷速率以及抗剪切能力不足时,也即沥青路面的劲度较低情况下。其常见的损坏形式主要有:

(1)推移、拥包、搓板等类损坏主要是由于沥青路面在水平荷载作用下抗剪强度不足所引起的,它大量发生在表处、贯入、路拌等次高级沥青路面的交叉口和变坡路段。

(2)车辙。对于渠化交通的沥青混凝土路面来说,高温稳定性主要表现为车辙。随着交通量不断增长以及车辆行驶的渠化,沥青路面在行车荷载的反复作用下,会由于永久变形的累积而导致路表面出现车辙。车辙致使路表过量的变形,影响了路面的平整度;轮迹处沥青层厚度减薄,削弱了面层及路面结构的整体强度,从而易于诱发其他病害;雨天路表排水不畅,降低了路面的抗滑能力,甚至会由于车辙内积水而导致车辆漂滑,影响了高速行车的安全;车辆在超车或更换车道时方向失控,影响了车辆操纵的稳定性。可见由于车辙的产生,严重影响了路面的使用寿命和服务质量。

(3)泛油是由于交通荷载作用使混合料内集料不断挤紧,空隙率减小,最终将沥青挤压到道路表面的现象。如果沥青含量太高或者空隙率太小,这种情况会加剧。沥青移向道路表面令路面光滑,溜光的路面在潮湿气候时抗滑能力很差。沥青路面在高温时最容易发生泛油,限制沥青的软化点和它在 60℃时的黏度可减少泛油情况的发生。

总之,车辙问题是沥青路面高温稳定性良好与否的集中体现,《公路沥青路面设计规范》(JTG D50—2017)要求中等及以上交通的沥青混合料应在配合比设计的基础上进行高温稳定性检验,不符合要求的沥青混合料,必须调整配比,或更换材料重新进行配合比设计。对于轻交通可参照此要求进行。

1. 高温稳定性试验

(1) 车辙试验

车辙试验方法最初是由英国道路研究所(TRRL)开发的,由于试验方法本身比较简单,试验结果直观而且与实际沥青路面的车辙相关性甚好,因此在日本、欧洲、北美、澳大利亚等国家和地区得到了广泛应用。我国近年来也开展了较多的研究,取得了一批成果,并应用于沥青混合料高温稳定性的评价。

【沥青混合料动稳定度的测定原理】 (参考《公路工程沥青及沥青混合料试验规程》JTG E20 T0719)用负有一定荷载的轮子,在规定的高温下对沥青混合料板状试件在同一轨迹上作一定时间的反复碾压,形成辙槽,以辙槽深度 RD 和动稳定度 DS(每产生 1 mm 辙槽所需的碾压次数)来评价沥青混合料抗车辙能力,也有通过一定作用次数所产生的形变来评价的。

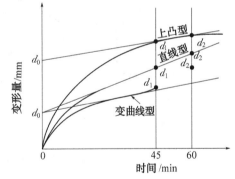

图 5-6 车辙试验中时间与变形的关系曲线

从车辙试验得到的时间-变形曲线一般为图 5-6 中的形式之一。由此可得到三类指标:

① 任何一个时刻的总变形,即车辙深度。

② 在变形曲线的直线发展期,通常是求取 45 min、60 min 的变形 D_{45}、D_{60},按下式计算动稳定度 DS:

$$DS = \frac{(60-45) \times 42}{D_{60} - D_{45}} \cdot C_1 \cdot C_2 \tag{5-8}$$

式中　D_{60}——试验时间为 60 min 时试件变形量(mm);

　　　D_{45}——试验时间为 45 min 时试件变形量(mm);

　　　C_1——试验机类型修正系数,曲柄连杆驱动试件的变速行走方式为 1.0;

　　　C_2——试验系数,试验室制备的宽 300 mm 的试件为 1.0。

在整个变形中,开始阶段的几次碾压能产生很大的变形,与试件接触的好坏是数据波动的重要原因。另外,总变形能区分试验结果的差别,但不便估计变形的发展情况。因此采用动稳定度作指标,以避免试验开始阶段,尤其是开始与试件接触时的影响比较合理。我国沥青路面施工技术规范规定,沥青混合料高温稳定性是以温度60℃、轮压0.7 MPa的条件下进行车辙试验所得的动稳定度来表示。根据需要,如在寒冷地区也可采用45℃,在高温地区试验温度可采用70℃,对重载交通的轮压可增加至1.4 MPa,但应在报告中注明。

（2）单轴贯入强度试验

沥青混合料的单轴贯入强度试验用于测定沥青混合料的贯入强度,供沥青混合料配合比设计或施工完成后检验沥青混合料的高温稳定性能。

【沥青混合料单轴贯入强度试验的测定原理】 （参考《公路沥青路面设计规范》JTG D50）用旋转压实仪成型沥青混合料圆柱体试件,试件高度为100 mm,直径为150 mm,对于公称最大粒径小于等于16 mm的沥青混合料也可采用100 mm。成型时控制试件的空隙率为路面的实际空隙率。在60℃温度下将贯入压头（如图5-7所示）以1 mm/min的速度贯入试件,对于直径150 mm的试件,采用大压头,对于直径100 mm的试件,采用小压头。测试试件破坏极值点强度作为贯入强度。沥青混合料单轴贯入试验典型应力应变曲线如图5-8所示。

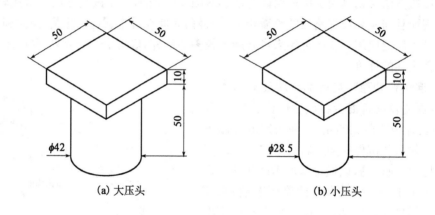

图5-7 贯入试验压头示意图（尺寸单位:mm）

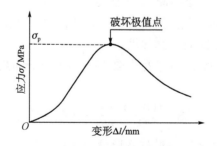

图5-8 单轴贯入试验典型应力-变形图

读取试件单轴贯入压力值,按式(5-9)计算沥青混合料的抗剪强度:

$$R_\tau = f_\tau \sigma_P \qquad \tau_p = \frac{P}{A} \tag{5-9}$$

式中　R_τ——贯入强度(MPa);

　　　σ_p——贯入应力(MPa);

　　　P——试件破坏时的极限荷载(N);

　　　A——压头横截面面积(mm²);

　　　f_τ——贯入应力系数,对直径150 mm试件,$f_\tau = 0.35$;对直径100 mm试件,$f_\tau = 0.34$。

当施工完成后,采用贯入试验检验沥青混合料的高温稳定性能时,可使用取芯机钻取路面芯样,钻芯时应保证芯样呈圆柱形,形状规则。当芯样两端不平滑时,应使用切割机切除不平滑部分。

2. 影响车辙的主要因素

影响沥青混合料车辙的因素主要有集料、矿粉、混合料类型、荷载、环境等,见图5-9。沥青混合料的黏结力和内摩擦角决定了沥青混凝土的强度,也可以说,沥青混凝土的强度取决于沥青混合料的黏结力和内摩擦角。沥青混合料的黏结力主要取决于所用沥青的性质和稠度、矿粉和沥青与矿料相互作用的性质。沥青的稠度愈大,黏结力愈大,沥青混凝土的强度也愈高;沥青数量超过最佳值,黏结力降低。矿料的级配组成、矿料颗粒的形状和表面性质都影响沥青混合料的内摩擦角。颗粒尺寸增加,内摩擦角也增加;针片状颗粒增加,内摩擦角减小。

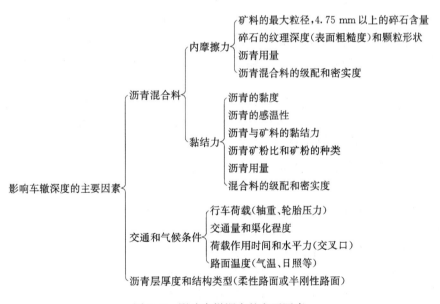

图 5-9　影响车辙深度的主要因素

(1) 沥青的影响

任何沥青混合料中,由于有沥青的润滑作用,矿料的内摩擦角减小。沥青含量过多时,内摩擦角值可减小到采用不同矿料显示不出什么差别的程度。沥青含量对沥青混合料的内摩擦角和黏结力的影响见表5-3。

表5-3 沥青含量对沥青混合料内摩擦角和黏结力的影响

沥青含量/%	残余孔隙率/(体积%)	内摩擦角/(°)	黏结力/MPa
5	3.3	30	0.19
6	2.5	30	0.15
7	0.7	19	0.06

使用耐热沥青是提高沥青混合料耐热性和抗剪切变形能力的最重要的因素之一。耐热沥青具有优良特性,其黏度和内聚力在路面使用温度范围内变化很小。

为使沥青混合料冬季不会太脆,沥青不应太稠。同时为了使沥青混合料具有必要的耐高温变形能力,沥青同时应具有较高的软化点。因此为了保证沥青混合料必要的抗裂性和耐热性,必须使沥青在较大针入度情况下具有较高的软化点。

近年来,许多国家在沥青中加入聚合物质和橡胶粉,以改善沥青在使用温度范围内的结构力学性质,提高其抗变形能力。根据气候状况、交通量大小、沥青混合料的种类及其使用的矿质材料的特性等,正确地选用沥青种类和用量是获得夏季能抗剪切变形、冬季能抗裂性能的重要条件。

(2) 矿料的影响

矿质材料的性质对沥青混合料耐热性的影响,主要是从它与沥青的相互作用表现出来,能够与沥青起化学吸附作用的矿质材料,能够提高沥青混合料的抗变形能力。例如,石灰岩材料颗粒表面起化学吸附相互作用的薄层沥青的内聚力,大大超过了花岗岩颗粒表面上沥青的内聚力。而随着沥青内聚力的增大,沥青混合料的强度和抗变形能力也就提高。

增加内摩擦角和矿料颗粒间的嵌锁作用可以提高沥青混凝土的抗剪稳定性。因此,使用接近立方体的有尖锐棱角和粗糙表面的碎石可以提高沥青混凝土的高温稳定性和高温下的抗变形能力。

在矿质混合料中,矿粉对沥青混合料耐热性影响最大。因为矿粉具有大的比表面,特别是活化矿粉,影响更为明显。用石灰岩轧磨的矿粉配制的沥青混合料具有较高的耐热性,而含有石英岩矿粉的沥青混合料耐热性较低。

活化矿粉对提高沥青混合料的抗剪切能力起特殊作用。由于活化的结果,改变了矿粉与沥青相互作用条件,改善了吸附层中沥青的性能,从本质上改善了沥青混合料的结构力学性质。

活化矿粉与沥青相互作用形成两个特点:形成了较强的结构沥青膜,大大提高了沥青的黏聚力;降低了沥青混合料的部分空隙率,因而降低了自由沥青的含量,这对沥青混合料抗剪切能力有很大的提高。

在高沥青含量时填料品种(粉煤灰或石灰石矿粉)对沥青混凝土的疲劳寿命没有明显影响,但在较低沥青含量时,用粉煤灰做填料的沥青混凝土的疲劳寿命明显次于用石灰

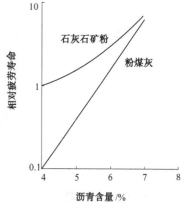

图5-10 填料与沥青混凝土疲劳寿命的关系

石矿粉的沥青混凝土(见图 5-10)。

（3）沥青混合料塑性的影响

沥青混合料产生塑性变形的能力称为塑性。沥青混合料的塑性对路面抗剪强度有很大的影响：塑性越大，抗剪强度就越低，高温下抗变形的能力就越小。塑性取决于沥青混合料的种类和级配，以及沥青混合料中沥青与矿粉的比例。

在一般情况下，细骨料的沥青混合料比粗骨料的塑性大，碎石数量少的沥青混合料比碎石多的塑性大；混合料中自由沥青越多，塑性越大；空隙率小的混合料比空隙率大的高温塑性要大。

（4）矿料级配的影响

沥青混合料的矿料级配对沥青路面抗剪强度的影响很大。矿料级配良好的沥青混凝土（中粒式、细粒式）比一般使用的沥青砂塑性小得多，因此抗剪强度较高。

沥青混合料中，起骨架作用的碎石($D_{max} \sim 0.5D_{max}$)颗粒必须有足够数量，才显示出较大的内摩擦力和抵抗变形能力。研究表明，该级配颗粒大于 60% 沥青混合料才具有良好的高温稳定性和抵抗变形的能力。为使沥青混合料有良好的和易性和要求的密实性，足够数量的中间颗粒十分必要。间断级配的沥青混合料虽然具有良好的抗变形能力和密实度，但拌和与摊铺的离析较大。

对沥青混合料抗剪强度影响很大的第二个级配因素是矿粉的数量，或者说矿粉与沥青的比值。在一定的范围内，其比值越大，则抗剪强度和抵抗变形的能力越高；沥青用量过多，则沥青混合料的抗剪强度将急剧下降。当矿粉与沥青比例一定时，较多数量的矿粉将引起沥青混合料抗变形能力的降低。一般建议矿粉与沥青的比值在 0.8～1.6 的范围。

具有一定级配的矿粉对提高沥青混合料的抗变形能力将起积极影响。矿粉过粗，矿质混合料空隙率增大，为保证耐久性，必然用过量的沥青填充空隙。过量的沥青将导致剪切强度的下降。如果矿粉过细，沥青混合料不仅易结团使和易性变坏，而且矿粉中也不能形成骨架。因此，沥青混合料的抗剪强度仍较低。

（5）沥青混合料剩余空隙率、矿料间隙率的影响

路面经行车碾压成型后，沥青混合料剩余空隙率对其高温下的抗变形能力有很大影响。研究表明，剩余空隙率达 6%～8% 的沥青混凝土路面和剩余空隙率大于 10% 的沥青碎石（表面需加密实防水层）路面，在陡坡路段和停车站处经 10 年的使用，均平整稳定，未出现波浪、推挤等病害。即使是使用稠度较低、黏结力较小的渣油($C_{60,5}$ = 120 s)作为胶结材料也能保证必要的高温稳定性。而剩余空隙率为 1%～3% 的沥青混凝土路面却出现了严重的推挤、波浪等病害，即使用针入度(25℃)70～90(0.1 mm)的黏稠沥青也会出现上述病害。

矿料间隙率过大或过小都会对沥青混合料的路用性能产生不利影响。矿料间隙率过小，沥青混合料耐久性较差，抗疲劳能力弱，使用寿命短。在实际施工时，部分矿料颗粒的表面仍未被沥青完全裹覆，混合料过于干涩，施工和易性差。有水分作用时，沥青与矿料容易剥离，使混合料松散、解体；矿料间隙率过大，沥青混合料路用性能的影响既有有利的方面，又有不利的方面。有利的一面是沥青混合料的抗疲劳性能较好，不易出现疲劳开裂。不利的一面是沥青混合料的高温稳定性差，容易出现车辙、拥包、推挤等形式的病害。由此可见，在进行沥青混合料组成设计时，根据设计要达到的目的，首先确定沥青混合料的矿料间隙率，进而确定其他混合料组成参数，可使沥青混合料配合比设计针对性强、经济性好。世界上许多国家的沥青混合

料设计方法都对它的取值有明确规定,见表5-4。

表5-4 矿料间隙率(VMA)规定值 单位:%

国家	最大粒径/mm						
	37.5	25	19	12.5	9.5	4.75	2.36
日本			14	16			
澳大利亚			14	15	16	17	
美国	12	13	14	15	16	18	21

(6)压实的影响

压实也是影响车辙大小的一个重要的外部因素。沥青混凝土路面的碾压目的,就是提高混合料的密度,减少铺层材料间的空隙率,使路面达到规定的密实度,提高沥青路面的抗老化、高温抗车辙、低温抗裂纹、耐疲劳破坏以及抗水剥离等能力。

3. 减小车辙深度的措施

针对影响车辙深度的主要因素,可采取下列一些措施来减轻沥青路面的车辙:

(1)选用黏度高的沥青,因为同一针入度的沥青会有明显不同的黏度。

(2)选用针入度较小、软化点高和含蜡量低的沥青。

(3)用外掺剂改性沥青。常用合成橡胶、聚合物或树脂改性沥青,例如用SBS改性的沥青软化点可达60℃以上。

(4)确定沥青混合料的最佳沥青用量时,采用略小于马歇尔试验最佳沥青用量的值。施工过程中严格控制沥青用量在规范允许的误差范围内,特别是不能过多。

(5)采用粒径较大或碎石含量多的矿料,并控制碎石中的扁平、针状颗粒的含量不超过规定要求。

(6)保持沥青混合料成型后具有足够的空隙率,一般认为沥青混合料的设计空隙率在3%~5%范围内是适宜的。

(7)采用较高的压实度。

二、沥青混合料的低温抗裂性

沥青混合料的低温抗裂性是沥青混合料在低温下抵抗断裂破坏的能力。

冬季,随着温度的降低,沥青材料的劲度模量变得越来越大,材料变得越来越硬,并开始收缩。由于沥青路面在面层和基层之间存在着很好的约束,因而当温度大幅度降低时,沥青面层中会产生很大的收缩拉应力或者拉应变,一旦其超过材料的极限拉应力或极限拉应变,沥青面层就会开裂。由于一般道路沥青面层的宽度都不很大,收缩所受到的约束较小,所以低温开裂主要是横向的。另一种是温度疲劳裂缝。这种裂缝主要发生在太阳照射强烈、日温差大的地区。在这种地区,沥青面层白天和夜晚的温度差别很大,在沥青面层中会产生较大的温度应力。这种温度应力会日复一日地作用在沥青面层上,在这种循环应力的作用下,沥青面层会在低于极限拉应力的情况下产生疲劳开裂。温度疲劳开裂可能发生在冬季,也可能发生在别的季节,北方冰冻地区可能发生这种裂缝,南方非冰冻地区也可能发生这种裂缝。

要研究沥青面层是否会发生低温断裂,需知道其在低温下会产生多大的温度应力,然后与沥青混合料同等条件下的抗拉强度相比较。

1. 沥青混合料的温度收缩系数试验

通常采用间断降温法或连续降温法来测定沥青混合料的温度收缩系数(简称温缩系数)以计算路面的温度应力。所谓间断降温法是指温度降到某一预定值后保持恒温 30 min,读记收缩形变后再向下降温。

测定时可以将沥青混合料制成长 200 mm±2.0 mm、宽 20 mm±1.0 mm,高 20 mm±1.0 mm 的试件,放在温度区间为 10℃～-30℃ 的低温箱中,精确地控制降温速率为 5℃/h。用沥青收缩试验仪(图 5-11)反复测量试件长度随温度的变化,用下式计算平均线胀缩系数:

$$\varepsilon_e = \frac{\Delta L}{L_0} \tag{5-10}$$

$$C = \frac{\Delta L}{\Delta T \cdot L_0} \tag{5-11}$$

式中　ε_e——沥青混合料的平均收缩应变;

　　　C——平均线收缩系数(1/℃);

　　　ΔL——温度下降 ΔT 时试件长度的变化(cm);

　　　L_0——试件在起始温度下的长度(cm);

　　　ΔT——测定时温度的变化范围(℃)。

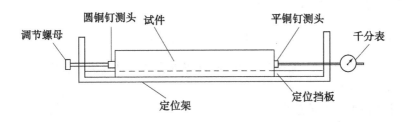

图 5-11　沥青收缩试验仪

沥青含量对沥青混凝土的线胀缩系数有明显的影响。因为,沥青的胀缩系数比矿料胀缩系数大得多。沥青含量增加后,矿料表面沥青膜的厚度增大,因此也增大了沥青混凝土的胀缩系数。一般说来,增加 1% 的沥青含量,胀缩系数要增加 20%(表 5-5)。

表 5-5　沥青含量与胀缩系数

沥青含量/%	线膨胀系数/(×10⁻⁶·℃⁻¹)	线收缩系数/(×10⁻⁶·℃⁻¹)	差别	空隙率/%
4.25	2.196～2.682	2.106～2.556	0.09～0.126	8.1
4.75	2.538～3.456	2.448～3.132	0.09～0.324	4.5
5.25	2.934～4.212	2.862～3.780	0.072～0.432	3.7
5.75	3.150～6.876	3.096～4.536	0.054～2.340	1.2
6.50	3.708～9.414	3.690～5.328	0.099～4.086	0.3

矿料的体膨胀系数远较沥青为小,因此矿料对沥青混合料的膨胀系数影响不大。各种石料的平均线膨胀系数也相差不大。表 5-6 列出了主要石料的线膨胀系数。

表 5-6　主要石料的线膨胀系数

石料种类	线膨胀系数/($\times 10^{-6} \cdot \text{℃}^{-1}$)	线收缩系数/($\times 10^{-6} \cdot \text{℃}^{-1}$)
砂　岩	4.32～11.70	9.72
花岗岩	3.60～9.18	7.02
玄武岩	4.32～4.68	4.45
石灰岩	3.06～11.88	6.48
石英岩	7.02～10.80	9.54
片　岩	7.20～8.46	7.92
矿　渣	9.18～11.70	10.80
白云岩	6.66～10.44	9.18

2. 劲度模量

沥青混合料的劲度模量是计算温度应力的另一项参数。有些国家即以劲度模量作为防止沥青路面发生低温缩裂的控制指标。

沥青混合料的劲度模量同一般固体材料的弹性模量有所不同。沥青是弹黏性材料,其劲度模量随温度和荷载作用时间而变化。因此,沥青混合料的劲度模量就是试件在给定的加荷时间和温度下应力与应变的比值。即

$$S(T,t) = \frac{\sigma}{\varepsilon}(T,t) \tag{5-12}$$

式中　$S(T,t)$——温度为 T,加荷时间为 t 时沥青混合料的劲度模量(MPa);

　　　σ——施加的应力;

　　　ε——该条件下产生的应变。

沥青材料的劲度模量,可以在室内测定,也可以用诺谟图估算。国外曾用小型滑板流变仪,按照沥青路面在实际使用过程中出现缩裂时的温度和气温下降速率,测定沥青材料的劲度模量。表 5-7 为用蒸馏法炼制的低蜡黏稠石油沥青在－40℃时的劲度模量测定结果。试验表明,温度越高,加荷时间越长,沥青的劲度模量越小。

表 5-7　低蜡黏稠石油沥青在－40℃的劲度模量值

荷载时间/s	劲度模量/Pa	荷载时间/s	劲度模量/Pa
1	1.62×10^9	200	7.66×10^8
2	1.55×10^9	500	6.21×10^8
5	1.41×10^9	1 000	5.30×10^8
10	1.31×10^9	2 000	4.40×10^8
20	1.18×10^9	5 000	3.35×10^8
50	9.82×10^8	7 000	3.06×10^8
100	8.76×10^8		

根据沥青混合料的破坏强度、温度收缩系数、劲度模量即可以算出在给定温度下沥青混合料的收缩应力,从而预估其开裂温度,而对应采用有效措施来进行防治。

3. 沥青混合料的抗拉强度

沥青混合料的抗拉强度常用直接拉伸试验、弯拉试验和劈裂试验来测定。由于试验方法不同,测得的同一种沥青混合料的抗拉强度有明显差别。但从抗拉强度与温度关系的规律来说,则是基本相同的。在不同温度下进行沥青混合料的抗拉试验,可以得以沥青混合料的抗拉强度与加载时间的关系、抗拉强度与温度的关系、不同温度下的极限拉应变、劲度模量和脆化点温度等技术指标。

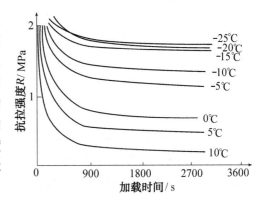

图 5-12 沥青混凝土抗拉强度与加载
时间的关系曲线

(1) 抗拉强度与加载时间的关系

试验表明(图 5-12),沥青混合料的抗拉强度随加载时间延长而降低。表 5-8 所示为沥青混凝土在降温速度 10℃/h 下进行直接拉伸试验后分析所得的结果。

表 5-8 表明,在同一温度下、加载 30 min 和沥青相同时,沥青混凝土的抗拉强度明显大于沥青碎石;矿料组成相同时,80 号沥青混合料的抗拉强度明显大于 200 号沥青混合料。

表 5-8　不同沥青混合料的抗拉强度　　　　　　　　单位:MPa

温度/℃　　　　　混合料		10	5	0	—5	—10	—15	—20	—25
200 号沥青	1 号沥青混凝土	0.07	0.18	0.39	0.62	0.95	0.97	0.92	0.83
	2 号沥青碎石	0.03	0.09	0.24	0.40	0.63	0.74	0.72	0.68
80 号沥青	3 号沥青混凝土	0.26	0.49	0.71	1.17	1.37	1.73	1.75	1.67
	4 号沥青碎石	0.07	0.13	0.46	0.89	0.89	0.97	1.05	0.86

(2) 抗拉强度与温度的关系

表 5-8 的结果表明,随沥青混合料的温度由室温下降,其强度连续增加,但到某一温度时强度达到峰值,继续降低温度,强度随之下降。弯拉试验和劈裂试验显示有相同的规律性,与强度峰值相应的温度则随试验方法和加载速度(速度大,与强度峰值相应的温度高)而变。

4. 沥青混合料的极限应变

试验表明,同一沥青混合料在不同温度的破坏应变有明显差别,破坏应变随温度降低而变小;不同沥青(品种)混合料在相同温度时的破坏应变也有差异;加载速度对破坏应变也有明显影响。表 5-9 为弯拉试验所得两种沥青混凝土的破坏应变。

表 5-9　欢-90 和壳-90 沥青混合料的弯拉破坏应变　　　　单位：10^{-6}

加载速度/(mm·min^{-1})		50		5	
混合料的沥青品种		欢—90	壳—90	欢—90	壳—90
试验温度/℃	20	12 900	19 700	19 800	32 800
	15	11 600	7 400	13 200	16 100
	10	6 630	2 670	11 400	10 600
	5	4 490	2 420	7 530	2 910
	0	2 380	1 910	4 340	2 020
	—10	1 570	1 530	2 310	1 490
	—20	1 500	1 330	1 910	1 380

试验还证明,沥青相同时,沥青混凝土的破坏应变大于沥青碎石;对矿料级配相同的沥青混合料,低温延性好的沥青比低温延性差的沥青的破坏应变大。

三、沥青混合料的耐久性

沥青混合料的耐久性是路面在施工、使用过程中其性质保持稳定的特性,它是影响沥青路面使用质量和寿命的主要因素。沥青的老化是沥青混合料在加热拌和过程中和受自然因素、交通荷载作用时,沥青的技术性能向着不理想的方向发生不可逆的变化(图 5-13)。受沥青老化的制约,沥青混合料的物理力学性能随着时间的推移逐年降低直至满足不了交通荷载的要求。

在沥青混合料的拌和、摊铺、碾压以及以后沥青路面使用过程中,都存在由于沥青老化导致沥青混合料的性能下降的问题。老化过程一般也分为两个阶段,即施工过程中加热老化和路面使用过程中的长期老化。加热老化性能一般用蒸发损失、薄膜烘箱或旋转薄膜烘箱试验来评价;而长期老化性能则用压力老化试验来评价。沥青混合料在拌和过程中的老化程度主要与拌和温度、沥青贮存温度、沥青的贮存时间等有关。沥青混合料在使用过程

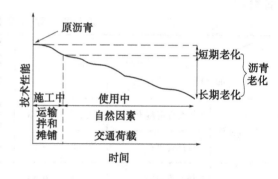

图 5-13　沥青的老化

中的长期老化与沥青材料、沥青在混合料中所处的形态有关,如混合料空隙率大小,还与沥青用量及光、氧等自然气候条件有关。当沥青混合料产生老化后,会导致沥青路面路用性能的降低。

1. 沥青的短期老化阶段

(1) 运输和贮存过程的老化

沥青从炼油厂到拌和厂的热态运输的温度一般在 70℃ 左右,进入贮油罐或池中时温度有所降低。调查资料表明,这一阶段里沥青的技术性能几乎没有变化,这可能与油罐密封和接触空气面积小有关。因此,在运输过程中沥青的老化非常小。

(2) 拌和过程中的热老化

沥青与骨料加热拌和过程中,沥青是在薄膜状态下受到加热,比运输过程中的老化条件严

重得多。沥青混合料拌和后,沥青针入度降低到拌和前的 80%～85%,这说明拌和过程引起的老化是沥青短期老化最主要的一个阶段。

(3) 拌和后施工期的老化

沥青混合料拌和后,运到施工现场摊铺、碾压完毕降温至自然温度,这一过程中裹覆石料的沥青薄膜仍处于高温状态。沥青混合料摊铺、碾压和降温期间,沥青的热老化会进一步发展。

2. 沥青混合料的长期老化特征

(1) 沥青路面使用性能在早期使用 1～4 年之间,沥青的针入度急剧变小,其后继续变小,但变化缓慢。急剧变化的时间主要与气候、交通量和沥青品种有关。

(2) 沥青老化主要发生在路表与大气接触部分。因此,路面表层沥青老化的发展比面层内部的沥青要迅速,在深度 0.5cm 左右处的沥青针入度降低幅度相当大。

(3) 沥青混合料的空隙率是影响沥青老化的主要因素。由于交通荷载作用,使路面更加密实,空隙率变小,因此,路面边缘沥青的老化要比路中行车带沥青的老化严重。

(4) 当路面中沥青针入度减小至 35～50 之间时,路面容易产生开裂,针入度小于 25 时路面容易产生龟裂。

我国现规范采用空隙率、饱和度和残留稳定度等指标来控制沥青混合料的耐久性。

四、沥青混合料的疲劳特性

随着公路交通量日益增长,汽车轴重不断增大,汽车对路面的破坏作用变得越来越明显。路面沥青混凝土使用期间,在气温环境影响下,经受车轮荷载的反复作用,长期处于应力应变交迭变化状态,致使路面结构强度逐渐下降。当荷载重复作用超过一定次数以后,在荷载作用下路面沥青混凝土内产生的应力就会超过其结构抗力,使路面结构出现裂纹,产生疲劳破坏。

1. 沥青混合料疲劳试验

沥青混合料的疲劳是材料在荷载重复作用下产生不可恢复的强度衰减积累所引起的一种现象。显然,荷载的重复作用次数越多,强度的损伤也就越剧烈,它所能承受的应力或应变值就越小,反之亦然。

通常把沥青混合料出现疲劳破坏的重复应力值称作疲劳强度,相应的应力重复作用次数称为疲劳寿命。

疲劳试验的方法可以分为四类。一是实际路面在真实汽车荷载作用下的疲劳破坏试验;二是足尺路面结构在模拟汽车荷载作用下的疲劳试验研究,包括环道试验和加速加载试验,例如澳大利亚和新西兰的加速加载设备(ALF),南非国立道路研究所的重型车辆模拟车(NVS),美国华盛顿国立大学的室外大型环道,东南大学和重庆公路科学研究所的室内大型环道疲劳试验;三是试板试验法;四是试验室小型试件的疲劳试验研究。由于前三类试验研究方法耗资大、周期长,开展的并不普遍,因此大量采用的还是周期短、费用少的室内小型疲劳试验,如简单弯曲试验、间接拉伸试验等。

简单弯曲试验主要采用中点加载或三分点加载,即四点弯曲试验。四点弯曲疲劳寿命试验一般采用的试件尺寸为长 380 mm×厚 50 mm×宽 63.5 mm,标准的试验温度为 15℃,加荷频率 10 Hz,一般采用应变控制模式,测定试件出现疲劳破坏时的重复作用次数。

间接拉伸试验是沿圆柱形试件的垂直径向面作用平行的反复压缩荷载,这种加载方式在沿垂直径向面,垂直于荷载作用方向产生均匀拉伸应力,试验易于操作,为广大研究人员所采用。试件直径 100 mm,高 63.5 mm,荷载通过宽 12.5 mm 的加载压条作用在试件上。

疲劳试验可采用控制应力和控制应变两种不同的加载模式。应力控制方式是指在反复加载过程中所施加荷载(或应力)的峰谷值始终保持不变,随着加载次数的增加最终导致试件断裂破坏。这种控制方式以完全断裂作为疲劳损坏的标准。试验结果常采用下式来表示:

$$N_f = k \left(\frac{1}{\sigma} \right)^n \tag{5-13}$$

式中　N_f——试件破坏时的加载次数;

　　　　k、n——取决于沥青混合料成分和特性的常数;

　　　　σ——对试件每次施加的常量应力最大幅值。

应变控制方式是指在反复加载过程中始终保持挠度或试件底部应变峰谷值不变。由于在这种控制方式下,试件通常不会出现明显的断裂破坏,一般以混合料劲度下降到初始劲度 50% 或更低为疲劳破坏标准。试验结果常采用如下公式来表示:

$$N = c \left(\frac{1}{\varepsilon} \right)^m \tag{5-14}$$

式中　N——混合料劲度下降为初始劲度 50% 或更低时的加载次数;

　　　　ε——对试件每次施加的常量应变最大幅度;

　　　　c、m——取决于沥青混合料成分和特性的常数。

沥青混合料在承受重复常量应力或应变条件下,施加的应力或应变同疲劳寿命之间的关系在双对数坐标上呈线性反比关系。

2. 影响沥青混合料疲劳寿命的因素

沥青混合料的疲劳寿命与荷载历史、加载速率、施加应力或应变波谱的形式、荷载间歇时间、试验的方法和试件成型、混合料劲度、混合料的沥青用量、混合料的空隙率、集料的表面性状、温度、湿度等有关。

荷载间歇时间影响:国外对荷载间歇时间有许多研究,间歇时间大于 0.5 s 时,有间歇时间和无间歇时间疲劳寿命的比值趋于稳定,40℃时比值为 5,10℃和 25℃时比值为 15、25。

裂缝扩展的影响:裂缝扩展的影响是一个极为复杂的问题,由于沥青混合料是一种非均匀的复合材料,室内的疲劳试验结果也会受到裂缝扩展的影响,而造成同一种混合料的疲劳试验结果相差数倍,甚至更大。室内的试件是简支状态,而路面沥青混合料是受到基层支承,受力状态由室内的单向弯拉变为野外的双向弯拉,考虑裂缝从底面扩展到顶面,沥青路面实际疲劳寿命可按沥青混合料室内疲劳试验确定的破坏疲劳寿命乘以 20 倍来计算。

五、沥青混合料的表面抗滑性

沥青路面的粗糙度与矿质集料的微表面性质、混合料的级配组成以及沥青用量等因素有关。为保证沥青路面的粗糙度不致很快降低,应选择硬质有棱角的石料。研究表明,沥青用量对抗滑性的影响相当敏感,当沥青量超过最佳用量 0.5% 时就会导致抗滑系数明显降低。

1. 影响摩擦系数的因素

路面的摩擦系数除受测试方法的影响外,还受其他因素的影响,主要包括路面的干湿情况、沥青材料的种类和用量、矿料表面的粗糙度、轮胎的状况和路面的温度等。

在潮湿状态下,沥青路面抗滑性能降低,主要是由于水分在路面形成了润滑水膜,阻隔了轮胎与路面间的接触所致。若水膜较厚,水分未能迅速排除,轮胎与路面间形成了全面水膜,造成轮胎离开路面,完全处于由水支持的状态,摩擦系数急剧降低,行车易发生滑溜,这层水膜要在很大的压力下才能排除。欲提高沥青路面的摩擦系数,就要使用表面粗糙、多棱角的硬质骨料,并且应尽量减少沥青材料的用量。

当沥青材料用量偏多时,则摩擦系数降低。因此,在沥青路面施工中,严格控制沥青材料的用量是提高路面抗滑性能的关键。

矿质骨料的性质对路面摩擦系数有很大影响。沉积岩类矿料的强度和耐磨性较差,用以修筑路面时,在早期虽有一定的抗滑能力,但矿料磨耗之后易形成光滑表面,摩擦系数大为降低。所以,从提高路面的抗滑性来看,沥青路面也应选择坚硬和耐磨的矿质骨料。

试验表明,路面的温度对摩擦系数也有一定的影响。在干燥的路面上,温度低时,温度每增加 $1℃$,摩擦系数降低约 0.01,这种倾向随温度的上升而减小。在 $40℃$ 左右,温度变化就几乎没有影响。对潮湿路面温度要上升到 $50℃$ 附近,温度变化才没有影响。《公路沥青路面设计规范》(JTG D50)规定高速公路、一级公路以及山岭重丘区二级和三级公路的路面在交工验收时的抗滑指标应满足表 5-10 要求。

表 5-10 抗滑技术要求

年平均降雨量/mm	交工检测指标值	
	横向力系数SFC$_{60}$[1]	构造深度 TD[2]/mm
>1 000	≥54	≥0.55
500~1 000	≥50	≥0.50
250~500	≥45	≥0.45

注:① 横向力系数 SFC$_{60}$——用横向力系数测试车,在 60 km/h±1 km/h 车速下测定。
② 构造深度 TD——用铺砂法测定。

2. 提高沥青路面抗滑性能的措施

(1) 提高沥青混合料的抗滑性能

混合料中矿质骨料的全部或一部分选用硬质粒料。若当地的天然石料达不到耐磨和抗滑要求时,可改用烧铝矾土、陶粒、矿渣等人造石料。矿料的级配组成宜采用开级配,并尽量选用对骨料裹覆力较大的沥青,同时适当减少沥青用量,使骨料露出路面表面。

(2) 使用树脂系高分子材料对路面进行防滑处理

将黏结力强的人造树脂,如环氧树脂、聚氨基甲酸酯等,涂布在沥青路面上,然后铺撒硬质粒料,在树脂完全硬结之后,将未粘着的粒料扫掉,即可开放交通。但这种方法成本较高。

六、沥青路面的水稳定性

沥青路面的水损害与两种过程有关,首先水能浸入沥青中使沥青黏附性减小,从而导致混合料的强度和劲度减小;其次水能进入沥青薄膜和集料之间,阻断沥青与集料表面的相互黏结,由于集料表面对水的吸附比对沥青强,从而使沥青与集料表面的接触角减小,结果沥青从集料表面剥落。

剥落破坏包括两种状态,其一是自身的剥落破坏,其二是在交通荷载作用下路面的破坏。许多沥青路面在混合料内部发生剥落破坏时,路面结构并没有发生破坏。如果在路面内部的剥落增加,路面的变形和破坏可能在荷载重复作用下发生。剥落破坏可导致坑洞、剥蚀。沥青与集料的黏附性同沥青和集料的物理化学性质有关,一般认为亲水集料比憎水集料更容易引起剥落。

1. 影响沥青路面水稳定性的因素

影响沥青路面水稳定性的因素主要包括以下四个方面:① 沥青混合料的性质,包括沥青性质以及混合料类型;② 施工期的气候条件;③ 施工后的环境条件;④ 路面排水。

沥青混合料水稳定性的测试方法有很多种,总的来说,应用不同的试验方法得到的试验结果存在着一定的相关性,但在某些情况下也存在着非常大的差别。因此,应尽可能使用一种以上的试验来评价沥青混合料的抗剥离性。

2. 减小沥青路面水损害的技术措施

提高沥青混合料抗水剥离的性能可以从防止水对沥青混合料的侵蚀及水浸入后减少沥青膜的剥离这两个途径来寻求对策。

(1)路面结构措施

水的来源无非是雨水、地下水及毛细水,将水与沥青面层隔离是最基本的措施。可以采取以下方法来隔水:

① 在沥青面层的下层用沥青含量高的沥青砂做下封层,其最小厚度为 2~2.5 cm。

② 在沥青面层的下面层或联结层使用空隙很大、集料相互嵌挤作用好的沥青碎石或贯入式结构层。

下封层是阻止地下水或毛细水上升,大空隙下面层则是为水提供空隙,做水流出的通道,以便水能尽快流走。这在水田地区、季节性冻土区、春融期易翻浆路段有效。

(2)材料选择对策

从集料本身及沥青性质来考虑可以采用如下措施:

引起剥落的概率 80% 来自于集料。通常为了减少剥落的发生,应使用孔隙率小于 0.5%的粗糙洁净集料。碱性石料比酸性石料具有更好的抗水损害性能。

沥青与集料之间的黏附性主要依赖于沥青本身的黏度,黏度越大,抗剥离性越好。经过橡胶或树脂改进过的沥青由于黏度大大增加,所以抗剥离性能得到很大改善。

(3)掺加抗剥离剂

当沥青与集料之间的黏附性不合格或沥青混合料的水稳定性达不到要求时,必须采用掺加抗剥离剂的措施。常用的抗剥离剂有下面几种:

① 消石灰。消石灰可以提高沥青的黏性,使集料表面性质改善。一般的石灰石矿粉比表面只有 2 500~3 500 cm²/g,而消石灰达 7 000 cm²/g 以上,这就使沥青与集料之间的分子力增加。同时,由于消石灰使酸性石料表面的负电荷减少,可使石料表面电位降低,对水的作用减小。一般情况下,消石灰用量约为混合料总量的 2% 左右。

② 有机分子材料抗剥离剂。这类抗剥离剂均为表面活性剂,利用其极性与集料结合,加

强与沥青的黏附。由于集料本身的属性不同,必须使用不同的表面活性剂。通常情况下,抗剥离性能差的石料大部分为酸性岩石,故抗剥离剂大都是阳离子型,而且基本上是胺类表面活性剂。但是普通的胺类表面活性剂在高温时易分解,将降低其抗剥离能力,所以选择高温时稳定、难分解且具有阳离子和阴离子两种极性的表面活性剂最为理想。

(4) 沥青混合料配合比设计对策

为使沥青混合料的抗剥离能力提高,应使水浸入的可能性减小,密级配沥青混凝土比大空隙的开级配透水性差,水浸入也困难些。按照马歇尔试验配合比设计决定沥青用量时,应使用高限,并适当增加粒径为 2.36 mm 的集料用量,这些措施将使混合料抗剥离能力得到改善。不过这也可能使沥青混合料的高温稳定性降低,所以各项指标必须兼顾。

(5) 施工注意事项

从施工角度来看,提高抗剥离能力的潜力也不小,不能忽视。

集料干燥和良好的拌和是加强沥青与矿料黏附性的最主要措施。潮湿集料不能与沥青充分的黏结,拌和不好甚至有花白料则更不能防止水分浸入从而造成剥离。所以在雨后集料潮湿时,必须提高加热温度,延长拌和时间。

材料中含有杂质、尘土则会影响沥青与石料的黏结。土壤带有负电荷,它是亲水性物质,一定要除去。

压实度不足使空隙率增大,将明显降低抗剥离性能。空隙率为 3.5% 的马歇尔试验残留稳定度达 90% 的材料,当空隙增大到 7.5% 时,残留稳定度即降低到 80% 以下。

综上所述,提高沥青混合料的抗剥离能力必须从各方面采取综合措施才能达到目的。

七、沥青混合料的施工和易性

要保证室内配料在现场施工条件下顺利的实现,沥青混合料除了应具备前述的技术要求外,还应具备适宜的施工和易性。影响沥青混合料施工和易性的因素很多,诸如当地气温、施工条件及混合料性质等。

单纯从混合料材料性质而言,影响沥青混合料施工和易性的首先是混合料的级配情况,如粗细集料的颗粒大小相距过大、缺乏中间尺寸,混合料容易分层(粗粒集中表面,细粒集中底部);如细集料太少,沥青层就不容易均匀地分布在粗颗粒表面;细集料过多则使拌和困难。

此外当沥青用量过少,或矿粉用量过多时,混合料容易产生疏松不易压实。反之,如沥青用量过多,或矿粉质量不好,则容易使混合料黏结成团块,不易摊铺。

§5-4 沥青混合料的技术指标

一、沥青混合料试件制作方法

沥青混合料试验试件有用于马歇尔试验和间接抗拉试验(劈裂法)的圆柱体试件、用于动稳定度试验的板式试件、用于弯曲和温度收缩试验的梁式试件。试件的制作方法也有击实法、轮碾法、静压法、搓揉法和振动成型法等。在此介绍用于马歇尔试验和间接抗拉试验(劈裂法)的圆柱体试件的击实成型制作方法和目前应用越来越广泛的旋转压实试件制作方法(参考《公路工程沥青及沥青混合料试验规程》JTG E20 T0702、T0736)。

1. 试件尺寸与集料公称最大粒径的关系

由于试件尺寸直接影响击实后试件的空隙率,所以,对于圆柱体试件或钻芯试件的直径要求不小于集料公称最大粒径的 4 倍,厚度不小于集料公称最大粒径的 1~1.5 倍;切割成型试件的长度要求不小于集料公称最大粒径的 4 倍,厚度或宽度不小于集料公称最大粒径的 1~1.5 倍;碾压成型的试件厚度不小于集料公称最大粒径的 1~1.5 倍。因此,击实法对于公称最大粒径不大于 26.5 mm 的试件采用 ϕ101.6 mm×63.5 mm 圆柱体试件成型;对于公称最大粒径大于 26.5 mm 的试件采用 ϕ152.4 mm×95.3 mm 圆柱体试件成型。旋转压实法有多种直径的试模,目前广泛应用的是直径 150 mm 的圆柱体。

2. 沥青黏度与温度的关系

沥青的黏度是温度的函数,试验结果表明,沥青的黏度的对数与温度之间呈线性关系(图 5-14)。而沥青混合料的拌和、运输、摊铺与碾压的温度必须与沥青的黏度相结合。如果拌和温度太低,则沥青不易裹覆到沥青表面;如果拌和温度太高,则容易导致沥青老化与析漏。

如果沥青碾压温度太高,则沥青混合料容易出现推移;如果温度太低,则不易碾压成型(图 5-15)。所以,根据沥青的黏度与温度特性,不管沥青种类如何,规定沥青的拌和与碾压应在一定的黏度范围。一般认为适宜于拌和的沥青表观黏度为 0.17Pa·s±0.02Pa·s,适宜于压实的沥青表观黏度为 0.28Pa·s±0.03Pa·s。对于改性沥青,按黏温曲线确定的等黏温度往往偏高,一般应根据实践经验、改性剂的品种和用量,确定合理的拌和和压实温度。对于大部分聚合物改性沥青,通常在普通沥青的基础上提高 10~20℃。

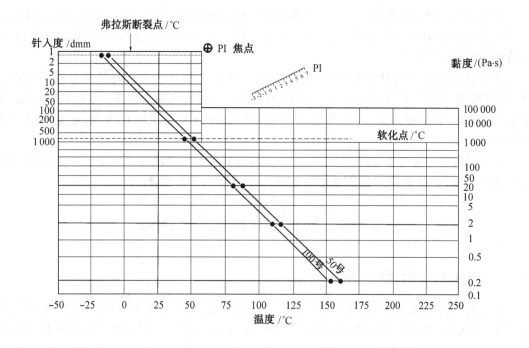

图 5-14　沥青黏度-温度关系曲线

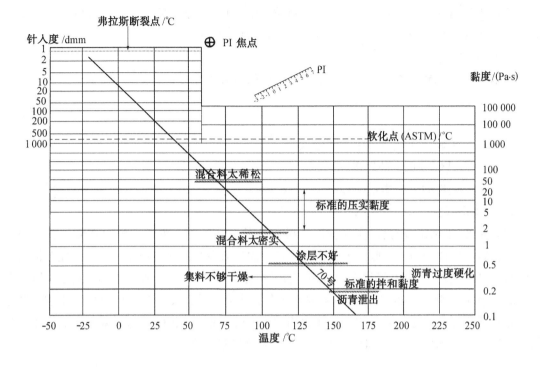

图 5-15 沥青混合料拌和、碾压与温度的关系

3. 沥青混合料拌和与试件压实

沥青混合料室内试验的材料拌和采用沥青混合料实验室拌和机。将烘干的集料倒入沥青混合料拌和机中,逐步倒入沥青和矿粉,拌和均匀。然后称取试件所需的用量(标准马歇尔试件约 1 200 g,大型马歇尔试件约 4 050 g,旋转压实试件用量依其高度进行估算,ϕ 150 mm × 115 mm 试件质量约 4 500 g),用四分法在四个方向用小铲将混合料铲入试模中,并在四周用大螺丝刀插捣 15 次,在中间插捣 10 次。大型马歇尔试件分两次加入,每次捣实次数同上。采用击实法成型试件时,待混合料温度符合要求的压实温度后,将试模连同底座一起放在击实台上固定。开启电机,使击锤从 457 mm 的高度自由下落击实规定的次数(75 或 50 次),对于大型马歇尔试件,击实次数 75 次和 112 次(相应于标准马歇尔次数的 50 次和 75 次)。试件击实一面后,以同样的方式和次数击实另一面。待试件冷却后用脱模机将试件脱出,用于马歇尔试验。采用旋转压实成型试件时,将盛有沥青混合料的试模放入旋转压实仪中,启动控制面板,设定各试验参数,包括加载装置垂直压力为 600 kPa ± 18 kPa,压实转速为 30 r/min ± 0.5 r/min,旋转压实角为 1.16° ± 0.2°。然后计数器置零,压实仪以一定的速度旋转,到规定的压实次数或者压实到设定的试件高度后结束压实。冷却、脱模后用于其他试验。

二、沥青混合料的物理指标

混合料的物理指标通常采用表干法测定,对于吸水率大于 2% 的试件,宜改用蜡封法。对于吸水率小于 0.5% 的特别致密的沥青混合料,在施工质量检验时,也允许采用水中重法,其中涉及的主要指标及概念叙述如下。

1. 油石比(P_a)

油石比是沥青混合料中沥青质量与矿料质量的比例,以百分数计。沥青含量(P_b)是沥青混合料中沥青质量与沥青混合料总质量的比例,以百分数计。

2. 吸水率(S_a)

吸水率是试件吸水体积占沥青混合料毛体积的百分率(%):

$$S_a = \frac{m_f - m_a}{m_f - m_w} \times 100 \tag{5-15}$$

式中　m_a——干燥试件在空气中的质量(g);

m_w——试件在水中的质量(g);

m_f——试件的表干质量(g)。

3. 毛体积密度(ρ_f)

表观密度(视密度 ρ_s)是压实沥青混合料在常温干燥条件下单位体积的质量(g/cm³)(含沥青混合料实体体积与不吸收水分的内部闭口孔隙),表观相对密度(γ_s)是表观密度与同温度水的密度之比值。毛体积密度(ρ_f)是压实沥青混合料在常温干燥条件下单位体积质量(g/cm³)(含沥青混合料实体体积、不吸收水分的内部闭口孔隙、能吸收水分开口孔隙等颗粒表面轮廓线所包含的全部毛体积),毛体积相对密度(γ_f)是毛体积密度与同温度水的密度之比值。当试件的吸水率小于2%时,用表干法测定其视密度和毛体积密度。

$$\gamma_s = \frac{m_a}{m_a - m_w}; \rho_s = \frac{m_a}{m_a - m_w} \cdot \rho_w \tag{5-16}$$

$$\gamma_f = \frac{m_a}{m_f - m_w}; \rho_f = \frac{m_a}{m_f - m_w} \cdot \rho_w \tag{5-17}$$

式中　γ_s——试件的表观相对密度,无量纲;

γ_f——试件的毛体积相对密度,无量纲;

m_a——干燥试件在空气中的质量(g);

m_w——试件在水中的质量(g);

ρ_w——常温水的视密度(g/cm³);

m_f——试件的表干质量(g)。

4. 理论最大相对密度(γ_t)

理论最大相对密度是压实沥青混合料试件全部为矿料(包括矿料自身内部的孔隙)及沥青所占有时(空隙率为零)的最大相对密度(g/cm³),它代表沥青混合料的最密实状态,是计算混合料的孔隙率等体积参数的必备参数。

对非改性的普通沥青混合料,在成型马歇尔试件的同时,采用真空法实测各组沥青混合料的最大理论相对密度 γ_t。

对改性沥青混合料或SMA混合料,由于难以实测得到"零空隙"时的最大理论相对密度,可用计算法求取混合料的最大理论密度。

$$\gamma_t = \frac{100 + P_a}{\dfrac{100}{\gamma_{se}} + \dfrac{P_a}{\gamma_b}} \tag{5-18}$$

$$\gamma_t = \frac{100}{\dfrac{P_s}{\gamma_{se}} + \dfrac{P_b}{\gamma_b}}$$ (5-19)

式中 γ_t——相对于计算沥青含量 P_b 时沥青混合料的最大理论相对密度,无量纲;

P_a——所计算的沥青混合料中的油石比(%);

P_b——所计算的沥青混合料的沥青含量, $P_b = P_a/(1+P_a)$ (%);

P_s——所计算的沥青混合料的矿料含量, $P_s = 100 - P_b$ (%);

γ_b——沥青的相对密度(25℃/25℃),无量纲;

γ_{se}——矿料的有效相对密度,按下式计算:

$$\gamma_{se} = C\gamma_{sa} + (1-C)\gamma_{sb}$$ (5-20)

$$C = 0.033w_x{}^2 - 0.2936w_x + 0.9339$$ (5-21)

$$w_x = \left(\frac{1}{\gamma_{sb}} - \frac{1}{\gamma_{sa}}\right) \times 100$$ (5-22)

$$\gamma_{sb} = \frac{100}{\dfrac{P_1}{\gamma_1} + \dfrac{P_2}{\gamma_2} + \cdots + \dfrac{P_n}{\gamma_n}}$$ (5-23)

$$\gamma_{sa} = \frac{100}{\dfrac{P_1}{\gamma_1'} + \dfrac{P_2}{\gamma_2'} + \cdots + \dfrac{P_n}{\gamma_n'}}$$ (5-24)

式中 γ_{se}——合成矿料的有效相对密度;

C——合成矿料的沥青吸收系数,可按矿料的合成吸水率从式(5-21)求取;

w_x——合成矿料的吸水率,按式(5-22)求取(%);

γ_{sb}——矿料的合成毛体积相对密度,按式(5-23)求取,无量纲;

γ_{sa}——矿料的合成表观相对密度,按式(5-24)求取,无量纲;

P_1、P_2、$\cdots$、P_n——各种矿料成分的配比,其和为100;

γ_1、γ_2、$\cdots$、γ_n——各种矿料相应的毛体积相对密度,粗集料按《公路工程集料试验规程》(JTG E42 T0304)网篮法测定,细集料应按 T0328 坍落筒法测定表观相对密度。试样应进行水洗去除 0.075 mm 筛下颗粒;填料(含消石灰、水泥)应按 T0352 比重瓶法测定表观相对密度,其中消石灰、水泥等亲水性填料应采用重馏煤油作为浸没液体。

γ_1'、γ_2'、$\cdots$、γ_n'——各种矿料按试验规程方法测定的表观相对密度。

5. 试件空隙率(VV)

试件空隙率是压实沥青混合料内矿料及沥青以外的空隙(不包括矿料自身内部的孔隙)的体积占试件总体积的百分率(%):

$$VV = \left(1 - \frac{\gamma_f}{\gamma_t}\right) \times 100$$ (5-25)

6. 矿料间隙率 VMA

压实沥青混合料的矿料间隙率 VMA 即达到规定压实状态的沥青混合料中,试件全部矿料部分以外的体积占试件总体积的百分率(%):

$$VMA = \left(1 - \frac{\gamma_f}{\gamma_{sb}} \cdot \frac{P_s}{100}\right) \times 100$$ (5-26)

式中 P_s——各种矿料占沥青混合料总质量的百分率之和,即 $P_s = 100 - P_b$ (%)。

7. 有效沥青饱和度 VFA

压实沥青混合料的有效沥青饱和度 VFA 即达到规定压实状态的沥青混合料中,试件矿料间隙中扣除被集料吸收的沥青以外的有效沥青结合料部分的体积在 VMA 中所占的百分率(%):

$$VFA = \frac{VMA - VV}{VMA} \times 100 \tag{5-27}$$

8. 有效沥青用量(P_{be})

沥青结合料被集料吸收的部分对沥青混合料各项性能几乎没有贡献,在配合比设计过程中需要考虑有效沥青含量,即总的沥青用量中扣除了被集料吸收的沥青数量后剩余的沥青用量。有效沥青用量可用于估算粉胶比和沥青膜的厚度。

$$P_{ba} = \frac{\gamma_{se} - \gamma_{sb}}{\gamma_{se} \times \gamma_{sb}} \times \gamma_b \times 100 \tag{5-28}$$

$$P_{be} = P_b - \frac{P_{ba}}{100} \times P_s \tag{5-29}$$

$$V_{be} = \frac{\gamma_f \times P_{be}}{\gamma_b} \tag{5-30}$$

式中 P_{ba}——沥青混合料中被矿料吸收的沥青结合料比例(%);

P_{be}——沥青混合料中的有效沥青用量(%);

V_{be}——沥青混合料试件的有效沥青体积百分率(%)。

对改性沥青及 SMA 等难以分散的混合料,合成矿料的有效相对密度宜直接由矿料的合成毛体积相对密度与合成表观相对密度按式(5-20)计算确定。对非改性沥青混合料,宜采用真空法实测沥青混合料的理论最大相对密度,然后由式(5-31)计算合成矿料的有效相对密度 γ_{se}。

$$\gamma_{se} = \frac{100 - P_b}{\dfrac{100}{\gamma_t} - \dfrac{P_b}{\gamma_b}} \tag{5-31}$$

9. 粉胶比(FB)

沥青混合料粉胶比 FB 即沥青混合料的矿料中 0.075 mm 通过率与有效沥青用量的比值,无量纲。粉胶比宜在 0.6~1.6 范围内。对常用的公称最大粒径为 13.2~19 mm 的密级配沥青混合料,粉胶比宜控制在 0.8~1.2 范围内。

$$FB = \frac{P_{0.075}}{P_{be}} \tag{5-32}$$

式中:$P_{0.075}$——矿料级配中 0.075 mm 的通过百分率(水洗法)(%)。

三、沥青混合料的技术标准

我国《公路沥青路面施工技术规范》(JTG F40)对密级配沥青混凝土混合料马歇尔试验的技术标准见表 5-11。该标准按交通性质分为重交通及以上交通、中交通、轻交通和行人道路。

154

对马歇尔试验指标,包括击实次数、稳定度、流值、空隙率、沥青饱和度和矿料间隙率。

表 5-11　AC 沥青混合料马歇尔法配合比设计技术要求

项　目		单位	技术要求						试验方法
			重交通及以上交通		中交通①		轻交通	人行道	
			夏炎热区(1-1、1-2、1-3、1-4区)	夏热区及夏凉区(2-1、2-2、2-3、2-4、3-2区)	夏炎热区(1-1、1-2、1-3、1-4区)	夏热区及夏凉区(2-1、2-2、2-3、2-4、3-2区)			
击实次数(双面)		次	75				50	50	T0702
试件尺寸		mm	$\phi101.6\times63.5$						
空隙率 VV	深约 90 mm 以内	%	4～6	3～5	3～5	3～4	3～4	2～4	T0705
	深约 90 mm 以下	%	3～6		3～6	3～5	3～4	—	
稳定度 MS 不小于		kN	8				5	3	T0709
流值 FL②		mm	1.5～4	2～4	2～4	2～4	2～4.5	2～5	
矿料间隙率 VMA③ (%) 不小于	设计空隙率(%)	相应于以下公称最大粒径(mm)的最小 VMA 及 VFA 技术要求(%)							T0705
		26.5	19	16	13.2	9.5	4.75		
	2	10	11	11.5	12	13	15		
	3	11	12	12.5	13	14	16		
	4	12	13	14.5	14	15	17		
	5	13	14	14.5	15	16	18		
	6	14	15	15.5	16	17	19		
沥青饱和度 VFA(%)		55～70	65～75			70～85			T0705

注:① 长大坡路段可按重交通设计。
② 对改性沥青混合料,马歇尔试验的流值可适当放宽。
③ 当设计的空隙率不是整数时,由内插确定要求的 VMA 最小值。配合比设计时 VMA 指标不宜超出标准 2%。

当采用旋转压实法进行配合比设计时,密级配沥青混合料技术要求应符合表 5-12 和表 5-13的规定,并有良好的施工性能。

表 5-12　AC、ATB 沥青混合料旋转压实次数

交通等级	旋转压实试验压实次数/次		
	$N_{initial}$	N_{design}	N_{max}
特重及极重交通	9	125	205
重交通	8	100	160
中等交通	8	100	160
轻交通	7	75	115
人行道	6	50	75

注:经建设单位许可,对于下面层或基层,也可以采用低一个交通等级对应的压实次数。

表 5-13 AC 沥青混合料旋转压实法配合比设计技术要求

交通等级	空隙率 VV/%			矿料间隙率 VMA[③]/%						沥青饱和度 VFA[④]/%	粉胶比[⑤]
	$N_{initial}$[①]	N_{design}[①]	N_{max}[①]	公称最大粒径/mm							
				26.5	19	16	13.2	9.5	4.75		
特重、极重交通	≥11	4.0	≥2.0	≥12.0	≥13.0	≥13.5	≥14.0	≥15.0	≥16.0	65~73	0.6~1.5
重交通	≥11	4.0	≥2.0							65~78	0.6~1.5
中交通	≥11	4.0	≥2.0							65~78	0.6~1.5
轻交通	≥9.5	4.0	≥2.0							65~75	0.6~1.5
人行道	≥8.5	4.0[2]	≥2.0							70~80	0.6~1.5

注:① 对应的压实次数 $N_{initial}$、N_{design} 和 N_{max},根据交通荷载等级按表 5-12 确定。
② 对公称最大粒径 4.75 mm 的混合料,N_{design} 对应的空隙率为 4%~6%。
③ 当 VMA 指标超出标准 2% 时,需要进行论证。
④ 对于公称最大粒径 26.5 mm 的混合料 VFA 为 62%~73%;对于公称最大粒径 4.75 mm 的混合料,VFA 为 70%~80%;对于公称最大粒径 9.5 mm 的混合料,VFA 中交通及以上交通时为 73%~76%,其他交通时为 75%~80%。
⑤ 公称最大粒径 4.75 mm 的混合料粉胶比,轻交通时为 0.6~2.0,其他交通时为 1.5~2.0。公称最大粒径 9.5 mm 的混合料粉胶比为 0.6~1.6。
⑥ 夏炎热区(1-1、1-2、1-3、1-4 区),或长大纵坡路段,可提高一个交通荷载等级。

对用于中等交通及以上交通的沥青混合料,在进行配合比设计时还必须进行各种使用性能的检验,包括高温抗车辙性能、水稳定性、抗裂性能、渗水性能等。对于轻交通可参照此要求执行。

高温抗车辙性能以车辙试验动稳定度指标表征,见表 5-14。

表 5-14 沥青混合料车辙试验技术要求

气候条件与技术指标	相应于下列气候分区所要求的动稳定度/(次·mm⁻¹),不小于									试验方法
最热月平均最高气温/℃ 及气候分区	>30				20~30				<20	
	1. 夏炎热区				2. 夏热区				3. 夏凉区	
	1-1	1-2	1-3	1-4	2-1	2-2	2-3	2-4	3-2	
普通沥青混合料	800		1 000		600		800		600	
50 号沥青混合料	1 800		1 800		1 500		1 500		1 500	
35 号沥青混合料	2 800		2 800		2 500		2 500		2 500	
聚合物改性沥青混合料	2 800		3 200		2 000		2 400		1 800	
普通沥青 SMA	1 500									T0719
改性沥青 SMA	3 000									
SMA$_{AR}$	4 000									
HFM	4 500									
PA	5 000									
PA$_{AR}$	4 000									
高弹改性 UBWC	5 000									

气候条件与技术指标	相应于下列气候分区所要求的动稳定度/(次/·mm)$^{-1}$，不小于									试验方法
最热月平均最高气温(℃)及气候分区	>30				20～30				<20	
	1. 夏炎热区				2. 夏热区				3. 夏凉区	
	1-1	1-2	1-3	1-4	2-1	2-2	2-3	2-4	3-2	
聚合物改性 UBWC	2 000									T0719
ARHM	4 000									
AC$_{RCI}$	1 200									

注：① 对特殊情况，如特重、极重交通，重载交通的长大纵坡路段和钢桥面铺装等，可适当提高动稳定度的技术要求；或者保持技术要求不变，适当增加车辙试验时轮胎压力。
② 对于炎热地区，可以根据工程所处的气候条件提高车辙的试验温度。
③ 车辙试验不得采用二次加热的混合料试件，也不宜在拌和楼或现场取样制作的试件。
④ 对公称最大粒径不小于 26.5 mm 的混合料进行车辙试验时，应按照《公路工程沥青及沥青混合料试验规程》中的方法选择适宜的试件尺寸进行试验。

沥青混合料的水稳定性是通过浸水马歇尔试验和冻融劈裂试验来检验的，要求两项指标同时符合表 5-15 中的两个要求。

表 5-15　沥青混合料水稳定性检验技术要求

气候条件与技术指标	相应于下列气候分区的技术要求/%				试验方法
年降雨量(mm)及气候分区	>1 000	500～1 000	250～500	<250	
	1. 潮湿区	2. 湿润区	3. 半干区	4. 干旱区	
浸水马歇尔试验的残留稳定度比/%，不小于					
普通沥青混合料	80		75		T0709
50 号沥青混合料	80		75		
35 号沥青混合料	80		75		
聚合物改性沥青混合料	85		80		
普通沥青 SMA	75		75		
改性沥青 SMA、SMA$_{AR}$	80		80		
HFM	85		85		
PA(PA$_{AR}$)	85		85		
UBWC	85		85		
ARHM	85		80		
AC$_{RCI}$	85		80		
冻融劈裂试验的残留强度比/%，不小于					
普通沥青混合料	75		70		T0729
50 号沥青混合料	75		70		
35 号沥青混合料	75		70		
聚合物改性沥青混合料	80		75		
普通沥青 SMA	75		75		

气候条件与技术指标	相应于下列气候分区的技术要求/%				试验方法
年降雨量(mm)及气候分区	>1 000	500~1 000	250~500	<250	
	1. 潮湿区	2. 湿润区	3. 半干区	4. 干旱区	
改性沥青 SMA、SMA$_{AR}$	80		80		T0729
HFM	80		80		
PA(PA$_{AR}$)	80		80		
UBWC	80		80		
ARHM	80		80		
AC$_{RCI}$	80		80		

注：① 混合料成型方法应与配合比设计时成型方法和成型试件尺寸一致。
② 当采用旋转压实法进行配合比设计时，不检验浸水马歇尔残留稳定度比。

密级配沥青混合料的低温性能，是通过在温度-10℃、加载速率 50 mm/min 的条件下进行的弯曲试验，测定其破坏强度、破坏应变、破坏劲度模量，并根据应力应变曲线的形状，来综合评价。其中沥青混合料的破坏应变宜不小于表 5-16 的要求。

表 5-16　沥青混合料低温弯曲试验技术要求

气候条件与技术指标	相应于下列气候分区所要求的破坏应变($\mu\epsilon$),不小于									试验方法
极端最低气温(℃)及气候分区	<-37.0		-21.5~-37.0			-9.0~-21.5		>-9.0		
	1. 冬严寒区		2. 冬寒区			3. 冬冷区		4. 冬温区		
	1-1	2-1	1-2	2-2	3-2	1-3	2-3	1-4	2-4	
普通沥青混合料	2 600		2 300			2 000				T0715
50 号沥青混合料	2 600		2 300			2 000				
35 号沥青混合料	2 600		2 300			2 000				
聚合物改性沥青混合料	3 000		2 800			2 500				
SMA、SMA$_{AR}$	3 000		2 800			2 500				
HFM	2 600		2 300			2 000				
PA(PA$_{AR}$)	2 800		2 800			2 500				
ARHM	3 000		3 000			3 000				
GA	3 000		3 000			2 500				

渗水性能检测是利用轮碾机成型的车辙试验试件，脱模架起进行的，要求符合表 5-17 的要求。

表 5-17　沥青混合料试件渗水试验技术要求

级配类型	渗水系数/(mL·min^{-1})	试验方法
密级配沥青混合料,不大于	100	T0730
SMA,不大于	60	
ATB,不大于	180	
ARHM,不大于	120	

续表 5-17

级配类型	渗水系数/(mL·min⁻¹)	试验方法
HFM,不大于	30	
AC$_{RCI}$	30	
GA	1	
PA(PA$_{AR}$),不小于	5 000	T0730
SBS 聚合物改性 UBWC,不小于	2 000	
高弹改性 UBWC,不小于	3 600	

注:对于 PA 和 UBWC 路面,渗水系数试验应按照 T0730 采用自动式渗水仪,渗水管直径为 20 mm。

表 5-17 中的渗水系数的要求是一个较低的要求,在实际工程中,为减少路面渗水、提高路面的水稳定性,宜根据当地的降雨量和使用经验,适当提高对密级配沥青混合料的渗水性能的要求。

§5-5 沥青混合料的配合比设计

沥青混合料组成设计的内容就是确定粗集料、细集料、矿粉和沥青材料相互配合的最佳组成比例,使之既能满足沥青混合料的技术要求又符合经济性的原则。

沥青混合料配合比设计包括试验室配合比设计、生产配合比设计和试拌试铺配合比调整三个阶段。

一、试验室配合比设计

试验室配合比设计又称目标配合比设计,可分为矿质混合料组成设计和沥青用量确定两部分。它是沥青混合料配合比设计的重点。

1. 矿质混合料的级配组成设计

矿质混合料级配组成设计的目的是选配一个具有足够密实度并且具有较大内摩阻力的矿质混合料,并根据级配理论,计算出需要的矿质混合料的级配范围。为了应用已有的研究成果和实践经验,通常是采用推荐的矿质混合料级配范围来确定。

表 5-18 给出了我国《公路沥青路面施工技术规范》(JTG F40)中的密级配沥青混合料的级配范围。这些级配范围适用于全国,适用于不同道路等级、不同气候条件、不同交通条件、不同层次等情况,所以这个范围必然只能规定得很宽。尤其是沥青面层,在同一个级配范围中可以配制出不同空隙率的混合料,以满足各种需要。这样,可以给设计单位和工程建设单位有充分选择级配的自由。

表 5-18　AC 沥青混凝土混合料矿料级配范围

级配类型		通过下列筛孔(mm)的质量百分率/%												
		31.5	26.5	19	16	13.2	9.5	4.75	2.36	1.18	0.6	0.3	0.15	0.075
粗粒式	AC-25	100	90~100	75~90	65~83	57~76	45~65	24~52	16~42	12~33	8~24	5~17	4~13	3~7
中粒式	AC-20		100	90~100	78~92	62~80	50~72	26~56	16~44	12~33	8~24	5~17	4~13	3~7
	AC-16			100	90~100	76~92	60~80	34~62	20~48	13~36	9~26	7~18	5~14	4~8

续表 5-18

级配类型		通过下列筛孔(mm)的质量百分率/%											
		31.5	26.5	19	16	13.2	9.5	4.75	2.36	1.18	0.6	0.3	0.15	0.075
细粒式	AC-13				100	90～100	68～85	38～68	24～50	15～38	10～28	7～20	5～15	4～8
	AC-10					100	90～100	45～75	30～58	20～44	13～32	9～23	6～16	4～8
	AC$_{RCI}$-10					100	91～99	33～37	25～29	19～23	15～19	11～15	8～12	6～10
砂粒式	AC-5						100	90～100	55～75	35～55	20～40	12～28	7～18	5～10
	AC$_{RCI}$-10						100	91～99	63～67	43～47	29～33	19～23	13～17	8～12

注:AC$_{RCI}$为富沥青改性混合料,采用聚合物改性沥青,用于沥青面层与无机结合料稳定层、水泥混凝土板等之间的抗反射裂缝的疲劳层。

在沥青路面的设计过程中,对于表中不同粒径混合料的选取,应根据沥青路面的层位和厚度的不同进行选择。通常要求沥青面层集料的最大粒径宜从上至下逐渐增大,并应与压实层厚度相匹配。对热拌热铺密级配沥青混合料,沥青层一层的压实厚度不宜小于集料公称最大粒径的 2.5～3 倍,以减少离析,便于压实。

由于我国规范中所规定的级配范围是一个适用于全国各地的较宽的级配范围,因而其对具体工程的针对性较弱,因此在具体工程的设计过程中,应在规范规定级配范围内选择出一个适用于本工程的级配范围,此级配范围就定义为工程设计级配范围。这是设计单位在对条件基本相同的工程建设调查研究的基础上,针对具体所设计的工程,符合工程的气候条件、交通条件、公路等级、所处的层位提出的。

工程设计级配范围的选择,首先是确定采用粗型(C 型)或细型(F 型)的混合料。对夏季温度高、高温持续时间长、重载交通多的路段,宜选用粗型密级配沥青混合料(AC-C 型),并取较高的设计空隙率。对冬季温度低、且低温持续时间长的地区,或者重载交通较少的路段,宜选用细型密级配沥青混合料(AC-F 型),并取较低的设计空隙率。

为确保高温抗车辙能力,同时兼顾低温抗裂性能的需要,配合比设计时宜适当减少公称最大粒径附近的粗集料用量,减少 0.6 mm 以下部分细粉的用量,控制矿粉比例,使中等粒径(如 5～10 mm、10～15 mm)集料较多,形成 S 型级配曲线,并取中等或偏高水平的设计空隙率。这种 S 型级配的沥青混合料属于嵌挤密实型级配,具有适宜的空隙率,渗水性小,有较好的高温稳定性,表面还具有较大的构造深度,具有较好的使用性能。但必须注意的是,这种 S 型混合料特别需要加强压实,提高压实度,才能取得良好的效果。

为了便于工程控制,使施工现场的混合料性能尽可能的接近室内设计结果,应根据公路等级和施工设备的控制水平,规定工程设计级配的范围,其范围应比规范规定级配范围窄,特别是其中 4.75 mm 和 2.36 mm 通过率的上下限差值宜小于 12%,而规范规定级配范围中的 4.75 mm 和 2.36 mm 通过率的上下限差值通常在 30%左右,通过严格控制级配范围有助于减少混合料性能的波动。

对于工程设计级配范围,虽然其级配区间已明显小于规范规定级配范围,但在其有限的级配区间范围内,不同的级配曲线其性能仍会有较大的不同,因此在对混合料进行设计时,对高速公路和一级公路,宜在工程设计级配范围内选择 1～3 组粗细不同的级配,绘制设计级配曲线。通过对不同试验设计级配曲线的性能的评价,最终确定一条可用于实体工程的设计目标级配曲线。在选择试验设计级配曲线时,宜使设计级配曲线分别位于工程设计级配范围的上方、中值及下方。设计合成级配不得有太多的锯齿形交错,且在 0.3～0.6 mm 范围内不出现

"驼峰"。当反复调整不能满意时,宜更换材料设计。

根据当地的实践经验选择适宜的沥青用量,分别制作几组级配的马歇尔试件,测定VMA,初选一组满足或接近设计要求的级配作为设计级配。

由实验室内确定的是设计目标级配,通常是一条级配曲线,在实际施工过程中,由于原材料的变化、施工设计的控制精度及施工工艺的限制,实际铺筑到路面上的沥青混合料的级配不可能严格遵从设计级配曲线,而是存在一定的波动。只要级配的波动幅度能控制在一定的范围之内,通常不会明显影响路面质量。

我国《公路沥青路面施工技术规范》(JTG F40)中,对热拌沥青混合料的级配检验标准如表 5-19、表 5-20 所示。

表 5-19　热拌沥青混合料的频度和质量要求

矿料级配（筛孔）	检查频度及单点检验评价方法	质量要求或允许偏差		试验方法
		高速公路、一级公路	其他等级公路	
0.075 mm	逐盘在线检测	±2%（2%）	—	计算机采集数据计算
≤2.36mm		±5%（4%）	—	
≥4.75mm		±6%（5%）	—	
0.075 mm	逐盘检查,每天汇总1次,取平均值评定	±1%	—	总量检验
≤2.36mm		±2%	—	
≥4.75mm		±2%	—	
0.075 mm	取样频率宜按照混合料类型确定,并进行动态调整①	±2%（2%）	±2%	T0725 抽提筛分与标准级配比较的差
≤2.36mm		±5%（3%）	±6%	
≥4.75mm		±6%（4%）	±7%	

注:① 在沥青混合料生产初始阶段可根据表 5-20 中 B 水平确定取样频率;施工过程中根据连续 8 次取样测定结果动态调整取样频率水平:当连续 8 次无不合格情况时,取样频率水平可调整为 A 级;如果出现1~2 次不合格则为 B 级;若出现不少于 3 次的不合格情况则为 C 级。

表 5-20　热拌(温拌)沥青混合料取样频率

混合料类型	不同水平的取样频率		
	A	B	C
AC、HFM	1 次/2 400 t	1 次/1 200 t	1 次/750 t
SMA、PA、MA、UBWC	1 次/1 600 t	1 次/800 t	1 次/500 t
封层	1 次/12 000 m²	1 次/6 000 m²	1 次/4 000 m²

2. 确定混合料的最佳沥青用量

沥青混合料的最佳沥青用量,可以通过各种理论计算方法求出。但是由于实际材料性质的差异,按理论公式计算得到的最佳沥青用量仍然要通过试验方法修正,因此理论法只能得到一个供实验的参考数据。我国现行沥青混合料设计方法主要采用马歇尔法或旋转压实试验方法确定沥青最佳用量。

（1）马歇尔法

我国规定的方法(参考《公路沥青路面施工技术规范》JTG F40)是在马歇尔法和美国沥青学会方法的基础上,结合我国多年研究成果和生产实践总结发展起来的更为完善的方法。该法确定沥青最佳用量时按下列步骤进行：

步骤一：制备试样

a. 按确定的矿质混合料配合比，计算各种矿质材料的用量。

b. 根据沥青用量范围的经验，估计适宜的沥青用量（或油石比）。

步骤二：测定物理、力学指标

以估计沥青用量为中值，以 0.5％间隔上下变化沥青用量制备马歇尔试件，试件数不少于5 组，测试其体积参数，然后在规定的试验温度及试验时间内用马歇尔仪测定稳定度和流值。

【马歇尔稳定度试验的测定原理】 马歇尔稳定度试验（参考《公路工程沥青及沥青混合料试验规程》JTG E20 T0709）一般分马歇尔稳定度试验和浸水马歇尔稳定度试验。马歇尔稳定度试验采用马歇尔试验仪进行。试验前先将马歇尔试件放入 $60℃ \pm 1℃$ 的恒温水槽中恒温 $30 \sim 40$ min（大型马歇尔试件需 $45 \sim 60$ min），取出放入试验夹具施加荷载。加载速度为 50 mm/min$\pm$5 mm/min，并用 X-Y 记录仪自动记录传感器压力和试件变形曲线，或采用计算机

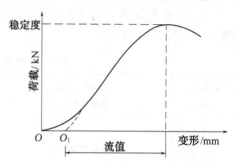

图 5-16 马歇尔试验结果修正方法

自动采集数据。根据传感器压力和试件变形曲线按图 5-16 的方法获得试件破坏时的最大荷载即为马歇尔稳定度(kN)和达到最大荷载的瞬间试件所产生的垂直流动变形即流值(mm)。

步骤三：马歇尔试验结果分析

绘制沥青用量与物理、力学指标关系。以油石比或沥青用量为横坐标，以马歇尔试验的各项指标为纵坐标，将试验结果点入图中，连成圆滑的曲线，如图 5-17。确定均符合规范规定的沥青混合料技术标准（表 5-11）的沥青用量范围 $OAC_{min} \sim OAC_{max}$。选择的沥青用量范围必须涵盖设计空隙率的全部范围，并尽可能涵盖沥青饱和度的要求范围，并使密度及稳定度曲线出现峰值。如果没有涵盖设计空隙率的全部范围，试验必须扩大沥青用量范围重新进行。

注：绘制曲线时含 VMA 指标，且应为下凹型曲线，但确定 $OAC_{min} \sim OAC_{max}$ 时不包括 VMA。

在曲线上求取相应于密度最大值、稳定度最大值、目标空隙率（或中值）、沥青饱和度范围的中值的沥青用量 a_1、a_2、a_3、a_4。按下式取平均值作为 OAC_1。

$$OAC_1 = (a_1 + a_2 + a_3 + a_4)/4 \tag{5-33}$$

如果在所选择的沥青用量范围未能涵盖沥青饱和度的要求范围，按下式求取三者的平均值作为 OAC_1。

$$OAC_1 = (a_1 + a_2 + a_3)/3 \tag{5-34}$$

对所选择试验的沥青用量范围、密度或稳定度没有出现峰值（最大值经常在曲线的两端）时，可直接以目标空隙率所对应的沥青用量 a_3 作为 OAC_1，但 OAC_1 必须介于 $OAC_{min} \sim OAC_{max}$ 的范围内，否则应重新进行配合比设计。

以各项指标均符合技术标准（不含 VMA）的沥青用量范围 $OAC_{min} \sim OAC_{max}$ 的中值作

为 OAC_2。

$$OAC_2 = (OAC_{min} + OAC_{max})/2 \qquad (5-35)$$

通常情况下取 OAC_1 及 OAC_2 的中值作为计算的最佳沥青用量 OAC。

$$OAC = (OAC_1 + OAC_2)/2 \qquad (5-36)$$

按上述公式计算的最佳油石比 OAC,从图 5-17 中得出所对应的空隙率和 VMA 值,检验是否能满足最小 VMA 值的要求。OAC 宜位于 VMA 凹形曲线最小值的贫油一侧。当空隙率不是整数时,最小 VMA 按内插法确定,并将其画入图 5-17 中。检查相应于此 OAC 的各项指标是否均符合马歇尔试验技术标准。

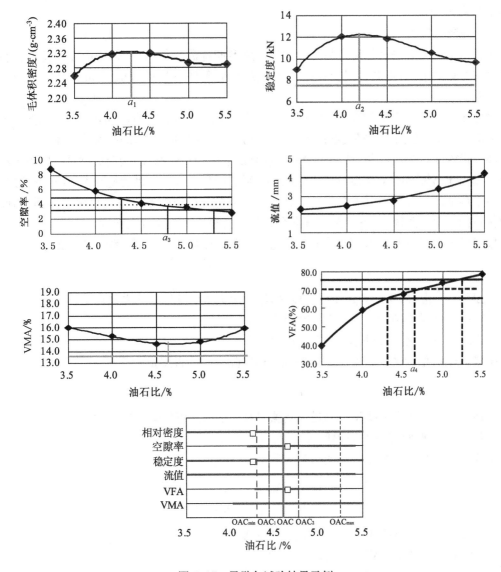

图 5-17 马歇尔试验结果示例

根据实践经验和公路等级、气候条件、交通情况,调整确定最佳沥青用量 OAC。调查当地各项条件相接近的工程的沥青用量及使用效果,论证适宜的最佳沥青用量。检查计算得

163

到的最佳沥青用量是否相近,如相差甚远,应查明原因,必要时重新调整级配,进行配合比设计。对炎热地区公路以及高速公路、一级公路的重载交通路段,山区公路的长大坡度路段,预计有可能产生较大车辙时,宜在空隙率符合要求的范围内将计算的最佳沥青用量减小0.1%~0.5%作为设计沥青用量。此时,除空隙率外的其他指标可能会超出马歇尔试验配合比设计技术标准,配合比设计报告或设计文件必须予以说明。但配合比设计报告必须要求采用重型轮胎压路机和振动压路机组合等方式加强碾压,以使施工后路面的空隙率达到未调整前的原最佳沥青用量时的水平,且渗水系数符合要求。如果试验段试拌试铺达不到此要求时,宜调整所减小的沥青用量的幅度。对寒区公路、旅游公路、交通量很少的公路,最佳沥青用量可以在OAC的基础上增加0.1%~0.3%,以适当减小设计空隙率,但不得降低压实度要求。

(2)旋转压实法

旋转压实试验方法进行混合料配合比设计成型沥青混合料试件时,均应在沥青混合料拌和之后进行短期老化,将沥青混合料在成型温度±5℃条件下放置2 h±5 min,然后进行旋转压实试验。

试配3个或3个以上的级配,同时根据当地的实践经验选择适宜的沥青用量。按照交通荷载等级按表5-13确定旋转压实次数 N_{design}。旋转压实法成型各级配试件,每个级配可制作2~3个试件。旋转压实成型试件过程中记录每个旋转次数时的试件高度,测定成型试件的毛体积相对密度,确定理论最大相对密度,计算空隙率 V_a、矿料间隙率 VMA、沥青饱和度 VFA 等参数。

由于预估的油石比不可能使得每个级配的沥青混合料空隙率正好是目标空隙率,因此需要预估目标空隙率条件下,各级配沥青混合料的矿料间隙率和沥青饱和度。

按式(5-37)计算每个级配混合料在 N_{design} 时的空隙率与目标空隙率的之差 ΔV_a:

$$\Delta V_a = V_{design} - V_a \tag{5-37}$$

式中 ΔV_a—— 混合料在 N_{design} 时的空隙率与设计 4.0% 空隙率的之差;

V_a—— 混合料在 N_{design} 时的空隙率(%);

V_{design}—— 混合料目标空隙率,一般为 4%。

按式(5-38)估计需要将空隙率调整到目标空隙率时沥青用量:

$$P_{b\,design} = P_b - 0.4\Delta V_a \tag{5-38}$$

式中 $P_{b\,design}$—— 将空隙率调整到目标空隙率时预估的沥青用量(%);

P_b—— 试验时选择的沥青用量(%)。

按式(5-39)预估目标空隙率时 VMA 值:

$$V_a \geqslant 4.0: VMA_{design} = 0.2\Delta V_a + VMA$$
$$V_a < 4.0: VMA_{design} = 0.1\Delta V_a + VMA \tag{5-39}$$

式中 VMA_{design}—— 预估目标空隙率时的 VMA(%);

VMA—— 实测的 VMA(%)。

按式(5-40)计算预估目标空隙率时 $N_{initial}$ 相应的混合料空隙率:

$$V_{a,\,initial} = 100 - \frac{\gamma_f h}{\gamma_\tau h_{initial}} \times 100 + \Delta V_a \tag{5-40}$$

式中 $V_{a, initial}$——预估目标空隙率时 $N_{initial}$ 相应的混合料空隙率(%);

$h_{initial}$——压实到 $N_{initial}$ 次时试件高度(仪器显示试件的高度)(mm);

h— 压实到 N_{design} 次时试件高度(仪器显示试件的高度)(mm);

γ_f——试件的毛体积相对密度;

γ_τ——沥青混合料的理论最大相对密度。

根据预估的 $V_{a, initial}$ 和 VMA_{design} 指标,与旋转压实法设计沥青混合料要求的体积指标进行比较,选择满足体积指标最好的一个级配作为设计级配。

按 $P_{b\ design}$、$P_{b\ design} \pm 0.5\%$、$P_{b\ design} \pm 1.0\%$(对密级配沥青碎石混合料沥青用量间隔可缩小为 $0.3\% \sim 0.4\%$)油石比和确定的设计级配,采用旋转压实仪分别成型一组试件。

旋转压实成型试件过程中记录每个旋转次数时的试件高度,测定成型试件的毛体积相对密度,确定理论最大相对密度,计算 N_{design} 时试件的空隙率 V_a、矿料间隙率 VMA、沥青饱和度 VFA 等参数,并按式(5-41)计算 $N_{initial}$ 相应的混合料空隙率:

$$V_{a, initial} = 100 - \frac{\gamma_f h}{\gamma_\tau h_{initial}} \times 100 \qquad (5-41)$$

式中 $V_{a, initial}$——$N_{initial}$ 相应的混合料空隙率(%)。

以沥青用量为横坐标,以各项体积指标为纵坐标,将试验结果绘图,并绘制出光滑的回归趋势线。用图解法或数学内插法确定 N_{design} 的空隙率为目标空隙率相应沥青用量,即为设计沥青用量。

用图解法或数学内插法确定设计沥青用量条件下 N_{design} 相应的 VMA 和 VFA,以及 $N_{initial}$ 相应的空隙率,应满足旋转压实法设计沥青混合料相应的体积指标要求。

以设计沥青用量和设计级配,采用旋转压实仪成型一组 $2 \sim 3$ 个试件,旋转压实次数调整为 N_{max}。成型试件后测定毛体积相对密度,计算 N_{max} 相应试件的空隙率 V_a 等参数,其空隙率应满足旋转压实法设计沥青混合料相应的体积指标要求。出现体积指标无法满足要求时,需要调整级配重新进行目标配合比设计。

3. 配合比设计检验

按计算确定的最佳沥青用量在标准条件下,进行各种使用性能的检验,包括高温稳定性、水稳定性、低温抗裂性和渗水系数检验。不符合要求的沥青混合料,必须更新材料或重新进行配合比设计。

二、生产配合比设计

在目标配合比确定之后,应利用实际施工的拌和机进行试拌以确定施工配合比。在试验前,应首先根据级配类型选择振动筛筛号,使几个热料仓的材料不致相差太多,最大筛孔应保证使超粒径料排出,各级粒径筛孔通过量符合设计范围要求。试验时,按试验室配合比设计的冷料比例上料、烘干、筛分,然后取样筛分,与试验室配合比设计一样进行矿料级配计算,得出不同料仓及矿料用量比例,接着按此比例进行马歇尔(或旋转压实)试验。规范规定试验油石比可取试验室配合比得出的最佳油石比及其 $\pm 0.3\%$ 三档试验,从而得出最佳油石比,供试拌试铺使用。

三、生产配合比验证阶段

此阶段即试拌试铺阶段。施工单位进行试拌试铺时,应报告监理部门和工程指挥部会同设计、监理、施工人员一起进行鉴别。用拌和机按照生产配合比结果进行试拌,首先在场人员对混合料级配及油石比发表意见,如有不同意见,应适当调整再进行观察,力求意见一致。然后用此混合料在试验段上试铺,进一步观察摊铺、碾压过程和成型混合料的表面状况,判断混合料的级配和油石比。如不满意应适当调整,重新试拌试铺,直至满意为止。另一方面,试验室密切配合现场指挥在拌和厂或摊铺机上采集沥青混合料试样,进行马歇尔(或旋转压实)试验,检验是否符合标准要求。同时还应进行车辙试验及浸水马歇尔试验,进行高温稳定性及水稳定性验证。在试铺试验时,试验室还应在现场取样进行抽提试验,再次检验实际级配和油石比是否合格。同时按照规范规定的试验段铺设要求,进行各种试验。当全部满足要求时,便可进入正常生产阶段。

§5-6 沥青混合料的施工要求

沥青路面的施工是整个公路建设的重要环节,也是沥青混合料最终成型并形成强度的关键步骤,良好的沥青混合料性能和科学的施工工艺相配合,才能使沥青路面具有优良的使用性能。热拌沥青混合料路面的施工,主要包括拌和、摊铺、碾压等几道工序。

铺筑沥青层前,应检查基层或下卧沥青层的质量,不符合要求的不得铺筑沥青面层。旧沥青路面或下卧层已被污染时,必须清洗或经铣刨处理后方可铺筑沥青混合料。

一、混合料的拌制

为确保沥青混合料的性能,沥青混合料必须在沥青拌和厂(场、站)采用拌和机械拌制。拌和厂应具有完备的排水设施,各种集料必须分隔贮存,细集料应设防雨顶棚,料场及场内道路应作硬化处理,严禁泥土污染集料。

沥青混合料可采用间歇式拌和机或连续式拌和机拌制。高速公路和一级公路宜采用间歇式拌和机拌和。由于连续式拌和机缺少二次筛分过程,因此对原材料级配的依赖性更强,所以连续式拌和机使用的集料必须稳定不变,一个工程从多处进料、料源或质量不稳定时,不得采用连续式拌和机。

高速公路和一级公路施工用的间歇式拌和机必须配备计算机设备,拌和过程中逐盘采集并打印各个传感器测定的材料用量和沥青混合料拌和量、拌和温度等各种参数,每个台班结束时打印出一个台班的统计量,进行沥青混合料生产质量及铺筑厚度的总量检验,总量检验的数据有异常波动时,应立即停止生产,分析原因。

石油沥青加工及沥青混合料施工温度应根据沥青标号及黏度、气候条件、铺装层的厚度确定。普通沥青结合料的施工温度宜通过在135℃及175℃条件下测定的黏度-温度曲线按表5-21确定。缺乏黏度-温度曲线数据时,可参照表5-22的范围选择,并根据实际情况确定使用高值或低值。当表中温度不符合实际情况时,容许作适当调整。烘干集料的残余含水量不得大于1%。每天开始几盘集料应提高加热温度,并干拌几锅集料废弃,再正式加沥青拌和混合料。

表 5-21 确定沥青混合料拌和及压实温度的适宜黏度

黏度	适宜于拌和的沥青结合料黏度	适宜于压实的沥青结合料黏度	测定方法
表观黏度/(Pa·s)	0.17±0.02	0.28±0.03	T0625

表 5-22　热拌沥青混合料的施工温度(道路石油沥青,℃)

施工工序		道路石油沥青标号							
		15 号	20 号	25 号	35 号	50 号	70 号	90 号	110 号
沥青加热温度		170~180	170~180	165~175	160~170	160~170	155~165	150~160	145~155
矿料加热温度	间隙式拌和机	集料加热温度比沥青温度高 10~20							
	连续式拌和机	矿料加热温度比沥青温度高 5~10							
混合料出厂温度		165~185	165~185	160~180	155~175	150~170	145~165	140~160	135~155
混合料贮存温度		贮料过程中温度降低不超过 10							
混合料废弃温度,高于		200	200	195	195	190	190	185	180
运输到现场温度,不低于		165	165	160	155	150	145	140	135
摊铺温度,不低于	正常施工	165	165	160	145	140	135	130	125
	低温施工	155	155	150	165	160	150	140	135
初压温度,不低于	正常施工	175	175	170	140	135	125	125	120
	低温施工	150	150	145	155	150	145	135	130
终压温度,不低于	钢轮压路机	165	160	160	90	80	70	70	70
	轮胎压路机	95	90	90	95	85	80	75	70
开放交通温度,不高于		50	50	50	50	50	50	50	45

注:① 沥青混合料的施工温度宜采用有金属插杆的插入式数显温度计测量。表面温度可采用表面接触式温度计测定。当采用红外线温度计测量表面温度时,应进行标定。

　　② 初压温度为混合料内部温度;终压温度为混合料表面温度;开放交通温度为路表温度。

　　聚合物改性沥青混合料的施工温度应根据品种不同,由生产厂家提供,通常宜较普通沥青混合料的施工温度提高 10~20℃。对采用冷态胶乳直接喷入法制作的改性沥青混合料,集料烘干温度应进一步提高。

　　拌和机必须有二级除尘装置,经一级除尘部分可直接回收使用,二级除尘部分可进入回收粉仓使用(或废弃)。对因除尘造成的粉料损失应补充等量的新矿粉。沥青混合料拌和时间根据具体情况经试拌确定,以沥青均匀裹覆集料为度。间歇式拌和机每盘的生产周期不宜少于 45 s(其中干拌时间不少于 5~10 s)。改性沥青和 SMA 混合料的拌和时间应适当延长。沥青混合料出厂时应逐车检测沥青混合料的重量和温度,记录出厂时间,签发运料单。

二、混合料的运输

　　热拌沥青混合料宜采用较大吨位的运料车运输,但不得超载运输,或急刹车、急弯掉头使透层、封层造成损伤。运料车的运力应稍有富余,施工过程中摊铺机前方应有运料车等候。对高速公路、一级公路,宜待等候的运料车多于 5 辆后开始摊铺。运料车每次使用前后必须清扫干净,在车厢板上涂一薄层防止沥青黏结的隔离剂或防黏剂,但不得有余液积聚在车厢底部。从拌和机向运料车上装料时,应多次挪动汽车位置,平衡装料,以减少混合料离析。运料车运输混合料宜用苫布覆盖保温、防雨、防污染。运料车进入摊铺现场时,轮胎上不得沾有泥土等可能污染路面的脏物,否则宜设水池洗净轮胎后进入工程现场。沥青混合料在摊铺地点凭运料单接收,若混合料不符合施工温度要求,或已经结成团块、已遭雨淋的不得铺筑。

摊铺过程中运料车应在摊铺机前 100～300 mm 处停住,空挡等候,由摊铺机推动前进开始缓缓卸料,避免撞击摊铺机。在有条件时,运料车可将混合料卸入转运车经二次拌和后向摊铺机连续均匀地供料。运料车每次卸料必须倒净,尤其是对改性沥青或 SMA 混合料,如有剩余,应及时清除,防止硬结。SMA 及 OGFC 混合料在运输、等候过程中,如发现有沥青结合料沿车厢板滴漏时,应采取措施避免。

三、混合料的摊铺

热拌沥青混合料应采用沥青摊铺机摊铺,在喷洒有黏层油的路面上铺筑改性沥青混合料或 SMA 时,宜使用履带式摊铺机。摊铺机的受料斗应涂刷薄层隔离剂或防黏结剂。铺筑高速公路、一级公路沥青混合料时,一台摊铺机的铺筑宽度不宜超过 6 m(双车道)～7.5 m(3 车道以上),通常宜采用两台或更多台数的摊铺机前后错开 10～20 m 成梯队方式同步摊铺,两幅之间应有 30～60 mm 宽度的搭接,并躲开车道轮迹带,上下层的搭接位置宜错开 200 mm以上。摊铺机开工前应提前 0.5～1 h 预热熨平板不低于 100℃。铺筑过程中应选择熨平板的振捣或夯锤压实装置具有适宜的振动频率和振幅,以提高路面的初始压实度。熨平板加宽连接应仔细调节至摊铺的混合料没有明显的离析痕迹。

摊铺机必须缓慢、均匀、连续不间断地摊铺,不得随意变换速度或中途停顿,以提高平整度,减少混合料的离析。摊铺速度宜控制在 1～4 m/min 的范围内。对改性沥青混合料及 SMA 混合料宜放慢至 1～3 m/min。对弯道、纵坡等特殊路段的摊铺速度可放慢至 1～2m/min。当发现混合料出现明显的离析、波浪、裂缝、拖痕时,应分析原因,予以消除。摊铺机应采用自动找平方式,下面层或基层宜采用钢丝绳引导的高程控制方式,上面层宜采用平衡梁或雪橇式摊铺厚度控制方式,中面层根据情况选用找平方式。直接接触式平衡梁的轮子不得黏附沥青。铺筑改性沥青或 SMA 路面时宜采用非接触式平衡梁。

热拌沥青混合料的最低摊铺温度根据铺筑层厚度、气温、风速及下卧层表面温度决定,且不得低于表 5-23 的要求。每天施工开始阶段宜采用较高温度的混合料。寒冷季节遇大风降温,不能保证迅速压实时不得铺筑沥青混合料。

表 5-23　沥青混合料的最低摊铺温度

下卧层的表面温度/℃	相应于下列不同铺筑层厚度的最低摊铺温度/℃							
	普通沥青混合料			改性沥青混合料或 SMA、PA、UBWC 沥青混合料			ARHM 混合料	
	<50 mm	50～80 mm	>80 mm	<50 mm	50～80 mm	>80 mm	<50 mm	≥50 mm
<5	不允许	不允许	140	不允许	不允许	不允许	不允许	不允许
5～10	不允许	140	135	不允许	不允许	不允许	不允许	不允许
10～15	145	138	132	165	155	150	172	165
15～20	140	135	130	158	150	145	167	160
20～25	138	132	128	153	147	143	160	155
25～30	132	130	126	147	145	141	155	155
>30	130	125	124	145	140	139	155	155

注:铺筑层厚度为路面压实后的厚度;特重及极重交通条件时普通混合料施工条件按改性沥青混合料施工条件控制。

摊铺机的螺旋布料器应相应于摊铺速度调整到保持一个稳定的速度均衡地转动,两侧应保持有不少于送料器 2/3 高度的混合料,以减少在摊铺过程中混合料的离析。用机械摊铺的混合料,不宜用人工反复修整。当不得不由人工作局部找补或更换混合料时,需仔细进行,特别严重的缺陷应整层铲除。

摊铺不得中途停顿,并加快碾压。如因故不能及时碾压时,应立即停止摊铺,并对已卸下的沥青混合料覆盖苫布保温。低温施工时,每次卸下的混合料应覆盖苫布保温。在雨季铺筑沥青路面时,应加强气象联系,已摊铺的沥青层因遇雨未行压实的应予铲除。

四、沥青路面的压实及成型

沥青路面施工应配备足够数量的压路机,选择合理的压路机组合方式及初压、复压、终压(包括成型)的碾压步骤,以达到最佳碾压效果。高速公路铺筑双车道沥青路面的压路机数量不宜少于 5 台。施工气温低、风大、碾压层薄时,压路机数量应适当增加。

压路机应以慢而均匀的速度碾压,压路机的碾压速度应符合表 5-24 的规定。压路机的碾压路线及碾压方向不应突然改变而导致混合料推移。碾压区的长度应大体稳定,两端的折返位置应随摊铺机前进而推进,横向不得在相同的断面上。沥青混凝土的压实层最大厚度不宜大于 100 mm,沥青稳定碎石混合料的压实层厚度不宜大于 120 mm,但当采用大功率压路机且经试验证明能达到压实度时允许增大到 150 mm。压实成型的沥青路面应符合压实度及平整度的要求。

表 5-24　压路机碾压速度　　　　　　　　　　　单位:km/h

压路机类型	初压		复压		终压	
	适宜	最大	适宜	最大	适宜	最大
钢筒式压路机	2～3	4	3～5	6	3～6	6
轮胎压路机	2～3	4	3～5	6	4～6	8
振动压路机	2～3 (静压或振动)	3 (静压或振动)	3～4.5 (振动)	5 (振动)	3～6 (静压)	6 (静压)

压路机的碾压温度应符合表 5-22 的要求,并根据混合料种类、压路机类型、气温、层厚等情况经试压确定。在不产生严重推移和裂缝的前提下,初压、复压、终压都应在尽可能高的温度下进行。同时不得在低温状况下作反复碾压,使石料棱角磨损、压碎,破坏集料嵌挤。

沥青混合料的初压应符合下列要求:

(1)初压应紧跟摊铺机后碾压,并保持较短的初压区长度,以尽快使表面压实,减少热量散失。对摊铺后初始压实度较大,经实践证明采用振动压路机或轮胎压路机直接碾压无严重推移而有良好效果时,可免去初压直接进入复压工序。

(2)通常宜采用钢轮压路机静压 1～2 遍。碾压时应将压路机的驱动轮面向摊铺机,从外侧向中心碾压,在超高路段则由低向高碾压,在坡道上应将驱动轮从低处向高处碾压。

(3)初压后应检查平整度、路拱,有严重缺陷时进行修整乃至返工。

复压应紧跟在初压后进行,并应符合下列要求:

(1)复压应紧跟在初压后开始,且不得随意停顿。压路机碾压段的总长度应尽量缩短,通常不超过 60～80 m。采用不同型号的压路机组合碾压时宜安排每一台压路机作全幅碾压,防止不同部位的压实度不均匀。

（2）密级配沥青混凝土的复压宜优先采用重型的轮胎压路机进行搓揉碾压，以增加密水性，其总质量不宜小于 25 t，吨位不足时宜附加重物，使每一个轮胎的压力不小于 15 kN，冷态时的轮胎充气压力不小于 0.55 MPa，轮胎发热后不小于 0.6 MPa，且各个轮胎的气压大体相同，相邻碾压带应重叠 1/3～1/2 的碾压轮宽度，碾压至要求的压实度为止。

（3）对粗集料为主的较大粒径的混合料，尤其是大粒径沥青稳定碎石基层，宜优先采用振动压路机复压。厚度小于 30 mm 的薄沥青层不宜采用振动压路机碾压。振动压路机的振动频率宜为 35～50 Hz，振幅宜为 0.3～0.8 mm。层厚较大时选用高频率大振幅，以产生较大的激振力；厚度较薄时采用高频率低振幅，以防止集料破碎。相邻碾压带重叠宽度为 100～200 mm。振动压路机折返时应先停止振动。

（4）当采用三轮钢筒式压路机时，总质量不宜小于 12 t，相邻碾压带宜重叠后轮的 1/2 宽度，并不应少于 200 mm。

（5）对路面边缘、加宽及港湾式停车带等大型压路机难于碾压的部位，宜采用小型振动压路机或振动夯板作补充碾压。

终压应紧接在复压后进行，如经复压后已无明显轮迹时可免去终压。终压可选用双轮钢筒式压路机或关闭振动的振动压路机碾压不宜少于 2 遍，至无明显轮迹时为止。

SMA 路面的压实，除沥青用量较低，经试验证明采用轮胎压路机碾压有良好效果外，不宜采用轮胎压路机碾压，以防将沥青结合料搓揉挤压上浮。SMA 路面宜采用振动压路机或钢筒式压路机碾压。振动压路机应遵循"紧跟、慢压、高频、低幅"的原则，即紧跟在摊铺机后面，采取高频率、低振幅的方式慢速碾压。如发现 SMA 混合料高温碾压有推拥现象，应复查其级配是否合适。

压路机不得在未碾压成型路段上转向、调头、加水或停留。在当天成型的路面上，不得停放各种机械设备或车辆，不得散落矿料、油料等杂物。

热拌沥青混合料路面应待摊铺层完全自然冷却，混合料表面温度低于 50℃ 后，方可开放交通。需要提早开放交通时，可洒水冷却降低混合料温度。

§5-7 其他类型沥青混合料

与密级配沥青混凝土混合料对应的，近几年逐渐发展出一批新型的沥青混合料，如能改善路面排水功能与抗滑功能的多空隙沥青混合料、具有优良的温度稳定性、表面性能和良好耐久性的 SMA 等。

一、多空隙沥青混凝土

多空隙沥青混凝土，或透水沥青混凝土，一般用作路面的磨耗层，在许多文献或资料中被称作多空隙沥青混凝土磨耗层（PAC）、开级配磨耗层（OGFC）或排水沥青混合料（PA）。

道路上雨天道路事故的 10% 主要是由车辆（特别是卡车）快速行驶溅起的水雾所引起的。水雾造成事故的损失价值可达潮湿道路滑溜事故的 1/3。因此道路表面采用 20 mm 多空隙沥青混凝土以改善路面的抗滑性能。

1. 多空隙沥青混凝土路面的优点

减少行车引起的水雾及避免水漂：在潮湿的道路上，特别是高速行车时由轮胎溅起飞扬的水雾阻碍了行车视线，使超车变得非常危险。道路试验证实，多空隙沥青混凝土路面的空隙率高达25%,从而在层内形成一个水道网,像海绵似的把雨水吸收,从而可减少由交通引起的水雾现象。水雾减少还可以消除路表的反光现象,从而使道路标志保持较高的清晰度,有利于交通安全。同时,当降雨时,多空隙沥青混凝土表面的雨水可通过表面层内部的空隙流出路面,起到排水层的作用,使雨水能够渗出面层而不是被集积于路表层,从而避免在降雨过程中高速行驶的车辆产生水漂现象。

降低噪音:由于道路表面有粗糙的宏观纹理,不仅在雨天高速行车时轮胎面加强与路面的接触,有助于保持良好的防滑能力,而且在平常行车时,减少了轮胎压缩空气产生的噪音。研究表明车辆的最高噪音是纹理深度的函数。

2. 多空隙沥青混凝土路面的缺点

多空隙沥青混凝土路面沥青含量的允许变化范围较小。如果沥青含量过低则集料裹覆不够或是沥青膜太薄而很快被氧化导致路面提早损坏。相反,如果沥青含量过高(或是混合料温度过高),沥青将在运输过程中从集料中泄出,造成摊铺时材料的沥青含量不均匀。

3. 多空隙沥青混凝土设计

多空隙沥青混凝土混合料的设计包括级配设计和最佳沥青用量确定,并对设计结果进行沥青混合料性能检验。我国《公路沥青路面施工技术规范》(JTG F40)中给出了PA在不同工程粒径时的矿料级配范围,见表5-25。

表5-25 PA沥青混合料矿料级配范围

级配类型		通过下列筛孔(mm)的质量百分率(%)										
		19	16	13.2	9.5	4.75	2.36	1.18	0.6	0.3	0.15	0.075
中粒式	PA-16	100	90~100	60~90	40~60	10~26	9~20	7~17	6~14	5~11	4~9	3~5
	PA$_{AR}$-16	100	90~100	88~95	78~89	28~37	7~18	—	—	—	—	0~4
细粒式	PA-13		100	90~100	40~71	10~30	9~20	7~17	6~14	5~12	4~9	3~6
	PA-10			100	80~100	8~28	5~15	5~12	4~10	4~9	4~8	3~6
	PA$_{AR}$-13		100	80~95	35~60	5~20	3~11	—	—	—	—	1~4
	PA$_{AR}$-10			100	90~100	20~40	3~10	—	—	—	—	1~3
砂粒式	PA-5				100	15~50	8~30	5~12	4~10	4~8	4~7	3~6
	PA$_{AR}$-5				100	30~46	4~9	—	—	—	—	1~3

注:PA$_{AR}$为废胎胶粉橡胶沥青PA沥青混合料。

为确定最终设计级配,取工地实际使用的集料,需在上表的工程设计级配范围内,选取粗、中、细三种初始级配。这三种试验级配必须落在限制的范围之内,其中一个要在级配范围的中间。

根据实践经验选择适宜的沥青用量,按设计的料堆比例配料进行马歇尔试验,测定马歇尔试验各项体积指标及稳定度、流值等。

测定初试级配的捣实状态下粗集料骨架部分的集料间隙率VCA$_{DRC}$和压实状态下沥青结合料中的粗集料骨架间隙率VCA$_{mix}$,通过两者的关系判断混合料是否达到石—石接触状态。压实状态下沥青混合料中的粗集料骨架间隙率VCA$_{mix}$必须等于或小于没有其他集料、结合料存在时的粗集料集合体在捣实状态下的间隙率VCA$_{DRC}$。如果做不到这一点,粗集料的嵌挤作用就不能形成,因此这是一个鉴别粗集料能否实现嵌挤的基本条件。因为在压实的情况下,形成的空隙率必然要小一些,如果反过来,VCA$_{mix}$比VCA$_{DRC}$大,那就说明粗集料一定被填充的细集料、矿料给撑开了,粗集料也就不能形成嵌挤作用。

从 3 组初试级配中,选择符合 $VCA_{mix} < VCA_{DRC}$ 及表 5-26 其他要求的级配作为设计级配,当有 1 组以上的级配同时符合要求时,根据经验进行设计级配的选择。

PA 中有效沥青(指未被集料吸收的沥青,全部用于集料件的黏结)含量范围较宽。有效沥青含量的确定源于在混合料的高空隙率与析漏间找一个平衡点。

多空隙沥青混合料的矿料间隙率(20%~25%)比较高,从而设计时可采用高的有效沥青量,而不会对沥青混合料的稳定性产生负面影响。同时,由于多空隙沥青混合料集料的强骨架性,使其即使只有较小的有效沥青量,也能在使用初期表现出较好的路用性能。其最佳沥青用量设计原则是在沥青混合料不产生析漏的情况下尽可能用多的沥青。

以确定的矿料级配和初始沥青用量拌和沥青混合料,分别进行马歇尔(或旋转压实)试验、谢伦堡析漏试验、肯特堡飞散试验、车辙试验,各项指标应符合表 5-26(或表 5-27)的技术要求,其空隙率与期望空隙率的差值不宜超过±1%。如不符合要求,应重新调整沥青用量拌和沥青混合料进行试验,直至符合要求为止。

表 5-26　PA 沥青混合料马歇尔法配合比设计技术要求

项目	单位	技术要求		试验方法
		PA	PA_{AR}[①]	
马歇尔试件尺寸	mm	$\phi101.6\times63.5$	$\phi101.6\times63.5$	T0702
击实次数(双面)	次	50	50	T0702
空隙率[②]	%	17~22	18~22	T0762
		18~24	18~24	T0708
粗集料骨架间隙率 VCA_{mix}[③],不大于	%	VCA_{DRC}	VCA_{DRC}	T0705
马歇尔稳定度,不小于	kN	5	5	T0709
析漏损失,不大于	%	0.5	0.5	T0732
肯塔堡飞散试验或浸水飞散试验的混合料损失[③],不大于	%	<15	<15	T0733

注:① PA_{AR} 为废胎胶粉橡胶沥青 PA 沥青混合料。
　　② 试件毛体积相对密度宜按 T0762 真空密封法测定;也可按 T0708 体积法测定。
　　③ 粗集料骨架间隙率 VCA_{mix} 的关键性筛孔,对公称粒径 13.2 mm 以上混合料为 4.75 mm,对公称粒径 13.2 mm 和 9.5 mm 为 2.36 mm,对公称粒径 4.75 mm 为 1.18 mm。

表 5-27　PA 沥青混合料旋转压实法配合比设计技术要求

项目	单位	技术要求		试验方法
		PA	PA_{AR}[①]	
旋转压实次数	次	100	100	T0702
空隙率[②]	%	17~22	18~22	T0762
		18~24	18~24	T0708
粗集料骨架间隙率 VCA_{mix}[③],不大于	%	VCA_{DRC}	VCA_{DRC}	T0705
析漏损失,不大于	%	0.5	0.5	T0732
肯塔堡飞散试验或浸水飞散试验的混合料损失[③],不大于	%	<15	<15	T0733

注:① PA_{AR} 为废胎胶粉橡胶沥青 PA 沥青混合料。
　　② 试件毛体积相对密度宜按 T0762 真空密封法测定;也可按 T0708 体积法测定。
　　③ 粗集料骨架间隙率 VCA_{mix} 的关键性筛孔,对公称粒径 13.2 mm 以上混合料为 4.75 mm,对公称粒径 13.2 mm 和 9.5 mm 为 2.36 mm,对公称粒径 4.75 mm 为 1.18 mm。

如各项指标均符合要求,即配合比设计已完成,出具配合比设计报告。

二、沥青玛蹄脂碎石(SMA)

SMA 是具有较高沥青含量和较高粗集料含量的间断级配热拌沥青混合料,集料和集料之间是一种稳定的嵌挤结构,而集料的间隙被沥青、填料和纤维稳定剂组成的玛蹄脂所填充。

SMA 沥青混合料由于其自身的特点而与密级配沥青混合料在集料配合比和沥青含量方面有所不同。SMA 沥青混合料与密级配沥青混合料相比,具有粗集料含量、沥青含量、矿粉含量均较高,空隙率较低等特点。粗集料含量高,增加集料与集料的接触,提高了抵抗永久变形的能力;沥青含量高和矿粉用量多,增加沥青的黏结能力,提高了路面的耐久性;低空隙率可减少水的渗入和混合料老化硬化。

SMA 混合料因沥青含量高和矿料用量大,在贮存、运输和摊铺过程中,沥青和矿粉会产生滴漏和离析,所以纤维稳定剂的作用是防止沥青离析,并且纤维、沥青和填料共同组成高强度的玛蹄脂填充在集料之间,使路面结构十分稳定,不易变形。

纤维稳定剂最早曾用石棉纤维和聚合物纤维,但后来发现石棉纤维是直线体,而植物纤维则是曲线体。用植物纤维作为 SMA 混合料中的稳定剂,其性能明显优于矿物纤维,且使用植物纤维素,不仅能更好地保证 SMA 的质量,而且有利于保护环境,更可大幅度节省工程费用。植物纤维有松散絮状型和纤维素与沥青按质量比 2:1 混合后经特殊加工成粒状两种产品。在 SMA 中粒状纤维的用量为混合料总重的 0.45%,即加入 0.3%植物纤维素。

SMA 沥青混凝土的材料组成设计包括集料的级配设计和最佳的沥青用量确定。SMA 混合料的级配设计就是要保证粗骨料间形成充分的相互嵌挤的骨架,同时使混合料的空隙率在一个适当的范围内。

表 5-28 列出 SMA 沥青混凝土的规范规定的级配范围,即其工程设计级配范围。

表 5-28　SMA 沥青混合料矿料级配范围

级配类型		通过下列筛孔(mm)的质量百分率/%											
		26.5	19	16	13.2	9.5	4.75	2.36	1.18	0.6	0.3	0.15	0.075
中粒式	SMA-20	100	90~100	72~92	62~82	40~55	18~30	13~22	12~20	10~16	9~14	8~13	8~12
	SMA-16		100	90~100	65~85	45~65	20~32	15~24	14~22	12~18	10~15	9~14	8~12
细粒式	SMA-13			100	90~100	50~75	20~34	15~26	14~24	12~20	10~16	9~15	8~12
	SMA-10				100	90~100	28~60	20~32	14~26	12~22	10~18	9~16	8~13
	SMA_{AR}-13			100	77~90	50~70	26~40	15~26	12~22	9~18	7~14	6~11	5~9
	SMA_{AR}-10				100	95~100	36~50	17~27	12~22	10~20	7~16	6~10	5~9
砂粒式	SMA-5					100	90~100	28~50	20~36	18~26	15~22	12~18	8~13

注:SMA_{AR}为废胎胶粉橡胶沥青 SMA 混合料。

在工程设计级配范围内,调整各种矿料比例,设计 3 个不同粗细的初试级配,必须符合表 5-27 级配范围的要求。3 个级配的粗集料骨架分界筛孔的通过率应分别为级配范围的中值、中值±3%左右。3 个级配的矿粉数量宜相同,使 0.075 mm 通过率为 10%左右。

从 3 组初试级配试验结果中选择设计级配时,必须符合 VCA_{mix}<VCA_{DRC} 及 VMA>16.5%的要求,当有 1 组以上的级配同时符合要求时,以粗集料骨架分界筛孔集料通过率大且

VMA 较大的级配为设计级配。

SMA 混合料的级配确定后，根据所选择的设计级配和初试油石比试验的空隙率结果，以 0.2%～0.4%为间隔，调整 3 个不同的油石比，制作马歇尔试件。计算空隙率等各项体积指标。

进行马歇尔稳定度试验，检验稳定度和流值是否符合表 5-29 的要求。表中稳定度和流值并不作为配合比设计可以接受或否决的唯一指标，容许根据同类型 SMA 的工程经验予以调整。用旋转压实法进行配合比设计的技术要求见表 5-31。

根据希望的设计空隙率(通常为 4%)，确定最佳油石比 OAC，进行配合比设计检验。

表 5-29　SMA 沥青混合料马歇尔法配合比设计技术要求

项　目	单位	技术要求			试验方法
		重载及以上交通		中交通及以下交通[①]	
		夏炎热区(1-1、1-2、1-3、1-4 区)	夏热区及夏凉区(2-1、2-2、2-3、2-4、3-2 区)		
马歇尔试件尺寸	mm	$\phi 101.6 \times 63.5$	$\phi 101.6 \times 63.5$	$\phi 101.6 \times 63.5$	T0702
击实次数(双面)	次	75	50 或 75	50	T0702
空隙率 VV[①]	%	3～4	3～4	3～4	T0705
矿料间隙率 VMA[②④]，不小于	%	16.5	17.0	17.0	T0705
沥青饱和度 VFA[②]	%	75～85	75～85	75～85	T0705
粗集料骨架间隙率 VCA_{mix}[③]，不大于	%	VCA_{DRC}	VCA_{DRC}	VCA_{DRC}	T0705
稳定度，不小于	kN	5.5	5.5	5.5	T0709
流值	mm	2～5	2～5	2～5	T0709
析漏试验的结合料损失[④]，不大于	%	0.1	0.1	0.2	T0732
肯塔堡飞散试验或浸水飞散试验的混合料损失，不大于	%	15	15	15	T0733

注：① 中等交通的长大纵坡路段可按重交通设计。
　　② 对特重、极重交通，经论证设计空隙率可调整为 4.0%～4.5%，VMA 指标可降低 0.5%，饱和度指标可放宽到 70%～85%。对絮状矿物纤维，VMA 指标可适当放宽。
　　③ 粗集料骨架间隙率 VCA_{mix} 的关键性筛孔，对公称粒径 13.2 mm 及以上混合料为 4.75 mm，对公称粒径 9.5 mm 为 2.36 mm，对公称粒径 4.75 mm 为 1.18 mm。
　　④ 对粒状木质纤维、絮状矿物纤维，析漏指标可根据以往工程经验进行调整。

表 5-30　橡胶沥青 SMA_{AR} 混合料马歇尔法配合比设计技术要求

指标	单位	重载及以上交通		中交通及以下交通[①]	试验方法
		夏炎热区(1-1、1-2、1-3、1-4 区)	夏热区及夏凉区(2-1、2-2、2-3、2-4、3-2 区)		
马歇尔试件尺寸	mm	$\phi 101.6 \times 63.5$	$\phi 101.6 \times 63.5$	$\phi 101.6 \times 63.5$	T0702
击实次数(双面)	次	75	50 或 75	50	T0702
空隙率 VV[②]	%	3～5	3～5	3～5	T0705
矿料间隙率 VMA[②④]，不小于	%	18	18	18.5	T0705
沥青饱和度 VFA[②]	%	75～85	75～85	75～85	T0705

指标	单位	重载及以上交通		中交通及以下交通①	试验方法
		夏炎热区(1-1、1-2、1-3、1-4 区)	夏热区及夏凉区(2-1、2-2、2-3、2-4、3-2 区)		
粗集料骨架间隙率 VCA$_{mix}$③,不大于	%	VCA$_{DRC}$	VCA$_{DRC}$	VCA$_{DRC}$	T0705
稳定度,不小于	kN	5.5	5.5	5.5	T0709
析漏试验的结合料损失④,不大于	%	0.2	0.2	0.2	T0732
肯塔堡飞散试验或浸水飞散试验的混合料损失,不大于	%	15	15	15	T0733
建议的最小沥青用量范围	%	6.5	6.5	6.5	—

注:① 对夏炎热区特重、极重交通,经论证设计空隙率可调整为 4.2%,此时 VMA 指标可放宽到 16%,饱和度指标可放宽到 70%~85%。
　② 粗集料骨架间隙率 VCA$_{mix}$的关键性筛孔,对 SMA-19、SMA-16 及 SMA-13 为 4.75 mm,对 SMA-10 为 2.36 mm;若混合料合成针片状颗粒含量小于 10%时,当混合料性能满足要求时,VCA$_{mix}$指标可不予要求。
　③ 对絮状矿物纤维的 SMA 混合料,VMA 可放宽到 16.0%,析漏试验的结合料损失可放宽 0.3%。粒状木质纤维的 SMA 析漏试验的结合料损失可放宽 0.2%。
　④ 长大纵坡路段均按重载交通考虑。

表 5-31　SMA 沥青混合料旋转压实法配合比设计技术要求

指标	单位	重载及以上交通		中交通及以下交通	试验方法
		夏炎热区(1-1、1-2、1-3、1-4 区)	夏热区及夏凉区(2-1、2-2、2-3、2-4、3-2 区)		
旋转压实次数	次	100	100	75	T0702
空隙率 VV①	%	4.0	4	4	T0705
矿料间隙率 VMA①,不小于	%	16.5	16.5	17.0	T0705
沥青饱和度 VFA	%	75~85	75~85	75~85	T0705
粗集料骨架间隙率 VCA$_{mix}$②,不大于	%	VCA$_{DRC}$	VCA$_{DRC}$	VCA$_{DRC}$	T0705
析漏试验的结合料损失,不大于	%	0.1	0.1	0.2	T0732
飞散试验或浸水飞散试验的混合料损失,不大于	%	15	15	15	T0733

注:同表 5-29。

表 5-32　橡胶沥青 SMA$_{AR}$沥青混合料旋转压实法配合比设计技术要求

指标	单位	重载及以上交通		中交通及以下交通	试验方法
		夏炎热区(1-1、1-2、1-3、1-4 区)	夏热区及夏凉区(2-1、2-2、2-3、2-4、3-2 区)		
旋转压实次数	次	100	100	75	T0702
空隙率 VV①	%	4.0	4	4	T0705
矿料间隙率 VMA①,不小于	%	18	18	18.5	T0705
沥青饱和度 VFA①	%	75~85	75~85	75~85	T0705
粗集料骨架间隙率 VCA$_{mix}$②,不大于	%	VCA$_{DRC}$	VCA$_{DRC}$	VCA$_{DRC}$	T0705

指标	单位	重载及以上交通		中交通及以下交通	试验方法
		夏炎热区 (1-1、1-2、1-3、1-4 区)	夏热区及夏凉区 (2-1、2-2、2-3、2-4、3-2 区)		
析漏试验的结合料损失,不大于	%	0.2	0.2	0.2	T0732
飞散试验或浸水飞散试验的混合料损失,不大于	%	15	15	15	T0733

注:同表 5-30。

不符合要求的沥青混合料必须重新进行配合比设计或更换材料。如初试油石比的混合料体积指标恰好符合设计要求时,可以免去这一步,但宜进行一次复核。

目标配合比设计结束后,设计进入生产配合比设计及生产配合比验证阶段。

三、沥青稳定基层

用沥青(液体石油沥青、煤沥青、乳化沥青、沥青膏胶等)为结合料,将其与碎石拌和均匀,摊铺整平,碾压密实成形的基层称为沥青稳定碎石基层。

沥青稳定碎石可用于构筑高等级公路和城市主干道面层下面的排水基层,即多孔隙沥青稳定碎石排水基层,一般跟纵向边缘集水沟结合使用,形成完整的排水系统。

沥青稳定碎石排水基层由含少量细料的开级配碎石集料和沥青(2.5%～3.5%)组成。粗集料应选用洁净、坚硬、未风化的碎石,最好为碱性集料,以确保与沥青的良好黏结性,细集料采用人工轧制石料或天然砂,沥青采用较稠的 AH-50 或 AH-70;混合料的空隙率一般不小于 20%;排水基层的厚度视空隙率、路表渗水量和基层渗流量而定,一般为 8～12 cm。

排水基层在面层下,一方面迅速疏干路表面渗入水,另一方面作为基层,起承重作用。因此,多孔沥青稳定碎石作为排水基层,在使用性能上应符合三项要求,即透水性、抗变形能力及水稳定性(为减少水的侵蚀,一般要求沥青用量不低于 2.5%)。

四、浇注式沥青混合料

浇注式沥青混合料起源于德国,英文名字为 Guss Asphalt。由于该混合料在施工时(高温,200℃左右)呈流动状态(从图 5-18 所示的施工图中可以明显看出),故被称为浇注式沥青混合料。

浇注式沥青混合料在德国使用最多,德国的高速公路在 20 世纪 70 年代大部分是浇注式沥青混凝土,成本大概比 HMA 高 90%。它们的实践表明,浇注式沥青混合料的使用情况一般比较好,使用年限可达 12～18 年,但有些路段有不同程度的车辙和裂缝。浇注式沥青混合料由于其自身的一些优点,在桥面铺装上用的也比较多。

从制备过程来看,浇注式沥青混合料由两部分组成,一部分为细料和沥青组成的基质沥青玛蹄脂(Mastic Epure,简称 ME);另一部分为粗骨料,这两部分在温度为 200℃左右的拌和车中混合即成为浇注式沥青混合料。浇注式沥青混合料与一般的沥青混凝土相比,在材料使用与组成结构上的特点为:

1. 胶结料一般采用特立尼达湖沥青和直馏沥青混合而成的掺配沥青,一般湖沥青和直馏

图 5-18　浇注式沥青混凝土摊铺施工图

沥青的掺配比例从 20∶80 到 50∶50 不等,有时根据需要,湖沥青所占比例可更多。因湖沥青的显著优点之一是它的高黏性,这使得沥青与矿料之间的黏结度十分高,抗剥落能力远远高于一般要求。同时,由于浇注式混凝土流动的特点,用油量较 AC 型沥青混凝土多,以提供足够的自由沥青,但由于湖沥青软化点较高,一般不会出现泛油。

工程上使用得较多的湖沥青通常是指南美洲岛国特立尼达-多巴哥的特立尼达湖所出产的天然沥青,英文名称为 Trinidad Lake Asphalt,简称 TLA。它在路面气候环境中性能相当稳定,是理想的沥青路面材料。将高黏度的湖沥青和普通直馏沥青掺配,可有效地改善沥青结合料的温度敏感性,从而提高整个混合料的使用性能。

2. 集料部分与一般沥青混凝土的组成相比,矿粉和细集料占的比例较多,约占整个混合料的一半左右。它们和沥青混合形成的基质沥青玛蹄脂在高温拌和时具有良好的流动性,常温下则非常坚硬,且可以加工成块状半成品,用塑料薄膜包装或木桶装好,便于运输。其余部分为粗骨料,它们在混合料中起一定的骨架作用,但由于混合料为明显的悬浮密实结构,粗骨料的骨架作用不是十分突出。

浇注式沥青混合料的路面使用性能特点为:

a. 由于湖沥青较强的抗老化能力这一特点,浇注式沥青混凝土路面的使用寿命比一般沥青混凝土路面长,从综合角度考虑,这有利于提高工程的经济使用效率;

b. 路面在高温时或渠化交通处的抗车辙能力还有待于进一步提高;

c. 常温下具有较强的抗压能力,以及抵抗重复荷载疲劳作用的能力;

d. 低温时具有很高的抗劈裂强度以及一定的变形能力;

e. 空隙率几乎为零,这一特性使得浇注式沥青混凝土具有十分强的抵抗水害的能力,有利于提高路面的服务期限;

f. 若用作钢桥面铺装,它具有良好的适合于钢板变形的随从性;

g. 维修方便,只需采用小型维修工具和两三个工作人员,并且操作简单。

从以上各条可以看出,由于浇注式沥青混合料具有一些传统沥青混凝土难以达到的适合于路用性能的优点,因此它在某些场合有着广泛的应用前景,如用作钢桥面铺装等。但从工程建设投资来看,采用湖沥青的浇注式沥青混合料的费用会高于一般的沥青混凝土,所以,应统筹兼顾,从工程的投入、效益等方面综合考虑是否采用该种混合料。

五、环氧沥青混合料

环氧沥青混凝土,即 Epoxy Asphalt,顾名思义,它是在一般的沥青混凝土中加入环氧配置而成的。环氧的作用主要是在沥青混凝土中充当固化剂,待其发生固化效用后,由于环氧本身的高黏度,沥青以及整个混合料便组成了一个高强度整体。从严格意义上讲,环氧沥青混凝土不属于一般的改性沥青混凝土,它是近年来出现的一种新型的沥青混合料,在美国和日本的桥面铺装以及特殊要求的路段上进行过这方面的应用和科学研究。南京长江二桥的桥面铺装在国内首次采用这项技术。

在材料使用和混合料级配组成上,环氧沥青混凝土与一般沥青混凝土相比,没有什么大的差别:先按一般密级配沥青混凝土(AC 型)的级配设计,然后再加入 3% 左右(或沥青用量的一半)的环氧。

环氧沥青混凝土最显著的力学特性是其十分高的抗压强度和抗劈裂强度等,它的力学强度值是一般沥青混凝土难以达到的。在试验室进行相关的力学破坏性试验时,在不同温度下均呈现明显的脆性破坏。

环氧沥青混凝土主要使用性能的优点是:

a. 良好的抗车辙性能;

b. 良好的抗剥落性能;

c. 具有一定的弹性,能在表面处产生适当的变形,且不易产生裂缝;

d. 良好的耐久性,因为结合料受温度和气候的影响很小。

环氧沥青混凝土通常使用的场合为:

a. 车辙十分严重之处,一般的改性沥青混凝土不能满足要求;

b. 路面沥青混凝土发生严重塑性流动的地方;

c. 寒冷地区以抗剥落;

d. 桥面铺装。

尽管环氧沥青混凝土有许多优越性,但它对施工的要求十分苛刻,如天气、工艺等,目前仅用于大跨径桥梁桥面等特殊路段。

六、橡胶沥青混合料

废旧汽车轮胎被称为"黑色污染",废旧轮胎的处理长期以来一直是环境保护的世界性难题。大量的废橡胶轮胎,不仅污染环境,同时也是资源的极大浪费。利用废轮胎生产胶粉,对于充分利用再生资源,摆脱自然资源匮乏,减少环境污染,改善人类的生存环境都非常重要。

橡胶沥青(Asphalt Rubber)是通过一定的生产工艺将橡胶粉加入沥青当中,形成一种以橡胶粉为改性剂的改性沥青。由于橡胶沥青结合料中掺入的橡胶粉含量较大(>15%),所以能够有效地利用废轮胎资源,减少环境污染并节约工程材料。同时,橡胶沥青路面还有优良的温度稳定性、耐久性、抗滑性,以及可以降低路面噪音等,得到了道路界人士的重视。橡胶沥青主要用于断级配、开级配混合料以及 SAMI、碎石封层等。

与传统的沥青混合料相比,橡胶沥青是胶粉和基质沥青的共混物,在施工温度下,存在着具有明显黏弹性特征的、溶胀后的固态或半固态胶粉颗粒,可起到填充和骨架干涉的双重作用。连续级配的混合料,由于集料间隙分布均匀、间隙小,较难容纳胶粉颗粒,胶粉的填充效果差、干涉作用强,混合料往往出现沥青用量低、混合料压实困难等现象。断级配混合料,集料间隙率大、间隙集中,能够发挥胶粉的填充作用,减小胶粉的干涉作用,因此橡胶沥青多用于断级配、开级配混合料。

橡胶沥青的黏度大,混合料在高温时不会出现沥青析漏现象,即使采用较高的沥青用量也无需添加纤维稳定剂;高沥青用量也增强了混合料的抗裂性能,提高疲劳性能;橡胶沥青混合料具有较好的高温稳定性、水稳定性及路面抗滑性能。在达到相同使用性能的情况下,与常规的沥青路面相比,还可以减薄路面厚度。

橡胶沥青应用于应力吸收层夹层(Stress Absorbing Membrane Interlayer,简称 SAMI),对减缓反射裂缝的产生与扩展有明显的效果,可明显地减弱裂缝尖端应力的奇异性,降低应力强度因子,从而达到延缓反射裂缝的目的,特别适用于解决半刚性基层沥青路面、水泥混凝土路面罩面层的反射裂缝问题。

七、温拌沥青混合料

目前沥青路面建设与养护中主要使用热拌沥青混合料和冷拌(常温)沥青混合料。热拌沥青混合料是指沥青与矿料在高温(150～185℃)状况下拌和的混合料;冷拌(常温)沥青混合料是指以乳化沥青或稀释沥青与矿料在常温(10～40℃)状态下拌和、铺筑的混合料。从使用数量比例看,热拌沥青混合料占绝对多数。热拌沥青混合料在拌和、运输及摊铺过程中出现的有害气体排放、过多能耗以及热老化等问题,逐步被人们所关注;而冷拌沥青混合料,尽管在环保、能耗等方面有很大优势,但由于其路用性能与热拌沥青混合料相比还有较大差距,因此只能用于沥青路面的养护、低交通量路面、中重交通量路面的下面层和基层。鉴于此,温拌沥青混合料的概念被提了出来。

温拌沥青混合料是一类拌和温度介于热拌沥青混合料(150～185℃)和冷拌(常温)(10～40℃)沥青混合料之间,性能达到(或接近)热拌沥青混合料的新型沥青混合料,其拌和温度一般为 110～130℃(针对普通沥青而言,改性沥青的拌和温度还需要提高一些)。采用温拌沥青混合料可很好地缓解热拌沥青混合料由于高温拌和而导致的有害气体排放问题、能耗过高问题、高温施工而使沥青老化严重问题。

与常规的热拌沥青混合料相比较,温拌沥青混合料因其具有有害气体排放少和在较低温度下仍有良好压实性能等特点,尤其适用于以下场合:

1. 隧道道面、地下结构工程道面等环保要求高的工程;
2. 道路维修养护中的罩面工程;
3. 较低环境温度条件下施工的工程。

温拌沥青混合料可采用表面活性剂法、泡沫沥青法、有机添加剂法等方式生产。表面活性剂法温拌技术主要包括浓缩液法和温拌沥青两种工艺;泡沫沥青法温拌技术包括机械发泡和外加沸石两种工艺。

温拌沥青混合料的种类划分同热拌沥青混合料一样,其符号前加 W 以示区别,如 WAC-20 为公称最大粒径 19 mm 的温拌密级配沥青混合料。

温拌沥青混合料不宜在气温低于 2℃(重载交通)或低于 0℃(其他交通等级公路)条件下施工,不得在雨天、路面潮湿的情况下施工。

温拌沥青混合料施工温度应根据沥青标号、气候条件、铺装层厚度等综合确定。对于国内常用的道路石油沥青温拌沥青混合料的施工温度见表 5-33。遇到大风低温天气,施工时应适当提高温拌沥青混合料的出料温度。

表 5-33　温拌沥青混合料的常规施工温度范围　　　　　　　　　　单位:℃

施工工序		沥青标号		
		50 号	70 号	90 号
沥青加热温度		140~160	135~155	130~150
集料加热温度		120~145		
出料温度		115~135	110~130	105~125
运到现场温度		110~125	105~120	100~115
摊铺温度,不低于	正常施工	110	105	100
	低温施工	120	115	110
初压温度,不低于	正常施工	105	100	95
	低温施工	115	110	105
终压温度,不低于		70	70	70
开放交通温度,不高于		50	50	50

温拌沥青混合料的配合比设计和热拌沥青混合料一样,必须在对同类沥青路面配合比设计和使用情况调查研究的基础上,充分借鉴成功的经验,选用符合要求的材料,进行配合比设计。

温拌沥青混合料配合比设计时可采用旋转压实仪(SGC)或马歇尔击实仪成型试件。矿料级配与热拌沥青混合料的要求一致。国内常用的温拌沥青混合料技术一般都只是改善沥青混合料的可压实性能,对沥青混合料的配合比影响不大,可采用的设计程序为:先进行同样条件下的热拌混合料的配合比设计;再以此结果进行温拌混合料不同温度的拌和及成型,选择合理的成型温度;最后拌制温拌沥青混合料并进行性能验证。试件成型前,拌和好的混合料应放于烘箱内在拟定的成型温度条件下保温 2 h。

拌制温拌沥青混合料时,根据需要可在普通沥青混合料拌和设备上安装温拌添加剂的添加装置。添加装置计量应正确,精度满足温拌添加剂添加量的允许误差要求。温拌添加剂的添加情况宜在拌和设备的控制台上在线显示。

采用的温拌沥青混合料技术种类的不同,其温拌添加剂的状态(如颗粒状、粉末状、胶体状、液态等)是不一样的,因此添加的工艺和方法也不同。

对于采用表面活性剂浓缩液(液态)的温拌技术,添加方法为在沥青混合料拌和过程中直接将温拌添加剂喷淋到拌和设备的拌和缸中。因此必须在沥青混合料拌和设备上安装浓缩液的喷淋装置。浓缩液喷淋装置的计量应正确,浓缩液喷淋的计量和是否正常喷淋宜在拌和设备的控制台上在线显示,以保证添加剂的足量和正常添加,发现问题可及时采取措施。

当温拌添加剂为水溶液状时,拌制过程中温拌添加剂宜在沥青喷洒 1~3 s 后开始添加,并在沥青喷洒完前添加完毕。矿粉的添加宜适当延后,尽量减少可能产生的水蒸气带走矿粉。

对于有机添加剂法,可直接将固体颗粒添加到拌和锅中搅拌均匀后使用。

复习思考题

5-1 何谓沥青混合料？沥青混凝土混合料与沥青碎石混合料有什么区别？

5-2 沥青混合料分为几类？这些分类在实际应用上有什么意义？

5-3 沥青混合料按其组成结构可分为哪几种类型？各种结构类型的沥青混合料各有什么优缺点？

5-4 试述沥青混合料强度形成的原理，并从内部材料组成参数和外界影响因素方面加以分析。

5-5 试论述路面沥青混合料应具备的主要技术性能，兼论我国现行沥青混合料高温稳定性的评定方法。

5-6 论述我国热拌沥青混合料配合组成的设计方法。矿质混合料的组成和沥青最佳用量是如何确定的？

5-7 采用马歇尔试验设计沥青混凝土配合比，为什么由马氏试验确定配合比后还要进行检验？

5-8 试设计某1—4气候分区重交通公路沥青路面面层用细粒式沥青混凝土混合料配合比组成。

【原始材料】

(1) 道路等级：一级公路。

(2) 路面类型：沥青混凝土。

(3) 结构层次：两层式沥青混凝土的上面层。

(4) 气候条件：最低月平均气温：—5℃。

(5) 材料性能：

① 沥青材料　可供应70号沥青,经检验各项指标符合要求。

② 碎石和石屑　Ⅰ级石灰岩轧制碎石，饱水抗压强度150 MPa，洛杉矶磨耗率10%，黏附性（水煮法）Ⅴ级，表观密度2.722 g/cm³。

③ 细集料　洁净河砂，粗度属中砂，含泥量小于1%，表观密度2.681 g/cm³。

④ 矿粉　石灰石粉，粒度范围符合要求，无团粒结块，表观密度2.584 g/cm³。

粗细集料和矿粉级配组成经筛分试验结果如下表。

组成材料筛析结果

材料名称	筛孔尺寸（方筛孔）/mm									
	16	13.2	9.5	4.75	2.36	1.18	0.6	0.3	0.15	0.075
	通过百分率/%									
碎石	100	96.4	20.2	2.0	0	0	0	0	0	0
石屑	100	100	100	80.3	45.3	18.2	3.0	0	0	0
砂	100	100	100	100	90.5	80.2	70.5	36.2	18.2	2.0
矿粉	100	100	100	100	100	100	100	100	100	85.2

【设计要求】

(1) 根据道路等级、路面类型和结构层次确定沥青混凝土的类型和矿质混合料的级配范围。

根据现有各种矿质材料的筛析结果,用图解法或试算(电算)法确定各种矿质材料的配合比。

(2) 根据马歇尔试验结果汇总表以及马歇尔试验的物理-力学指标,确定沥青最佳用量。

马歇尔试验物理-力学指标测定结果汇总表

试件组号	沥青用量/%	技术性质						
		毛体积密度 ρ_s/(g·cm^{-3})	空隙率 VV/%	矿料间隙率 VMA/%	沥青饱和度 VFA/%	稳定性 MS/kN	流值 FL /(0.1 mm)	马氏模数 T /(kN·mm^{-1})
1	5.0	2.362	6.1	17.4	58.7	8.3	20	41.5
2	5.5	2.379	4.6	17.1	67.4	9.8	23	42.6
3	6.0	2.394	3.5	16.9	73.2	9.6	28	34.3
4	6.5	2.380	2.8	17.3	76.3	7.9	36	21.9
5	7.0	2.378	2.4	17.9	77.7	5.3	45	11.7

创新设计

沥青混合料组成设计是沥青混凝土路面施工的基础,请结合沥青类型的确定,集料最大粒径的选择,沥青拌和温度、拌和时间、拌和方式,测定技术等方面全面了解沥青混合料的工程应用、存在问题及可能的优化方法。

第6章　无机胶凝材料

土木工程中常常需要将散粒材料（如砂和石子）或块状材料（如砖和石块）黏结成为整体，具有这种黏结作用的材料，统称为胶结材料或胶凝材料。

胶凝材料，是指经过自身的物理化学作用，能够由液态或半固态变成坚硬固体的物质。胶凝材料按其化学成分可分为有机和无机两大类，无机胶凝材料按其硬化时的条件又可分为气硬性胶凝材料与水硬性胶凝材料。

气硬性胶凝材料只能在空气中硬化，也只能在空气中保持或继续提高其强度，如石灰、石膏、水玻璃等材料。水硬性胶凝材料不仅能在空气中硬化，而且也能在水中硬化，保持并继续提高其强度，如各种水泥。

§6-1　石　灰

石灰是一种古老的建筑材料，是以石灰石为原料经煅烧而成。由于原料广泛，工艺简单，成本低廉，使用方便，所以至今仍被广泛地应用于各种土木工程中。

一、石灰的原料与生产

生产石灰的原料为石灰石、白云质石灰石或其他以碳酸钙为主的天然材料。

将上述的原料加以煅烧，碳酸钙将分解为氧化钙，此即为生石灰：

$$CaCO_3 \xrightarrow{900\sim1\,000℃} CaO+CO_2\uparrow$$

由于石灰石的致密程度、块体大小、杂质含量不同，为了加速分解，煅烧温度常控制在900～1 000℃。生石灰呈块状，也称块灰。由于生产原料中多少含有一些碳酸镁，因而生石灰中还含有次要成分氧化镁。氧化镁含量≤5％的生石灰称钙质石灰，氧化镁含量>5％的称为镁质石灰。镁质石灰熟化较慢，但硬化后强度稍高。煅烧正常的生石灰，其结构较为酥松，由

183

于煅烧时火候不匀,生石灰中常含有欠火石灰和过火石灰。欠火石灰是由于煅烧温度过低或时间过短而使碳酸钙未完全分解,而降低了 CaO 含量;过火石灰是由于煅烧温度过高或时间过长,而使石灰表面出现熔融和塌缩,形成较为致密的结构,其表面常有一层褐色的熔融物。石灰煅烧过程中内比表面积随时间和温度的变化规律如图 6-1 所示。

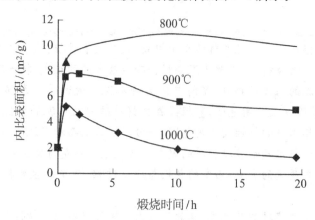

图 6-1　碳酸钙在不同煅烧温度和时间下的内比表面积

二、石灰的熟化与硬化

1. 石灰的熟化

生石灰可以直接磨细制成生石灰粉使用,更多的是将生石灰熟化成熟石灰粉或石灰膏之后再使用。将生石灰用适量水经消化和干燥而成的粉末,主要成分为 $Ca(OH)_2$,称为熟石灰。生石灰加水进行水化,称为熟化或消解,其反应如下:

$$CaO + H_2O = Ca(OH)_2$$

熟化时放出大量热(1 kg 生石灰放热 1 160 kJ),体积增大 1～2.5 倍。熟石灰有两种常见形式,即石灰膏和熟石灰粉。

将块状生石灰用过量水(约为生石灰体积的 3～4 倍)消化,或将消石灰粉和水拌和所得到的具有一定稠度的膏状物即为石灰膏,其主要成分为 $Ca(OH)_2$ 和水。石灰膏中的水分约占 50%,容重为 1 300～1 400 kg/m³。1 kg 生石灰可熟化成 1.5～3 kg 石灰膏。过火石灰由于表面致密,因此熟化速度慢,当石灰中含有过火石灰时,它将在石灰浆体硬化以后才发生水化作用,于是会因产生膨胀而引起崩裂或隆起现象。因此,为消除上述现象,应将熟化后的石灰浆(膏)在消化池中贮存 2～3 周,即所谓陈伏。陈伏期间,石灰膏表面应有一层清水,以隔绝空气,防止熟石灰与空气中的 CO_2 作用产生碳化。

生石灰熟化成石灰粉,常采用淋灰的方法,即每堆放半米高的生石灰块,淋 60%～80% 的水,分层堆放再淋水,以能充分消解而又不过湿成团为度,消石灰粉在使用以前,也应有类似石灰浆的陈伏时间。

2. 石灰的硬化

石灰浆体的硬化过程包括干燥硬化和碳化硬化两部分。

(1) 干燥硬化

石灰浆体在干燥过程中,因水分蒸发形成孔隙网,这时,留在孔隙内的自由水,由于水的表

184

面张力,在孔隙最窄处形成凹形弯月面,从而产生毛细管压力,使石灰颗粒更加紧密而获得强度。这种强度类似黏土失水后而获得的强度,其值不大;而且,当再遇水时又会丧失此部分强度。

在干燥过程中,因水分蒸发还会引起 $Ca(OH)_2$ 溶液过饱和而结晶析出,并产生强度,但因析出的晶体数量很少,所以强度不高。

(2) 碳化硬化

氢氧化钙与空气中的二氧化碳化合生成碳酸钙结晶,并释出水分,称为碳化,其反应如下:

$$Ca(OH)_2 + CO_2 + nH_2O \Longrightarrow CaCO_3 + (n+1)H_2O$$

碳化作用实际是二氧化碳与水形成碳酸,然后与氢氧化钙反应生成碳酸钙,如果含水量过小,处于干燥状态时,碳化反应几乎停止。若含水过多,孔隙中几乎充满水,二氧化碳气体渗透量少,碳化作用只在表层进行,所以碳化作用只有在孔壁充水,而孔中无水时,碳化作用才能进行较快。当材料表面形成的碳酸钙达到一定厚度时,阻止了水分和 CO_2 的渗入,此时碳化作用极为缓慢;并且由于碳酸钙层阻止了内部水分的脱出,使氢氧化钙结晶速度缓慢,这就是石灰凝结硬化慢的原因。

三、石灰的特性、质量要求与应用

1. 石灰的特性

石灰与其他胶凝材料相比有如下特性:

(1) 保水性好

熟石灰粉或石灰膏与水拌和后,保持水分不泌出的能力较强,即保水性好。氢氧化钙颗粒极细(直径约为 $1~\mu m$),其表面吸附一层较厚的水膜,由于颗粒数量多,总表面积大,可吸附大量水,这是石灰保水性较好的主要原因。利用这一性质,将它掺入水泥砂浆中,配制成混合砂浆,可以克服水泥砂浆保水性差的缺点。

(2) 凝结硬化慢,强度低

由于空气中二氧化碳的含量低,而且碳化后形成的碳酸钙硬壳阻止二氧化碳向内部渗透,也妨碍水分向外蒸发,结果使 $CaCO_3$ 和 $Ca(OH)_2$ 结晶体生成量少且缓慢;已硬化的石灰强度很低,如以 $1:3$ 配成的石灰砂浆,28 d 强度通常只有 $0.2 \sim 0.5~MPa$。

(3) 耐水性差

由于石灰浆体硬化慢,强度低,当尚未硬化的石灰浆体处于潮湿环境中,石灰中水分蒸发不出去,将停止硬化;已硬化的石灰,由于 $Ca(OH)_2$ 可溶于水,因而耐水性差。

(4) 体积收缩大

石灰浆体凝结硬化过程中,蒸发出大量水分,由于毛细管失水收缩,引起体积紧缩,此收缩变形会使制品开裂,因此石灰不宜单独使用。

2. 石灰的品质要求

生石灰的质量是以石灰中活性氧化钙和氧化镁、过火和欠火石灰及其他杂质含量多少作为主要指标。熟石灰的品质指标,除上述两项外,还要检验其细度大小及含水率。按《建筑生石灰》(JC/T479—2013)和《建筑消石灰》(JC/T 481—2013)将生石灰和熟石灰粉各分为三等(见表 6-1～表 6-6)。

表 6-1　建筑生石灰的分类

类别	名称	代号
钙质石灰	钙质石灰 90	CL 90
	钙质石灰 85	CL 85
	钙质石灰 75	CL 75
镁质石灰	镁质石灰 85	ML 85
	镁质石灰 80	ML 80

表 6-2　建筑生石灰的化学成分　　　　　　　　　　　　　%

名称	（氧化钙＋氧化镁）（CaO＋MgO）	氧化镁（MgO）	二氧化碳（CO_2）	三氧化硫（SO_3）
CL 90-Q CL 90-QP	≥90	≤5	≤4	≤2
CL 85-Q CL 85-QP	≥85	≤5	≤7	≤2
CL 75-Q CL 75-QP	≥75	≤5	≤12	≤2
ML 85-Q ML 85-QP	≥85	>5	≤7	≤2
ML 80-Q ML 80-QP	≥80	>5	≤7	≤2

表 6-3　建筑生石灰的物理性质

名称	产浆量/($dm^3 \cdot 10\ kg^{-1}$)	细度	
		0.2 mm 筛余量/%	90 μm 筛余量/%
CL 90-Q	≥26	—	—
CL 90-QP	—	≤2	≤7
CL 85-Q	≥26	—	—
CL 85-QP	—	≤2	≤7
CL 75-Q	≥26	—	—
CL 75-QP	—	≤2	≤7
ML 85-Q	—	—	—
ML 85-QP		≤2	≤7
ML 80-Q	—	—	—
ML 80-QP		≤7	≤2

注：其他物理特性，根据用户要求，可按照 JC/T 478.1 进行测试

表 6-4 建筑消石灰的分类

类别	名称	代号
钙质消石灰	钙质消石灰 90	HCL 90
	钙质消石灰 85	HCL 85
	钙质消石灰 75	HCL 75
镁质消石灰	镁质消石灰 85	HML 85
	镁质消石灰 80	HML 80

表 6-5 建筑消石灰的化学成分   %

名称	（氧化钙＋氧化镁）（CaO＋MgO）	氧化镁（MgO）	三氧化硫（SO₃）
HCL 90 HCL 85 HCL 75	≥90 ≥85 ≥75	≤5	≤2
HML 85 HML 80	≥85 ≥80	>5	≤2

注：表中数值以试样扣除游离水和化学结合水后的干基为基准。

表 6-6 建筑消石灰的物理性质

名称	游离水/%	细度		安定性
		0.2 mm 筛余量/%	90 μm 筛余量/%	
HCL 90	≤2	≤2	≤7	合格
HCL 85				
HCL 75				
HML 85				
HML 80				

在道路工程中,石灰常用于稳定和处治土类材料,用于路基或底基层,根据《公路路面基层施工技术细则》(JTG/T F20—2015)路用石灰分为Ⅰ、Ⅱ、Ⅲ级,其具体要求如表6-7、表6-8。

表 6-7 生石灰技术要求

指标	钙质生石灰			镁质生石灰			试验方法
	Ⅰ	Ⅱ	Ⅲ	Ⅰ	Ⅱ	Ⅲ	
有效氧化钙加氧化镁含量/%	≥85	≥80	≥70	≥80	≥75	≥65	T 0813
未消化残渣含量/%	≤7	≤11	≤17	≤10	≤14	≤20	T 0815
钙镁石灰的分类界限,氧化镁含量/%	≤5			>5			T 0812

表 6-8　消石灰技术要求

指标		钙质消石灰			镁质消石灰			试验方法
		Ⅰ	Ⅱ	Ⅲ	Ⅰ	Ⅱ	Ⅲ	
有效氧化钙加氧化镁含量/%		≥65	≥60	≥55	≥60	≥55	≥50	T 0813
含水率/%		≤4	≤4	≤4	≤4	≤4	≤4	T 0801
细度	0.60 mm方孔筛的筛余/%	0	≤1	≤1	0	≤1	≤1	T 0814
	0.15 mm方孔筛的筛余/%	≤13	≤20	—	≤13	≤20	—	T 0814
钙镁石灰的分类界限,氧化镁含量/%			≤4			>4		T 0812

3. 石灰的应用

石灰在建筑上应用范围很广,常用于组成下列建筑材料和制品:

(1)石灰乳涂料和砂浆

熟石灰粉或石灰膏掺加大量水,可配成石灰乳涂料,用于内墙及天棚的粉刷。

用石灰膏或熟石灰粉配制的石灰砂浆或水泥石灰砂浆是建筑工程中用量最大的材料之一。

(2)灰土和三合土

熟石灰粉与黏土配合成为灰土,再加入砂即成三合土。灰土或三合土经过夯实,可获得一定的强度和耐水性,广泛用作建筑物基础或地面的垫层。

(3)硅酸盐制品

硅酸盐制品是以石灰(熟石灰粉或磨细的生石灰)与硅质材料(如砂、粉煤灰、火山灰、煤矸石等)为主要原料,经过配料、拌和、成型、养护(常压蒸汽养护或高压蒸汽养护)等工序制得的制品。因其内部的胶凝物质基本上是水化硅酸钙,所以统称为硅酸盐制品,常用的有蒸养粉煤灰砖及砌块、蒸压灰砂砖及砌块等。

应用石灰时应注意存放,块状生石灰放置太久,会吸收空气中的水分熟化成熟石灰粉,再与空气中二氧化碳作用而成为碳酸钙,失去胶结能力。石灰最好存放在封闭严密的仓库中,防潮防水。另外,存期不宜过长,如需长期存放,可熟化成石灰膏后用砂子铺盖防止碳化。块灰在运输时,应尽量用带棚车或用帆布盖好,防止水淋自行熟化,放热过高引起火灾。

§6-2　硅酸盐水泥的生产

水泥是一种应用广泛的胶凝材料,它与石灰不同,水泥不仅能在空气中硬化,而且在水中也能硬化,保持并继续增长其强度,因此称为水硬性胶凝材料。水泥是土木行业的基本材料,使用广、用量大,素有"建筑业的粮食"之称。

1824年英国泥瓦工 Joseph A spdin 首先取得了生产硅酸盐水泥的专利,因这种水泥的颜色酷似英国的"波特兰石",所以被命名为波特兰水泥,我国称为硅酸盐水泥。水泥的生产和使用在世界上已有190多年的历史。目前,世界上水泥的品种已达200多种。新中国成立后,我国水泥产量快速上升,1985年我国水泥产量已跃居世界第一位,品种亦达70多种。同时在水泥生产中不断发展新技术、新工艺,促进了水泥工业的技术进步。但也应该看到,与世界先进水平相比,我国水泥工业尚存在不少问题,如生产技术落后,经济效益差,人均产量低,供需矛盾突出,不能满足建设要求等。今后,要在现有的基础上,提高质量,减少能耗,降低成本。

目前我国水泥品种虽然很多,但大量使用的是通用硅酸盐水泥,又分为硅酸盐水泥、普通硅酸盐水泥、矿渣硅酸盐水泥、火山灰质硅酸盐水泥、粉煤灰硅酸盐水泥和复合硅酸盐水泥。本章以硅酸盐水泥为主要内容,在此基础上介绍其他品种水泥的特点。

一、硅酸盐水泥生产过程

根据《通用硅酸盐水泥》(GB175—2007),凡是由硅酸盐水泥熟料、0~5％石灰石或粒化高炉矿渣、适量石膏磨细制成的水硬性胶凝材料,称为硅酸盐水泥(即国外通称的波特兰水泥)。硅酸盐水泥分两种类型,不掺混合材料的称Ⅰ型硅酸盐水泥,代号 P·Ⅰ。在硅酸盐水泥粉磨时掺加不超过水泥质量 5％的石灰石或粒化高炉矿渣混合材料的称Ⅱ型硅酸盐水泥,代号 P·Ⅱ。

生产硅酸盐水泥的原料主要是石灰质原料和黏土质原料。石灰质原料提供氧化钙,它可以采用石灰石、白垩、石灰质凝灰岩等。黏土质原料主要提供 SiO_2、Al_2O_3 及少量 Fe_2O_3,可以采用黏土、页岩等。有时还需配入辅助原料,如铁矿石等。

硅酸盐水泥简单生产过程如下:

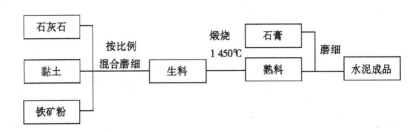

生产水泥时,首先将几种原材料按适当比例混合后在磨机中磨细,制成生料,然后将生料入窑进行煅烧。煅烧后获得的黑色球状物即为熟料,熟料与少量石膏混合磨细即成水泥。煅烧是制成水泥的主要过程,熟料中矿物的组成都是在这一过程中形成的。煅烧时,首先是生料脱水和分解出 CaO、SiO_2、Al_2O_3、Fe_2O_3,然后,在更高的温度下,CaO 与 SiO_2、Al_2O_3、Fe_2O_3 相结合,形成新的化合物,称为水泥熟料矿物。

二、硅酸盐水泥熟料矿物组成及其特性

硅酸盐水泥熟料是指由主要含有 CaO、SiO_2、Al_2O_3、Fe_2O_3 的原料,按适当比例磨成细粉烧至熔融所得以硅酸钙为主要矿物成分的水硬性胶凝物质;其中硅酸钙矿物不小于 66％,氧化钙和氧化硅质量比不小于 2.0。

硅酸盐水泥熟料主要矿物的名称和含量范围如下:
硅酸三钙($3CaO·SiO_2$,简写为 C_3S),含量 36％~60％;
硅酸二钙($2CaO·SiO_2$,简写为 C_2S),含量 15％~37％;
铝酸三钙($3CaO·Al_2O_3$,简写为 C_3A),含量 7％~15％;
铁铝酸四钙($4CaO·Al_2O_3·Fe_2O_3$,简写为 C_4AF),含量 10％~18％。

前两种矿物称硅酸盐矿物,一般占总量的 75％~82％。后两种矿物称溶剂矿物,一般占总量的 18％~25％。

各种矿物单独与水作用时所表现出的特性如表 6-9 所示。

表 6-9　硅酸盐水泥熟料主要矿物的特性

性能指标		熟料矿物			
		C_3S	C_2S	C_3A	C_4AF
水化速率		快	慢	最快	快,仅次于C_3A
凝结硬化速率		快	慢	快	快
放 热 量		多	少	最多	中
强度	早期	高	低	低	低
	后期	高	高	低	低

表中所列各种矿物的放热量和强度,是指全部放热量和最终强度,至于其发展规律则如图 6-2 和图 6-3 所示。

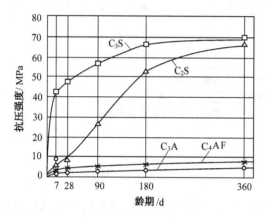

图 6-2　水泥熟料在硬化时的强度增长曲线

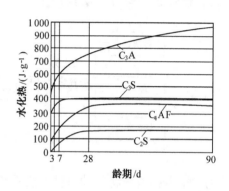

图 6-3　水泥熟料在硬化时的放热曲线

水泥熟料是由各种不同特性的矿物所组成的混合物。因此,改变熟料矿物成分之间的比例,水泥的性质即会发生相应的变化。例如,要使水泥具有凝结硬化快、强度高的性能,就必须适当提高熟料中 C_3S 和 C_3A 的含量;要使水泥具有较低的水化热,就应降低 C_3A 和 C_3S 的含量。

§6-3　硅酸盐水泥的水化反应与凝结硬化

水泥加水拌和后,最初形成具有可塑性又有流动性的浆体,经过一定时间,水泥浆体逐渐变稠失去塑性,这一过程称为凝结。随时间继续增长,水泥产生强度且逐渐提高,并变成坚硬的石状物体——水泥石,这一过程称为硬化。水泥凝结与硬化是一个连续的复杂的物理化学变化过程,这些变化决定了水泥一系列的技术性能。因此,了解水泥的凝结与硬化过程,对于了解水泥的性能有着重要的意义。

一、硅酸盐水泥的水化产物

水泥颗粒与水接触后,水泥熟料中各矿物立即与水发生水化作用,生成新的水化物,并放出一定的热量。

1. 硅酸三钙

水泥熟料矿物中,硅酸三钙含量最高。硅酸三钙与水作用时,反应较快,水化放热量大,生成水化硅酸钙及氢氧化钙:

$$2(3CaO \cdot SiO_2) + 6H_2O == 3CaO \cdot 2SiO_2 \cdot 3H_2O + 3Ca(OH)_2$$

$$\quad\quad 硅酸三钙 \quad\quad\quad\quad\quad\quad\quad 水化硅酸钙 \quad\quad\quad\quad\quad 氢氧化钙$$

水化硅酸钙几乎不溶于水,而立即以胶体微粒析出,并逐渐凝聚而成为凝胶。氢氧化钙呈六方晶体,它易溶于水。由于氢氧化钙的生成、溶解,使溶液的石灰浓度很快达到饱和状态。因此,水泥各矿物成分的水化主要是在石灰饱和溶液中进行的。

2. 硅酸二钙

硅酸二钙与水作用时,反应较慢,水化放热小,生成水化硅酸钙,也有氢氧化钙析出:

$$2(2CaO \cdot SiO_2) + 4H_2O == 3CaO \cdot 2SiO_2 \cdot 3H_2O + Ca(OH)_2$$

$$\quad\quad 硅酸二钙 \quad\quad\quad\quad\quad\quad\quad 水化硅酸钙 \quad\quad\quad\quad\quad 氢氧化钙$$

3. 铝酸三钙

铝酸三钙与水作用时,反应极快,水化放热甚大,生成水化铝酸三钙:

$$3CaO \cdot Al_2O_3 + 6H_2O == 3CaO \cdot Al_2O_3 \cdot 6H_2O$$

$$\quad\quad 铝酸三钙 \quad\quad\quad\quad\quad\quad\quad 水化铝酸三钙$$

水化铝酸三钙为立方晶体,它易溶于水。

4. 铁铝酸四钙

铁铝酸四钙与水作用时,反应也较快,水化放热中等,生成水化铝酸三钙及水化铁酸钙:

$$4CaO \cdot Al_2O_3 \cdot Fe_2O_3 + 7H_2O == 3CaO \cdot Al_2O_3 \cdot 6H_2O + CaO \cdot Fe_2O_3 \cdot H_2O$$

$$\quad\quad 铁铝酸四钙 \quad\quad\quad\quad\quad\quad\quad\quad 水化铝酸三钙 \quad\quad\quad\quad 水化铁酸钙$$

水化铁酸钙为凝胶。

此外,为调节水泥凝结时间而掺入的少量石膏,会与C_3A作用,生成一种含大量结晶水的水化硫铝酸钙,也称钙矾石:

$$3CaO \cdot Al_2O_3 + 3(CaSO_4 \cdot 2H_2O) + 26H_2O == 3CaO \cdot Al_2O_3 \cdot 3CaSO_4 \cdot 32H_2O$$

$$\quad\quad\quad\quad\quad\quad\quad\quad\quad\quad\quad\quad\quad 水化硫铝酸钙$$

钙矾石呈针状晶体,它难溶于水。

综上所述,如果忽略一些次要的和少量的成分,则硅酸盐水泥与水作用后,生成的主要水化产物有水化硅酸钙和氢氧化钙、水化铁酸钙凝胶,水化铝酸钙和水化硫铝酸钙。在完全水化的水泥石中,水化硅酸钙约占70%,氢氧化钙约占20%,钙矾石和单硫型水化硫铝酸钙约占7%。

二、水泥的凝结硬化过程

水泥的凝结硬化过程是很复杂的物理化学变化过程。自1882年以来,世界各国学者对水泥凝结硬化的理论经过了一百多年的研究,至今仍持有各种论点。下面仅作简单介绍。

水泥加水拌和后,水泥颗粒分散在水中,成为水泥浆体(图6-4a)。

水泥的水化反应首先在水泥颗粒表面剧烈地进行,生成的水化物溶于水中。此种作用继续下去,使水泥颗粒周围的溶液很快地成为水化产物的饱和溶液。

此后,水泥继续水化,在饱和溶液中生成的水化产物,便从溶液中析出,包在水泥颗粒表面。水化产物中的氢氧化钙、水化铝酸钙和水化硫铝酸钙是结晶程度较高的物质,而数量多的水化硅酸钙则是大小为$(10 \sim 1\,000) \times 10^{-10}$ m的粒子(或结晶),比表面积很大,相当于胶体物质,胶体凝聚便形成凝胶体。由此可见,水泥水化物中有凝胶和晶体。以水化硅酸钙凝胶为主体,其中分布着氢氧化钙等晶体的结构,通常称之为凝胶体。

水化开始时,由于水化物尚不多,包有凝胶体膜层的水泥颗粒之间还是分离着的,相互间引力较小,此时水泥浆具有良好的塑性(图6-4b)。

随着水泥颗粒不断水化,凝胶体膜层不断增厚而破裂,并继续扩展,在水泥颗粒之间形成了网状结构,水泥浆体逐渐变稠,黏度不断增高,失去塑性,这就是水泥的凝结过程(图6-4c)。

以上过程不断地进行,水化产物不断生成并填充颗粒之间空隙,毛细孔越来越少,使结构更加紧密,水泥浆体逐渐产生强度而进入硬化阶段(图6-4d)。

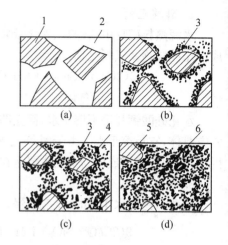

图6-4　水泥凝结硬化过程示意
(a) 分散在水中未水化的水泥颗粒;
(b) 在水泥颗粒表面形成水化物膜层;
(c) 膜层长大并互相连接(凝结);
(d) 水化物进一步发展,填充毛细孔(硬化)
1—水泥颗粒;2—水分;3—凝胶;4—晶体;
5—水泥颗粒的未水化内核;6—毛细孔

由上述可见,水泥的水化反应是由颗粒表面逐渐深入到内层的。当水化物增多时,堆积在水泥颗粒周围的水化物不断增加,以致阻碍水分继续透入,使水泥颗粒内部的水化愈来愈困难,经过长时间(几个月,甚至几年)的水化以后,多数颗粒仍剩余尚未水化的内核。因此,硬化后的水泥石是由凝胶体(凝胶和晶体)、未水化水泥颗粒内核和毛细孔组成的不匀质结构体。

关于熟料矿物在水泥石强度发展过程中所起的作用,可以认为,硅酸三钙在最初约四个星期以内对水泥石强度起决定性作用;硅酸二钙在大约四个星期以后才发挥其强度作用,大约经过一年,与硅酸三钙对水泥石强度发挥相等的作用;铝酸三钙在$1 \sim 3$ d或稍长的时间内对水泥石强度起有益作用。目前对铁铝酸四钙在水泥水化时所起的作用,认识上还存在分歧,各方面试验结果也有较大差异。但现有研究认为铁铝酸四钙对于提高砼的抗折强度有益,因此是道路水泥的重要成分。

三、影响水泥凝结硬化的主要因素

水泥的凝结硬化过程除受本身的矿物组成影响外,尚受以下因素的影响:

1. 细度

细度即磨细程度,水泥颗粒越细,总表面积越大,与水接触的面积也越大,则水化速度越快,凝结硬化也越快。

2. 石膏掺量

水泥中掺入石膏,可调节水泥凝结硬化的速度。在磨细水泥熟料时,若不掺入少量石膏,则所获得的水泥浆可在很短时间内迅速凝结。这是由于铝酸钙可电离出三价铝离子(Al^{3+}),

而高价离子会促进胶体凝聚。当掺入少量石膏后,石膏将与铝酸三钙作用,生成难溶的水化硫铝酸钙晶体(钙矾石),减少了溶液中的铝离子,延缓了水泥浆体的凝结速度,但石膏掺量不能过多,过多的石膏不仅缓凝作用不大,还会引起水泥安定性不良。

合理的石膏掺量,主要决定于水泥中铝酸三钙的含量及石膏中三氧化硫的含量。一般掺量约占水泥重量的3%～5%,具体掺量需通过试验确定。

3. 养护时间(龄期)

随着时间的延续,水泥的水化程度在不断增大,水化产物也不断增加。因此,水泥石强度的发展是随龄期而增长的。一般在28 d内强度发展最快,28 d后显著减慢。但只要在温暖与潮湿的环境中,水泥强度的增长可延续几年,甚至几十年。

4. 温度和湿度

温度对水泥的凝结硬化有着明显的影响。提高温度可加速水化反应,通常提高温度可加速硅酸盐水泥的早期水化,使早期强度能较快发展,但后期强度反而可能有所降低。在较低温度下硬化时,虽然硬化缓慢,但水化产物较致密,所以可获得较高的最终强度。当温度降至负温时,水化反应停止,由于水分结冰,会导致水泥石冻裂,破坏其结构。温度的影响主要表现在水泥水化的早期阶段,对后期影响不大。

水泥的水化反应及凝结硬化过程必须在水分充足的条件下进行。环境湿度大,水分不易蒸发,水泥的水化及凝结硬化就能够保持足够的化学用水。如果环境干燥,水泥浆中的水分蒸发过快,当水分蒸发完后,水化作用将无法进行,硬化即行停止,强度不再增长,甚至还会在制品表面产生干缩裂缝。

因此,使用水泥时必须注意养护,使水泥在适宜的温度及湿度环境中进行硬化,从而不断增长其强度。

§6-4　硅酸盐水泥的技术性质与应用

水泥在土木工程上主要用以配制砂浆和混凝土,作为大量应用的建筑材料,国家标准对其各项性能有着明确的规定和要求。

一、细度

细度是指水泥颗粒的粗细程度。如前所述,水泥颗粒的粗细对水泥的性质有很大的影响。颗粒越细水泥的表面积就越大,因而水化较快也较充分,水泥的早期强度和后期强度都较高。但磨制特细的水泥将消耗较多的粉磨能量,成本增高,而且在空气中硬化时收缩也较大。

水泥的细度既可用筛余量表示,也可用比表面积来表示。比表面积即单位质量水泥颗粒的总表面积(cm^2/g)。比表面积越大,表明水泥颗粒越细。用透气式比表面积仪测定时,硅酸盐水泥的比表面积通常为3 000 cm^2/g以上。

国家标准《通用硅酸盐水泥》(GB175—2007)规定,硅酸盐水泥和普通硅酸盐水泥的细度以比表面积表示,其比表面积须大于300 m^2/kg;矿渣水泥、粉煤灰水泥、火山灰水泥和复合水泥的细度用筛析法检验,要求0.080 mm方孔筛筛余量不得超过10.0%或0.045 mm方孔筛的筛余量不超过30%。凡水泥细度不符合规定者为不合格品。

二、标准稠度需水量

标准稠度需水量是指水泥拌制成特定的塑性状态(标准稠度)时所需的用水量(以占水泥质量的百分数表示),也称需水量。由于用水量多少对水泥的一些技术性质(如凝结时间)有很大影响,所以测定这些性质必须采用标准稠度需水量,这样测定的结果才有可比性。

硅酸盐水泥的标准稠度需水量与矿物组成及细度有关,一般在 24%～30% 之间。

三、凝结时间

水泥的凝结时间分初凝时间和终凝时间。初凝时间为自水泥加水拌和时起,到水泥浆(标准稠度)开始失去可塑性为止所需的时间。终凝时间为自水泥加水拌和时起,至水泥浆完全失去可塑性并开始产生强度所需的时间。

水泥的凝结时间在施工中具有重要意义。初凝的时间不宜过快,以便有足够的时间对混凝土进行搅拌、运输和浇注。当施工完毕之后,则要求混凝土尽快硬化,产生强度,以利下一步施工工作的进行。为此,水泥终凝时间又不宜过迟。

水泥凝结时间的测定,是以标准稠度的水泥净浆,在规定温度和湿度条件下,用凝结时间测定仪进行。国家标准(GB175—2007)规定,硅酸盐水泥的初凝时间不得早于 45 min,终凝时间不得迟于 6.5 h。实际上,硅酸盐水泥的初凝时间一般为 1～3 h,终凝时间为 5～8 h。凡初凝时间不符合规定者为废品,终凝时间不符合规定者为不合格品。

四、体积安定性(安定性)

水泥的体积安定性是指水泥在凝结硬化过程中,体积变化的均匀性。如水泥硬化后产生不均匀的体积变化,即为体积安定性不良。使用安定性不良的水泥,会使构件产生膨胀性裂缝,降低工程质量,甚至引起严重事故。

引起体积安定性不良的原因是水泥中含有过多的游离氧化钙和游离氧化镁,以及水泥粉磨时所掺入石膏超量。熟料中的游离氧化钙和游离氧化镁是在高温下生成的,属过烧石灰。水化很慢,在水泥已经凝结硬化后才进行水化,这时产生体积膨胀,破坏已经硬化的水泥石结构,出现龟裂、弯曲、松脆、崩溃等现象。

当水泥熟料中石膏掺量过多时,在水泥硬化后,其三氧化硫离子还会继续与固态的水化铝酸钙反应生成水化硫铝酸钙,体积膨胀引起水泥石开裂。

国家标准规定,安定性的测定方法可以用试饼法也可用雷氏法。试饼法是观察水泥净浆试饼沸煮后的外形变化,目测试饼未发现裂缝,也没有弯曲,即认为安定性合格。雷氏法是测定水泥净浆在雷氏夹中沸煮后的膨胀值,若两个试件沸煮后的膨胀平均值不大于 5 mm,即认为安定性合格。当试饼法与雷氏法有争议时以雷氏法为准。

游离氧化钙引起的安定性不良,必须采用沸煮法检验。由游离氧化镁引起的安定性不良,必须采用压蒸法才能检验出来,因为游离氧化镁的水化比游离氧化钙更缓慢。由三氧化硫造成的安定性不良,则需长期浸在常温水中才能发现。由于这两种原因引起的安定性不良均不便于检验,所以国家标准规定,在硅酸盐水泥中氧化镁含量不得超过 5.0%,三氧化硫含量不得超过 3.0%(P. I)或3.5%(P. II),以保证水泥安定性良好。

五、强度

强度是选用水泥的主要技术指标。水泥的强度主要取决于熟料的矿物成分和细度。由于水泥在硬化过程中强度是逐渐增长的,所以常以不同龄期强度表明水泥强度的增长速率。

目前我国测定水泥强度的试验按照《水泥胶砂强度检验方法》GB/T17671—1999进行。该法是将水泥、标准砂及水按规定比例拌制成塑性水泥胶砂,并按规定方法制成 4 cm×4 cm×16 cm 的试件,在标准温度(20℃±1℃)的水中养护,测定其抗折及抗压强度。按国家标准《通用硅酸盐水泥》(GB175—2007)的规定,根据 3 d、28 d 的抗折强度及抗压强度将硅酸盐水泥分为 42.5、52.5、62.5 三个强度等级,按早期强度大小各强度等级又分为两种类型,冠以"R"的属早强型。各强度等级、各类型水泥的各龄期强度不得低于表 6-10 中的数值,如有一项指标低于表中数值,则应降低强度等级使用。

表 6-10　硅酸盐水泥各龄期的强度要求(GB175—2007)

品种	强度等级	抗压强度/MPa		抗折强度/MPa	
		3 d	28 d	3 d	28 d
硅酸盐水泥	42.5	≥17.0	≥42.5	≥3.5	≥6.5
	42.5R	≥22.0	≥42.5	≥4.0	≥6.5
	52.5	≥23.0	≥52.5	≥4.0	≥7.0
	52.5R	≥27.0	≥52.5	≥5.0	≥7.0
	62.5	≥28.0	≥62.5	≥5.0	≥8.0
	62.5R	≥32.0	≥62.5	≥5.5	≥8.0

抗折试验采用杠杆式抗折试验机,以 50 N/s 的加载速度加载直至试件折断,记录断裂时的荷载,按下式计算试件的抗折强度。

$$R_f = \frac{1.5F_f \cdot L}{b^3}$$

式中　R_f——抗折强度(MPa);

　　　F_f——破坏荷载(N);

　　　L——支撑圆柱中心距,为 100 mm;

　　　b——试件断面正方形的边长,为 40 mm。

抗折强度计算值精确到 0.1 MPa。抗折强度结果取三个试件平均值,精确到 0.1 MPa;当强度值中有超过平均值±10%的,应剔除后再平均,以平均值作为抗折强度试验结果。

抗折试验后的断块应立即进行抗压试验,抗压试验采用专用抗压夹具进行。试件受压面为试件成型时的两个侧面,受压面积为 40 mm×40 mm。压力机加荷速度应控制在 2 400 N/s 左右,抗压强度按下式计算:

$$R_C = \frac{F_C}{A}$$

式中　R_C——抗压强度(MPa);

　　　F_C——破坏荷载(N);

　　　A——受压面积,为 40 mm×40 mm=1 600 mm^2。

抗压强度计算值精确到 0.1 MPa。抗压强度结果为一组 6 个断块试件抗压强度的平均值,精确到 0.1 MPa。如果 6 个强度值中有 1 个超过平均值±10%的,应剔除后以剩下的 5 个值的平均值作为最后结果。如果5个值中再有超过平均值±10%的则此组试验无效。

六、水化热

水泥在水化过程中所放出的热量,称为水泥的水化热。大部分的水化热是在水化初期(7 d内)放出的,以后则逐步减少。水泥放热量的大小及速度,首先取决于水泥熟料的矿物组成和细度。冬季施工时,水化热有利于水泥的正常凝结硬化。对大体积混凝土工程,如大型基础、大坝、桥墩等,水化热大是不利的。因积聚在内部的水化热不易散出,常使内部温度高达50~60℃。由于混凝土表面散热很快,内外温差引起的应力,可使混凝土产生裂缝。因此对大体积混凝土工程,应采用水化热较低的水泥。

七、碱含量

水泥中的碱含量按 $Na_2O+0.658K_2O$ 计算值来表示。碱对水泥的很多性能都产生影响,适量的碱含量有利于促进水泥水化的发展速度。若使用活性骨料,用户要求提供低碱水泥时,水泥中碱含量不得大于0.60%,或由供需双方商定。

八、密度与容重

在计算组成混凝土的各项材料用量和储运水泥时,往往需要知道水泥的密度和容重。硅酸盐水泥的密度为3.0~3.15 g/cm³,通常采用3.1 g/cm³。容重除与矿物组成及粉磨细度有关外,主要取决于水泥的紧密程度,松堆状态为1 000~1 100 kg/m³,紧密时可达1 600 kg/m³。在配制混凝土和砂浆时,水泥堆积密度可取1 200~1 300 kg/m³。

九、硅酸盐水泥的腐蚀

硅酸盐水泥硬化后,在通常的使用条件下有较高的耐久性。有些100~150年以前建造的水泥混凝土建筑,至今仍无丝毫损坏的迹象。长龄期试验结果表明,30~50年后,水泥混凝土的抗压强度比28 d时会提高30%左右,有的甚至还高。但是,在某些介质中,水泥石中的各种水化产物会与介质发生各种物理化学作用,导致混凝土强度降低,甚至遭到破坏。

1. 水泥石腐蚀的原因

水泥石腐蚀的原因很多,下面仅就几种典型介质对水泥石的腐蚀加以介绍。

(1)软水侵蚀(溶出性侵蚀)

软水是指暂时硬度较小的水。暂时硬度是以每升水中重碳酸盐含量来计算,当含量为10 mg(按CaO计)时,称为1度。暂时硬度低的水称为软水,如雨水、雪水、工厂冷凝水及含重碳酸盐少的河水和湖水等。

水泥是水硬性胶凝材料,有足够的抗水能力。但当水泥石长期与软水相接触时,其中一些水化物将按照溶解度的大小,依次逐渐被水溶解。在各种水化物中,氢氧化钙的溶解度最大(25℃时约为1.2 g/L),所以首先被溶解。如在静水及无水压的情况下,由于周围的水迅速被溶出的氢氧化钙所饱和,溶出作用很快终止,所以溶出仅限于表面,影响不大。但在流动水中,特别是在有水压作用而且水泥石的渗透性又较大的情况下,水流不断将氢氧化钙溶出并带走,降低了周围氢氧化钙的浓度。随氢氧化钙浓度的降低,其他水化产物,如水化硅酸钙、水化铝酸钙等,亦将发生分解,使水泥石结构遭到破坏,强度不断降低,最后引起整个建筑物的毁坏。

有人发现,当氢氧化钙溶出 5% 时,强度下降 7%,溶出 24% 时,强度下降 29%。

当环境水的水质较硬,即水中重碳酸盐含量较高时,可与水泥石中的氢氧化钙起作用,生成几乎不溶于水的碳酸钙:

$$Ca(OH)_2 + Ca(HCO_3)_2 \Longrightarrow 2CaCO_3 + 2H_2O$$

生成的碳酸钙积聚在水泥石的孔隙内,形成密实的保护层,阻止介质水的渗入。所以,水的暂时硬度越高,对水泥腐蚀越小,反之,水质越软,腐蚀性越大。对密实性高的混凝土来说,溶出性侵蚀一般是发展很慢的。

(2) 硫酸盐腐蚀

在一般的河水和湖水中,硫酸盐含量不多。但在海水、盐沼水、地下水及某些工业污水中常含有钠、钾、铵等的硫酸盐,它们对水泥石有侵蚀作用。现以硫酸钠为例,硫酸钠与水泥石中的氢氧化钙作用,生成石膏:

$$Ca(OH)_2 + Na_2SO_4 \cdot 10H_2O \Longrightarrow CaSO_4 \cdot 2H_2O + NaOH + 8H_2O$$

然后,所生成的石膏与 C_3A 作用,生成钙矾石:

$$3CaO \cdot Al_2O_3 + 3(CaSO_4 \cdot 2H_2O) + 26H_2O \Longrightarrow 3CaO \cdot Al_2O_3 \cdot 3CaSO_4 \cdot 32H_2O$$

生成的钙矾石含有大量结晶水,其体积比原有体积增加 1.5 倍,由于是在已经固化的水泥石中发生上述反应,因此对水泥石产生巨大的破坏作用。钙矾石呈针状结晶,故常称为"水泥杆菌"。

需要指出的是,为了调节凝结时间而掺入水泥熟料中的石膏,也会生成钙矾石。但它是在水泥浆尚有一定的可塑性时,并且往往是在溶液中形成,故不致引起破坏作用。因此,钙矾石的形成是否会引起破坏作用,要依其反应时所处的条件而定。

当水中硫酸盐浓度较高时,生成的硫酸钙也会在水泥石的孔隙中直接结晶成二水石膏。二水石膏结晶时体积也增大,同样会产生膨胀应力,导致水泥石破坏。

(3) 镁盐腐蚀

在海水及地下水中常含有大量镁盐,主要是硫酸镁及氯化镁。它们与水泥石中的氢氧化钙起置换作用:

$$MgSO_4 + Ca(OH)_2 + 2H_2O \Longrightarrow CaSO_4 \cdot 2H_2O + Mg(OH)_2$$

$$MgCl_2 + Ca(OH)_2 \Longrightarrow CaCl_2 + Mg(OH)_2$$

生成的氢氧化镁松软而无胶结能力,氯化钙易溶于水,二水石膏则引起上述的硫酸盐破坏作用。

镁盐侵蚀的强烈程度,除决定于 Mg^{2+} 含量外,还与水中 SO_4^{2-} 含量有关,当水中同时含有 SO_4^{2-} 时,将产生镁盐与硫酸盐两种侵蚀,故显得特别严重。

(4) 碳酸性腐蚀

在大多数的天然水中通常总有一些游离的二氧化碳及其盐类,这种水对水泥没有侵蚀作用,但若游离的二氧化碳过多时,将会起破坏作用。首先,硬化水泥石中的氢氧化钙受到碳酸的作用,生成碳酸钙:

$$Ca(OH)_2 + CO_2 + H_2O \Longrightarrow CaCO_3 \cdot 2H_2O$$

由于水中含有较多的二氧化碳,它与生成的碳酸钙按下列可逆反应作用:

$$CaCO_3 + CO_2 + H_2O \rightleftharpoons Ca(HCO_3)_2$$

由于天然水中总有一些重碳酸钙,水中部分的二氧化碳与这些重碳酸钙保持平衡,这部分二氧化碳无侵蚀作用。当水中含有较多的二氧化碳,并超过平衡浓度时,上式反应向右进行,则水泥石中的氢氧化钙通过转变为易溶的重碳酸钙而溶失。随着氢氧化钙浓度的降低,还会导致水泥石中其他水化物的分解,使腐蚀作用进一步加剧。

(5) 一般酸性腐蚀

在工业废水、地下水、沼泽水中常含有无机酸和有机酸。各种酸类对水泥石有不同程度的腐蚀作用。它们与水泥石中的氢氧化钙作用后生成的化合物,或溶于水,或体积膨胀,而导致破坏。

例如,盐酸与水泥石中的氢氧化钙作用:

$$2HCl + Ca(OH)_2 \Longrightarrow CaCl_2 + 2H_2O$$

生成的氯化钙易溶于水。

硫酸与水泥石中的氢氧化钙作用:

$$H_2SO_4 + Ca(OH)_2 \Longrightarrow CaSO_4 \cdot 2H_2O$$

生成的二水石膏或者直接在水泥石孔隙中结晶发生膨胀,或者再与水泥石中的水化铝酸钙作用,生成水化硫铝酸钙,其破坏作用更大。

环境水中酸的氢离子浓度越大,即 pH 越小时,侵蚀性越严重。

上述各类型侵蚀作用,可以概括为下列三种破坏形式:

溶解浸析:主要是介质将水泥石中某些组分逐渐溶解带走,造成溶失性破坏。

离子交换:侵蚀性介质与水泥石的组分发生离子交换反应,生成容易溶解或是没有胶结能力的产物,破坏了原有的结构。

形成膨胀组分:在侵蚀性介质的作用下,所形成的盐类结晶长大时体积增加,产生有害的内应力,导致膨胀性破坏。

值得注意的是,在实际工程中,环境介质的影响往往是多方面的,很少只是单一因素造成的,而是几种腐蚀同时存在,互相影响。产生水泥石腐蚀的基本内因有二:一是水泥石中存有易被腐蚀的组分,即 $Ca(OH)_2$ 和水化铝酸钙;二是水泥石本身不密实,有很多毛细孔通道,侵蚀性介质易于进入其内部。因此,通过改善上述两点可有效提高水泥石的抗腐蚀性。

2. 水泥石腐蚀的防止

根据以上腐蚀原因的分析,可采取下列防止措施:

(1) 根据侵蚀环境特点,合理选用水泥品种

水泥石中引起腐蚀的组分主要是氢氧化钙和水化铝酸钙。当水泥石遭受软水等侵蚀时,可选用水化产物中氢氧化钙含量较少的水泥。水泥石如处在硫酸盐的腐蚀环境中,可采用铝酸三钙含量较低的抗硫酸盐水泥。在硅酸盐水泥熟料中掺入某些人工或天然矿物材料(混合材料)可提高水泥的抗腐蚀能力。

(2) 提高水泥石的密实程度

尽量提高水泥石的密实度,是阻止侵蚀介质深入内部的有力措施。水泥石越密实,抗渗能

力越强,环境的侵蚀介质就越难进入。许多工程因水泥混凝土不够密实而过早破坏。而在有些场合,即使所用的水泥品种不甚理想,但由于高度密实,也能使腐蚀减轻。值得提出的是,提高水泥石的密实性对于抵抗软水侵蚀具有更为明显的效果。

(3) 加做保护层

当侵蚀作用较强,采用上述措施也难以防止腐蚀时,可在水泥制品的表面加做一层耐腐蚀性高,且不透水的保护层。一般可用耐酸石料、耐酸陶瓷、玻璃、塑料、沥青等。

十、硅酸盐水泥的特性与应用

硅酸盐水泥的应用范围决定于它的特性。

1. 强度等级高、强度发展快

硅酸盐水泥强度等级比较高(42.5~62.5),主要用于地上、地下和水中重要结构的高强度混凝土和预应力混凝土工程。由于这种水泥硬化较快,还适用于早期强度要求高和冬季施工的混凝土工程。这是由于决定水泥石 28 d 以内强度的 C_3S 含量高以及凝结硬化速率高,同时对水泥早期强度有利的 C_3A 含量较高。

2. 抗冻性好

水泥石的抗冻性主要取决于它的孔隙率和孔隙特征。硅酸盐水泥如采用较小水灰比(水与水泥的质量比),并经充分养护,可获得密实的水泥石。因此,这种水泥适用于严寒地区遭受反复冻融的混凝土工程。

3. 耐腐蚀性差

硅酸盐水泥石中含有较多的氢氧化钙和水化铝酸钙,所以不宜用于受流动及压力水作用的混凝土工程,也不宜用于海水、矿物水等腐蚀性作用的工程。

4. 耐热性较差

硅酸盐水泥石的主要成分在高温下发生脱水和分解,结构遭受破坏。因而从理论上讲,硅酸盐水泥并不是理想的防火材料。此外,水泥石经高温作用后,氢氧化钙已经分解,如再受水润湿或长期置放时,由于石灰重新熟化,水泥石随即破坏。但应指出,在受热温度不高时(100~250℃),强度反而有所提高,因此时尚存有游离水,水化可继续进行,并且凝胶发生脱水,使得水泥石进一步密实。在实际受到火灾时,因混凝土导热系数较小,仅表面受到高温作用,内部温度仍很低,所以在时间很短的情况下,不致破坏。

5. 水化热高

硅酸盐水泥中 C_3S 及 C_3A 含量较多,它们的放热大,因而不宜用于大体积混凝土工程。

水泥在运输、装卸和保管过程中,要特别注意防水、防潮,并防止混入夹杂物,如果水泥直接着水(雨淋、水浸),会水化凝结成块,完全丧失胶结能力。这种变质的水泥已成废料,不能再用。

水泥贮存日久,易吸收空气中的水分和二氧化碳,在水泥颗粒表面进行缓慢的水化和碳化作用,从而丧失其胶结能力,降低强度,即使在条件良好的仓库里贮存,时间也不宜过长。一般贮存 3 个月后,水泥强度降低 10%~20%;6 个月后,约降低 15%~30%;1 年后约降低 25%~40%。因此,水泥自出厂至使用,不宜超过 6 个月。超过期限的,必须重新试验,鉴定后方可使用。细度大、强度等级高的水泥更易吸湿变质。

通常采用简易的直观方法查看水泥的结块情况,进行鉴别。水泥结块越多,表示受潮程度越重。

§6-5 掺混合材料硅酸盐水泥的组成与性能

一、混合材料

为了调整水泥强度等级,扩大使用范围,改善水泥的某些性能,增加水泥的品种和产量,充分利用工业废料,降低水泥成本,可以在硅酸盐水泥中掺入一定量的混合材料。所谓混合材料就是天然或人工的矿物材料,一般多采用磨细的天然岩石或工业废渣。

混合材料按其性能可分活性混合材料和非活性混合材料。

1. 活性混合材料

磨细的混合材料与石灰、石膏或硅酸盐水泥一起,加水拌和后能发生化学反应,生成有一定胶凝性的物质,且具有水硬性,这种混合材料称为活性混合材料。活性混合材料的这种性质称为火山灰性。因为最初发现火山灰具有这样的性质,因而得名。活性混合材料中一般均含有活性氧化硅和活性氧化铝,它们能与水泥水化生成的氢氧化钙作用,生成水硬性凝胶。属于活性混合材料的有粒化高炉矿渣、火山灰质混合材料和粉煤灰。

(1) 粒化高炉矿渣

高炉矿渣是冶炼生铁时的副产品,每生产 1 t 生铁,将排渣 0.30~1.0 t,它已成为建材工业的重要原料之一,是水泥工业活性混合材料的主要来源。粒化高炉矿渣是将炼铁高炉的熔融矿渣,经急速冷却处理而成的质地疏松、多孔的粒状物。一般用水淬方法进行急冷,故又称水淬高炉矿渣。粒化高炉矿渣的活性除取决于化学成分外,还取决于它的结构状态。粒化高炉矿渣在骤冷过程中,熔融矿渣任其自然冷却,就会凝固成块,呈结晶状态,活性极小,属非活性混合材料。

粒化高炉矿渣的化学成分有 CaO、MgO、Al_2O_3、SiO_2、Fe_2O_3 等氧化物和少量的硫化物。在一般矿渣中 CaO、SiO_2、Al_2O_3 含量占 90% 以上,其化学成分与硅酸盐水泥的化学成分相似,只不过 CaO 含量较低,而 SiO_2 含量偏高。

有关国家行业标准规定用质量系数(K)评定粒化高炉矿渣的质量,其含义为:

$$K = (CaO + MgO + Al_2O_3) / (SiO_2 + MnO + TiO_2)$$

质量系数反映了矿渣中活性组分与低活性和非活性组分之间的比例关系。质量系数越大,则矿渣的活性越高,国家标准规定,水泥用粒化高炉矿渣的质量系数不得小于 1.2。

(2) 火山灰质混合材料

它是以活性氧化硅和活性氧化铝为主要成分的矿物材料。火山灰质混合材料没有水硬性,但具有火山灰性,即在常温下能与石灰和水作用生成水硬性的水化物。

火山灰质混合材料的品种很多,天然的有火山灰、凝灰岩、浮石、沸石岩、硅藻土等;人工的有煤矸石、烧页岩、烧黏土、煤渣、硅质渣等。国家标准《用于水泥中的火山灰质混合材料》(GB/T 2847—2005)规定,水泥用火山灰质混合材的 SO_3 含量不得超过 3.5%;火山灰活性试验必须合格;水泥胶砂 28d 抗压强度比不小于 65%。

(3) 粉煤灰

粉煤灰是火力发电厂用煤粉作为发电的燃料所排出的废渣,是从煤粉炉烟道气体中收集的粉末。目前我国电力工业是以燃煤为主,每年排出粉煤灰量达 5 000 万 t 以上。随着电力工业的发展,其排出量还将逐年增加,如不加以很好地利用,就会占用农田,堵塞江河,污染环境。粉煤灰中含有较多的 SiO_2 和 Al_2O_3,两者总含量可达 60% 以上。由于它是由煤粉悬浮态燃烧后急冷而成,所以多呈直径为 $1\sim50\ \mu m$ 的实心或空心的玻璃态球粒状。就其化学成分和具有火山灰性来看,也属于火山灰质混合材料,但它是一种量大面广的工业废料,已引起各方面的重视,同时在性状上又有与其他火山灰质混合材料不同的特点,因此我国水泥标准中将其单独列出。

国家标准《用于水泥和混凝土中的粉煤灰》(GB/T 1596—2017)规定,用于水泥的粉煤灰分 F 类粉煤灰和 C 类粉煤灰两种,应满足表 6-11 的技术要求。

表 6-11　水泥活性混合材料用粉煤灰理化性能要求

项　　目		理化性能要求
烧失量(Loss)/%	F 类粉煤灰	≤8.0
	C 类粉煤灰	
含水量/%	F 类粉煤灰	≤1.0
	C 类粉煤灰	
三氧化硫(SO_3)质量分数/%	F 类粉煤灰	≤3.5
	C 类粉煤灰	
游离氧化钙(f-CaO)质量分数/%	F 类粉煤灰	≤1.0
	C 类粉煤灰	≤4.0
二氧化硅(SiO_2)、三氧化二铝(Al_2O_3)和三氧化二铁(Fe_2O_3)总质量分数/%	F 类粉煤灰	≥70.0
	C 类粉煤灰	≥50.0
密度/(g·cm^{-3})	F 类粉煤灰	≤2.6
	C 类粉煤灰	
安定性(雷氏法)/mm	C 类粉煤灰	≤5.0
强度活性指数/%	F 类粉煤灰	≥70.0
	C 类粉煤灰	

各种活性混合材料在应用时,其质量应符合国家标准的规定。

上述的活性混合材料都含有大量的活性氧化硅和活性氧化铝,它们只有在氢氧化钙饱和溶液中,才会发生明显的水化反应,生成水化硅酸钙和水化铝酸钙:

$$x\mathrm{Ca(OH)_2} + \mathrm{SiO_2} + m_1\mathrm{H_2O} \longrightarrow x\mathrm{CaO} \cdot \mathrm{SiO_2} \cdot n_1\mathrm{H_2O}$$

$$y\mathrm{Ca(OH)_2} + \mathrm{Al_2O_3} + m_1\mathrm{H_2O} \longrightarrow y\mathrm{CaO} \cdot \mathrm{Al_2O_3} \cdot n_1\mathrm{H_2O}$$

可见溶液中的石灰是激发活性混合材料活性的物质,所以称为激发剂。激发剂分碱性激发剂和硫酸盐激发剂。上述的氢氧化钙即为碱性激发剂;石膏为硫酸盐激发剂,它的作用是进一步与水化铝酸钙化合而生成水化硫铝酸钙。

2. 非活性混合材料

凡不具有活性或活性甚低的人工或天然的矿物质材料称为非活性混合材料。这类材料与水泥成分不起化学反应,或者化学反应甚微。它的掺入仅能起调节水泥强度等级、增加水泥产量、降低水化热等作用。实质上非活性混合材料在水泥中仅起填充料的作用,所以又称为填充性混合材料。石英砂、石灰石、黏土、慢冷矿渣以及不符合质量标准的活性混合材料均可加以磨细作为非活性混合材料应用。

对于非活性混合材料的质量要求，主要应具有足够的细度，不含或极少含对水泥有害的杂质。

二、普通硅酸盐水泥

根据国家标准《通用硅酸盐水泥》(GB175—2007)，普通硅酸盐水泥的定义是：凡由硅酸盐水泥熟料、5%～20%混合材料、适量石膏磨细制成的水硬性胶凝材料，称为普通硅酸盐水泥（简称普通水泥），代号P·O。普通水泥中混合材料掺加量按重量百分比计。

普通硅酸盐水泥强度等级分为42.5、42.5R、52.5和52.5R等两个等级、两种类型（普通型和早强型）。对各种强度等级水泥在不同龄期的强度要求均不得低于表6-12所列数值。

表6-12　普通水泥的强度要求

品种	强度等级	抗压强度/MPa		抗折强度/MPa	
		3 d	28 d	3 d	28 d
普通水泥	42.5	≥17.0	≥42.5	≥3.5	≥6.5
	42.5R	≥22.0	≥42.5	≥4.0	≥6.5
	52.5	≥23.0	≥52.5	≥4.0	≥7.0
	52.5R	≥27.0	≥52.5	≥5.0	≥7.0

普通水泥初凝时间不得早于45 min，终凝时间不得迟于10 h。

对体积安定性要求与硅酸盐水泥相同。

在普通硅酸盐水泥中掺入少量混合材料，主要是调节水泥强度等级，有利于合理选用。由于混合材料掺加量较少，其矿物组成的比例仍在硅酸盐水泥范围内，所以其性能、应用范围与同强度等级硅酸盐水泥相近。但普通硅酸盐水泥早期硬化速度稍慢，其3 d强度较硅酸盐水泥稍低，抗冻性及耐磨性也较硅酸盐水泥稍差。

普通硅酸盐水泥被广泛应用于各种混凝土工程中，是我国主要水泥品种之一。

三、矿渣硅酸盐水泥

凡由硅酸盐水泥熟料和粒化高炉矿渣、适量石膏磨细制成的水硬性胶凝材料称为矿渣硅酸盐水泥（简称矿渣水泥），代号P·S。根据国家标准《通用硅酸盐水泥》(GB175—2007)，矿渣硅酸盐水泥中粒化高炉矿渣掺加量按质量百分比计为20%～70%。其中粒化高炉矿渣含量为>20%且≤50%时为P·S·A型，含量为>50%且≤70%时，为P·S·B型。

矿渣水泥加水后，其水化反应分两步进行。首先是水泥熟料矿物与水作用，生成氢氧化钙、水化硅酸钙、水化铝酸钙等水化产物。这一过程与硅酸盐水泥水化时基本相同。而后，生成的氢氧化钙与矿渣中的活性氧化硅和活性氧化铝进行二次反应，生成水化硅酸钙和水化铝酸钙。

矿渣水泥中加入的石膏，一方面可调节水泥的凝结时间，另一方面又是激发矿渣活性的激发剂。因此，石膏的掺加量可比硅酸盐水泥稍多一些。矿渣水泥中SO_3的含量不得超过4%。

矿渣水泥的密度一般在3.0～3.1 g/cm³之间，对于细度、凝结时间和体积安定性的技术要求与普通硅酸盐水泥相同。

矿渣水泥是我国产量最大的水泥品种，分三个强度等级：32.5、32.5R、42.5、42.5R、52.5、

52.5R。各强度等级水泥不同龄期的强度要求不得低于表6-13所列数值。

表6-13 矿渣水泥、火山灰水泥和粉煤灰水泥的强度要求

强度等级	抗压强度/MPa		抗折强度/MPa	
	3 d	28 d	3 d	28 d
32.5	≥10.0	≥32.5	≥2.5	≥5.5
32.5R	≥15.0	≥32.5	≥3.5	≥5.5
42.5	≥15.0	≥42.5	≥3.5	≥6.5
42.5R	≥19.0	≥42.5	≥4.0	≥6.5
52.5	≥21.0	≥52.5	≥4.0	≥7.0
52.5R	≥23.0	≥52.5	≥4.5	≥7.0

与硅酸盐水泥相比,矿渣水泥有如下特点:

1. 早期强度低,后期强度高

矿渣水泥的水化首先是熟料矿物水化,然后生成的氢氧化钙才与矿渣中的活性氧化硅和活性氧化铝发生反应。同时,由于矿渣水泥中含有粒化高炉矿渣,相应熟料含量较少,因此凝结稍慢,早期(3 d、7 d)强度较低。但在硬化后期,28 d以后的强度发展将超过硅酸盐水泥(图6-5)。一般矿渣掺入量越多,早期强度越低,但后期强度增长率越大。为了保证其强度不断增长,应长时间在潮湿环境下养护。

此外,矿渣水泥受温度影响的敏感性较硅酸盐水泥大。在低温下硬化很慢,显著降低早期强

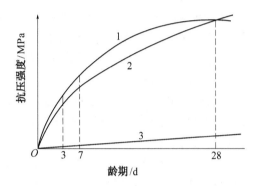

图6-5 矿渣水泥与硅酸盐水泥
强度增长情况比较
1—硅酸盐水泥;2—矿渣水泥;3—粒化矿渣

度;而采用蒸汽养护等湿热处理方法,则能加快硬化速度,并且不影响后期强度的发展。

矿渣水泥适用于采用蒸汽养护的预制构件,而不宜用于早期强度要求高的混凝土工程。

2. 具有较强的抗溶出性侵蚀及抗硫酸盐侵蚀的能力

由于水泥熟料中的氢氧化钙与矿渣中的活性氧化硅和活性氧化铝发生二次反应,使水泥中易受腐蚀的氢氧化钙大为减少。同时因掺入矿渣而使水泥中易受硫酸盐侵蚀的铝酸三钙含量也相对降低,因而矿渣水泥抗溶出性侵蚀能力及抗硫酸盐侵蚀能力较强。

矿渣水泥可用于受溶出性侵蚀,以及受硫酸盐侵蚀的水工及海工混凝土。

3. 水化热低

矿渣水泥中硅酸三钙和铝酸三钙的含量相对较少,水化速度较慢,故水化热也相应较低。此种水泥适用于大体积混凝土工程。

四、火山灰质硅酸盐水泥

凡由硅酸盐水泥熟料和火山灰质混合材料、适量石膏磨细制成的水硬性胶凝材料称为火山灰质硅酸盐水泥(简称火山灰水泥),代号P·P。根据国家标准《通用硅酸盐水泥》(GB175—2007),火山灰水泥中火山灰质混合材料掺加量按质量百分比计为20%～40%。

火山灰水泥各龄期的强度要求与矿渣水泥相同(表6-13)。细度、凝结时间及体积安定性的要求与矿渣硅酸盐水泥相同。火山灰水泥标准稠度需水量较大。

火山灰水泥加水后,其水化反应和矿渣水泥一样,也是分两步进行的。

火山灰水泥和矿渣水泥在性能方面有许多共同点,如早期强度较低,后期强度增长率较大,水化热低,耐蚀性较强,抗冻性差等。

火山灰水泥常因所掺混合材料的品种、质量及硬化环境的不同而有其本身的特点:

1. 抗渗性及耐水性高

火山灰水泥颗粒较细,泌水性小,当处在潮湿环境中或在水中养护时,火山灰质混合材料和氢氧化钙作用,生成较多的水化硅酸钙胶体,使水泥石结构致密,因而具有较高的抗渗性和耐水性。

2. 在干燥环境中易产生裂缝

火山灰水泥在硬化过程中干缩现象较矿渣水泥更显著。当处在干燥空气中时,形成的水化硅酸钙胶体会逐渐干燥,产生干缩裂缝。在水泥石的表面上,由于空气中的二氧化碳能使水化硅酸钙凝胶分解成碳酸钙和氧化硅的粉状混合物,使已经硬化的水泥石表面产生"起粉"现象。因此,在施工时,应特别注意加强养护,需要较长时间保持潮湿状态,以免产生干缩裂缝和起粉。

3. 耐蚀性较强

火山灰水泥耐蚀性较强的原理与矿渣水泥相同。但如果混合材料中活性氧化铝含量较高时,在硬化过程中氢氧化钙与氧化铝相互作用生成水化铝酸钙,在此种情况下则不能很好地抵抗硫酸盐侵蚀。

火山灰水泥除适用于蒸汽养护的混凝土构件、大体积工程、抗软水和硫酸盐侵蚀的工程外,特别适用于有抗渗要求的混凝土结构。不宜用于干燥地区及高温车间,亦不宜用于有抗冻要求的工程。由于火山灰水泥中所掺的混合材料种类很多,所以必须区别出不同混合材料所产生的不同性能,使用时加以具体分析。

五、粉煤灰硅酸盐水泥

凡由硅酸盐水泥熟料和粉煤灰、适量石膏磨细制成的水硬性胶凝材料称为粉煤灰硅酸盐水泥(简称粉煤灰水泥),代号P·F。根据国家标准《通用硅酸盐水泥》(GB175—2007),粉煤灰水泥中粉煤灰掺加量按质量百分比计为20%～40%。

粉煤灰水泥各龄期的强度要求与矿渣水泥和火山灰水泥相同(表6-13)。细度、凝结时间、体积安定性的要求与矿渣硅酸盐水泥相同。

粉煤灰本身就是一种火山灰质混合材料,因此实质上粉煤灰水泥就是一种火山灰水泥。粉煤灰水泥凝结硬化过程及性质与火山灰水泥极为相似,但由于粉煤灰的化学组成和矿物结构与其他火山灰质混合材料有所差异,因而构成了粉煤灰水泥的特点:

1. 早期强度低

粉煤灰呈球形颗粒,表面致密,内比表面积小,不易水化。粉煤灰活性的发挥在后期,所以这种水泥早

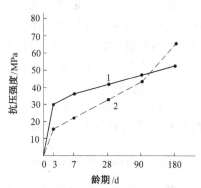

图6-6 粉煤灰水泥强度与龄期的关系
1—硅酸盐水泥;2—掺30%粉煤灰

期强度发展速率比矿渣水泥和火山灰水泥更低,但后期可明显地超过硅酸盐水泥。图6-6为粉煤灰水泥强度增长和龄期关系的一例。

2. 干缩小,抗裂性高

由于粉煤灰表面呈致密球形,吸水能力弱,与其他掺混合材水泥比较,标准稠度需水量较小,干缩性也小,因而抗裂性较高。但球形颗粒的保水性差,泌水较快,若处理不当易引起混凝土产生失水裂缝。

由上述可知,粉煤灰水泥适用于大体积水工混凝土工程及地下和海港工程。对承受荷载较迟的工程更为有利。

硅酸盐水泥、普通水泥、矿渣水泥、火山灰水泥、粉煤灰水泥的特性汇总列于表6-14。

表6-14　五种常用水泥的成分、特性和适用范围

水泥类型	硅酸盐水泥	普通水泥	矿渣水泥	火山灰水泥	粉煤灰水泥
特性	早期强度高;水化热较大;抗冻性较好;耐蚀性差;干缩较小	与硅酸盐水泥基本相同	早期强度低,后期强度增长较快;水化热较低;耐蚀性较强;抗冻性差;干缩性较大	早期强度低,后期强度增长较快;水化热较低;耐蚀性较强;抗渗性好;抗冻性差;干缩性大	早期强度低,后期强度增长较快;水化热较低;耐蚀性较强;干缩性小;抗裂性较高;抗冻性差
适用范围	一般土建工程中钢筋混凝土结构;受反复冰冻作用的结构;配制高强混凝土	与硅酸盐水泥基本相同	高温车间和有耐热耐火要求的混凝土结构;大体积混凝土结构;蒸汽养护的构件;有抗硫酸盐侵蚀要求的工程	地下、水中大体积混凝土结构和有抗渗要求的混凝土结构;蒸汽养护的构件;有抗硫酸盐侵蚀要求的工程	地上、地下及水中大体积混凝土结构件;抗裂性要求较高的构件;有抗硫酸盐侵蚀要求的工程
不适用范围	大体积混凝土结构;受化学及海水侵蚀的工程	与硅酸盐水泥基本相同	早期强度要求高的工程;有抗冻要求的混凝土工程	处在干燥环境中的混凝土工程;其他同矿渣水泥	有抗碳化要求的工程;其他同矿渣水泥

六、复合硅酸盐水泥

由硅酸盐水泥熟料和两种(含)以上混合材(含活性混合材和非活性混合材),适量石膏磨细制成的水硬性胶凝材料称为复合硅酸盐水泥,代号 P·C。根据国家标准《通用硅酸盐水泥》(GB175—2007)复合硅酸盐水泥中,混合材掺量为>20%且≤50%。

§6-6　特种水泥

一、铝酸盐水泥

铝酸盐水泥也称矾土水泥,是以铝矾土和石灰石为原料,经高温煅烧得到以铝酸钙为主要成分的熟料,经磨细而成的水硬性胶凝材料,代号 CA。这种水泥与上述的硅酸盐水泥不同,属于铝酸盐系列的水泥。它是一种快硬、早强、耐腐蚀、耐热的水泥。

1. 高铝水泥的矿物成分和水化产物

高铝水泥的主要矿物成分是铝酸一钙($CaO \cdot Al_2O_3$,简写为 CA)和二铝酸一钙($CaO \cdot 2Al_2O_3$,简写为 CA_2),此外尚有少量硅酸二钙及其他铝酸盐。

铝酸一钙(CA)具有很高的水硬活性,其特点是凝结正常,硬化迅速,是高铝水泥强度的主要来源。二铝酸一钙(CA_2)的早期强度低,但后期强度能不断增高。高铝水泥中增加 CA_2 的含量,水泥的耐热性提高,但含量过多,将影响其快硬性能。

高铝水泥的水化过程,主要是铝酸一钙的水化过程。一般认为其水化反应随温度不同而不同。当温度低于 20℃时,主要水化产物为水化铝酸一钙($CaO \cdot Al_2O_3 \cdot 10H_2O$,简写为 CAH_{10})。温度在 20~30℃时主要水化产物为水化铝酸二钙($2CaO \cdot Al_2O_3 \cdot 8H_2O$,简写为 C_2AH_8)。当温度大于 30℃时,主要水化产物为水化铝酸三钙($3CaO \cdot Al_2O_3 \cdot 6H_2O$,简写为 C_3AH_6)。此外,尚有氢氧化铝凝胶($Al_2O_3 \cdot 3H_2O$)。

二铝酸一钙(CA_2)的水化反应与铝酸一钙相似,但水化速度极慢。硅酸二钙则生成水化硅酸钙凝胶。

水化铝酸一钙和水化铝酸二钙为片状或针状晶体,它们互相交错搭接,形成坚强的结晶连生体骨架,同时所生成的氢氧化铝凝胶填塞于骨架空间,形成比较致密的结构。经 5~7 d 后水化产物的数量就很少增加,强度即趋向稳定。因此高铝水泥早期强度增长得很快,而后期强度增长得不太显著。硅酸二钙的数量很少,在硬化过程中不起很大的作用。

随着时间的推移,CAH_{10} 或 C_2AH_8 会逐渐转化为比较稳定的 C_3AH_6,这个转化过程随着环境温度的上升而加速。由于晶体转化的结果,使水泥石内析出游离水,增大了孔隙体积,同时也由于 C_3AH_6 本身强度较低,所以水泥石的强度明显下降。一般浇筑 5 年以上的高铝水泥混凝土,剩余强度仅为早期强度的二分之一,甚至只有几分之一。

2. 铝酸盐水泥的技术性质

(1)密度与堆积密度

铝酸盐水泥的密度为 3.20~3.25 g/cm³,堆积密度为 1 000~1 300 kg/m³。

(2)细度

根据国家标准(GB/T201—2015),铝酸盐水泥的细度在 0.045 mm 方孔筛上的筛余量不得超过 20%或比表面积不小于 300 m²/kg,有争议时以比表面积为准。

(3)凝结时间

初凝时间不得早于 30 min,终凝时间不得迟于 6 h。

(4)强度

高铝水泥的强度发展很快,根据国家标准《铝酸盐水泥》(GB/T 201—2015),主要以 1 d 和 3 d 的抗压、抗折强度确定其强度等级,如表 6-15。

表 6-15　水泥胶砂强度　　　　　　　　　　　　单位:MPa

类型		抗压强度				抗折强度			
		6 h	1 d	3 d	28 d	6 h	1 d	3 d	28 d
CA50	CA50-Ⅰ	≥20[a]	≥40	≥50	—	≥3[a]	≥5.5	≥6.5	—
	CA50-Ⅱ		≥50	≥60	—		≥6.5	≥7.5	—
	CA50-Ⅲ		≥60	≥70	—		≥7.5	≥8.5	—
	CA50-Ⅳ		≥70	≥80	—		≥8.5	≥9.5	—

类型		抗压强度				抗折强度			
		6 h	1 d	3 d	28 d	6 h	1 d	3 d	28 d
CA60	CA60-Ⅰ	—	≥65	≥85	—	—	≥7.0	≥10.0	—
	CA60-Ⅱ	—	≥20	≥45	≥85	—	≥2.5	≥5.0	≥10.0
CA70		—	≥30	≥40	—	—	—	≥5.0	≥6.0
CA80		—	≥25	≥30	—	—	—	≥4.0	≥5.0

a 用户要求时,生产厂家应提供试验结果。

注:按水泥中 Al_2O_3 含量(质量分数)分为 CA50、CA60、CA70 和 CA80 四个品种,各品种作如下规定:

① CA50 $50\% \leqslant w(Al_2O_3) < 60\%$,该品种根据强度分为 CA50-Ⅰ、CA50-Ⅱ、CA50-Ⅲ和 CA50-Ⅳ;

② CA60 $60\% \leqslant w(Al_2O_3) < 68\%$,该品种根据主要矿物组成分为 CA60-Ⅰ(以铝酸一钙为主)和 CA60-Ⅱ(以铝酸二钙为主);

③ CA70 $68\% \leqslant w(Al_2O_3) < 77\%$;

④ CA80 $w(Al_2O_3) \geqslant 77\%$。

3. 铝酸盐水泥的特性与应用

铝酸盐水泥与硅酸盐水泥相比有如下特性:

(1) 早期强度增长快

这种水泥的 1 d 强度即可达 3 d 强度的 80% 以上,属快硬型水泥,适用于紧急抢修工程和早期强度要求高的特殊工程,但必须考虑到这种水泥后期强度的降低。使用高铝水泥时,要控制其硬化温度。最适宜的硬化温度为 15℃ 左右,一般不得超过 25℃。如果温度过高,水化铝酸二钙会转化为水化铝酸三钙,使强度降低。若在湿热条件下,强度下降更为剧烈。所以高铝水泥不适合用于蒸汽养护的混凝土制品,也不适合用于在高温季节施工的工程中。

(2) 水化热大

高铝水泥硬化时放热量较大,而且集中在早期放出,1 d 内即可放出水化热总量的 70%～80%,而硅酸盐水泥仅放出水化热总量的 25%～50%。因此,这种水泥不宜用于大体积混凝土工程,但适用于寒冷地区冬季施工的混凝土工程。

(3) 抗硫酸盐侵蚀性强

高铝水泥水化时不析出氢氧化钙,而且硬化后结构致密,因此它具有较好的抗硫酸盐及抗海水腐蚀的性能。同时,对碳酸水、稀盐酸等侵蚀性溶液也有很好的稳定性。但晶体转化成稳定的水化铝酸三钙后,孔隙率增加,耐蚀性也相应降低。

高铝水泥对碱液侵蚀无抵抗能力,故应注意避免碱性腐蚀。

(4) 耐热性高

高铝水泥在高温下仍保持较高强度。如用这种水泥配制的混凝土在 900℃ 温度下,还具有原强度的 70%,当达到 1 300℃ 时尚有 50% 左右的强度。这些尚存的强度是由于水泥石中各组分之间产生固相反应,形成陶瓷坯体所致,故高铝水泥可作为耐热混凝土的胶结材料。

高铝水泥一般不得与硅酸盐水泥、石灰等能析出氢氧化钙的胶凝材料混合使用,在拌和浇灌过程中也必须避免互相混杂,并不得与尚未硬化的硅酸盐水泥接触,否则会引起强度降低并缩短凝结时间,甚至还会出现"闪凝"现象。所谓"闪凝",即浆体迅速失去流动性,以致无法施工,但可以与已经硬化的硅酸盐水泥接触。

二、白色及彩色硅酸盐水泥

1. 白色硅酸盐水泥

硅酸盐水泥熟料的颜色,主要取决于水泥中氧化铁的成分。当 Fe_2O_3 含量在 $3\%\sim4\%$ 时,熟料是暗灰色,而降低到 $0.35\%\sim0.40\%$ 后,则接近白色。因此生产白色硅酸盐水泥时,一般要求熟料中的氧化铁含量要小于 0.5%,而其他着色氧化物(氧化锰、氧化钛等)也不宜存在,含量须降到极微。通常采用较纯净的高岭土、纯石英砂、纯石灰石或白垩等做原料,在较高温度($1\,500\sim1\,600\,℃$)下煅烧成熟料。生料的制备以及熟料的粉磨、煅烧和运输均应在没有着色物沾污的条件下进行。例如,磨机衬板用花岗岩、陶瓷或优质耐磨钢制成。研磨体采用硅质卵石、瓷球等材料,燃料最好用无灰分的气体(天然气)或液体燃料(重油)。

白色水泥的性能与硅酸盐水泥基本相同。根据国家标准《白色硅酸盐水泥》(GB/T 2015—2017)规定:

(1)细度

0.045 mm 方孔筛筛余量不得超过 30%。

(2)凝结时间

初凝时间不得小于 45 min,终凝时间不得迟于 600 min。

(3)强度

各强度等级相应龄期的强度不得低于表 6-16 所列数值。

表 6-16 白色水泥强度指标值

水泥标号	抗压强度/MPa		抗折强度/MPa	
	3 d	28 d	3 d	28 d
32.5	≥12.0	≥32.5	≥3.0	≥6.0
42.5	≥17.0	≥42.5	≥3.5	≥6.5
52.5	≥22.0	≥52.5	≥4.0	≥7.0

(4)白度

白度分一级、二级两个等级。一级白度不低于 89,二级白度不低于 87,白度试验按 GB/T 5950—2008 进行。将白水泥样品装入压样器中压成表面平整的白板,置于白度仪中测定白度,以其表面对红、绿、蓝源色光的反射率与氧化镁标准白板的反射率比较,用相对反射百分率表示。

白色水泥主要用于建筑装饰,可配成彩色砂浆或制造各种彩色和白色混凝土,如水磨石、斩假石等。

2. 彩色硅酸盐水泥

彩色硅酸盐水泥简称彩色水泥,分为两大类。一类为白色硅酸盐水泥熟料、适量石膏和碱性颜料共同磨细制成。所用颜料要求不溶水,且分散性好,抗碱性强,耐大气稳定性好,颜色浓,不含杂质。颜料的化学组成既不会受水泥影响,也不会对水泥的组成和性能起破坏作用。常用的各色颜料,基本上以氧化铁为基础。不同价铁的氧化物可形成红、黄、褐、黑等颜色。

另一类彩色水泥是在白色水泥的生料中加入少量金属氧化物作为着色剂,直接烧成彩色水泥熟料,然后加入适量石膏磨细而成。该方法的缺点是着色剂加入量很少,不易准确控制用量,不易混合均匀,窑内气氛变化会造成熟料颜色不匀。另外,由彩色熟料磨制成的彩色水泥,在使用过程中,因彩色熟料矿物的水化而导致制品颜色变淡也是一个缺点。

三、膨胀水泥

一般硅酸盐水泥在空气中硬化时,通常都表现为收缩,收缩的数值随水泥的品种、熟料的矿物组成、水泥的细度、石膏的加入量及用水量的多少而定。由于收缩,水泥混凝土制品内部会产生微裂缝,这样,不但使水泥混凝土的整体性破坏,而且会使混凝土的一系列性能变坏。例如,抗渗性和抗冻性下降,使外部侵蚀性介质(腐蚀性气体、水汽)透入,直接接触钢筋,造成锈蚀。在浇注构件的接头或建筑物之间的连接处以及填塞孔洞、微缝隙时,由于水泥石的干缩,也不能达到预期的效果。当用膨胀水泥配制混凝土时,在硬化过程中产生一定数值的膨胀,就可以克服或改善上述缺点。

按基本组成,膨胀水泥可以分为以下几种:

1. 硅酸盐膨胀水泥

以硅酸盐水泥为主,外加高铝水泥和石膏组成。

2. 铝酸盐膨胀水泥

以高铝水泥为主,外加石膏组成。

3. 硫铝酸盐膨胀水泥

以无水硫铝酸钙和硅酸二钙为主要矿物,外加石膏组成。

4. 铁铝酸钙膨胀水泥

以铁相、无水硫铝酸钙和硅酸二钙为主要矿物,加石膏制成。

调整各种组成的配合比例,可以得到不同膨胀值的水泥。

根据膨胀值的大小不同,可分为膨胀水泥和自应力水泥。膨胀水泥的线膨胀率一般在1‰以下,相当于或稍大于普通水泥的收缩率。它可用来补偿水泥的收缩(所以有时又具有更大的膨胀能)。自应力水泥的线膨胀率一般为1‰～3‰,所以膨胀结果不仅使水泥避免收缩,而且尚有一定的最后线膨胀值,在限制的条件下,则可使水泥混凝土受到压应力,从而达到了预应力的目的。

自应力水泥适用于制造自应力钢筋混凝土压力管及其配件。

复习思考题

6-1 某民用建筑内墙抹灰采用石灰砂浆,施工验收时,发现抹灰层有起鼓现象,伴有放射状裂纹,并且还存在不规则的网状裂纹。试分析产生这些裂纹的原因,应采取哪些防治措施?

6-2 现有甲、乙两厂生产的硅酸盐水泥熟料,其矿物组成如下:

生产厂	熟料矿物的组成/%			
	C_3S	C_2S	C_3A	C_3AF
甲	52	21	10	17
乙	45	30	7	18

若用上述熟料分别制成硅酸盐水泥,试估计它们的强度增长情况及水化热性质上的差异。

6-3 现有下列工程和构件生产任务,试分别选用合理的水泥品种,并说明选用的理由。

（1）冬季施工中的房屋构件；

（2）采用蒸汽养护的预制构件；

（3）大体积混凝土工程；

（4）紧急军事抢修工程；

（5）有硫酸盐腐蚀的地下工程；

（6）有抗冻要求的混凝土工程；

（7）高温车间及其他有耐热要求的混凝土工程（温度在 200℃ 以下及温度在 900℃ 以上的工程）；

（8）处于干燥环境下施工的混凝土工程；

（9）修补旧建筑物的裂缝；

（10）水中、地下的建筑物（无侵蚀介质）。

6-4 水泥石中的氢氧化钙是由什么矿物成分水化而生成的？氢氧化钙对水泥石的抗软水侵蚀及抗硫酸盐侵蚀有利还是有害？为什么？

6-5 进厂 42.5 级普通硅酸盐水泥一批，有效期已超过三个月。取样送试验室检验其 28 d 的强度，结果如下：

抗压破坏荷载：80.8 kN，74.6 kN，102.0 kN，90.2 kN，82.4 kN，91.2 kN

抗折破坏荷载：2.78 kN，2.76 kN，2.77 kN

试问该水泥的试验结果是否达到原强度等级？可否只凭这个试验结果判断该水泥的强度等级？

6-6 为什么生产硅酸盐水泥时掺适量石膏对水泥不会起破坏作用，而水泥石在有硫酸盐的环境介质生成石膏时就有破坏作用？

6-7 简述各种掺混合材料水泥的共性与特性。

6-8 为什么矿渣水泥的早期强度低，而后期强度却超过同强度等级的普通水泥？

6-9 工地仓库内存有一种白色胶凝材料，可能是生石灰粉、石粉或白色水泥，问有什么简易方法可以辨认？

6-10 试说明下列各条"必须"的原因：（1）制造硅酸盐水泥时必须掺入适量的石膏；（2）水泥粉磨必须具有一定的细度；（3）水泥体检定性必须合格；（4）测定水泥强度等级、凝结时间和体积安定性时，均须规定加水量。

创新设计

大多数无机胶凝材料在其凝结硬化过程中，均易产生收缩裂缝，在力学性能方面，脆性也较大，这些均属无机胶凝材料共同的缺陷，试根据你所掌握的资料，设计解决上述缺陷问题可能的技术途径。

第7章 砂 浆

　　砂浆是由胶凝材料、细集料和水等材料按适当比例配制而成。细集料多采用天然砂。砂浆在建筑工程中是一项用量大、用途广的建筑材料,它主要用于砌筑砖石结构(如基础、墙体等),也用于建筑物内外表面(墙面、地面、天棚等)的抹面。

　　砂浆按用途不同分为砌筑砂浆、抹灰砂浆、装饰砂浆及特种砂浆等;按所用胶结材料不同分为水泥砂浆、石灰砂浆、混合砂浆(常用的是水泥石灰混合砂浆)。

　　砂浆与混凝土不同之处仅在于不含粗骨料,所有有关混凝土拌和物和易性和混凝土强度的基本规律,原则上也适用于砂浆。但由于用途不同,砂浆又有它的特点,如铺砌厚度薄,多铺砌在多孔吸水的底面(如烧结砖)上,强度要求不高(一般为 2.5~10 MPa)等等。

§7-1　砂 浆 的 性 质

一、新拌砂浆的和易性

　　新拌砂浆的和易性是指新拌砂浆是否便于施工并保证质量的综合性质,其概念与混凝土拌和物和易性相同。和易性好的新拌砂浆便于施工操作,能比较容易地在砖、石等表面上铺砌成均匀、连续的薄层,且与底面紧密地黏结。新拌砂浆的和易性可以根据其流动性和保水性来综合评定。

　　1. 流动性

　　流动性或称稠度,其概念与混凝土拌和物流动性相同,但表示方法是用沉入度表示的。沉入度是指以重 300 g 顶角为 30°的圆锥体,在 10 s 内沉入砂浆的深度(mm)(见图 7-1)。沉入度愈大,说明流动性愈高。

　　影响流动性的因素与混凝土拌和物相同,即用水量,胶凝材料的种类和用量,细集料种类、颗粒形状、粗细程度和级配等。当原材料条件和胶凝材料与砂的比例一定时,主要取决于单位用水量。砂浆流动性的选择应根据施工方法及砌体材料吸水程度和施工环境的温度、湿度等条件来决定。通常情况下,基底为多孔吸水材料,或在干热条件下施工时,应使砂浆的流动性大些。相反,对于密实的吸水很少的基底材料,或者在湿冷气候条件下施工时,可使

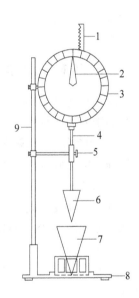

图 7-1　砂浆稠度测定仪

1—齿条测杆;2—指针;
3—刻度盘;4—滑杆;
5—固定螺丝;6—圆锥体;
7—圆锥筒;8—底座;9—支架

流动性小些。流动性的选用可参考表7-1。

表7-1　砂浆流动性选用参考表(沉入度 mm)

砌筑砂浆			抹灰砂浆		
砌体种类	干热环境多孔吸水材料	湿冷环境密实材料	抹灰层	机械抹灰	手工抹灰
砖砌体	80～100	60～80	准备层	80～90	110～120
普通毛石砌体	60～70	40～50	底　　层	70～80	70～80
振捣毛石砌体	20～30	10～20	面　　层	70～80	90～100
炉渣混凝土砌块	70～90	50～70	石膏浆面层	—	90～120

2. 保水性

砂浆保水性的概念与混凝土拌和物保水性相同。保水性可用分层度(mm)表示。测定时将拌和好的砂浆装入内径为 15 cm、高 30 cm 的圆桶内,测定其沉入度。静止 30 min 以后,去掉上面 20 cm 厚的砂浆,剩余部分重新搅拌,再测沉入度。前后两次沉入度之差的毫米数就是分层度。分层度大,表明砂浆的分层离析现象严重,保水性不好。保水性不好的砂浆,在砌筑过程中由于多孔的砖石吸水,使砂浆在短时间内变得干稠,难于铺摊成均匀而薄的砂浆层,使砖石之间砂浆不饱满,形成穴洞,降低了砌体强度。《砌筑砂浆配合比设计规程》(JGJ/T98—2010)中规定砌筑砂浆的分层度不得大于 30 mm。

保水性主要取决于新拌砂浆组分中微细颗粒的含量,如胶凝材料用量过少,将使保水性降低。为了改善保水性,常掺入石灰膏、粉煤灰、黏土或微沫剂等。保水性好的砂浆,其分层度应为 10 mm 左右。分层度过低,例如分层度为"0"的砂浆,虽然保水性很强,上下无分层现象,但这种砂浆干缩较大,影响黏结力,不宜做抹面砂浆。

二、硬化砂浆的强度

硬化后的砂浆要与砖石黏结成整体性的砌体,它在砌体中起传递荷载作用,并与砌体一起经受周围介质的物理化学作用,因而砂浆应具有一定的黏结强度、抗压强度和耐久性。试验证明,砂浆的黏结强度、耐久性随抗压强度的增大而提高,即它们之间存在一定的相关性。由于抗压强度的试验方法较为成熟,测试较为简单准确,所以工程实际中常以抗压强度作为砂浆的主要技术指标。

砂浆的强度等级是以边长为 7.07 cm 的立方体试块,一组 6 块,在标准养护条件下,用标准试验方法测得 28 d 龄期的抗压强度值(MPa)来确定。砂浆按抗压强度划分为 M30、M25、M20、M15、M10、M7.5、M5 等等级。

铺砌在不吸水密实底面上(如砌筑毛石)的砂浆,影响其强度的因素与混凝土相同,可用下式表示:

$$f_{28} = Af_c(C/W - B) \tag{7-1}$$

式中　f_{28}——砂浆的 28 d 抗压强度(MPa);

　　　f_c——水泥的 28 d 抗压强度(MPa);

　　　C/W——灰水比;

　　　A、B——实验系数,通常可采用 $A=0.29$,$B=0.40$。

铺砌在吸水的多孔底面上(如砌筑烧结普通砖)的砂浆,其中的水分要被底面吸去一些,由于新拌砂浆都应具有良好的保水性,因而不论拌和时用多少水,经底层吸水后,保留在砂浆中的水量大致相同,因此,砂浆中的水量可基本上视为一个常量。在这种情况下,砂浆的强度主要取决于水泥强度等级和水泥用量,而不需考虑水灰比。式(7-2)为国内普遍采用的砂浆强度计算公式:

$$f_{28} = \alpha f_c Q_C / 1\ 000 + \beta \qquad (7-2)$$

式中　f_{28}——砂浆的 28 d 抗压强度(试件采用无底试模成型,试模放在铺有湿纸的砖上)(MPa);

　　　f_c——水泥的 28 d 实际抗压强度(MPa);

　　　Q_C——每立方米砂所需水泥用量(kg);

　　　α、β——砂浆的特征系数,其数值随砂浆强度和水泥强度等级的大小而改变,各地区可根据本地区的试验资料确定其值,无资料时,表 7-2 可供参考。

表 7-2　砂浆的特征系数 α、β

α	β
3.03	-15.09

§7-2　砌筑砂浆配合比设计

砌筑砂浆是将砖、石或砌块等黏结成为整体(砌体)的砂浆。

一、砌筑砂浆的组成材料

1. 胶凝材料

用于砌筑砂浆的胶凝材料主要是水泥。水泥品种的选择与混凝土相同。水泥强度等级过高,将使砂浆中水泥用量不足而导致保水性不良。

2. 细集料

砌筑砂浆用砂宜选用中砂,其中毛石砌体宜选用粗砂。砌筑砂浆用砂的最大粒径不应超过灰缝厚度的 1/4~1/5,以保证砌筑质量。通常砖砌体的灰缝为 10 mm,所以砂的最大粒径规定为 2.5 mm,石砌体的灰缝较厚,可采用最大粒径为 5 mm 的砂。对砂中黏土及淤泥含量,常作以下限制:M10 及 M10 以上的砂浆应不超过 5%;M5~M7.5 的砂浆应不超过 10%。

3. 掺合料及外加剂

为改善砂浆的和易性通常加入无机的细分散掺合料,如石灰膏或黏土膏,石灰膏必须经过陈伏,其沉入度应控制在 12 cm 左右,容重为 1 350 kg/m³ 左右。由于脱水硬化的石灰膏不但起不到塑化作用,还会影响砂浆强度,故严禁使用。

除上述掺合料外,目前许多工地还采用有机的微沫剂(即混凝土的引气剂)来改善砂浆的和易性。常用的微沫剂为松香热聚物。

二、砂浆配合比设计

在建筑工程中广泛应用的砌筑砂浆是水泥混合砂浆。原因如下:对整个砌体来说,砌体强度主要取决于砌筑材料(如砖、石)的强度,砂浆主要起传递荷载作用,其强度居次要地位。实验证明,砂浆强度变化30%～40%,相应的砌体强度的变化仅为5%～7%。因而对砂浆强度要求不高,通常为M5～M10。既然砂浆强度不高,所用水泥强度等级也应较低,宜选用强度等级为32.5的水泥,也可加入适量掺合料(如石灰膏、黏土膏等),以改善其保水性。这种加入掺合料的砂浆即为水泥混合砂浆。

水泥混合砂浆配合比,一般可以查阅有关手册或资料来选择。如需进行配合比设计,可先按经验公式计算配合比,再进行试验检验,其计算步骤如下所述。

1. 确定水泥用量

已知砂浆设计要求强度等级 f_2,按下式计算配制强度 $f_{m,0}$:

$$f_{m,0} = kf_2 \tag{7-3}$$

式中　k——系数,可根据表7-3选用。

表 7-3　砂浆强度系数 k 选用值

施工水平	k
优良	1.15
一般	1.20
较差	1.25

每立方米砂浆中的水泥用量 Q_c,根据式(7-4)计算:

$$Q_c = \frac{1\,000(f_{m,0} - \beta)}{\alpha \cdot f_{ce}} \tag{7-4}$$

式中　f_{ce}——水泥的实测强度,在无法取得水泥实测强度时,可按下式计算:

$$f_{ce} = \gamma_c \cdot f_{ce,k} \tag{7-5}$$

式中　$f_{ce,k}$——水泥强度等级对应的强度值;

　　　γ_c——水泥强度等级值的富余系数,该值应按实际统计资料确定,无统计资料时可取为1.0。

每立方米砂浆中的砂子的用量,应按干燥状态(含水率小于0.5%)的砂子的堆积密度值作为计算值(kg)。

由于砌筑砂浆中的水分对强度没有直接影响,只是用量应满足工作性要求,因此用水量可根据砂浆稠度等要求,依据经验在240～310 kg/m³ 间选用。

2. 确定掺加料用量

每立方米砂浆所需掺加料用量 Q_D(kg)可按下式计算:

$$Q_D = Q_A - Q_C \tag{7-6}$$

式中　Q_D——每立方米砂浆所需掺加料用量(kg),精确至1 kg;石灰膏、黏土膏使用时的稠度为 120 mm±5 mm;

　　　Q_C——每立方米砂浆的水泥用量,精确至1 kg;

　　　Q_A——每立方米砂浆中水泥和掺加料总量,宜在 300～350 kg 之间,精确至1 kg。

从该式可以看出,为了保证砂浆的和易性,胶凝材料(包括水泥和其他混合材料)在每立方米砂浆中不宜少于 350 kg,当然,这仅是经验数值,实际应用时在保证砂浆和易性的前提下,在 300~350 kg 范围内加以调整。

3. 配合比试配

试配时宜采用工程中实际使用的材料,按计算或查表所得配合比进行试拌,测定其拌和物的稠度和分层度,当不能满足要求时,应调整材料用量,直到符合要求为止。然后确定试配时的砂浆为基准配合比。

根据基准配合比,以及在基准配合比基础上,水泥用量分别增加和减少 10%(在保证稠度和分层度合格的条件下,可将用水量或掺加料用量作相应调整),试配三种不同的配合比,根据标准方法成型强度试件,测定砂浆强度,并选定符合试配强度要求的、且水泥用量最低的配合比作为砂浆配合比。

【例】 某住宅砖砌体,要求用强度等级为 32.5 的普通水泥配制 M5 石灰水泥混合砂浆。中砂,含水率为 2%,干容重为 1 500 kg/m³,陈伏好的石灰膏,容重为 1 350 kg/m³,试计算其配合比。

【解】 (1)砂浆试配强度:$f_{m,0} = kf_2 = 1.20 \times 5 = 6.0$ MPa

(2)计算水泥用量 Q_C

$$Q_C = \frac{f_{m,0} - \beta}{\alpha f_{ce}} \times 1\,000 = \frac{6.0 - (-15.09)}{3.03 \times 32.5} \times 1\,000 = 214 \text{ kg}$$

(3)计算石灰膏用量 Q_D,根据经验取胶凝材料总量为 325 kg

$$Q_D = 325 - Q_C = 325 - 214 = 111 \text{ kg}$$

(4)确定砂浆配合比

水泥、石灰膏、砂的重量配合比为:

$$Q_C : Q_D : S = 214 : 111 : 1\,500 = 1 : 0.52 : 7.01$$

(5)确定 1 m³ 砂浆各项材料用量

根据经验取用水量为 300 kg 砂子中所带入的水量为 1 500×2%=30 kg,因此需额外加水 270 kg,湿砂的实际用量为 1 528 kg。因而容易求得每项材料用量:水泥 214 kg;石灰膏 111 kg;砂 1 528 kg;水 270 kg。由于石灰膏中也含有一定量水,因此最终用水量应根据稠度试验调整确定。

(6)试验调整

以上的计算配合比经过试拌、测定和易性和调整配合比,再按规定方法制备试件和强度检验,最后确定出砂浆配合比。

为了改善砂浆的和易性,也可以用微沫剂代替部分或全部石灰膏。微沫剂的掺量,以常用的松香热聚物为例,大约占水泥重的 0.005%~0.02%,使用时用 70℃的热水拌和使用。

§7-3 特 种 砂 浆

建筑工程中,用于满足某种特殊功能要求的砂浆,称为特种砂浆,常用的有以下几种。

一、防水砂浆

用作防水层的砂浆,称为防水砂浆。这种防水层也叫刚性防水层。其施工方法有两种:一是喷浆法,即利用高压枪将砂浆以每秒约 100 m 的高速喷至建筑物表面,砂浆被高压空气强烈压实,密实度增大,抗渗性好。另一种是人工多层抹压法,即将砂浆分几层抹压,以减少内部毛细连通孔,增大密实性,达到防水效果。这种防水层做法,对施工操作的技术要求很高。随着防水剂产品日益增多、性能提高,在普通水泥砂浆中掺入一定量的防水剂而制得的防水砂浆,是目前应用最广的防水砂浆品种。

防水砂浆的配合比:其水泥与砂一般不宜大于 1:2.5,水灰比应为 0.50~0.60,稠度不应大于 80 mm。水泥宜选用 32.5 级以上的普通水泥,砂子应选用洁净的中砂。防水剂掺量按生产厂推荐的最佳掺量,最后需经试配确定。

人工涂抹时,一般分 4~5 层抹压,每层厚度约为 5 mm 左右。一、三层可用防水水泥净浆,二、四、五层用防水水泥砂浆,每层初凝前用木抹子压实一遍,最后一层要压光。抹完后应加强养护。

由防水砂浆构成的刚性防水层仅适用于不受振动和具有一定刚度的混凝土或砖石砌体工程。对于变形较大或可能发生不均匀沉陷的建筑物,都不宜采用刚性防水层。

二、保温砂浆

保温砂浆是以水泥、石灰膏、石膏等胶凝材料与膨胀珍珠岩砂、膨胀蛭石、火山渣或浮石砂、陶砂等轻质多孔骨料按一定比例配制成的砂浆,具有轻质、保温的特性。

常用的保温砂浆有水泥膨胀珍珠岩砂浆、水泥膨胀蛭石砂浆、水泥石灰膨胀蛭石砂浆等。水泥膨胀珍珠岩砂浆用 32.5 级普通水泥配制时,其体积比为水泥:膨胀珍珠岩砂=1:(12~15),水灰比为 1.5~2.0,导热系数为 0.067~0.074 W/(m·K),可用于砖及混凝土内墙表面抹灰或喷涂。水泥石灰膨胀蛭石砂浆是以体积比为水泥:石灰膏:膨胀蛭石=1:1:(5~8)配制而成,其导热系数为 0.076~0.105 W/(m·K),可用于平屋顶保温层及顶棚、内墙抹灰。

三、吸音砂浆

由轻骨料配制成的保温砂浆,一般具有良好的吸声性能,故也可作吸音砂浆用。另外,还可用水泥、石膏、砂、锯末配制成吸音砂浆。若在石灰、石膏砂浆中掺入玻璃纤维、矿棉等松软纤维材料也能获得吸声效果。吸音砂浆用于有吸音要求的室内墙壁和顶棚的抹灰。

四、耐酸砂浆

在用水玻璃和氟硅酸钠配制的耐酸涂料中,掺入适量由石英岩、花岗岩、铸石等制成的粉及细骨料可拌制成耐酸砂浆。耐酸砂浆用于耐酸地面和耐酸容器的内壁防护层。

五、防辐射砂浆

在水泥砂浆中掺入重晶石粉、重晶石砂可配制成具有防 X 射线能力的砂浆。其配合比约为水泥:重晶石粉:重晶石砂=1:0.25:(4~5)。在水泥浆中掺入硼砂、硼酸等可配制成具有防中子辐射能力的砂浆。

复习思考题

7-1 新拌砂浆的和易性包括哪两方面的含义？如何测定？砂浆和易性不良对工程应用有何影响？

7-2 影响砂浆抗压强度的主要因素有哪些？

7-3 对抹面砂浆和砌筑砂浆组成材料及技术性质的要求有哪些不同,为什么？

7-4 何谓混合砂浆？工程中常采用水泥混合砂浆有何好处？为什么要在抹面砂浆中掺入纤维？

7-5 试述采用预拌砂浆的重要意义？

7-6 某多层住宅楼工程,要求配制强度等级为 M7.5 的水泥石灰混合砂浆,用以砌筑烧结普通砖墙体。工地现有材料如下:

水泥 强度等级为 32.5 的矿渣水泥,表观密度为 1 200 kg/m³;

石灰膏 一等品建筑生石灰消化制成,表观密度为 1 280 kg/m³,沉入度为 12 cm;

砂子 中砂,含水率为 2%,表观密度为 1 450 kg/m³。

试设计其配合比。

创新设计

在我国传统的民居建筑中,曾在较长的时期内使用黏土类材料作抹面,并在其中加入麻类等纤维材料,试分析其加入纤维材料的目的及其原理在现代水泥砂浆中的应用。

第8章 水泥混凝土

学习目的:水泥混凝土是现代土木工程最主要的结构材料,通过本章的学习,应系统地掌握水泥混凝土的配制和其主要性能,为结构设计和工程施工打下坚实的基础。

教学要求:结合现代土木工程的实例,讲解水泥混凝土的主要技术性质和配合比设计方法。重点要求学生掌握水泥混凝土的原材料要求、主要技术性能及影响因素、普通水泥混凝土的配合比设计方法及常用外加剂的性能和应用场合;了解混凝土的施工工艺、质量检测及适应特殊工程的特种混凝土的性能。

§8-1 水泥混凝土的应用与分类

混凝土是由胶凝材料、水和粗细集料及具有特定性能的外加剂或混合材按适当比例配合、拌制成的混合物,经一定时间硬化而成具有一定强度的人造石材。水泥混凝土自从1824年问世以来,现已发展成一种应用最广泛、用量最大的工程材料,到2018年底我国混凝土年产量已超过20亿立方米。水泥混凝土具有原料丰富,便于施工和浇筑成各种形状的构件,硬化后性能优良、耐久性好、成本低廉、性能调整方便等优点,所以水泥混凝土广泛应用于建筑、道路、桥梁、隧道、港口等众多工程。目前水泥混凝土仍在向着高强度、高韧性、高耐久、多功能化等方向发展,在21世纪水泥混凝土仍将作为一种主要的土木工程材料。

水泥混凝土作为一种建筑材料,具有许多优点,如:

1. 抗压强度高,现投入工程使用的已有抗压强度达到150 MPa以上的混凝土,而实验室内可以配制出抗压强度超过800 MPa的混凝土,因此能满足现代土木工程对材料强度的要求。

2. 可根据不同要求配制各种不同性质的混凝土,在一定范围内,通过调整混凝土的配合比,可以很方便地配制出具有不同强度、流动性、抗渗性等性能的混凝土。

3. 在凝结前具有良好的可塑性,可以浇注成各种形状和尺寸的构件或结构物,与现代施工机械及施工工艺具有较好的适应性。

4. 由于水泥混凝土与钢筋有牢固的黏结力,能制成坚固耐久的钢筋混凝土构件和预应力钢筋混凝土构件,进一步扩大了水泥混凝土的使用范围。

5. 水泥混凝土组成材料中,砂、石等地方材料占80%左右,符合就地取材和经济性原则。

但是混凝土也存在一些缺点,如:

1. 抗拉强度小,一般只有其抗压强度的1/10~1/15,属于一种脆性材料,很多情况下,必须配制钢筋才能使用。

2. 自重大,不利于提高有效承载能力,也给施工安装带来一定困难。

3. 需要较长时间的养护,从而延长了施工期。

为了适应不同的应用场合,混凝土有不同的性质,相应的具有不同的种类,混凝土的分类方法很多,常见的有以下几种分类方法。

根据混凝土表观密度的大小,可分为:

重混凝土,表观密度大于 2 600 kg/m³,是采用密度比较大的集料配制而成的。如重晶石混凝土、钢屑混凝土、铁矿石混凝土等,此类混凝土具有不透 X 射线和 γ 射线的性能,常用于一些特种工程如军事工程、核电站、实验室等。

普通混凝土,表观密度为 1 950~2 500 kg/m³,是用天然的砂、石作集料配制成的。这类混凝土在土木工程中最常用,如房屋及桥梁等承重结构、道路结构中的路面等。

轻混凝土,表观密度小于 1 950 kg/m³。它又可以分为三类:①轻集料混凝土,其表观密度范围是 800~1 950 kg/m³,是用轻集料如浮石、火山渣、陶粒、膨胀珍珠岩、膨胀矿渣、煤渣等配制而成。② 多孔混凝土(泡沫混凝土、加气混凝土),其表观密度范围是 300~1 000 kg/m³,泡沫混凝土是由水泥浆或水泥砂浆与稳定的泡沫制成的,加气混凝土是由水泥、水与发气剂配制成的。③大孔混凝土(普通大孔混凝土、轻集料大孔混凝土),其组成中无细集料,普通大孔混凝土的表观密度范围为 1 500~1 900 kg/m³,是用碎石、卵石、重矿渣作集料配制成的。轻集料大孔混凝土的表观密度范围为 500~1 500 kg/m³,是用陶粒、浮石、碎砖、煤渣等作集料配制成的。

水泥混凝土按 28 d 抗压强度可分为四大类:

低强度混凝土,抗压强度小于 20 MPa,主要应用于一些承受荷载较小的场合,如路面基层。

中强度混凝土,抗压强度 20~60 MPa,是现今土木工程中的主要混凝土类型,应用于各种工程中,如房屋、桥梁、路面等。

高强度混凝土,抗压强度大于 60 MPa,主要用于大荷载、抗震及对混凝土性能要求较高的场合,如高层建筑、大型桥梁等。

超高强混凝土,抗压强度大于 100 MPa,主要用于各种重要的大型工程,如高层建筑的桩基、军事防爆工程、大型桥梁等。

按照混凝土使用的场合,混凝土可以分为普通混凝土和特种混凝土。普通混凝土主要用于一般的土木工程,具有一般范围的综合性能;特种混凝土主要用于一些特定的场合,具有某方面的特殊性能,如抗渗、耐酸、防辐射、抗裂、耐火等性能。混凝土的组织结构如图 8-1 所示。

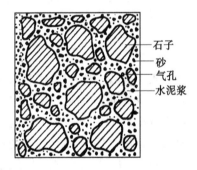

石子
砂
气孔
水泥浆

图 8-1 混凝土的组织结构

§8-2 普通水泥混凝土的原材料组成

组成普通水泥混凝土的原材料主要包括五种:水泥、水、粗集料、细集料和外加剂。五种原材料的各自种类和比例不同,所配制出的水泥混凝土的性能也相应地有所变化。

一、水泥

用于配制普通水泥混凝土的水泥,可以采用常用的五大类水泥,即硅酸盐水泥、普通硅酸盐水泥、矿渣硅酸盐水泥、粉煤灰硅酸盐水泥和火山灰硅酸盐水泥。但根据使用场合不同,各种水泥的适用程度也不同,水泥的具体选用可参考表8-1。

表 8-1　常用水泥品种的选用参考表

工程性质		硅酸盐水泥	普通水泥	矿渣水泥	火山灰水泥	粉煤灰水泥
工程特点	大体积工程	不宜	可	宜	宜	宜
	早强混凝土	宜	可	不宜	不宜	不宜
	高强混凝土	宜	可	可	不宜	不宜
	抗渗混凝土	宜	宜	不宜	宜	宜
	耐磨混凝土	宜	宜	不宜	不宜	不宜
环境特点	普通环境	可	宜	可	可	可
	干燥环境	可	宜	不宜	不宜	可
	潮湿或水下环境	可	可	宜	可	可
	严寒地区	宜	宜	不宜	不宜	不宜
	严寒地区并有水位升降	宜	宜	不宜	不宜	不宜

选用水泥的强度应与要求配制的混凝土强度等级相适应。如水泥强度选用过高,不但水泥的价格较高,而且混凝土中水泥用量会过低,影响混凝土的和易性和耐久性。反之,如水泥强度选用过低,则混凝土中需要大量的水泥,非但不经济,而且会降低混凝土的某些技术品质(如收缩率增大等)。通常,配制一般混凝土时,水泥强度为混凝土抗压强度的 1.5~2.0 倍;配制高强度混凝土时,为混凝土抗压强度的 0.9~1.5 倍。但是,随着混凝土强度等级不断提高,以及采用了新的工艺和外加剂,高强度和高性能混凝土并不受此比例的约束。

二、水

水泥混凝土拌和用水,按水源不同分为饮用水、地表水、地下水和经适当处理的工业废水。符合国家标准的生活饮用水可以用来拌制和养护水泥混凝土。地表水和地下水需按《混凝土用水标准》(JGJ 63—2006)检验合格方可使用。海水中含有硫酸盐、镁盐和氯化物,对水泥石有侵蚀作用,对钢筋也会造成锈蚀,一般不得用海水拌制混凝土。工业废水须经检验合格才可使用,对水质 pH 小于 4.5 的酸性水不得使用。

三、外加剂

混凝土外加剂是在拌制混凝土过程中掺入,用以改善混凝土性能的物质。掺量不大于水泥质量的 5%(特殊情况除外)。外加剂的掺量虽小,但其技术经济效果却显著,因此,外加剂已成为混凝土的重要组成部分,被称为第五组分,获得愈来愈广泛的应用。关于外加剂的详细内容,将在后面的章节中介绍。

水泥混凝土就是利用水泥、水、粗集料、细集料和外加剂按照特定的比例配制而成的,由于几种原材料本身性质的变化和掺加比例的变化,就可以使混凝土具有各种不同的性能。对于水泥混凝土的性能,在不同的时期有不同的要求,在施工阶段,主要要求混凝土可以方便地进行施工;在使用期,要求混凝土既能承担一定的荷载,又能经受环境因素的作用,使其性能在一定时间内可以基本保持不变。因此综合水泥混凝土的性能应包括施工性能、强度和变形性能、耐久性能。

四、粗集料

用于配制水泥混凝土的粗集料可以是天然砾石也可以是经人工破碎的碎石。近年来,由建筑废弃物生产的再生粗集料也用于砼的制备,《混凝土用再生粗骨料》(GB/T 25177—2010)中对再生骨料的性能要求进行了规定。但为了保证水泥混凝土的性能,粗集料必须要求其性能满足一定的要求,根据《建设用砂》(GB/T 14864—2011)和《建设用卵石、碎石》(GB/T 14685—2011)主要包括的级配和性能指标见表 8-2、表 8-3。同时经碱集料反应试验后,试件无裂痕、酥裂、胶体外溢等现象,在规定的试验龄期膨胀率应小于 0.1%。

表 8-2 碎石和卵石级配(GB/T 14685—2011)

公称粒级 mm		累计筛余/%										
		方孔筛/mm										
		2.36	4.75	9.50	16.0	19.0	26.5	31.5	37.5	53.0	63.0	75.0	90
连续粒级	5～16	95～100	85～100	30～60	0～10	0							
	5～20	95～100	90～100	40～80	—	0～10	0						
	5～25	95～100	90～100	—	30～70	—	0～5	0					
	5～31.5	95～100	90～100	70～90	—	15～45	—	0～5	0				
	5～40	—	95～100	70～90	—	30～65	—	—	0～5	0			
单粒粒级	5～10	95～100	80～100	0～15	0								
	10～16		95～100	80～100	0～15								
	10～20		95～100	85～100		0～15	0						
	16～25			95～100	55～70	25～40	0～10						
	16～31.5		95～100		85～100			0～10	0				
	20～40			95～100		80～100		0～10	0				
	40～80				95～100			70～100		30～60	0～10	0	

表 8-3 碎石和卵石性能指标

项 目	类 别	等级		
		Ⅰ	Ⅱ	Ⅲ
含泥量和泥块含量	含泥量(按质量计)/%	≤0.5	≤1.0	≤1.5
	泥块含量(按质量计)/%	0	≤0.2	≤0.5
针、片状颗粒含量	针、片状颗粒总含量(按质量计)/%	≤5	≤10	≤15
有害物质限量	有机物	合格	合格	合格
	硫化物及硫酸盐(按 SO₃ 质量计)/%	≤0.5	≤1.0	≤1.0
坚固性指标	质量损失/%	≤5	≤8	≤12
压碎指标	碎石压碎指标/%	≤10	≤20	≤30
	卵石压碎指标/%	≤12	≤14	≤16
连续级配松散堆积空隙率	空隙率/%	≤43	≤45	≤47
吸水率	吸水率/%	≤1.0	≤2.0	≤2.0

注:表中数据参照 GB/T 14685—2011。

五、细集料

用于配制水泥混凝土的细集料可以是在江河湖海等天然水域形成和堆积的天然砂,也可以是山体风化后形成的山砂,也可以是再生细集料。其级配和性能要求如表8-4、表8-5。同时经碱集料反应试验后,试件无裂痕、酥裂、胶体外溢等现象,在规定的试验龄期膨胀率应小于0.1%。

表 8-4　砂的颗粒级配(GB/T 14684—2011)

砂的分类	天然砂			机制砂		
级配区	1 区	2 区	3 区	1 区	2 区	3 区
方筛孔	累计筛余/%					
4.75 mm	10～0	10～0	10～0	10～0	10～0	10～0
2.36 mm	35～5	25～0	15～0	35～5	25～0	15～0
1.18 mm	65～35	50～10	25～0	65～35	50～10	25～0
600 μm	85～71	70～41	40～16	85～71	70～41	40～16
300 μm	95～80	92～70	85～55	95～80	92～70	85～55
150 μm	100～90	100～90	100～90	97～85	94～80	94～75

表 8-5　砂的性能要求

项目	类别	等级			备注
		I	II	III	
含泥量和泥块含量	含泥量(按质量计)/%	≤1.0	≤3.0	≤5.0	① 此指标根据使用地区和用途,经试验验证,可由供需双方协商确定
	泥块含量(按质量计)/%	0	≤1.0	≤2.0	
石粉含量和泥块含量(MB值≤1.4或快速法试验合格)	MB值	≤0.5	≤1.0	≤1.4或合格	
	石粉含量(按质量计)/%①	≤10.0			
	泥块含量(按质量计)/%	0	≤1.0	≤2.0	
有害物质限量	云母(按质量计)/%	≤1.0	≤2.0		② 此指标仅适用于海砂,其他砂种不作要求
	轻物质(按质量计)/%	≤1.0			
	有机物	合格			
	硫化物及硫酸盐(按SO₃质量计)/%	≤0.5			
	氯化物(以氯离子质量计)/%	≤0.01	≤0.02	≤0.06	
	贝壳(按质量计)/%②	≤3.0	≤5.0	≤8.0	
坚固性指标	质量损失/%	≤8		≤10	
压碎指标	单级最大压碎指标/%	≤20	≤25	≤30	

注:表中数据参照 GB/T 14684—2011。

§8-3　新拌水泥混凝土的性质

　　水泥混凝土在尚未凝结硬化以前,称为新拌混凝土或称混凝土拌和物。新拌水泥混凝土是由不同粒径的矿质集料,以及水泥、水和外加剂组成的一种复杂分散系,它具有弹-黏-塑性质,许多研究者应用流变学的理论,假设各种模型来进行新拌混凝土流变特性的研究,但是这些研究至今还未达到生产应用的成熟程度。实际工程中常采用一些简单易行的方法对混凝土的工作性进行评判。

一、新拌水泥混凝土的和易性

新拌水泥混凝土的和易性是指在一定的施工工艺及设备下,新拌水泥混凝土能够形成均匀、密实、稳定的混凝土的性能。工作性(或称和易性)这一术语的含义,虽然目前仍有争议,但通常认为它包含流动性、可塑性、稳定性和易密性这四方面的内容。

流动性(有时称稠度)是指新拌水泥混凝土在自重或机械振捣作用下,易于产生流动并能均匀密实填满模板的性质。它反映混凝土拌和物的稀稠程度,是最主要的工艺性质。新拌水泥混凝土的流动性好,则操作方便、容易成型和振捣密实。

可塑性(或称黏聚性)是指新拌水泥混凝土内部材料之间有一定的黏聚力,在自重和一定的外力作用下,而不会产生层间脆性断裂,能保持整体完整和稳定的性质。如果新拌水泥混凝土的各材料间比例不当,施工中会发生分层、离析(混凝土中某些组分与拌和物分离)等现象,即可塑性差,将影响硬化混凝土的强度和耐久性。

稳定性(或称保水性)是指新拌水泥混凝土在施工过程中,能保持各组成材料间的相互联系和相对稳定的性能。新拌水泥混凝土是由不同密度和粒径的固体颗粒及水组成的,在自重或外力作用下,各种组成材料的沉降速度不同。如稳定性不好,新拌水泥混凝土在施工过程中,由于密度较大的粗集料的迅速下沉,将引起水分的上行和泌出,使混凝土的流动性降低;若在凝结硬化前泌水(部分拌和水从混凝土中析出)并聚集到混凝土表面,将引起表面疏松,或聚集在集料及钢筋的下面,形成孔隙,削弱集料及钢筋与水泥石的黏结力,影响混凝土的质量。

易密性是指新拌水泥混凝土在浇捣过程中,易于形成稳定密实的结构,可以按设计要求布满整个模具和钢筋间隙,而不会留下空隙和缺陷。

理想的新拌混凝土应该同时具有:满足输送和浇捣要求的流动性;不为外力作用产生脆断的可塑性;不产生分层、泌水的稳定性和易于浇捣致密的密实性。但这几项性能常相互矛盾,很难同时具备。例如增加新拌水泥混凝土中水的用量,可以提高其流动性,但过多的水也将影响稳定性,易出现泌水;干硬性混凝土,不会产生泌水,但易密性差,需采用碾压工艺。因此在实际工程中,应具体分析工程及工艺的特点,对新拌水泥混凝土的和易性提出具体的、有侧重点的要求,同时也要兼顾其他性能。

因为新拌水泥混凝土的工作性所包含的内容较多,因此目前国际上还没有一种能够全面表征新拌水泥混凝土工作性的测定方法。而在工作性的众多内容中,流动性是影响混凝土性能及施工工艺的最主要的因素,而且通过对流动性的观察,在一定程度上也可以反映出新拌混凝土工作性其他方面的好坏,因此目前对新拌混凝土工作性的测试主要集中在流动性上。按我国国家标准《普通混凝土拌和物性能试验方法标准》(GB/T 50080—2016)规定,常用的混凝土拌和物的流动性试验检测方法有坍落度试验和维勃稠度试验两种方法。

二、坍落度试验

这一方法是由美国查普曼(Chapman)首先提出的,目前已为世界各国广泛采用。我国现行标准《普通混凝土拌和物性能试验方法标准》(GB/T 50080—2016)和《公路工程水泥及水泥混凝土试验规程》(JTG E30—2005)规定:坍落度试验是用标准坍落度圆锥筒测定,该筒为钢皮制成,高度 $H=300$ mm,上口直径 $d=100$ mm,下底直径 $D=200$ mm。试验时,将圆锥筒置于平板上,然后将混凝土拌和物分三层装入标准圆锥筒内(使捣实后每层高度为筒高的 1/3 左右),每层用弹头棒均匀地捣插25次,多余试样用镘刀刮平,然后垂直提取圆锥筒,将圆锥筒与混合料并排放于平板上,测量筒高与坍落后混凝土试体最高点之间的高差(如图8-2),该高差即为新拌混凝土拌和物的坍落度,以mm为单位。

坍落度越大,表明混凝土拌和物的流动性越大。进行坍落度试验的同时,应观察混凝土拌和物的黏聚性、保水性和含砂情况等,以便全面地评价混凝土拌和物的和易性。为了检定混凝土拌和物的黏聚性及保水性,在测定坍落度时,可观察下列现象:用捣棒在已坍落的混凝土锥体一侧轻轻敲打,此时如锥体渐渐下沉,则表示黏聚性良好;如果锥体突然倒坍,部分崩裂或发生离析现象,则表示黏聚性不好。保水性是以混凝土拌和物中稀浆析出的程度来评定的,坍落度筒提起后,如有较多的稀浆从底部析出,锥体部分也因失浆而集料外露,则表明

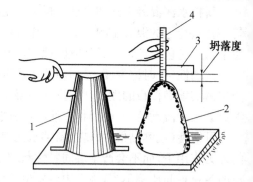

图8-2 坍落度测试
1—坍落度筒;2—拌和物试体;3—木尺;4—钢尺

此混凝土拌和物保水性能不好;如坍落度筒提起后无稀浆或仅有少量稀浆由底部析出,则表示此混凝土拌和物保水性良好。

根据坍落度的不同,可将混凝土拌和物分为4级,见表8-6。

表8-6 混凝土按坍落度的分级

级 别	名 称	坍落度/mm
T_1	低塑性混凝土	10～40
T_2	塑性混凝土	50～90
T_3	流动性混凝土	100～150
T_4	大流动性混凝土	>160

坍落度是新拌混凝土自重引起的变形,坍落度只对富水泥浆的新拌混凝土才比较敏感。相同性质的新拌混凝土,不同的试样坍落度可能相差很大;相反,不同组成的新拌混凝土,它们工作性虽有很大的差别,但却可能得到相同的坍落度。因此,坍落度不是一个全面的工作性能指标。

坍落度试验只适用集料最大粒径不大于40 mm,坍落度值不小于10mm的混凝土拌和物。对于石子最大粒径大于40 mm的混凝土拌和物,目前尚无一个理想的试验方法,国外作法是先将大于40 mm的石子筛除掉后再用本法试验。

根据交通部行业标准《公路工程水泥及水泥混凝土试验规程》(JTG E30—2005)中的规定,在进行坍落度测试的同时,还应对混合料的整体工作性进行判断,其方法如下:

梆度:按插捣混凝土拌和物时的难易程度评定,分上、中、下三级,"上"表示插捣容易;"中"表示插捣时稍有石子阻滞的感觉;"下"表示很难插捣。

含沙情况:按拌和物外观含沙多少评定,分多、中、少三级,"多"表示用镘刀抹混合物表面时,一两次即可使拌和物表面平整无蜂窝;"中"表示抹五六次才能使表面平整无蜂窝;"少"表示抹面困难,不易抹平,有空隙及石子外露等现象。

黏聚性:观测拌和物各组分相互黏聚情况,评定方法是用捣棒在已坍落的混凝土锥体侧面轻打,如锥体在轻打下逐渐下沉,表示黏聚性良好;如果锥体突然倒塌、部分进裂或发生石子离

224

析现象,表示黏聚性不好。

保水性:指水分从拌和物中析出情况,分多量、少量、无三级评定,"多量"表示提起坍落度筒等候,有较多水分从底部析出;"少量"表示提起坍落度筒后,有少量水分从底部析出;"无"表示提起坍落度筒后,没有水分从底部析出。

坍落度法的优点是简便易行,指标明确,故至今仍被世界各国广泛采用。其缺点是测试结果受操作过程影响较大,观察评估黏聚性和保水性有主观因素。

三、维勃稠度试验

这一方法是瑞典 V. 皮纳(Bahrner)首先提出的,因而用他姓名首字母 V—B 命名(读为 Ve—be)。坍落度小于 10 mm 的新拌混凝土,可采用维勃稠度仪(如图 8-3)测定其工作性。

我国现行标准《普通混凝土拌合物性能试验方法标准》(GB/T 50080—2016)和《公路工程水泥及水泥混凝土试验规程》(JTG E30—2005)中规定:维勃稠度试验方法是将坍落度筒放在直径为 240 mm、高度为 200 mm 的圆筒中,圆筒安装在专用的振动台上。按坍落度试验的方法,将新拌混凝土装入坍落度筒内以后再拔去坍落度筒,并在新拌混凝土顶上置一透明圆盘。开动振动台并记录时间,从开始振动至透明圆盘底面被水泥浆布满瞬间止所经历的时间,以 s 计(精确至 1 s),即为新拌混凝土的维勃稠度值。该方法适用于集料最大粒径小于 40 mm,维勃稠度在 5~30 s 之间的新拌混凝土,根据新拌混凝土维勃稠度的大小,可以将混凝土分为四级,见表 8-7。

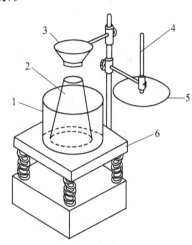

图 8-3 维勃稠度仪
1—圆柱形容器;2—坍落度筒;3—漏斗;
4—测杆;5—透明圆盘;6—振动台

表 8-7 混凝土按维勃稠度的分级

级 别	名 称	维勃稠度/s
V_0	超干硬性混凝土	>31
V_1	特干硬性混凝土	30~21
V_2	干硬性混凝土	20~11
V_3	半干硬性混凝土	10~5

此外,国际上测定新拌混凝土工作性的试验方法,经常采用的还有密实因数试验、重塑性试验、球体贯入度试验等。

根据国际通行标准《混凝土按稠度的分级》ISO4103—1979,混凝土稠度分级如表 8-8 所示。

表 8-8 路面混凝土稠度分级

级别	维勃稠度/s	坍落度/mm	级别	维勃稠度/s	坍落度/mm
特干硬	≥31		低塑	5~10	50~90
很干硬	21~30		塑性	≤4	100~150
干硬	11~20	10~40	流性		>160

四、泌水试验

泌水通常是由于新拌混凝土内部集料颗粒的沉淀所引起,由于用水量过大或级配不合理而导致集料颗粒不能保持所有拌和用水,而使水分外渗形成泌水。过多的泌水将在拌和物内部形成泌水通道,当拌和物固化后,此通道就形成粗大的连通孔隙,一方面减少了实际受力面积,另一方面易于外界介质的渗入,引起耐久性下降。同时,泌水过多还反映了拌和物内部的均匀性下降。因此,在施工中应严格控制拌和物的泌水。在我国新颁布的《普通混凝土拌和物性能试验方法标准》(GB/T 50080—2016)和《公路工程水泥及水泥混凝土试验规程》(JTG E30—2005)中都规定了水泥混凝土拌和物的泌水试验。

泌水试验是采用5L容量筒,装入拌好的混凝土拌和物,并采用适当的方式(振动或插捣)使其密实,并盖好盖子。然后每隔一定时间吸取拌和物表面渗出的水分,直至不再渗水;将吸出的水分统一放入量筒中,记录吸水累积总量,精确到1 mL。可以采用泌水量和泌水率来评价拌和物的泌水情况。泌水量按式(8-1)计算:

$$B_a = \frac{V}{A}$$
(8-1)

式中　B_a——单位面积混凝土拌和物的泌水量(mL/mm²);

　　　V——吸水累积总量(mL);

　　　A——试件外露表面积(mm²)。

吸水量计算时,精确到0.01 mL/mm²,泌水量取3次试验结果的平均值,如果其中一个与中间值之差超过中间值的15%,则以中间值为试验结果;如果最大值和最小值与中间值之差均超过中间值的15%,则试验无效。

泌水率按式(8-2)计算:

$$B = \frac{W_w}{W} \times 100$$
(8-2)

式中　B——泌水率(%);

　　　W_w——吸水累积总量(g);

　　　W——容量筒中所填入的拌和物中所含的水总量(g)。

吸水率计算时,精确到1%,泌水率取3次试验结果的平均值,如果其中一个与中间值之差超过中间值的15%,则以中间值为试验结果;如果最大值和最小值与中间值之差均超过中间值的15%,则试验无效。

除上述泌水试验外,还有压力泌水试验。该试验采用专用的压力泌水仪,在3.2MPa的压力下测试拌和物的泌水情况。

五、影响新拌混凝土工作性的因素

影响新拌混凝土工作性的因素主要有:内因——组成材料的性质及其用量;外因——环境条件(如温度、湿度和风速)以及时间等两个方面。归纳分析如下:

1. 组成材料质量及其用量的影响

(1) 单位体积用水量

单位体积用水量是指在单位体积水泥混凝土中,所加入水的质量,它是影响水泥混凝土工作性的最主要的因素。新拌混凝土的流动性主要是依靠集料及水泥颗粒表面吸附一层水膜,

从而使颗粒间比较润滑。而黏聚性也主要是依靠水的表面张力作用,如用水量过少,则水膜较薄,润滑效果较差;而用水量过多,毛细孔被水分填满,表面张力的作用减小,混凝土的黏聚性变差,易泌水。因此用水量的多少直接影响着水泥混凝土的工作性,而且大量的试验表明,当粗集料和细集料的种类和比例确定后,在一定的水灰比范围内($W/C=0.4\sim0.8$),水泥混凝土的坍落度主要取决于单位体积用水量,而受其他因素的影响较小,这一规律称为固定加水量定则,这一规律为水泥混凝土的配合比设计提供了极大的方便。

(2)水泥特性的影响

水泥的品种、细度、矿物组成以及混合材料的掺量等都会影响需水量。由于不同品种的水泥达到标准稠度的需水量不同,所以不同品种水泥配制成的混凝土拌和物具有不同的工作性。通常普通水泥的混凝土拌和物比矿渣水泥和火山灰水泥的工作性好。矿渣水泥拌和物的流动性虽大,但黏聚性差,易泌水离析。火山灰水泥流动性小,但黏聚性最好。此外,水泥细度对混凝土拌和物的工作性亦有影响,适当提高水泥的细度可改善混凝土拌和物的黏聚性和保水性,减少泌水、离析现象。

(3)集料特性的影响

集料的特性包括集料的最大粒径、形状、表面纹理(卵石或碎石)、级配和吸水性等,这些特性将不同程度地影响新拌混凝土的工作性。其中最为明显的是,卵石拌制的混凝土拌和物的流动性较碎石的好。集料的最大粒径增大,可使集料的总表面积减小,拌和物的工作性也随之改善。此外,具有优良级配的混凝土拌和物具有较好的工作性。

(4)集浆比的影响

集浆比就是单位混凝土拌和物中,集料绝对体积与水泥浆绝对体积之比,有时也用其倒数,称为浆集比。水泥浆在混凝土拌和物中,除了填充集料间的空隙外,还包裹集料的表面,以减少集料颗粒间的摩阻力,使混凝土拌和物具有一定的流动性。在单位体积的混凝土拌和物中,如水灰比保持不变,则水泥浆的数量越多,拌和物的流动性越大。但若水泥浆数量过多,则集料的含量相对减少,达一定限度时,就会出现流浆现象,使混凝土拌和物的黏聚性和保水性变差;同时对混凝土的强度和耐久性也会产生一定的影响。此外水泥浆数量增加,就要增加水泥用量,提高了混凝土的单价。相反,若水泥浆数量过少,不足以填满集料的空隙和包裹集料表面,则混凝土拌和物黏聚性变差,甚至产生崩坍现象。因此,混凝土拌和物中水泥浆数量应根据具体情况决定,在满足工作性要求的前提下,同时要考虑强度和耐久性要求,尽量采用较大的集浆比(即较少的水泥浆用量),以节约水泥用量。

(5)水灰比的影响

水灰比是指水泥混凝土中水的用量与水泥用量之比。在单位混凝土拌和物中,集浆比确定后,即水泥浆的用量为一固定数值时,水灰比决定水泥浆的稠度。水灰比较小,则水泥浆较稠,混凝土拌和物的流动性亦较小,当水灰比小于某一极限值时,在一定施工方法下就不能保证密实成型;反之,水灰比较大,水泥浆较稀,混凝土拌和物的流动性虽然较大,但黏聚性和保水性却随之变差。当水灰比大于某一极限值时,将产生严重的离析、泌水现象。因此,为了使混凝土拌和物能够密实成型,所采用的水灰比值不能过小,为了保证混凝土拌和物具有良好的黏聚性和保水性,所采用的水灰比值又不能过大。

由于水灰比的变化将直接影响到水泥混凝土的强度,因此在实际工程中,为增加拌和物的流动性而增加用水量时,必须保证水灰比不变,同时增加水泥用量,否则将显著降低混凝土的质量,决不能以单纯改变用水量的办法来调整混凝土拌和物的流动性。在通常使用范围内,当混凝土中用水量一定时,水灰比在小的范围内变化,对混凝土拌和物的流动性影响不大。

(6)砂率的影响

砂率是指混凝土中砂的质量占砂、石总质量的百分率。砂率表征了混凝土拌和物中砂与石相对用量比例。由于砂率变化,可导致集料的空隙率和总表面积的变化,因而混凝土拌和物的工作性亦随之产生变化。混凝土拌和物坍落度与砂率的关系如图8-4所示。从图中可以看出,当砂率过大时,即砂子含量较高时,集料的空隙率和总表面积增大,在水泥浆用量一定的条件下,混凝土拌和物就显得干稠,流动性小;当砂率过小时,虽然集料的总表面积减小,但由于砂浆量不足,不能在粗集料的周围形成足够

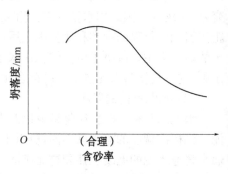

图 8-4 砂率与坍落度的关系
(水与水泥用量为一定)

的砂浆层起润滑作用,因而使混凝土拌和物的流动性降低。更严重的是影响了混凝土拌和物的黏聚性与保水性,使拌和物显得粗涩、粗集料离析、水泥浆流失,甚至出现溃散等不良现象。因此,在不同的砂率中应有一个合理砂率值。混凝土拌和物的合理砂率是指在用水量和水泥用量一定的情况下,能使混凝土拌和物获得最大流动性,且能保持黏聚性和保水性能良好的砂率。

2. 环境条件的影响

引起混凝土拌和物工作性降低的环境因素,主要有时间、温度、湿度和风速。

对于给定组成材料性质和配合比例的混凝土拌和物,其工作性的变化,主要受水泥的水化速率和水分的蒸发速率所支配。水泥的水化,一方面消耗了水分;另一方面,产生的水化产物起到了胶粘作用,进一步阻碍了颗粒间的滑动。而水分的挥发将直接减少了单位混凝土中水的含量。因此,混凝土拌和物从搅拌到捣实的这段时间里,随着时间的增加,坍落度将逐渐减小,称为坍落度损失,如图8-5所示。图8-6是一个试验室的资料,表明温度对混凝土拌和物坍落度的影响。可以看出,随着环境温度的提高,混凝土的坍落度明显降低;其原因一方面是高温下水分损失快,另一方面是高温下水泥的水化速度快,因此使混凝土的坍落度降低。同样,风速和湿度因素会影响拌和物水分的蒸发速率,因而影响坍落度。在不同环境条件下,要保证拌和物具有一定的工作性,必须采取相应的改善工作性的措施。

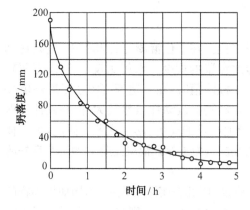

图 8-5 坍落度损失

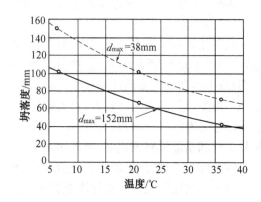

图 8-6 温度对混凝土拌和物坍落度的影响

3. 搅拌条件的影响

在较短的时间内,搅拌得越完全越彻底,混凝土拌和物的和易性越好。具体地说,用强制式搅拌机比自落式搅拌机的拌和效果好;高频搅拌机比低频搅拌机拌和的效果好;适当延长搅拌时间,也可以获得较好的和易性,但搅拌时间过长,由于部分水泥水化将使流动性降低。

4. 外加剂的影响

在拌制混凝土时,加入很少量的外加剂能使混凝土拌和物在不增加水泥浆用量的条件下,获得很好的和易性,增大流动性,改善黏聚性,降低泌水性。并且由于改变了混凝土结构,还能提高混凝土的耐久性,因此这种方法也是常用的。详细内容见本章第 7 节混凝土的外加剂。

六、新拌混凝土工作性选择标准及改善措施

1. 新拌混凝土工作性选择标准

新拌水泥混凝土的坍落度应根据施工方法和结构条件(断面尺寸、钢筋分布情况),并参考有关资料(经验)加以选择。对无筋厚大结构、钢筋配置稀疏易于施工的结构,尽可能选用较小的坍落度,以节约水泥。反之,对断面尺寸较小、形状复杂或配筋特密的结构,则应选用较大的坍落度。一般在便于操作和保证捣固密实的条件下,尽可能选用较小的坍落度,以节约水泥,提高强度,获得质量合格的混凝土拌和物,具体的选择可参考表 8-9。

表 8-9　混凝土坍落度的适宜范围

结构特点	坍落度/mm	
	机械捣实	人工捣实
基础或地面等的垫层	0～30	20～40
无配筋的厚大结构或配筋稀疏的结构	10～30	30～50
板、梁和大型及中型截面的柱子等	30～50	50～70
配筋较密的结构	50～70	70～90
配筋特密的结构	70～90	90～120

2. 改善新拌水泥混凝土工作性的主要措施

改善新拌混凝土的工作性可采取下列技术措施:

(1) 调节混凝土的材料组成

在保证混凝土强度、耐久性和经济性的前提下,适当调整混凝土的组成配合比例以提高工作性。

① 尽可能降低砂率,采用合理砂率,有利于提高混凝土的质量和节约水泥。

② 改善砂、石(特别是石子)的级配,好处同上,但要增加备料的工作量。

③ 尽量采用较粗的集料。

④ 当混凝土拌和物坍落度太小时,维持水灰比不变,适当增加水泥和水的用量,或者加入外加剂等;当拌和物坍落度太大,但黏聚性良好时,可保持砂率不变,适当加砂和石子。

(2) 掺加各种外加剂

使用外加剂是调整混凝土性能的重要手段,常用的有减水剂、高效减水剂、流化剂、泵送剂等,外加剂在改善新拌混凝土工作性的同时,还具有提高混凝土强度,改善混凝土耐久性,降低水泥用量等作用。

（3）改进水泥混凝土拌和物的施工工艺

采用高效率的强制式搅拌机,可以提高水的润滑效率,采用高效振捣设备,也可以在较小的坍落度情况下,获得较高的密实度。现代商品混凝土,在远距离运输时,为了减小坍落度损失,还经常采用二次加水法,即在拌和站拌和时只加入大部分的水,剩下少部分会在快到施工现场时再加入,然后迅速搅拌以获得较好的坍落度。

（4）加快施工速度

减少输送距离,加快施工速度,使用坍落度损失小的外加剂,都可以使新拌混凝土在施工时保持较好的工作性。

工作性只是水泥混凝土众多性能中的一部分,因此当决定采取某项措施来调整和易性时,还必须同时考虑对混凝土其他性质(如强度、耐久性)的影响,不能以降低混凝土的强度和耐久性来换取和易性。

七、新拌混凝土的凝结时间

水泥的水化反应是混凝土产生凝结的主要原因,但是混凝土的凝结时间与配制该混凝土所用水泥的凝结时间并不一致,因为水泥浆体的凝结和硬化过程要受到水化产物在空间填充情况的影响,因此水灰比的大小会明显影响其凝结时间,水灰比越大,凝结时间越长。

一般配制混凝土所用的水灰比与测定水泥凝结时间规定的水灰比是不同的,所以这两者的凝结时间便有所不同。而且混凝土的凝结时间,还会受到其他各种因素的影响,例如环境温度的变化;混凝土中掺入某些外加剂,像缓凝剂或速凝剂等等,将会明显影响混凝土的凝结时间。

混凝土拌和物的凝结时间通常是用贯入阻力法进行测定的,所使用的仪器为贯入阻力仪。根据《普通混凝土拌合物性能试验方法标准》(GB/T 50080—2016),首先选用筛孔公称直径为 5 mm 的方孔筛,从拌和物中筛取砂浆,按一定方法装入规定的容器中,然后每隔一定时间测定砂浆贯入到一定深度时的贯入阻力,绘制贯入阻力与时间的关系曲线,以贯入阻力为 3.5 MPa 及 28 MPa 画两条平行于时间坐标的直线,直线与曲线交点的时间即分别为混凝土拌和物的初凝和终凝时间。这是从实用角度人为确定的,用该初凝时间表示施工时间的极限,终凝时间表示混凝土力学强度的开始发展。

§8-4　水泥混凝土的力学性质

水泥混凝土的力学性能主要包括强度和变形两方面,要了解混凝土的强度和变形性质,首先必须了解硬化后混凝土的内部结构。

一、混凝土硬化后的结构状态

1. 组成

混凝土是一种非匀质的颗粒型复合材料,从宏观上看,混凝土是由相互胶结的各种不同形状大小的颗粒堆积而成(见图 8-7a)。但如果深入观察其内部结构,则会发现它是具有三相(固相、液相和气相)的多微孔结构。从图 8-7a 中的 A 放大得到的图 8-7b 中可见,硬化混凝土是由粗、细集料和硬化水泥浆组成的,而硬化水泥浆由水泥水化物、未水化水泥颗粒、自由水、气孔等组成,并且在集料表面及集料与硬化水泥浆体之间也存在孔隙及裂缝等。

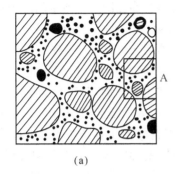 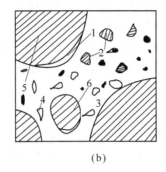

(a)   (b)

图 8-7   水泥混凝土结构

(a)水泥混凝土的宏观结构;(b)局部区域 A 放大后的结构

1—水膜;2—水泥;3—水化物;4—气泡;5—石子;6—砂

2. 界面过渡区

通过显微镜观察到,在混凝土内从粗集料表面至硬化水泥浆体有一厚度约为 $10\sim50~\mu m$ 的区域范围,通常称为界面过渡区。在这一区域层内,材料的化学成分、结构状态与区外浆体有所不同。在过渡层内富集有 $Ca(OH)_2$ 晶体,且水灰比高、孔隙率大,因此过渡层结构比较疏松、密度小、强度低,从而在石子表面和硬化水泥浆之间形成一弱接触层,对混凝土强度和抗渗性都很不利。

3. 界面微裂缝

混凝土硬化后,在受力前,其内部已存在大量肉眼看不到的原始裂缝,其中以界面(石子与硬化水泥浆的黏结面)微裂缝为主。这些微裂缝是由于水泥浆在硬化过程中产生的体积变化(如化学减缩、湿胀、干缩等)与粗集料体积变化不一致而形成的;另外,由于混凝土成型后的泌水作用,在粗集料下方形成水隙,待混凝土硬化后,水分蒸发,也形成界面微裂缝。以上这些界面微裂缝分布于粗集料与硬化水泥浆黏结面处,对混凝土强度影响极大。

二、混凝土的强度

强度是混凝土硬化后的主要力学性能,并且与其他性质关系密切。按我国国家标准《混凝土物理力学性能试验方法标准》(GB/T50081—2019)规定,混凝土强度有立方体抗压强度、棱柱体抗压强度、劈裂抗拉强度、抗折强度、轴向抗拉强度和粘结强度等。其中以抗压强度最大,抗拉强度最小(约为抗压强度的 $1/10\sim1/20$)。

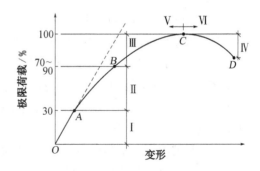

图 8-8   混凝土受压变形曲线

Ⅰ—界面裂缝无明显变化;Ⅱ—界面裂缝增长;
Ⅲ—出现砂浆裂缝和连续裂缝;Ⅳ—连续裂缝迅速发展;Ⅴ—裂缝缓慢增长;
Ⅵ—裂缝迅速增长

1. 混凝土受力变形及破坏过程

混凝土受外力作用时,其内部产生了拉应力,这种拉应力很容易在具有几何形状为楔形的微裂缝顶部形成应力集中,随着拉应力的逐渐增大,导致微裂缝的进一步延伸、汇合、扩大,最后形成几条可见的裂缝。试件就随着这些裂缝的形成而破坏。以混凝土单轴受压为例,绘出的静力受压时的荷载-变形曲线的典型形式如图 8-8 所示。

通过显微镜观察所查明的混凝土内部裂缝的发展可分为如图8-9所示的四个阶段。当荷载到达"比例极限"(约为极限荷载的30%)以前,界面裂缝无明显变化(图8-8第Ⅰ阶段,图8-9 Ⅰ),此时,荷载与变形比较接近直线关系(图8-8曲线 OA 段)。荷载超过"比例极限"以后,界面裂缝的数量、长度和宽度都不断增大,界面借助摩阻力继续承担荷载,但尚无明显的砂浆裂缝(图8-9 Ⅱ)。此时,变形增大的速度超过荷载增大的速度,荷载与变形之间不再接近直线关系(图8-8曲线 AB 段)。荷载超过"临界荷载"(约为极限荷载的70%~90%)以后,在界面裂缝继续发展的同时,开始出现砂浆裂缝,并将邻近的界面裂缝连接起来成为连续裂缝(图8-9 Ⅲ)。此时,变形增大的速度进一步加快,荷载-变形曲线明显地弯向变形轴方向(图8-8曲线 BC 段)。超过极限荷载以后,连续裂缝急速地发展(图8-9 Ⅳ)。此时,混凝土的承载能力下降,荷载减小而变形迅速增大,以至完全破坏,荷载-变形曲线逐渐下降而最后结束(图8-8曲线 CD 段)。

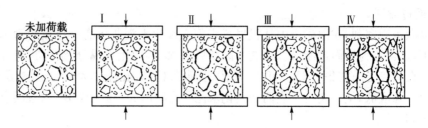

图 8-9　混凝土不同受力阶段裂缝示意图

由此可见,混凝土材料荷载与变形的关系,是内部微裂缝发展规律的宏观体现。混凝土在外力作用下的变形和破坏过程,也就是内部裂缝的发生和发展过程,它是一个从量变发展到质变的过程。只有当混凝土内部的微观破坏发展到一定量级时,才使混凝土的整体遭受破坏。

2. 混凝土立方体抗压强度

按照国家标准《混凝土物理力学性能试验方法标准》(GB/T 50081—2019),制作边长为150 mm的立方体试件,在标准条件(温度20℃±2℃,相对湿度95%以上)下,养护到28 d龄期,测得的抗压强度值为混凝土立方体试件抗压强度(简称立方体抗压强度),以 f_{cu} 表示。采用标准试验方法测定其强度是为了能使混凝土的质量有对比性,它是结构设计、混凝土配合比设计和质量评定的重要数据。

在实际的混凝土工程中,其养护条件(温度、湿度)不可能与标准养护条件一样,为了能说明工程中混凝土实际达到的强度,往往把混凝土试件放在与工程相同的条件下养护,再按所需的龄期进行试验测得立方体试件抗压强度值,作为工地混凝土质量控制的依据。又由于标准试验方法试验周期长,不能及时预报施工中的质量状况,也不能据此及时设计和调整配合比,不利于加强质量管理和充分利用水泥活性。我国已研究制定出根据早期在不同温度条件下加速养护的混凝土试件强度推算标准养护28 d(或其他龄期)的混凝土强度的试验方法,详见《早期推定混凝土强度试验方法标准》(JGJ15—2008)。

测定混凝土立方体试件抗压强度,也可以按粗集料最大粒径的尺寸而选用不同的试件尺寸。但在计算其抗压强度时,应乘以换算系数,以得到相当于标准试件的试验结果(选用边长为 10 cm 的立方体试件,换算系数为 0.95;选用边长为 20 cm 的立方体试件,换算系数为 1.05)。目前美、日等国采用 φ15 cm×30 cm 的圆柱体为标准试件,所得抗压强度值约等于 15 cm×15 cm×15 cm 立方体试件抗压强度的 4/5。这是由于试件尺寸、形状不同,会影响试件的抗压强度值。试件尺寸愈小,测得的抗压强度值愈大。因为混凝土立方体试件在压力机上受压时,在沿加荷方向发生纵向变形的同时,也按泊松比效应产生横向变形。压力机上下两块压板(钢板)的刚度远大于混凝土,在同样荷载作用下变形较小。所以,在荷载下压板的横向应变小于混凝土的横向应变(指都能自由横向变形的情况),因而上下压板与试件的上下表面之间产生的摩擦力,对试件的横向膨胀起着约束作用,对强度有提高的作用(图 8-10),这种作用称为环箍效应。愈接近试件的端面,这种约束作用就愈大,而试件中部则易产生自由膨胀,因此试件破坏后的形状如图 8-11 所示。

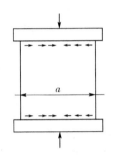

图 8-10 压板机压板对试块的约束作用

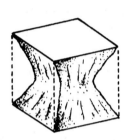

图 8-11 试块破坏后残存的棱锥体

在压板和试件表面间加润滑剂,则环箍效应大大减小,试件将出现直裂破坏(图 8-12),测出的强度也较低。立方体试件尺寸较大时,环箍效率的相对作用较小,测得的立方体抗压强度因而偏低。反之,试件尺寸较小时,测得的抗压强度就偏高。另一方面由于试件越大,其中存在较大裂缝、孔隙等缺陷的可能性越大,故较大尺寸的试件测得的抗压强度就偏低,需乘以适当的换算系数,换算成标准强度,这一现象称为试件强度的尺寸效应。

3. 立方体抗压强度标准值

混凝土立方体抗压强度标准值,是按照标准方法制作和养护的边长为 150 mm 的立方体试件,在 28 d 龄期,用标准试验方法测定的抗压强度总体分布中的一个值,强度低于该值的百分率不超过 5%(即具有 95%保证率的抗压强度),以 N/mm² 即 MPa 计。立方体抗压强度标准值以 $f_{cu,k}$ 表示。

从以上定义可知,立方体抗压强度(f_{cu})只是一组混凝土试件抗压强度的算术平均值,并未涉及数理统计、保证率的概念,或者说,只有 50%的保证率。而立方体抗压强度标准值($f_{cu,k}$)是按数理统计方法确定,具有不低于 95%保证率的立方体抗压强度。采

图 8-12 不受压板约束时试件破坏情况

用立方体抗压强度标准值来表征混凝土的强度,对于实际工程来讲,大大提高了安全性。

4. 混凝土的强度等级

混凝土强度等级是根据立方体抗压强度标准值来确定的。强度等级表示方法是用符号 C(Concrete 的缩写)和立方体抗压强度标准值两项内容表示,例如 C30 即表示混凝土立方体抗

压强度标准值 $f_{cu,k}=30$ MPa。

按我国国标《混凝土强度检验评定标准》(GB/T 50107—2010)规定普通混凝土按立方体抗压强度标准值划分为:C7.5、C10、C15、C20、C25、C30、C35、C40、C45、C50、C55 和 C60 等 12 个强度等级。但近年来随着技术和工艺的进步,更高强度的混凝土也已开始用于实体工程。混凝土强度等级是混凝土结构设计时强度计算取值的依据,不同的工程部位常采用不同强度等级的混凝土。工程采用强度等级的范围是:

C7.5～C15 多用于基础工程、大体积混凝土及受力不大的结构;

C15～C25 多用于普通混凝土结构的梁、板、柱、楼梯及屋架等;

C20～C30 多用于大跨度结构及预制构件等;

C30 以上多用于预应力钢筋混凝土结构、吊车梁及特种结构等。

5. 混凝土的轴心抗压强度

确定混凝土强度等级时是采用立方体试件,但实际工程中,钢筋混凝土结构形式极少是立方体的,大部分是棱柱体型(矩形截面)或圆柱体型。为了使测得的混凝土强度接近于混凝土结构的实际情况,在钢筋混凝土结构计算中,计算轴心受压构件(例如柱子、桁架的腹杆等)时,都是采用混凝土的轴心抗压强度 f_{cp} 作为依据。

按标准《混凝土物理力学性能试验方法标准》(GB/T50081—2019)规定,测定轴心抗压强度,采用 150 mm×150 mm×300 mm 棱柱体作为标准试件。如有必要,也可采用非标准尺寸的棱柱体试件,但其高(h)与宽(a)之比应在 2～3 的范围内。棱柱体试件是在与立方体相同的条件下制作的,测得的轴心抗压强度 f_{cp} 比同截面的立方体强度值 f_{cu} 小,棱柱体试件高宽比(即 h/a)越大,轴心抗压强度越小。但当 h/a 达到一定值后,强度就不再降低。因为这时在试件的中间区段已无环箍效应,形成了纯压状态。但是过高的试件在破坏前,由于失稳产生较大的附加偏心,又会降低其抗压的试验强度值。

关于轴心抗压强度 f_{cp} 与立方体抗压强度 f_{cu} 之间的关系,通过许多组棱柱体和立方体试件的强度试验表明:在立方体抗压强度 $f_{cu}=10～55$ MPa 的范围内,轴心抗压强度 f_{cp} 与 f_{cu} 之比约为 0.70～0.80。

6. 混凝土的劈裂抗拉强度

混凝土的抗拉强度只有抗压强度的 1/10～1/20,且随着混凝土强度等级的提高,比值有所降低,也就是当混凝土强度等级提高时,抗拉强度的增加不及抗压强度提高得快。因此,混凝土在工作时一般不依靠其抗拉强度。但抗拉强度对于预防开裂有重要意义,在结构设计中抗拉强度是确定混凝土抗裂度的重要指标,有时也用它来间接衡量混凝土与钢筋的黏结强度等。

由于混凝土轴心抗拉强度试验的装置设备复杂,以及夹具易引入二次应力等原因,我国现行国标《混凝土物理力学性能试验方法标准》(GB/T50081—2019)规定,采用 150 mm×150 mm×150 mm 的立方体作为标准试件,在立方体试件(或圆柱体)中心平面内用圆弧为垫条施加两个方向相反、均匀分布的压应力(如图 8-13、图 8-14),当压力增大至一定程度时试件就沿此平面劈裂破坏,这样测得的强度称为劈裂抗拉强度,简称劈拉强度或劈裂强度。混凝土劈拉强度(f_{ts})按式(8-3)计算,以 MPa 计。

$$f_{ts}=\frac{2F}{\pi A}=0.637\frac{F}{A} \tag{8-3}$$

式中 F——破坏荷载(N);

　　　A——试件劈裂面面积(mm^2)。

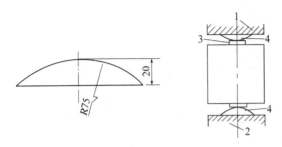

图 8-13　劈裂抗拉试验装置(尺寸单位:mm)

1—上压板;2—下压板;3—垫条;4—垫层

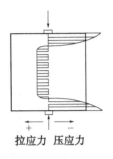

拉应力　压应力

图 8-14　劈裂试验时垂直于

受力面的应力分布

关于劈裂抗拉强度 f_{ts} 与标准立方体抗压强度 f_{cu} 间的关系,我国有关部门进行了对比试验,得出经验公式为 $f_{ts}=0.35f_{cu}^{3/4}$。

如采用 100 mm×100 mm×100 mm 的非标准试件,则测得的劈裂抗拉强度应乘以尺寸换算系数 0.85。在交通部标准《公路工程水泥及水泥混凝土试验规程》(JTG E30—2005)中除立方体劈裂强度试验外,还引入了圆柱体劈裂抗拉强度。

　　7. 混凝土的抗弯拉强度

道路路面或机场道面用水泥混凝土,主要承受弯拉荷载的作用,因此以抗弯拉强度(或称抗折强度)为主要强度指标,抗压强度作为参考强度指标。根据我国《公路水泥混凝土路面设计规范》(JTG D40—2011)规定,不同交通量分级的水泥混凝土抗弯拉强度如表 8-10。

表 8-10　路面水泥混凝土抗弯拉强度标准值　　　　　　　　单位:MPa

交通量分级	极重、特重、重	中等	轻
水泥混凝土抗弯拉强度标准值/MPa	≥5.0	4.5	4
钢纤维混凝土的抗弯拉强度标准值/MPa	≥6.0	5.5	5.0

道路水泥混凝土的抗折强度是以标准操作方法制备成 150 mm×150 mm×550 mm 的梁形试件,在标准条件下经养护 28 d 后,按三分点加荷方式(如图 8-15)测定其抗折强度(f_{cf}),按式(8-4)计算,以 MPa 计。

$$f_{cf}=\frac{Fl}{bh^2} \tag{8-4}$$

式中 F——破坏荷载(N);

　　　l——支座间距(mm);

　　　b——试件宽度(mm);

　　　h——试件高度(mm)。

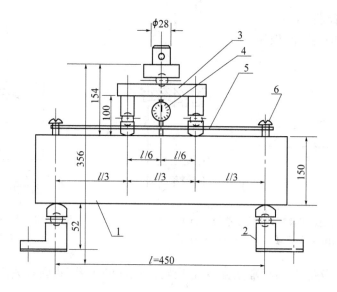

图 8-15　水泥混凝土抗折强度与抗折模量

试验装置图(尺寸单位:mm)

1—试件;2—支座;3—加荷支座;4—千分表;

5—千分表架;6—螺杆

如为跨中单点加荷得到的抗折强度,按断裂力学推导应乘以换算系数 0.85。

三、影响水泥混凝土强度的主要因素

影响硬化后水泥混凝土强度的因素是多方面的,归纳起来主要有材料组成、制备方法、养护条件和试验条件等四大方面。其中组成材料和养护条件,是影响水泥混凝土强度的最主要因素,也是工程中应加以控制的主要因素。

1. **材料组成对水泥混凝土强度的影响**

材料组成是影响混凝土强度的内因,主要取决于组成材料的质量及其在混凝土中的比例。普通混凝土受力破坏一般出现在集料和水泥石的分界面上,这就是常见的黏结面破坏的形式。另外,当水泥石强度较低时,水泥石本身破坏也是常见的破坏形式。在普通混凝土中,集料最先破坏的可能性很小,因为集料强度经常大大超过水泥石和黏结面的强度。所以混凝土的强度主要决定于水泥石强度及其与集料表面的黏结强度,而水泥石强度及其与集料的黏结强度又与水泥强度、水灰比及集料的性质有密切关系。

(1) 水泥的强度和水灰比

水泥混凝土的强度主要取决于其内部起胶结作用的水泥石的质量,水泥石的质量则取决于水泥的特性和水灰比。水泥是混凝土中的活性组分,其强度的大小直接影响着混凝土强度的高低。在配合比相同的条件下,所用的水泥强度等级越高,制成的混凝土强度也越高。当用同一种水泥(品种及强度等级相同)时,水泥混凝土的强度主要决定于水灰比,因为水泥水化时所需的结合水,一般只占水泥质量的 24% 左右,但在拌制混凝土拌和物时,为了获得必要的流动性,常需用较多的水(约占水泥质量的 30%～60%),也即较大的水灰比;当混凝土硬化后,多余的水分就残留在混凝土中,形成水泡或蒸发后形成气孔,大大地减少了混凝土抵抗荷载的

236

实际有效面积,而且可能在孔隙周围产生应力集中。因此,可以认为,在水泥强度等级相同的情况下,水灰比愈小,水泥石的强度愈高,与集料黏结力也愈大,混凝土的强度就愈高。但应说明,如果加水太少(水灰比太小),拌和物过于干硬,在一定的捣实成型条件下,无法保证浇灌质量,混凝土中将出现较多的蜂窝、孔洞使结构不密实,强度反而会下降,如图8-16所示。

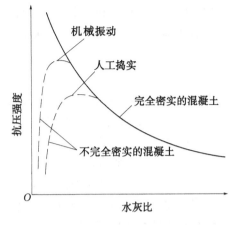

图 8-16　混凝土强度与水灰比的关系

早年,水泥品种和强度等级较为单一,1919 年美国 D. 阿布拉姆斯(Abrams)就提出"水灰比定则",他通过大量实验认为当混凝土完全密实时,其抗压强度(f_c)与水灰比(W/C)之间的关系,可用指数方程来表示:

$$f_c = \frac{k_1}{k_2^{W/C}} \tag{8-5}$$

式中　W/C——水灰比;

　　　k_1、k_2——实验常数。

后来,1925 年挪威 I. 莱塞(Lyse)提出"灰水比定则",认为水泥混凝土抗压强度(f_c)与灰水比(C/W)的关系可用直线关系来表示:

$$f_c = a \cdot \frac{C}{W} + b$$

式中　a、b 为实验常数。

大量混凝土试件抗压强度与水灰比、灰水比的统计关系见图8-17和图8-18。

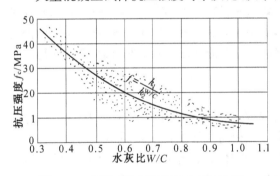

图 8-17　混凝土抗压强度与水灰比关系

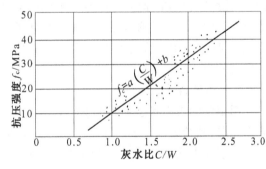

图 8-18　混凝土抗压强度与灰水比的关系

直到 1930 年瑞士 J. 鲍罗米(Bolomey)提出混凝土抗压强度(f_c)与水泥强度(f_{ce})和灰水比(C/W)的直线关系式:

$$f_c = A f_{ce} \left(\frac{C}{W} - B \right) \tag{8-6}$$

式中　A、B 为实验常数。

水灰比不是影响水泥混凝土强度的唯一的因素,但在实用中,由于水灰比公式计算简便,仍为各国广泛采用。我国根据大量的实验资料统计结果,提出灰水比(C/W)、水泥实际强度(f_{ce})与混凝土 28 d 立方体抗压强度($f_{cu,28}$)的关系公式:

$$f_{cu,28}=Af_{ce}\left(\frac{C}{W}-B\right)$$ (8-7)

式中　$f_{cu,28}$——混凝土 28 d 龄期的立方体抗压强度(MPa);

　　　f_{ce}——水泥实际强度(MPa);

　　　C/W——灰水比;

　　　$A、B$——经验常数,应根据本单位的历史资料统计确定,当无历史资料时,也可根据国家规范选取。

当水泥强度采用《通用硅酸盐水泥》(GB175—2007)标准用强度等级来表示时,《普通混凝土配合比设计规程》(JGJ 55—2011) 规定,混凝土强度公式的经验常数 $A、B$ 如表 8-11。

表 8-11　混凝土强度公式的经验常数 $A、B$ 的取值

集料种类	A	B
碎石	0.53	0.20
卵石	0.49	0.13

混凝土强度公式的建立,使混凝土设计成为可能。该公式具有以下两方面的作用:

① 当已知所用水泥强度和水灰比时,可用此公式估算混凝土 28 d 可能达到的抗压强度值。

② 当已知所用水泥强度及要求的混凝土强度时,用此公式可估算应采用的水灰比值。

因此混凝土强度公式在工程中广为采用。但这一经验公式,一般只适用于流动性混凝土和低流动性混凝土,对干硬性混凝土则不适用。同时对流动性混凝土来说,也只是在原材料相同、工艺措施相同的条件下 $A、B$ 才可视作常数;如果原材料变了,或工艺条件变了,则 $A、B$ 系数也随之改变。因此必须结合工地的具体条件,如施工方法及材料的质量等,进行不同的混凝土强度试验,求出符合当地实际情况的 $A、B$ 系数,这样既能保证混凝土的质量,又能取得较好的经济效果。

(2) 粗集料的表面特征

粗集料的表面状态主要是指粗集料表面的粗糙程度。碎石表面粗糙,黏结力比较大,卵石表面光滑,黏结力比较小。因而在水泥强度和水灰比相同的条件下,碎石混凝土的强度往往高于卵石混凝土的强度。实践证明,当水灰比大于 0.65 时,碎石混凝土与卵石混凝土的强度基本相同;而当水灰比小于 0.40 时,碎石混凝土的强度可比卵石混凝土高 30%。

粗集料表面特征对水泥混凝土强度的影响,从水灰比公式中对常数 $A、B$ 的取值也可以看出。

(3) 浆集比

混凝土中水泥浆的体积和集料体积之比值,对混凝土的强度也有一定的影响,特别是高强度的混凝土更为明显。在水灰比相同的条件下,增加浆集比,即增加水泥浆用量,可以获得更大的流动性,从而使混凝土更易于成型为密实结构。同时水泥浆的增加,也可以更有效地包裹集料颗粒,使集料可以通过硬化水泥浆层有效地传递荷载。因此适当增加浆集比可以提高混

凝土的强度,这也是配制高强度混凝土常需要大水泥剂量的一个原因。但当浆集比过大以后,随水泥浆会引入大量的水,从而使硬化后的水泥混凝土中的孔隙体积增加。同时,水泥浆硬化过程中产生的收缩,也会形成微裂缝,这些都不利于水泥混凝土的强度,因此在达到最优浆集比后,混凝土的强度随着浆集比的增加而降低。

2. 养护条件对水泥混凝土强度的影响

由于水泥混凝土的强度是依靠水泥水化产生的水化产物的胶结作用提供的,因此,水泥混凝土成型后必须有适当的时间和条件,让水泥进行充分的水化。混凝土的养护条件是指混凝土成型后的养护温度、湿度和龄期。

(1)温度的影响

温度对混凝土早期强度的影响尤为显著,一般情况下,在温度 4~40℃范围内,养护温度提高可以促进水泥的溶解、水化和硬化,使水泥早期强度提高,见图 8-19 所示。

不同品种的水泥对温度有不同的适应性,因此需要有不同的养护温度。对于硅酸盐水泥和普通水泥,若早期养护温度过高(40℃以上),水泥水化速率加快,生成的大量水化物聚集在未水化水泥颗粒周围,妨碍水泥进一步水化,使此后的水化速度减慢。而且这些快速生成的水化产物结晶粗大,孔隙率高,因此对混凝土后期强度增长不利。对于掺大量混合材的水泥(如矿渣水泥、火山灰水泥、粉煤灰水泥等),因一个二次水化反应的问题,提高养护温度不但有利于早期水泥水化,而且对混凝土后期强度增长有利。

养护温度过低,混凝土强度发展缓慢,当温度降至 0℃ 以下时,水化反应停止,混凝土强度不但停止发展,还会因毛细孔中的水结冰引起体积膨胀(约 9%),而对孔壁产生相当大的冰晶压力,使混凝土内部结构遭破坏,导致混凝土已获得的强度受到损失。混凝土早期强度低,更容易冻坏,所以应当特别防止混凝土早期受冻。实践证明,混凝土冻结时间愈早,强度损失愈大,所以在冬季施工时要特别注意保温养护,而且混凝土在化冻后强度虽会继续增长,但比未冻过的混凝土强度要低。混凝土强度与冻结龄期的关系如图 8-20 所示。

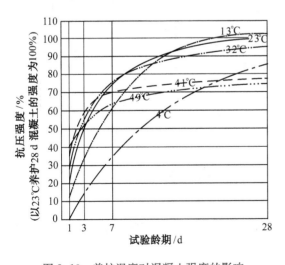

图 8-19 养护温度对混凝土强度的影响

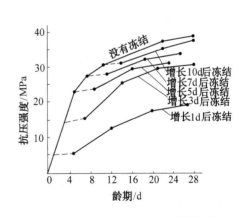

图 8-20 混凝土强度与冻结龄期的关系

(2)湿度的影响

周围环境的湿度对水泥的水化作用能否正常进行有显著影响。湿度适当,水泥水化便能顺利进行,使混凝土强度得到充分发展。如果湿度不够,混凝土会失水干燥而影响水泥水化作用的正常进行,甚至停止水化。因为水泥水化只能在被水填充的毛细管内发生。而且混凝土中大量自由水在水泥水化过程中逐渐被产生的凝胶所吸附,内部供水化反应的水则愈来愈少。

这不仅严重降低混凝土的强度(图 8-21),而且因水化作用未能完成,使混凝土结构疏松,渗水性增大,或形成干缩裂缝,从而影响耐久性。

所以,为了使混凝土正常硬化,必须在成型后一定时间内维持周围环境有一定温度和湿度,这一过程称为混凝土的养护或养生。混凝土在自然条件下养护,称为自然养护。自然养护的温度随气温变化,为保持潮湿状态,在混凝土凝结以后,表面应覆盖草袋等物并不断浇水,这样也同时能防止其发生不正常的收缩。现场施工使用普通水泥时,浇水保湿应不少于 7 d;使用矿渣水泥和火山灰水泥或在施工中掺用减水剂时,不少于 14 d;如用矾土水泥时,不得少于 3 d;对于有抗渗要求的混凝土,不少于 14 d。

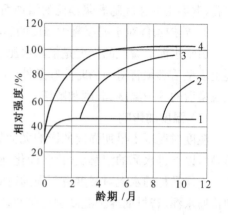

图 8-21　养护湿度条件对混凝土强度的影响
1—空气养护;2—9 个月后水中养护;
3—3 个月后水中养护;4—标准湿度条件下养护

(3) 龄期的影响

混凝土在正常养护条件下,其强度将随着龄期的增加而增长。最初 7~14 d 内,强度增长较快,28 d 以后增长缓慢。但龄期延续很久其强度仍有所增长。不同龄期混凝土强度的增长情况如图 8-22 所示。因此,在一定条件下养护的混凝土,可根据其早期强度大致地估计 28 d 的强度。

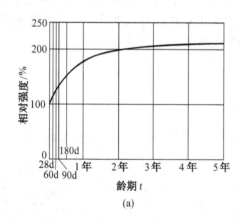

(a)

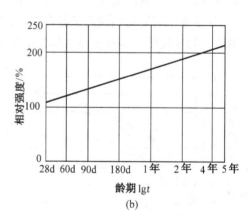

(b)

图 8-22　水泥混凝土强度随时间的增长
(a) 龄期为常坐标;(b) 龄期为对数坐标

普通水泥制成的混凝土,在标准条件养护下,混凝土强度与龄期的对数成正比关系(龄期不小于 3 d):

$$f_n = f_{28} \frac{\lg n}{\lg 28} \tag{8-8}$$

240

式中　f_n——n d 龄期混凝土的抗压强度(MPa)；

　　　　f_{28}——28 d 龄期混凝土的抗压强度(MPa)；

　　　　n——养护龄期(d)，$n \geqslant 3$。

根据上式可由一已知龄期的混凝土强度,估算另一个龄期的强度。但影响水泥混凝土强度的因素很多,强度发展不可能一致,故此式也只能作为参考。

(4) 混凝土的成熟度(N)

混凝土养护过程中,所经历的时间和温度的乘积的总和,称为混凝土的成熟度(N),也称作度时积,单位为小时·度(h·℃)或天·度(d·℃)。混凝土的强度与成熟度之间的关系很复杂,它不仅取决于水泥的性质和混凝土的质量(强度等级),而且与养护温度和养护湿度有关。当混凝土的初始温度在某一范围内,并且在所经历的时间内不发生干燥失水的情况下,混凝土的强度和成熟度的对数呈线性关系。这是比用自然龄期(n)更合理的建立混凝土强度函数的基本参数。在混凝土工程中,利用成熟度来控制混凝土的养护、脱模、切缝等工序的时间,具有非常实际的意义。

3. 提高混凝土强度和促进强度发展的主要措施

现代土木工程,常需要大量高强度的水泥混凝土,以提高承载能力,减小自重和占地面积。同时在水泥混凝土施工过程中,为了加快施工速度,提高模具的周转效率,常需要加快混凝土的强度增长速度,以提高水泥混凝土的早期强度。为了达到这些目的,可以采用各种不同的方法,常用的有以下一些:

(1) 采用高强度水泥和快硬早强类水泥

硅酸盐水泥和普通硅酸盐水泥的早期强度比其他掺混合材水泥的早期强度高。如采用高强度硅酸盐水泥或普通硅酸盐水泥,则可提高混凝土的早期强度。也可用早强水泥,它的 3 d 强度可比普通水泥提高 50%~100%,但这种水泥价格较高,会使工程造价提高。

(2) 减小水灰比和单位体积用水量

由水泥混凝土强度公式可知,减小水灰比是提高水泥混凝土强度的有效途径。单位体积用水量的减小可以减少硬化后混凝土中的孔隙体积,也有利于提高强度。但采用此措施的同时,往往会造成新拌混凝土工作性的降低,使施工困难,因此需要与特殊的工艺相配合,如采用碾压工艺或掺加减水剂。

(3) 掺加混凝土外加剂和掺合料

外加剂是配制高强混凝土的必备组分,常用来提高水泥混凝土强度和促进强度发展的外加剂有减速剂、高效减速剂、早强剂等。具有高活性的掺合料,如超细粉煤灰、硅灰等,可以与水泥的水化产物进一步发生反应,产生大量的凝胶物质,使混凝土更趋密实,强度也进一步得到提高。

(4) 采用机械搅拌和振捣

机械搅拌比人工拌和能使混凝土拌和物更均匀,特别在拌和低流动性混凝土拌和物时效果更显著。利用振捣器捣实时,在满足施工和易性的要求下,其用水量比采用人工捣实少得多,必要时也可采用更小的水灰比,或将砂率减到相当低的程度。这是由于振动的作用,暂时破坏了水泥浆的凝聚结构,从而降低了水泥浆的黏度和集料间的摩阻力,提高了混凝土拌和物的流动性,使混凝土拌和物能很好充满模具,内部孔隙大大减小,从而使混凝土的密实度和强度大大提高。一般来说,用水量愈少,水灰比愈小时,通过振动捣实效果也愈显著。由图8-23

可以看出,用人工捣实时,当水灰比减小到某一限度后,继续减小水灰比,混凝土强度反而下降。当采用振动器捣实时,由于捣实效果较好,故可用更低的水灰比来获得更高的强度。如采用高频振动器振捣,则更能进一步排除混凝土中的气泡,使之更密实,强度有更大的提高。

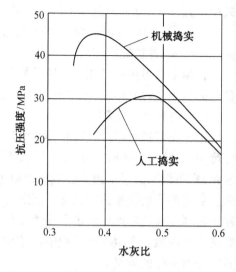

图 8-23　振捣方法对混凝土强度的影响

当水灰比逐渐增大,即流动性逐渐增大时,振动捣实的优越性就逐渐降低下来,其强度提高一般不超过 10%。

(5) 采用湿热处理——蒸汽养护和蒸压养护

水泥混凝土养护过程中,随着成熟度的增大,水化程度和强度也得到提高。为了在早期获得较高的强度,提高模具的周转效率,对于混凝土预制件常采用湿热处理。所谓的湿热处理,就是提高水泥混凝土养护时的温度和湿度,以加快水泥的水化,提高早期强度。常用的湿热处理方法包括以下两种:

① 蒸汽养护

使浇筑好的混凝土构件经 1~3 h 预养后,在 90% 以上的相对湿度、60℃ 以上温度的饱和水蒸气中养护,以加速混凝土强度的发展。

普通水泥混凝土经过蒸汽养护后,早期强度提高快,一般经过一昼夜蒸汽养护,混凝土强度能达到标准养护条件下混凝土 28 d 强度的 70%。但过高的温度对后期强度增长有影响,所以用普通水泥配制的混凝土养护温度不宜太高,时间不宜太长,一般养护温度为 60℃~80℃,恒温养护时间 5~8 h 为宜。

用火山灰质水泥和矿渣水泥配制的混凝土,蒸汽养护效果比普通水泥混凝土好,不但早期强度增加快,而且后期强度比自然养护还稍有提高。这两种水泥混凝土可以采用较高的温度养护,一般可达 90℃,养护时间不超过 12 h。

② 蒸压养护

将浇筑好的混凝土构件静停 8~10 h 后,放入蒸压釜内,通入高压、高温(如大于或等于 8 个大气压,温度为 175℃ 以上)饱和蒸汽进行养护,也称压蒸养护。

在高温、高压蒸汽下,水泥水化时析出的氢氧化钙不仅能充分与活性的氧化硅结合,而且也能与结晶状态的氧化硅结合而生成含水硅酸盐结晶,从而加速水泥的水化和硬化,提高了混凝土的强度。此法比蒸汽养护的混凝土质量好,特别是对采用掺入活性混合材料的水泥及掺入磨细石英砂的混合硅酸盐水泥更为有效。

四、混凝土的变形

水泥混凝土在凝结硬化过程中以及硬化后,受到外力及环境因素的作用,都会发生相应的变形。水泥混凝土的变形对于混凝土的结构尺寸、受力状态、应力分布、裂缝开裂等都有明显影响。混凝土的变形主要分为两大类:非荷载型变形和荷载型变形。非荷载型变形主要是由混凝土内部及环境因素引起的各种物理化学变化产生的变形,荷载型变形是混凝土构件在受力过程中,根据其自身特定的本构关系产生的变形。

1. 物理化学因素引起的变形

水泥混凝土成型后，就开始随着周围环境因素(温度、湿度、时间、化学介质等)的变化而发生一系列复杂的物理化学变化，这些变化往往伴随着一定的变形，也就是说，水泥混凝土在未受到外界荷载作用时，其本身仍然会发生变形。使混凝土发生变形的非荷载因素主要包括以下几方面：

(1) 塑性收缩

混凝土拌和物在刚成型后，固体颗粒下沉，表面产生泌水而使混凝土体积减小，称为塑性收缩，塑性收缩的可能收缩值约1%。在桥梁墩台等大体积混凝土中，有可能产生沉降裂缝。

(2) 化学收缩

由于水泥水化生成物的体积，比反应前物质的总体积(包括水的体积)小，而使混凝土收缩，这种收缩称为化学收缩。其收缩量是随混凝土硬化龄期的延长而增加的，大致与时间的对数成正比，一般在混凝土成型后40多天内增长较快，以后就渐趋稳定。化学收缩是不能恢复的，混凝土化学收缩应变为$(4\sim100)\times10^{-6}$。

(3) 碳化收缩

空气中的二氧化碳会与水泥的水化产物发生碳化反应，而引起混凝土体积的减小，称为碳化收缩。当空气相对湿度为30%～50%时碳化最激烈，收缩值也最大。

(4) 干缩与湿胀

干缩与湿胀是混凝土最常见的非荷载变形，干缩与湿胀取决于周围环境的湿度变化。混凝土在干燥过程中，首先发生气孔水和毛细水的蒸发。气孔水的蒸发并不引起混凝土的收缩。毛细水的蒸发，使毛细孔中形成负压，随着空气湿度的降低负压逐渐增大，产生收缩力，导致混凝土收缩。当毛细孔中的水蒸发完后，如继续干燥，则凝胶体颗粒的吸附水也发生部分蒸发，由于分子引力的作用，粒子间距离变小，使凝胶体紧缩。混凝土这种收缩在重新吸水以后大部分可以恢复。当混凝土在水中硬化时，体积不变，甚至轻微膨胀。这是由于凝胶体中胶体粒子的吸附水膜增厚，胶体粒子间的距离增大所致。膨胀值远比收缩值小，一般没有破坏作用。一般条件下混凝土的极限收缩应变为$(50\sim90)\times10^{-6}$左右。收缩受到约束时往往引起混凝土开裂，故施工时应予以注意。通过试验得知：

① 混凝土的干燥收缩是不能完全恢复的。即混凝土干燥收缩后，即使再长期放在水中也仍然有残余变形保留下来(图8-24)。通常情况下，残余收缩约为收缩量的30%～60%。

② 混凝土的干燥收缩与水泥品种、水泥用量和用水量有关。采用矿渣水泥比采用普通水泥的收缩大；采用高强度水泥，由于水泥颗粒较细，混凝土收缩也较大；水泥用量多或水灰比大者，收缩量也较大。

③ 砂石在混凝土中形成骨架，对收缩有一定的抵抗作用，故混凝土的收缩量比水泥砂浆小得多，而水泥砂浆的收缩量又比水泥净浆小得多。集料的弹性模量越高，混凝土的收缩越小，故轻集料混凝土的收缩一般说来比普通混凝土大得多。另外，砂、石越干净，混凝土捣固的越密实，收缩值也越小。

④ 在水中养护或在潮湿条件下养护可大大减

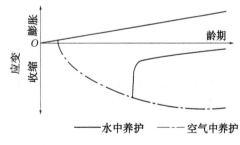

图8-24　混凝土的湿胀干缩变形

少混凝土的收缩,采用普通蒸养也可减少混凝土收缩,压蒸养护效果更显著。

因而,为减少混凝土的收缩量,应该尽量减少水泥和水的用量,砂、石集料要洗干净,尽可能采用振捣器捣固和加强养护等。

(5) 温度变形

混凝土与其他材料一样,也具有热胀冷缩的性质。混凝土的温度膨胀系数约为 10×10^{-5} mm/(mm·℃),即温度升高 1℃,每米膨胀 0.01 mm。温度变形对大体积混凝土及大面积混凝土工程极为不利,也使水泥混凝土路面板产生明显的内应力。

在混凝土硬化初期,水泥水化放出较多的热量,混凝土又是热的不良导体,散热较慢,因此在大体积混凝土内部的温度较外部高,有时可达 50℃～70℃。这将使内部混凝土的体积产生较大的膨胀,而外部混凝土却随气温降低而收缩。内部膨胀和外部收缩互相制约,在外表混凝土中将产生很大拉应力,严重时使混凝土产生裂缝。因此,对大体积混凝土工程,必须尽量设法减少混凝土发热量,如采用低热水泥,减少水泥用量,采用人工降温等措施。一般纵长的混凝土结构物,应每隔一段距离设置一道伸缩缝。

2. 影响混凝土收缩的因素及减少收缩的措施

由非荷载因素引起的混凝土变形,特别是收缩变形,常对混凝土的性能产生不利的影响,如造成预应力损失、开裂等。因此在配制、生产水泥混凝土时,应注意加以控制。影响混凝土收缩的因素,大致可分为组成材料的品种、质量、级配等内因与介质温度、湿度、约束钢筋等外因,后者影响比前者更大些,具体的影响因素包括以下几方面。

(1) 集料含量:混凝土产生收缩的主要组分是水泥石,增加集料的相对含量即可减少收缩。

(2) 集料的质量:混凝土配合比一定时,采用弹性模量值较高的集料,可以减少收缩。

(3) 单位用水量:水泥水化后残留的水分形成大量毛细孔,随着环境湿度的变化,毛细水的挥发会引起内应力,使混凝土收缩,因此减小单位用水量可以减少收缩。

(4) 单位水泥用量:在混凝土中,水泥与水经水化反应而生成凝胶,会产生化学减缩,同时凝胶吸湿则膨胀、干燥则收缩。因此减小水泥剂量,也有利于减少收缩。

(5) 相对湿度:周围介质的相对湿度是影响混凝土收缩的重要因素,相对湿度越低,混凝土收缩越大。

(6) 养护方法:延长湿养护期,可以推迟混凝土收缩的开始,但影响甚微。在水中养护混凝土约膨胀 $(100～200) \times 10^{-6}$ mm/mm。普通蒸汽养护可使混凝土收缩减少,压蒸汽养护对混凝土收缩减少更为显著。

(7) 外加剂:不同化学外加剂对混凝土收缩影响不同,其中氯化钙对混凝土收缩影响最大。

由上述影响因素分析可知,要减少水泥混凝土的收缩,可采取下列措施:

(1) 正确设计密级配集料,提高集浆比,使集料在混凝土中形成密实骨架;

(2) 采用弹性模量较高的岩石所轧制的集料;

(3) 在混凝土配合比中除了采用较低的单位用水量和低的水灰比外,还应重视水泥品种的选用,应选用 C_4AF 含量较高者;

(4) 正确选用外加剂,不掺加氯盐早强剂;

(5) 采用蒸养或压蒸养护。

3. 荷载作用下的变形

作为现代土木工程的主要承重材料,水泥混凝土在使用过程中,往往都承受着较大的荷载,在不同的荷载作用下,混凝土会表现出不同的变形性能。

(1) 在短期荷载作用下的变形

① 混凝土的弹塑性变形

混凝土内部结构中含有砂石集料、水泥石(水泥石中又存在着凝胶、晶体和未水化的水泥颗粒)、游离水分和气泡,这就决定了混凝土本身的不匀质性。它不是一种完全的弹性体,而是一种弹塑性体。它在受力时,既会产生可以恢复的弹性变形,又会产生不可恢复的塑性变形,其应力与应变之间的关系不是直线而是曲线,如图 8-25 所示。

在静力试验的加荷过程中,若加荷至应力为 σ、应变为 ε 的 A 点,然后将荷载逐渐卸去,则卸荷时的应力-应变曲线如 AC 所示。卸荷后能恢复的应变是由混凝土的弹性作用引起的,称为弹性应变 $\varepsilon_{弹}$;剩余的不能恢复的应变,则是由于混凝土的塑性性质引起的,称为塑性应变 $\varepsilon_{塑}$。

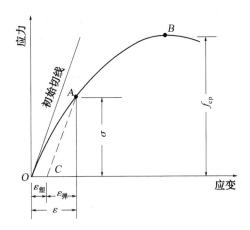

图 8-25 混凝土在压力作用下的
应力-应变曲线

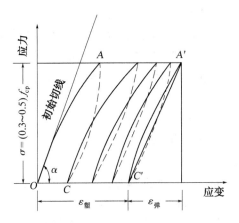

图 8-26 混凝土在低应力重复荷载作用
下的应力-应变曲线

弹性变形是指当荷载施加于材料上立即出现、荷载卸除后立即消失的变形。一般把加荷瞬间产生的变形看作弹性变形,而把持荷期间产生的变形看作徐变,但两者难于严格分开。在工程应用中,采用反复加荷、卸荷的方法可以使徐变减小,从而测得弹性变形。

在重复荷载作用下的应力-应变曲线,因作用力的大小而有不同的形式。当应力小于极限强度的 $30\%\sim50\%$ 时,每次卸荷都残留一部分塑性变形($\varepsilon_{塑}$),但随着重复次数的增加,$\varepsilon_{塑}$ 的增量逐渐减小,最后曲线稳定于 $A'C'$ 线。它与初始切线大致平行,如图 8-26 所示。若所加应力在极限强度的 $50\%\sim70\%$ 重复时,随着重复次数的增加,塑性应变逐渐增加,将导致混凝土疲劳破坏。

② 混凝土的变形模量

在应力-应变曲线上任一点的应力 σ 与其应变 ε 的比值,叫做混凝土在该应力下的变形模量,它反映混凝土所受应力与所产生应变之间的关系。在计算钢筋混凝土的变形、裂缝开展及大体积混凝土的温度应力时,均需知道该时混凝土的变形模量。

水泥混凝土的应力应变关系是非线性的,为将它看作弹性体,根据在应力-应变曲线上的不同取值方法,可得到如图 8-27 所示三种不同模量。

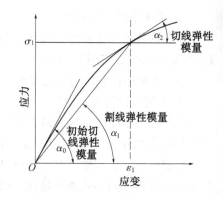

由应力-应变曲线的原点上切线的斜率求得,即 $E_i = \tan\alpha_0$,称为初始切线模量;

由应力-应变曲线上任一点切线斜率求得,即 $E_t = \tan\alpha_2$,称为切线模量;

由应力-应变曲线上任一点与原点的连线的斜率求得,即 $E_s = \tan\alpha_1$,称为割线模量。为提高工程适用性,通常采用割线模量来表示水泥混凝土的弹性模量。

图 8-27　水泥混凝土弹性模量分类

混凝土的强度越高,弹性模量越高,两者存在一定的相关性。当混凝土的强度等级由 C10 增加到 C60 时,其弹性模量大致是由 1.75×10^4 MPa 增至 3.60×10^4 MPa。

混凝土的弹性模量随其集料与水泥石的弹性模量而异。由于水泥石的弹性模量一般低于集料的弹性模量,所以混凝土的弹性模量一般略低于其集料的弹性模量。在材料质量不变的条件下,混凝土的集料含量较多、水灰比较小、养护较好及龄期较长时,混凝土的弹性模量就较大。蒸汽养护的弹性模量比标准养护的低。

混凝土的弹性模量与钢筋混凝土构件的刚度很有关系,一般建筑物须有足够的刚度,在受力下保持较小的变形,才能发挥其正常使用功能,因此所用混凝土须有足够高的弹性模量,但模量高,则分担的荷载也大。

水泥混凝土在不同的应力状态下,有不同的弹性模量,常用的有静力抗压弹性模量和静力抗折弹性模量。

静力抗压弹性模量:对桥梁工程用混凝土,按国标《混凝土物理力学性能试验方法标准》(GB/T50081—2019)规定:抗压模量采用 150 mm×150 mm×300 mm 的棱柱体试件,应力为棱柱体极限抗压强度的 1/3 时的割线模量,作为混凝土静力抗压弹性模量。由此定义得

$$E_c = \frac{F_a - F_0}{A} \times \frac{L}{\Delta n} \tag{8-9}$$

式中　E_c——混凝土静力抗压弹性模量(MPa);

F_a——应力为 1/3 轴心抗压强度时的荷载(N);

F_0——应力为 0.5 MPa 时的初始荷载(N);

A——试件承压面积(mm);

L——测量标距(mm);

Δn——最后一次从 F_0 加载到 F_a 时试件两侧变形的平均值(mm)。

静力抗折弹性模量:对路面工程用混凝土应测定其抗折时的平均弹性模量。按现行行业标准《公路工程水泥及水泥混凝土试验规程》(JTG E30—2005)规定,道路水泥混凝土的抗折弹性模量是取抗折极限荷载平均值的 50% 为抗折弹性模量的荷载标准,并经反复加荷变形验证后的割线模量测定。混凝土抗折弹性模量 E_{cf} 的测定,是按简支梁三分点加荷的跨中挠度公式反算,用式(8-10)求得:

246

$$E_{cf} = \frac{23FL^3}{1\,296fJ} \qquad (8-10)$$

式中 E_{cf}——静力抗折弹性模量(MPa);

F——荷载(N);

L——试件净跨($L=450$ mm);

f——跨中挠度(mm);

J——试件断面转动惯量,$J=1/(12bh^3)$(mm^4)。

③ 影响混凝土弹性模量的因素

混凝土弹性模量和混凝土的强度一样,受其组成相的孔隙率影响。混凝土强度愈高,弹性模量亦较高。在组成相中,首先是粗集料,混凝土中高弹性模量的粗集料含量越多,混凝土的弹性模量越高。其次是水泥浆体的弹性模量决定于其孔隙率,控制水泥浆体的孔隙率因素,如水灰比、含气率、水化程度等均与弹性模量有关。此外,养护条件也对混凝土弹性模量有影响,如蒸汽养护混凝土的弹性模量比潮湿养护的要低。最后,弹性模量与测试条件和方法等同样有关。

(2) 长期荷载作用下的变形——徐变

在恒定荷载的长期作用下,混凝土的塑性变形随时间延长而不断增加,这种变形称为徐变,也称为蠕变,一般要延续 2~3 年才趋向稳定。徐变是一种不可恢复的塑性变形,几乎所有的材料都有不同程度的徐变。金属及天然石材等材料,在正常温度及使用荷载下徐变是不显著的,可以忽略。而混凝土因徐变较大,且受拉、受压、受弯时都会产生徐变,所以不可忽略,在结构设计时,必须予以考虑。

图 8-28 表示混凝土的徐变曲线。当混凝土受荷后立即产生瞬时变形,瞬时变形的大小与荷载成正比。随着荷载持续时间的增长,就逐渐产生徐变变形,徐变变形的大小不仅与荷载的大小有关,而且与荷载作用时间有关。徐变初期变形增长较快,以后逐渐减慢,经 2~3 年后渐行停止。混凝土的徐变变形为瞬时变形的 2~3 倍,一般可达 $(3\sim15)\times10^{-4}$,即 0.3~1.5 mm/m。混凝土在长期荷载作用一段时间后,如卸掉荷载,则一部分变形可以瞬间恢复,而另一部分变形可以在几天内逐渐恢复,此称为徐变恢复,最后留下来的是大部分不可恢复的残余变形,称为永久变形。

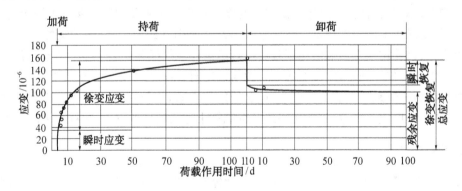

图 8-28 混凝土的变形与荷载作用时间的关系曲线

混凝土的徐变,一般认为是由于水泥石凝胶体在长期荷载作用下的黏性流动,并向毛细孔中移动,同时吸附在凝胶粒子上的吸附水因荷载应力而向毛细孔迁移渗透的结果。

从水泥凝结硬化过程可知,随着水泥的逐渐水化,新的凝胶体逐渐填充毛细孔,使毛细孔的相对体积逐渐减小。在荷载初期或硬化初期,由于未填满的毛细孔较多,凝胶体的移动较易,故徐变增长较快。以后由于内部移动和水化的进展,毛细孔逐渐减小,徐变速度因而愈来愈慢。

混凝土的最终徐变值受荷载大小及持续时间、材料组成(如水泥用量及水灰比等)、混凝土受荷龄期、环境条件(温度和湿度)等许多因素的影响。混凝土的水灰比较小或混凝土在水中养护时,同龄期的水泥石中未填满的孔隙较少,故徐变较小。水灰比相同的混凝土,其水泥用量愈多,即水泥石相对含量愈大,其徐变愈大。混凝土所用集料弹性模量较大时,徐变较小。此外,徐变与混凝土的弹性模量也有密切关系,一般弹性模量大者,徐变小。对预应力混凝土构件,为降低徐变可采取下列措施:①选用小的水灰比,并保证潮湿养护条件,使水泥充分水化,形成密实结构的水泥石;②选用级配优良的集料,并用较高的集浆比,提高混凝土的弹性模量;③选用快硬高强水泥,并适当采用早强剂,提高混凝土早期强度;④延长养护期,推迟预应力张拉时间。

混凝土不论是受压、受拉或受弯时,均有徐变现象。混凝土的徐变对钢筋混凝土构件来说,能消除钢筋混凝土内的应力集中,使应力较均匀地重新分布;对大体积混凝土,能消除一部分由于温度变形所产生的破坏应力。但在预应力钢筋混凝土结构中,混凝土的徐变,将使钢筋的预加应力受到损失,影响结构的承载能力。

§8-5　水泥混凝土的耐久性

水泥混凝土的耐久性是指混凝土在所处环境及使用条件下经久耐用的性能。环境对混凝土结构的物理和化学作用以及混凝土结构抵御环境作用的能力,是影响混凝土结构耐久性的因素。如果忽视环境对结构的作用,混凝土结构在达到预定的设计使用年限前,就会出现钢筋锈蚀、混凝土劣化剥落等影响结构性能及外观的耐久性破坏现象,需要大量投资进行修复甚至拆除重建。近年来,混凝土结构的耐久性及耐久性设计受到普遍关注。某些国家或国际学术组织在混凝土结构设计或施工规范中,对混凝土结构耐久性设计作出了明确的规定。我国的混凝土结构设计规范也把混凝土结构的耐久性设计作为一项重要内容。混凝土结构耐久性设计的目标,是使混凝土结构在规定的使用年限即设计使用寿命内,在常规的维修条件下,不出现混凝土劣化、钢筋锈蚀等影响结构正常使用和影响外观的损坏。它牵涉到所建工程的造价、维护费用和使用年限等问题,混凝土的耐久性与强度同等重要,所以必须认真对待。

混凝土的耐久性是一个综合性概念,包含的内容很多,如抗渗性、抗冻性、抗侵蚀性、抗碳化反应、抗碱集料反应等等,这些性能都决定着混凝土经久耐用的程度,故统称为耐久性。

一、抗渗性

抗渗性是指混凝土抵抗水、油、离子溶液等液体在压力作用下渗透的性能。它直接影响混凝土的抗冻性和抗侵蚀性。混凝土的抗渗性主要与其密实度及内部孔隙的大小和构造有关。混凝土内部互相连通的孔隙和毛细管通路,以及由于在混凝土施工成型时,振捣不实产生的蜂窝、孔洞都会造成混凝土渗水。

对于混凝土的抗渗性,根据《普通混凝土长期性能和耐久性能试验方法标准》(GB/T

50082—2009)的规定一般采用抗渗等级 P 表示,混凝土抗水渗透试验有渗水高度法和逐级加压法。试验中用每组 6 个试验中 4 个试件未出现渗水时的最大水压力来表示抗渗等级。混凝土抗渗等级分为 $P4$、$P6$、$P8$、$P10$ 及 $P12$ 五个等级,相应地表示混凝土能抵抗水压力(单位: MPa)0.4、0.6、0.8、1.0 及 1.2 而不渗水。

凡是受水压作用的构筑物的混凝土,如地下室、大坝等,都有抗渗性的要求。提高混凝土抗渗性的措施是增大混凝土的密实度和改变混凝土中的孔隙结构,减少连通孔隙。

影响混凝土抗渗性的因素有水灰比、水泥品种、集料的最大粒径、养护方法、外加剂及掺合料等。

（1）水灰比

混凝土水灰比的大小,对其抗渗性能起决定性作用。在成型密实的混凝土中,水泥石的抗渗性对混凝土的抗渗性影响最大。水灰比越大,其抗渗性越差。

（2）集料的最大粒径

在水灰比相同时,混凝土集料的最大粒径越大,其抗渗性能越差。这是由于集料和水泥浆的界面处易产生裂隙和较大集料下方易泌水形成孔穴。

（3）养护方法

蒸汽养护的混凝土,其抗渗性较潮湿养护的混凝土要差。在干燥条件下,混凝土早期失水过多,容易形成收缩裂隙,因而降低混凝土的抗渗性。

（4）水泥品种

水泥的品种、性质也影响混凝土的抗渗性能。水泥的细度越大,水泥硬化浆体孔隙率越小,强度就越高,则其抗渗性越好。

（5）外加剂

在混凝土中掺入某些外加剂,如减水剂等,可减小水灰比,改善混凝土的和易性,因而可改善混凝土的密实性,提高混凝土的抗渗性能。

（6）掺合料

在混凝土中加入掺合料,如掺入优质粉煤灰,由于优质粉煤灰能发挥其形态效应、活性效应、微集料效应和界面效应等,可提高混凝土的密实度、细化孔隙,从而改善了孔结构和集料与水泥石界面的过渡区结构,因而提高了混凝土的抗渗性。

二、抗冻性

混凝土的抗冻性是指混凝土在水饱和状态下,经受多次冻融循环作用,能保持强度和外观完整性的能力。在寒冷地区,特别是在接触水又受冻的环境下的混凝土,要求具有较高的抗冻性能。混凝土受冻融作用破坏的原因,是由于混凝土内部孔隙中的水在负温下结冰,最后体积膨胀造成的静水压力,和因冰、水蒸气的差别推动未冻水向冻结区的迁移所造成的渗透压力。当这两种压力所产生的内应力超过混凝土的抗拉强度时,混凝土就会产生裂缝。反复冻融循环使裂缝不断扩展直至破坏。混凝土的密实度、孔隙构造和数量、孔隙的饱水率等都是决定抗冻性的重要因素。因此,当混凝土采用的原材料质量好、水灰比小、具有封闭细小孔隙(如掺入引气剂的混凝土)及掺入减水剂、防冻剂等,其抗冻性都较高。

随着混凝土龄期增加,混凝土抗冻性能也得到提高。因水泥不断水化,可冻结水量减少。水中溶解盐浓度随水化深入而浓度增加,冰点也随龄期而降低,抵抗冻融破坏的能力也随之增强。所以延长冻结前的养护时间可以提高混凝土的抗冻性。因此混凝土工程应赶在温度降到冰点前半个月到一个月时完工。

混凝土抗冻性一般以抗冻等级表示。抗冻等级是采用快冻法,采用 100 mm×100 mm×400 mm 的棱柱体试块以龄期 28 d 的试块在吸水饱和后,承受反复冻融循环,以相对动弹性模量不小于 60%,而且质量损失不超过 5% 时所能承受的最大冻融循环次数来确定。将混凝土划分为以下几级抗冻等级:F10、F15、F25、F50、F100、F150、F200、F250 和 F300 等 9 个等级,分别表示混凝土能够承受反复冻融循环的次数为 10、15、25、50、100、150、200、250 和 300 次。

提高混凝土抗冻性的最有效方法是采用加入引气剂(如松香热聚物等)、减水剂和防冻剂的混凝土或密实混凝土。

三、抗侵蚀性

当混凝土所处环境中含有侵蚀性介质时,混凝土便会遭受侵蚀,通常有软水侵蚀、硫酸盐侵蚀、镁盐侵蚀、碳酸侵蚀、一般酸侵蚀与强碱侵蚀等。混凝土在海岸、海洋工程中的应用也很广,海水对混凝土的侵蚀作用除化学作用外,尚有干湿循环的物理作用;盐分在混凝土内的结晶与聚集、海浪的冲击磨损、海水中氯离子对混凝土内钢筋的锈蚀作用等,也都会使混凝土遭受破坏。

混凝土的抗侵蚀性与所用水泥的品种、混凝土的密实程度和孔隙特征有关。密实和孔隙封闭的混凝土,环境水不易侵入,则其抗侵蚀性较强。所以,提高混凝土抗侵蚀性的措施,主要是合理选择水泥品种、降低水灰比、提高混凝土的密实度和改善孔结构。

四、混凝土的碳化(中性化)

混凝土的碳化作用是二氧化碳与水泥石中的氢氧化钙作用,生成碳酸钙和水。碳化过程是二氧化碳由表及里向混凝土内部逐渐扩散的过程。因此,气体扩散规律决定了碳化速度的快慢。碳化引起水泥石化学组成及组织结构的变化,从而对混凝土的化学性能和物理力学性能有明显的影响,主要是对碱度、强度和收缩的影响。

碳化对混凝土性能既有有利的影响,也有不利的影响。碳化使混凝土碱度降低,减弱了对钢筋的保护作用,可能导致钢筋锈蚀。碳化将显著增加混凝土的收缩,这是由于在干缩产生的压应力下的氢氧化钙晶体溶解和碳酸钙在无压力处沉淀所致,此时暂时地加大了水泥石的可压缩性。碳化使混凝土的抗压强度增大,其原因是碳化放出的水分有助于水泥的水化作用,而且碳酸钙减少了水泥石内部的孔隙。强度增加值随水泥品种而异(高铝水泥混凝土碳化后强度明显下降)。但是由于混凝土的碳化层产生碳化收缩,对其核心形成压力,而表面碳化层产生拉应力,可能产生微细裂缝,而使混凝土抗拉、抗折强度降低。总体来讲,对于混凝土结构,特别是钢筋混凝土结构,碳化作用是非常不利的。

混凝土在水泥用量固定的条件下,水灰比越小,碳化速度就越慢,而当水灰比固定时,碳化深度随水泥用量提高而减小。混凝土所处环境条件(主要是空气中的二氧化碳浓度、空气相对湿度等因素)也会影响混凝土的碳化速度。二氧化碳浓度增大自然会加速碳化进程。例如,一般室内较室外快,二氧化碳含量较高的工业车间(如铸造车间)碳化快。混凝土在水中或在相对湿度 100% 条件下,由于混凝土孔隙中的水分阻止二氧化碳向混凝土内部扩散,碳化停止。同样,处于特别干燥条件下(如相对湿度在 25% 以下)的混凝土,则由于缺乏使二氧化碳与氢氧化钙作用所需的水分，碳化也会停止，一般认为相对湿度 50％～75％ 时碳化速度最快。

五、碱-集料反应（简称 AAR）

以往普遍认为，集料是混凝土中惰性的组分，而对混凝土耐久性不良的原因多从混凝土所处的环境考虑。自碱-集料反应被发现后才认识到，混凝土自身就存在着毁坏的重要因素。

1920～1940 年间，美国报道了很多混凝土建筑出现破坏的情况，这些破坏表现为结构遍体开裂，在混凝土表面呈现广泛的地图形或图案形裂纹，并在开裂处经常伴有白色凝胶状物质渗出，甚至表面崩裂或裂开。后经断定，这些破坏是由于集料内部的活性氧化硅与碱之间的有害作用所引起的，由此提出了碱-集料反应的概念，开创了碱-集料反应学科。

碱-集料反应是指混凝土内水泥中的碱性氧化物（此处专指氧化钠和氧化钾）含量较高时，它会与集料中所含的活性二氧化硅发生化学反应，并在集料表面生成一层复杂的碱-硅酸凝胶，其反应式如下：

$$Na_2O + SiO_2 \xrightarrow{nH_2O} Na_2O \cdot SiO_2 \cdot nH_2O$$

这种凝胶吸水后，会产生很大的体积膨胀（约增大 3 倍以上），从而导致混凝土胀裂，这种现象称为碱-集料反应。

混凝土发生碱-集料反应必须同时具备以下三个条件：

（1）水泥中含碱量（$K_2O + Na_2O$）> 0.6％（折算成 Na_2O％）；

（2）砂、石集料中夹杂有非晶质的活性二氧化硅矿物，如蛋白石、玉髓、鳞石英和燧石等，它们常存在于流纹岩、安山岩、凝灰岩等天然岩石中；

（3）有水存在。

碱-集料反应缓慢，有一定的潜伏期，往往要经过几年或十几年后才会出现，破坏作用一旦发生便难以阻止，故素有混凝土的"癌症"之称，应以预防为主。预防碱-集料反应的措施有：

（1）采用含碱量小于 0.6％ 的水泥；

（2）在水泥中掺加火山灰质混合材料，如沸石岩、粉煤灰、火山灰等，它们能吸收溶液中的钠离子和钾离子，促使反应产物早期能均匀分布于混凝土中，不致集中于集料颗粒周围，从而减轻膨胀反应，这是较为可行的措施；

（3）加强集料生产的质量控制，及时检验其是否含有活性集料，以便尽早采取措施；

（4）适当掺入引气型外加剂，使混凝土内形成许多微小气孔，以缓冲膨胀破坏应力。

碱-集料反应已引起各国高度重视，在美国、加拿大、欧洲、日本等国都早有发现。我国碱-集料反应破坏在部分地区也已出现，现已确认，我国活性集料分布甚广，在长江流域、辽宁锦西地区、南京等地均有潜在活性集料。近年又发现北京地区集料中含有矿物玉髓。据最近对北京市混凝土桥梁破坏的调查分布确认，在多座受损伤的城市桥梁混凝土构件中均发生了碱-集料反应现象。

碱-集料反应引起混凝土开裂后，还会大幅度加剧冻融、钢筋锈蚀、化学腐蚀等因素对混凝土的破坏作用，这些多因素的综合破坏，会导致混凝土迅速劣化。因此，应综合考虑这些因素的影响。

六、提高混凝土耐久性的途径

由于混凝土的耐久性包括许多内容，而影响因素又是多方面的，当混凝土所处环境和使用条件变化时,对其所要求的耐久性也各有侧重。例如对承受水压作用的混凝土侧重要求抗渗性;承受反复冰冻作用的混凝土侧重要求抗冻性;遭受环境水侵蚀的混凝土则主要要求具有抗侵蚀性等等。尽管耐久性的影响因素不尽相同,但其主要因素基本一样,故可采取以下措施来提高混凝土的耐久性。

(1)选用质量稳定、低水化热和含碱量偏低的水泥,尽可能避免使用早强水泥和C_3A含量偏高的水泥。

(2)选用品质良好的集料,如集料的坚固性、有害杂质含量、级配等都应考虑。

(3)提高混凝土的密实度,减少混凝土中贯通孔隙的数量。这是影响混凝土耐久性的关键,为保证密实度必须严格控制水灰比并保证足够的水泥用量,《公路工程混凝土结构耐久性设计规范》(JTG/T 3310—2019)中,将环境作用等级分为 A 轻微,B 轻度、C 中度、D 严重、E 非常严重、F 极端严重六个等级。应按混凝土使用时所处的环境条件,考虑其满足耐久性要求所必要的水灰比及水泥用量,见表 8-12。

(4)改善混凝土的孔隙特征以减少大的开口孔,为此,可采取降低水灰比、掺加减水剂或引气剂等外加剂、掺入适量混合材料等措施,来改善混凝土的孔结构。

(5)采用机械施工以保证搅拌均匀、振捣密实,同时加强养护,特别是早期养护。

(6)采取适当的防护措施,如保温、抗渗和防腐涂层等。

表 8-12　混凝土最低强度等级、最大水胶比和胶凝材料最小用量　　　单位:kg/m³

环境作用等级	设计使用年限		
	100 年	50 年	30 年
A	C30, 0.55, 280	C25, 0.60, 260	C25, 0.65, 240
B	C35, 0.50, 300	C30, 0.55, 280	C30, 0.60, 260
C	C40, 0.45, 320	C35, 0.50, 300	C35, 0.50, 300
D	C45, 0.40, 340	C40, 0.45, 320	C40, 0.45, 320
E	C50, 0.36, 360	C45, 0.40, 340	C45, 0.40, 340
F	C55, 0.33, 380	C50, 0.36, 360	C50, 0.36, 360

注:① 对于氯盐环境(Ⅲ—D 和Ⅳ—D),混凝土最大水胶比 0.45 宜降为 0.40;
② 引气混凝土的最低强度等级与最大水胶比可按降低一个环境作用等级采用;
③ 表中胶凝材料最小用量与骨料最大粒径约为 20 mm 的混凝土相对应,当最大粒径较小或较大时需适当增减胶凝材料用量;
④ 对于冻融和化学腐蚀环境下的薄壁构件,其水胶比宜适当低于表中对应的数值。

§8-6　普通水泥混凝土的配合比设计

普通水泥混凝土的配合比是指混凝土中水泥、水、砂、石子四种主要组成材料用量之间的比例关系。常用的表示方法有两种:一种是以每 m³ 混凝土中各材料的用量(kg)来表示的,另一种是以水泥用量为1,表示出各材料用量之间的比例关系,分别称为质量表示法和比例表示法,见表 8-13。

表 8-13　水泥混凝土配合比表示法

组成材料	水泥	水	砂	石
质量表示法	300 kg/m³	180 kg/m³	720 kg/m³	1 200 kg/m³
比例表示法	1	0.60	2.40	4.00

组成材料的掺量不同,所配制出的水泥混凝土的性能也明显不同,而不同的应用场合,对水泥混凝土的性能要求也不同。因此配合比设计的任务就是根据原材料的技术性能及施工条件,确定出满足工程要求的混凝土各组成材料的用量。

一、配合比设计的基本要求

虽然不同性质的工程对混凝土的具体要求有所不同,但通常情况下,混凝土配合比设计应满足下列四项基本要求:

1. 满足结构物设计强度的要求

作为土木工程中一种主要的承重材料,在结构设计时都会对不同结构部位的水泥混凝土提出不同的设计强度要求。为了保证结构物的可靠性,在配制混凝土配合比时,必须要考虑到结构物的重要性、施工单位的施工水平等因素,采用一个比设计强度高的"配制强度",才能满足设计强度的要求。配制强度定得太低,结构物不安全,定得太高又浪费资金。影响强度的主要因素是 W/C 和水泥的强度。

2. 满足施工工作性的要求

按照结构物断面尺寸和形状、配筋的疏密以及施工方法和设备来确定工作性(坍落度或维勃稠度),以确保水泥混凝土能够在现有的施工设备和施工水平下,形成稳定密实的混凝土结构。影响工作性的重要因素是单位体积用水量、石子的最大粒径和砂率。

3. 满足环境耐久性的要求

根据结构物所处环境条件,如严寒地区的混凝土结构、地下结构、桥梁墩台在水位升降范围等部位的混凝土结构,由于环境较恶劣,为保证结构的长期有效性,在设计混凝土配合比时,为保证混凝土的耐久性,必须限制混凝土的最大水灰比和最小水泥用量。

4. 满足经济性的要求

在满足设计强度、工作性和耐久性等工程所需性能的前提下,混凝土配合设计中应尽量降低高价材料(水泥)的用量,并考虑应用就地材料和工业废料(如粉煤灰等),以配制成性能优越、价格便宜的混凝土。

二、混凝土配合比设计的三参数

由水泥、水、细集料和粗集料组成的普通混凝土配合比设计,就是确定这四组分之间的分配比例,四组分的比例可以由下列三参数来控制:

1. 水灰比

水与水泥组成水泥浆体,水泥浆体的性能,在水与水泥性质固定的条件下,就取决于水与水泥的比例,这一比例就称为水灰比。

2. 砂率

细集料(砂)与粗集料(石)组成矿质混合料。矿料骨架的性能,在砂石性质固定的条件下,就取决于砂与石之间的用量比例,这一比例称为砂石比。但现行混凝土配合比设计方法对砂石之间的用量比例,采用砂率来表示,砂率就是砂的用量占砂石总用量的质量百分率。

3. 用水量

水泥浆与集料组成混凝土拌和物。拌和物的性能,在水泥浆与集料性质固定的条件下,就取决于水泥浆与集料的比例,这一比例称为浆集比。但现行混凝土配合比设计方法对水泥浆与集料之间的比例关系,用单位体积用水量(简称用水量)来表示。在水灰比固定的条件下,用水量既定,水泥用量亦随之确定。在 1 m³ 拌和物中,水与水泥用量既定,当然集料的总用量亦确定。所以用水量即表示水泥浆与集料之间的用量比例关系。

三、普通水泥混凝土的配合比设计

水泥混凝土配合比设计的好坏,直接影响着水泥混凝土的使用性能。配合比设计是一个非常复杂的反复校正的过程,为了使设计过程清晰,通常将设计过程分为几个不同的阶段,在不同设计阶段需综合考虑不同的影响因素。通常采用的设计方法,分为四个阶段,即初步配合比设计阶段、基准配合比设计阶段、实验室配合比设计阶段和工地配合比设计阶段。在初步配合比设计之前,还必须对工程的性质和原材料等情况进行必要的了解,以作为配合比设计所必备的资料。下面对各个设计阶段所主要解决的问题一一加以阐述。

1. 配合比设计的基本资料

配合比设计的基本资料,主要是混凝土工程的具体性质和原材料性质,以及施工工艺和水平等方面的资料。

(1) 混凝土强度要求,根据混凝土结构设计要求,确定混凝土强度等级,以便计算配制混凝土过程中应控制的配制强度。

(2) 混凝土耐久性要求,根据混凝土所处环境条件或要求的抗冻等级及抗渗等级,确定混凝土的最大水灰比和最小水泥用量。

(3) 原材料情况,根据混凝土对各种原材料性能的基本要求,确定现有原材料是否适合在此混凝土工程中使用,并测定原材料的基本技术数据,以备配合比设计中计算使用。原材料的情况主要包括以下内容:

① 水泥品种和实际强度、密度等;

② 砂石品种、表观密度及堆积密度、含水率、级配、最大粒径、压碎值等;

③ 拌和用水水质及水源;

④ 外加剂品种、名称、特性、适宜剂量。

(4) 施工条件及工程性质,包括搅拌和振捣方法、要求的坍落度、施工单位的施工及管理水平、构件形状和尺寸以及钢筋的疏密程度等。

2. 初步配合比设计

初步配合比主要是根据实际工程混凝土的强度、工作性和耐久性要求,确定水泥混凝土的配合比。其设计步骤如下:

(1) 根据实际工程要求确定混凝土的最大粒径和坍落度

混凝土的最大粒径和坍落度都直接影响混凝土的施工性能。由于混凝土使用的具体部位不同,施工条件不同,对最大粒径和坍落度的要求也不同,通常情况下,对结构尺寸小、钢筋较密、施工工艺简单的工程,就应减小集料的最大粒径,并增加混凝土的坍落度;反之亦然。具体的选择可参照前面关于混凝土的基本性质和原材料的有关内容。

（2）根据混凝土的最大粒径和坍落度要求确定混凝土的单位体积用水量

混凝土的坍落度确定以后，根据固定加水量定则，在常用的水灰比范围(0.40~0.80)内单位体积用水量就可以确定下来，但在实际应用过程中，往往还考虑了最大粒径对坍落度的影响。根据统计数据，混凝土的单位用水量可以由表 8-14 确定。这样就确定了混凝土配合比设计三参数中的单位体积用水量 m_{w0}。

表 8-14　混凝土单位体积用水量表　　　　　　单位：kg/m^3

拌和物稠度		卵石最大粒径/mm				碎石最大粒径/mm			
检测项目	指标	10	20	31.5	40	16	20	31.5	40
维勃稠度/s	16~20	175	160		145	180	170		155
	11~15	180	165		150	185	175		160
	5~10	185	170		155	190	180		165
坍落度/mm	10~30	190	170	160	150	200	185	175	165
	35~50	200	180	170	160	210	195	185	175
	55~70	210	190	180	170	220	205	195	185
	75~90	215	195	185	175	230	215	205	195

注：① 本表用水量是采用中砂时的用水量的平均取值，采用细砂时，用水量可增加 5~10 kg/m³；采用粗砂时，可减少 5~10 kg/m³。

② 采用各种外加剂或掺合料时，用水量应相应进行调整。

对于水灰比小于 0.4 的混凝土及采用特殊成型工艺的混凝土，其用水量需通过实验确定。而对流动性和大流动性混凝土，其用水量可以上表中坍落度为 90 mm 的用水量为基础，按坍落度每增大 20 mm 用水量增加 5 kg/m³ 来进行调整。

（3）根据结构设计中混凝土立方体抗压强度标准值要求，确定混凝土的配制强度

实际施工中，相同配合比的混凝土，其强度值也总有波动，而且试验室条件与施工现场条件不完全一样。为保证实际施工时所要求的混凝土强度等级，在配制混凝土时配制强度需高于所要求的强度等级。按照标准规定，混凝土配制强度($f_{cu,0}$)应根据：①设计要求的混凝土强度等级和②施工单位质量管理水平，当设计强度等级小于 C60 时按式(8-11)确定。

$$f_{cu,0} = f_{cu,k} + t\sigma \tag{8-11}$$

式中　$f_{cu,0}$——混凝土的配制强度(MPa)。

　　　$f_{cu,k}$——混凝土立方体抗压强度标准值，即设计要求的混凝土强度(MPa)。

　　　σ——由施工单位质量管理水平确定的混凝土强度标准差(MPa)。

混凝土标准差 σ 值按式(8-12)计算：

$$\sigma = \sqrt{\frac{\sum_{i=1}^{n} f_{cu,i}^2 - n\mu_{f_{cu}}^2}{n-1}} \tag{8-12}$$

式中　$f_{cu,i}$——第 i 组混凝土试件立方体抗压强度(MPa)。

　　　$\mu_{f_{cu}}$——n 组混凝土试件立方体抗压强度平均值(MPa)。

　　　n——统计周期内相同等级的试件组数，$n \geq 30$ 组。

混凝土强度标准差 σ 可根据近期同类混凝土强度资料求得，其试件组数不应少于 30 组。

对不低于 C30 混凝土,若强度标准差计算值低于 3.0 MPa 时,则计算配制强度时的标准差取用 3.0 MPa;对高于 C30 且小于 C60 的混凝土,若计算标准差计算值低于 4.0 MPa 时,则计算配制强度时的标准差取用 4.0 MPa。

若无历史统计资料时,强度标准差可根据要求的强度等级按表 8-15 规定取用。

表 8-15　标准差 σ 值表

混凝土强度等级/MPa	≤C20	C25～C45	C50～C55
标准差 σ/MPa	4.0	5.0	6.0

t——信度界限,决定保证率 P 的积分下限(如图 8-29)。取概率分布为 0.05 分数位(即 $P=95\%$),$t=1.645$。式(8-11)改写为

$$f_{cu,0}=f_{cu,k}+1.645\sigma \qquad (8\text{-}13)$$

当设计强度等级不小于 C60 时,配制强度按下式计算

$$f_{cu,0}\geqslant 1.15f_{cu,k}$$

根据保证率计算出来配制强度,便可以根据水灰比公式计算配制所需的水灰比(W/C)。但在应用水灰比公式前,还必须知道水泥的实际强度。

(4)根据水泥胶砂试验确定水泥的实际强度 f_{ce}

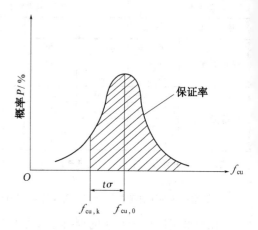

图 8-29　混凝土强度的保证率

与配制强度的概念一样,水泥出厂时为了保证产品的合格率,生产厂也将水泥的实际强度控制在标准所规定的强度之上。在混凝土配制过程中,如不利用水泥所富余的强度,则会造成一定的浪费。因此在计算水灰比之前,还应利用水泥胶砂试验测试水泥的实际强度。有时也利用富余系数的概念来计算水泥的实际强度 f_{ce}:

$$f_{ce}=\gamma_c f_{ce,k} \qquad (8\text{-}14)$$

式中　$f_{ce,k}$——水泥强度等级的标准值(MPa);

　　　γ_c——水泥强度等级的富余系数,该值按各地区实际统计资料确定,当无资料时可按表 8-16 选用。

表 8-16　水泥强度等级的富余系数 γ_c

强度等级	32.5	42.5	52.5
γ_c	1.12	1.16	1.10

(5)根据水灰比公式计算混凝土的水灰比

水灰比是水泥混凝土配合比设计中最重要的参数,它主要是依据所需混凝土的配制强度和水泥的实际强度确定的。水灰比公式为

$$f_{cu,0}=Af_{ce}\left(\frac{C}{W}-B\right) \qquad\qquad \frac{W}{C}=\frac{Af_{ce}}{f_{cu,0}+ABf_{ce}} \qquad (8\text{-}15)$$

式中 $f_{cu,0}$——混凝土配制强度（MPa）；

　　　A、B——混凝土强度回归系数，根据使用的水泥和粗、细集料经过试验得出的灰水比与混凝土强度关系式确定，若无上述试验统计资料时，可采用表 8-11 中的数值；

　　　W/C——配制混凝土所要求的水灰比；

　　　f_{ce}——水泥的实际强度（MPa）。

至此普通水泥混凝土配合比设计中的第二个参数 W/C 也已经确定了。

（6）根据混凝土的水灰比和单位体积用水量确定单位体积水泥用量

当确定了单位体积用水量和水灰比后，就可以很容易确定单位体积的水泥用量：

$$m_{c0} = \frac{m_{w0}}{W/C} \tag{8-16}$$

式中 m_{c0}——单位体积水泥用量（kg/m³）；

　　　m_{w0}——单位体积用水量（kg/m³）；

　　　W/C——混凝土的水灰比。

（7）验证是否满足混凝土耐久性要求

确定混凝土所需的水灰比和水泥用量后，必须根据工程的环境特点，对比其所应满足的最大水灰比和最小水泥用量，验证是否满足耐久性要求（查表 8-12）。如满足耐久性要求，则可继续进行配合比设计；如果计算出的水灰比大于工程耐久性所需的最大水灰比，或水泥用量小于工程耐久性所需的最小水泥用量，则应以工程耐久性所需的最大水灰比或最小水泥用量为配合比设计的水灰比或水泥用量，或改用低强度等级的水泥，重新进行配合比设计。

（8）根据混凝土的最大粒径和水灰比确定砂率

混凝土配合比设计中的最后一个参数——砂率 β_s，也是根据混凝土的工作性确定的。为了保证新拌混凝土具有较好的稳定性（或黏聚性），砂率必须与水灰比的大小相协调。通常水灰比增加，砂率也应增加，以保证有足够多的表面积吸附水分，避免出现泌水现象；同时，粗集料和细集料的粗细程度对砂率也有少量的影响。对于坍落度为 10～60 mm 的混凝土砂率的具体选择可参考表 8-17。

表 8-17　混凝土的砂率选用表　　　　　　　　　　　　单位：%

水灰比 W/C	卵石最大粒径/mm			碎石最大粒径/mm		
	10	20	40	16	20	40
0.40	26～32	25～31	24～30	30～35	29～34	27～32
0.50	30～35	29～34	28～33	33～38	32～37	30～35
0.60	33～38	32～37	31～36	36～41	35～40	33～38
0.70	36～41	35～40	34～39	39～44	38～43	36～41

注：① 本表数值系中砂的选用砂率，对细砂或粗砂，可相应地减小或增大砂率；

　　② 只使用一个单粒级粗集料配制混凝土时，砂率应适当增大；

　　③ 掺有各种外加剂或混合材时，其合理砂率应经试验或参照其他有关规定确定；

　　④ 对薄壁构件砂率取偏大值。

对于坍落度大于 60 mm 的混凝土，其砂率可根据经验确定，也可在上表的基础上，按坍落度每增大 20 mm，砂率增大 1% 的幅度进行调整。而坍落度小于 10 mm 的混凝土，其砂率应根据经验确定。

（9）采用体积法或质量法确定混凝土的单位用砂量和单位用石量

至此普通混凝土配合比设计中的三个参数——水灰比、砂率和单位体积用水量都已经确定下来了。之所以对于四种原材料（水泥、水、砂、石）的用量，只用三个参数加以控制，是因为四种原材料按照单位体积的用量组合在一起，就是 $1\ \mathrm{m^3}$ 混凝土，有了这个限制条件就很容易确定砂、石的用量。在确定砂、石用量时可以采用两种方法，即体积法和质量法。

体积法：如前所述，四种原材料按照单位体积的用量组合在一起，就是 $1\ \mathrm{m^3}$ 混凝土，因此各种组分所占据的体积之和应为 $1\ \mathrm{m^3}$，由此便可以得到如下公式：

$$\begin{cases} \dfrac{m_{c0}}{\rho_c}+\dfrac{m_{w0}}{\rho_w}+\dfrac{m_{s0}}{\rho_s}+\dfrac{m_{g0}}{\rho_g}+\alpha=1 \\[2mm] \dfrac{m_{s0}}{m_{s0}+m_{g0}}=\beta_s \end{cases} \tag{8-17}$$

式中　m_{c0}，m_{w0}，m_{s0}，m_{g0}——分别为每立方米混凝土中水泥、水、细集料和粗集料的用量（kg）；

β_s——砂率（%）；

ρ_c，ρ_w——水泥和水的密度（$\mathrm{kg/m^3}$），水泥密度可取 $2\ 900 \sim 3\ 100\ \mathrm{kg/m^3}$，水的密度可取 $1\ 000\ \mathrm{kg/m^3}$；

ρ_s，ρ_g——细集料和粗集料的表观密度（$\mathrm{kg/m^3}$）；

α——新拌混凝土的含气量。由于机械拌和等原因，在新拌混凝土中通常会含有一定量的气泡，并占据一定的体积。当不使用引气型外加剂时，可取 $\alpha=1\%$。如添加了引气型外加剂，则需根据外加剂说明或测试结果确定 α。

质量法：也称为假定密度法。与体积法类似，组成 $1\ \mathrm{m^3}$ 混凝土的各种原材料的质量之和就是 $1\ \mathrm{m^3}$ 混凝土的质量，而 $1\ \mathrm{m^3}$ 混凝土的质量就是混凝土的密度，由此可得如下公式：

$$\begin{cases} m_{c0}+m_{w0}+m_{s0}+m_{g0}=\rho_{cp} \\[2mm] \dfrac{m_{s0}}{m_{s0}+m_{g0}}=\beta_s \end{cases} \tag{8-18}$$

式中　m_{c0}，m_{w0}，m_{s0}，m_{g0}——每立方米混凝土中水泥、水、细集料和粗集料的用量（kg）；

β_s——砂率（%）；

ρ_{cp}——每立方米混凝土拌和物的湿表观密度（$\mathrm{kg/m^3}$）。其值可根据施工单位积累的试验资料确定。如缺乏资料时，可根据集料的表观密度、粒径以及混凝土强度等级，在 $2\ 350 \sim 2\ 450\ \mathrm{kg/m^3}$ 范围内选定。

质量法和体积法都可以用来计算混凝土的配合比。一般认为，质量法比较简便，不需要各种组成材料的密度资料，如施工单位已积累有当地常用材料所组成的混凝土湿表观密度资料，亦可得到准确的结果。体积法由于是根据各组成材料实测的密度来进行计算的，所以可获得较为准确的结果。实际工程中，可根据具体情况选择使用。

通过以上步骤计算得到的混凝土的材料组成 m_{c0}、m_{w0}、m_{s0}、m_{g0}，并不是最终的配合比，而只能称为初步配合比。因为在以上确定材料组成的过程中，大量使用了经验数据，如单位体积用水量和坍落度的关系、水灰比和强度的关系、砂率和水灰比的关系以及新拌混凝土的密度和含气量的取值等等。这些经验数据的使用，简化了配合比设计，但取值的正确性，必须通过试验加以验证和调整,因此混凝土的配合比设计还要继续进行。

3. 基准配合比设计

基准配合比设计阶段主要是对初步配合比所确定的混凝土的工作性加以试验验证,并依据试验结果对配合比进行适当的调整。

（1）试拌

试拌材料要求:试拌混凝土所用各种原材料,要与实际工程使用的材料相同,粗、细集料的称量均以干燥状态为基准(干燥状态是指细集料的含水率小于0.5％,粗集料的含水率小于0.2％)。如不使用干燥集料配制,称料时应在用水量中扣除集料中超过的含水量值,集料称量也应相应增加。但在以后试配调整时配合比仍应取原计算值,不计该项增减数值。

搅拌方法和拌和物数量:混凝土搅拌方法,应尽量与生产时使用的方法相同。试拌时,每盘混凝土的数量一般应不少于表8-18的建议值。如需进行抗折强度试验,则应根据实际需要计算用量。采用机械搅拌时,拌量应不小于搅拌机额定搅拌量的1/4。

表8-18 混凝土立方体试件的边长和试配的最小搅拌量

骨料最大粒径/mm	试件边长/mm	拌和物数量/L
≤31.5	100×100×100	20
40.0	150×150×150	25
60	200×200×200	≥25

（2）校核工作性,调整配合比

取试拌的混凝土混合料,按照标准的坍落度试验方法测试其坍落度,如发现坍落度不满足工程要求,则应在保证水灰比不变的条件下,调整水泥浆的用量,并换算成单位体积用水量;一般每增加10 mm坍落度,约需增加2％～5％的水泥浆量。按照新的配合比再进行试拌和测试,以检验其坍落度,直至满足要求。在调整坍落度时,应注意不能简单的通过水的用量进行调整,否则将改变W/C,而影响混凝土的强度。在进行坍落度试验时,还应观察新拌混凝土的保水性和黏聚性,并据此适当调整砂率,重新计算后,再进行试拌和测试。通过对新拌混凝土的各种性能的测试,在初步配合比的基础上,经过反复修正得到的配合比m_{c1}、m_{w1}、m_{s1}、m_{g1},就称为基准配合比。

4. 实验室配合比设计

实验室配合比设计阶段主要是在基准配合比的基础上,进一步的验证和调整配合比的水灰比。

（1）制作试件,检验强度

为校核混凝土的强度,至少拟定三个不同的配合比,其中一个为按上述得出的基准配合比,另外两个配合比的水灰比值,应较基准配合比分别增加及减少0.05(或0.10),其用水量应该与基准配合比相同,但砂率值可增加及减少1％。

（2）测试强度,调整配合比

制作好的强度试件,放在标准养护室中养护28 d,测试其强度。根据其强度与水灰比的关系作图,在图形上根据配制强度 $f_{cu,0}$ 确定配制强度所需的水灰比,并根据此水灰比和砂率,重新计算混凝土的配合比。见图 8-30。

(3)校核湿表观密度,调整配合比

测试新拌混凝土的湿表观密度,如实测值与假定值的误差超过 2%,必须对配合比进行修正。由此得到的配合比 m_{c2}、m_{w2}、m_{s2}、m_{g2},称为实验室配合比。按照实验室配合比配制的混凝土既满足新拌混凝土工作性要求,又满足混凝土强度和耐久性要求,是一个完整的配合比。但在实际使用时,还需根据现场的一些具体情况,再进一步加以调整。

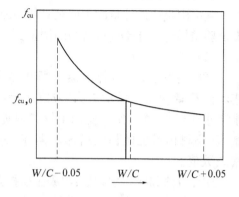

图 8-30　试验确定水灰比

5. 工地配合比设计

工地配合比设计也称现场配合比设计,在这一阶段主要是根据工程现场集料的含水率情况,对实验室配合比进行调整,以最终获得可以实际使用的混凝土配合比。试验室最后确定的实验室配合比,是按干燥状态集料计算的,而施工现场砂、石材料多为露天堆放,都含有一定量的水。

设施工现场实测砂、石含水率分别为 $a\%$、$b\%$。则施工配合比的各种材料单位用量为

$$\begin{cases} m_{c3}=m_{c2} \\ m_{s3}=m_{s2}(1+a/100) \\ m_{g3}=m_{g2}(1+b/100) \\ m_{w3}=m_{w2}-m_{s2} \cdot a/100-m_{g2} \cdot b/100 \end{cases} \tag{8-19}$$

由此得到的配合比 m_{c3}、m_{s3}、m_{g3}、m_{w3} 称为工地配合比,也即可以直接用于施工的混凝土配合比。现场配合比设计,这项工作在商品混凝土拌和站、预制构件厂及施工现场,必须根据新进场的原材料情况和天气情况经常进行。

6. 水泥混凝土配合比设计例题

【题目】　试设计钢筋混凝土桥 T 型梁用混凝土配合比。

【原始资料】

已知混凝土的设计强度等级为 C40,无强度历史统计资料,要求混凝土拌和物坍落度为 $30\sim50$ mm,桥梁所在地区为温暖干燥地区,环境作用等级为 A。

组成材料:可供应强度等级为 42.5 的硅酸盐水泥,密度 $\rho_c=3.15\times10^3$ kg/m³,经胶砂试验测得实际强度为 49.3 MPa;砂为中砂,表观密度 $\rho_s=2.65\times10^3$ kg/m³;碎石最大粒径为 31.5 mm,表观密度 $\rho_g=2.70\times10^3$ kg/m³;现场砂子的含水率为 3%,石子的含水率为 1%。

设计要求:

1. 根据以上资料,计算出初步配合比;

2. 按初步配合比在试验室进行试拌调整,得出试验室配合比;

3. 根据现场含水率,计算施工配合比。

【设计步骤】

1. 计算初步配合比

(1)确定单位体积用水量

根据题意,所需配制的混凝土的坍落度为 30～50 mm,碎石最大粒径为 31.5 mm,由表 8-14可得单位体积用水量 $m_{w0}=185$ kg/m³。

（2）确定混凝土的配制强度

根据题意可知,设计要求混凝土强度 $f_{cu,k}=40$ MPa,无历史资料,按表 8-15 取 $\sigma=5.0$ MPa,按下式计算混凝土配制强度:

$$f_{cu,0}=f_{cu,k}+1.645\sigma=40+1.645\times5.0=48.2 \text{ MPa}$$

（3）计算水灰比

已知水泥的实际强度 $f_{ce}=49.3$ MPa,由于本单位没有混凝土强度回归系数统计资料,采用表 8-11 碎石混凝土系数 $A=0.53,B=0.20$,按下式计算水灰比:

$$\frac{W}{C}=\frac{Af_{ce}}{f_{cu,0}+ABf_{ce}}=\frac{0.53\times49.3}{48.2+0.53\times0.20\times49.3}=0.49$$

（4）确定单位体积水泥用量

由单位体积用水量和水灰比可得

$$m_{c0}=\frac{m_{w0}}{W/C}=\frac{185}{0.49}=378 \text{ kg/m}^3$$

（5）检验混凝土的耐久性

根据混凝土所处环境作用等级为 A,查表 8-12,允许最低强度等级 C30,最大水灰比为 0.55,最小水泥用量为 280 kg/m³。由以上的计算可以看出,此配合比满足耐久性要求。

（6）确定砂率

按照已知条件,集料采用碎石,最大粒径为 31.5 mm,水灰比 $W/C=0.49$。查表 8-17,选定混凝土砂率 $\beta_s=33\%$。

（7）计算砂石用量

由于已知原材料的密度,为了计算精确,采用体积法确定砂石用量（当然也可以采用质量法,然后在试拌时,通过测定混合料的湿表观密度来修正配合比）,将各数据代入式（8-17）:

$$\begin{cases} \dfrac{378}{3.15\times10^3}+\dfrac{185}{1.00\times10^3}+\dfrac{m_{s0}}{2.65\times10^3}+\dfrac{m_{g0}}{2.70\times10^3}+0.01=1 \\ \\ \dfrac{m_{s0}}{m_{s0}+m_{g0}}=0.33 \end{cases}$$

计算得 $m_{s0}=608$ kg/m³,$m_{g0}=1\,232$ kg/m³。

至此混凝土的初步配合比已经计算出来了,即 $m_{c0}=378$ kg/m³,$m_{w0}=185$ kg/m³,$m_{s0}=608$ kg/m³,$m_{g0}=1\,232$ kg/m³。

2. 计算基准配合比

为了验证配合比的正确性,必须进行试拌,对混凝土混合料的工作性进行检验。

（1）计算试拌材料用量

按计算的初步配合比,试拌 0.020 m³ 混凝土混合料,首先计算出各种材料的试拌用量:

水泥　378×0.02=7.56 kg;

水　　185×0.02=3.70 kg;

砂　　　608×0.02＝12.16 kg；

碎石　1 232×0.02＝24.64 kg。

（2）调整工作性

按计算材料用量拌制混凝土拌和物,测定其坍落度为 20 mm,未满足题目的施工和易性要求。为此,保持水灰比不变,增加 5％水泥浆,再经拌和测定,其坍落度为 40 mm,黏聚性和保水性亦良好,满足施工和易性要求。此时混凝土拌和物各组成材料实际用量为

水泥　7.56×(1+5％)＝7.94 kg；

水　　3.70×(1+5％)＝3.89 kg。

此时混凝土拌和物中各种原材料的比例为

$m_{cl}:m_{wl}:m_{sl}:m_{gl}=7.94:3.89:12.16:24.64=1:0.49:1.53:3.10$。

（3）计算初步配合比

各种材料单位体积的用量由下式计算：

$$\frac{m_{cl}}{3.15\times10^3}+\frac{m_{wl}}{1.00\times10^3}+\frac{m_{sl}}{2.65\times10^3}+\frac{m_{gl}}{2.70\times10^3}+0.01=1$$

$$\frac{m_{cl}}{3.15\times10^3}+\frac{0.49m_{cl}}{1.00\times10^3}+\frac{1.53m_{cl}}{2.65\times10^3}+\frac{3.1m_{cl}}{2.70\times10^3}+0.01=1$$

解得 $m_{cl}=393$ kg/m³; $m_{wl}=193$ kg/m³; $m_{sl}=601$ kg/m³; $m_{gl}=1\,218$ kg/m³。

3. 计算实验室配合比

（1）制作强度试件

采用水灰比分别为 $(W/C)_A=0.44$、$(W/C)_B=0.49$ 和 $(W/C)_C=0.54$ 拌制三组混凝土拌和物。用水量保持不变,砂、碎石用量由下式确定：

$$\begin{cases}\dfrac{(W/C)_{A,B,C}}{3.15\times10^3}+\dfrac{191.6}{1.00\times10^3}+\dfrac{m_{s2}}{2.65\times10^3}+\dfrac{m_{g2}}{2.70\times10^3}+0.01=1\\[2mm]\dfrac{m_{s2}}{m_{s2}+m_{g2}}=0.33\end{cases}$$

除初步配合比一组外,其他两组亦经测定坍落度并观察其黏聚性和保水性均属合格。

（2）测试强度

三组配合比经拌制成型为强度试件,在标准条件养护 28d 后,按规定方法测定其立方体抗压强度值列于表 8-19。

表 8-19　不同水灰比的混凝土强度试验结果

组别	水灰比	灰水比	28 d 立方体抗压强度 $f_{cu,28}$/MPa
A	0.44	2.27	58.1
B	0.49	2.04	50.9
C	0.54	1.85	44.5

（3）确定水灰比

根据强度试验结果,绘制 $f_{cu,28}$ 与 C/W 的关系曲线,如图 8-31。

由图 8-31 可知,相应混凝土配制强度 $f_{cu,0}=48.2$ MPa 的灰水比 $C/W=1.96$,即 $W/C=0.51$,这就是所需配制的混凝土的水灰比。

262

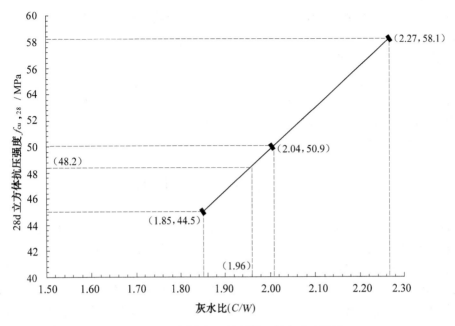

图 8-31　不同水灰比的混凝土强度试验结果

（4）确定砂石用量

按强度试验结果修正配合比，各材料用量为

用水量　　$m_{w2}=m_{w1}=193\ kg/m^3$

水泥用量　$m_{c2}=m_{w2}/(W/C)=193/0.51=379\ kg/m^3$

砂、石用量按体积法确定：

$$\begin{cases} \dfrac{379}{3.15\times10^3}+\dfrac{193}{1.00\times10^3}+\dfrac{m_{s2}}{2.65\times10^3}+\dfrac{m_{g2}}{2.70\times10^3}+0.01=1 \\[2mm] \dfrac{m_{s2}}{m_{s2}+m_{g2}}=0.33 \end{cases}$$

解得 $m_{s2}=600\ kg/m^3$，$m_{g2}=1\ 218\ kg/m^3$。

（5）测试混凝土混合料的湿表观密度，计算实验室配合比

以上混凝土的湿表观密度的计算值为：$379+193+600+1\ 218=2\ 390\ kg/m^3$。

按以上配合比配制混凝土混合料，测定其湿表观密度为 $2\ 427\ kg/m^3$，

则修正系数 $\delta=2\ 427/2\ 390=1.015$

所以，此混凝土的实验室配合比为

$m_{w2}=193\times1.015=196\ kg/m^3$；

$m_{c2}=379\times1.015=385\ kg/m^3$；

$m_{s2}=600\times1.015=609\ kg/m^3$；

$m_{g2}=1\ 218\times1.015=1\ 236\ kg/m^3$。

注：实测密度与假设密度相差小于 2% 时，也可不进行修正。

4. 计算施工配合比

由于现场的砂石料中含有一定量的水，因此在添加砂石时，也引入了一部分水，使实际的

砂石量不足,同时添加水时应扣除砂石所引入的水分。因此需要根据材料含水率对实验室配合比进行修正。

水泥用量　$m_{c3}=m_{c2}=385 \text{ kg/m}^3$;

湿砂用量　$m_{s3}=m_{s2}×(1+3\%)=609×(1+3\%)=627 \text{ kg/m}^3$;

湿石用量　$m_{g3}=m_{g2}×(1+1\%)=1\ 236×(1+1\%)=1\ 248 \text{ kg/m}^3$;

水用量　$m_{w3}=m_{w2}-m_{s2}×3\%-m_{g2}×1\%=165 \text{ kg/m}^3$。

以上就是例题所需的混凝土的施工配合比。

§8-7　水泥混凝土外加剂

在水泥混凝土拌和时或拌和前掺入的、掺量不大于水泥质量5%(特殊情况除外)并能使水泥混凝土的使用性能得到一定程度改进的物质,称为水泥混凝土外加剂。

早在20世纪30年代初,国外就已注意到外加剂的研制和应用。首先是美国的E. W. S. Cripture在1935年研制成了以木质素磺酸盐为主要成分的"普蜀里"(Pozzolitb)减水剂;20世纪50年代初日本从美国引进了这种减水剂的生产技术,1963年日本花王石碱公司的服部健一等研制出以β-萘磺酸甲醛缩合物为主要成分的"玛依太"(Mighth)减水剂;70年代美国从日本引进了制造高效减水剂的专利;1964年原联邦德国研究出以三聚氰胺甲醛缩合物为主要成分的"梅尔明"(Melment)高效减水剂,1974年日本从原联邦德国引进了这种减水剂。此外,糖蜜类、葡萄糖类等其他类型的外加剂发展得也很快。仅英国1979年在伦敦市场上销售的商品外加剂就超过了100种。据1982年统计,日本市场售出外加剂达205种之多,目前世界上外加剂种数已越过300种。

我国古代已有在灰浆中掺用糯米、粳米、羊桃藤汁及动物血浆等,以提高灰浆强度及耐久性的做法。但真正作为混凝土外加剂,开始生产和应用到混凝土工程中去的时间与日本相近,大致可分三个阶段:从解放初到20世纪50年代末为第一阶段,这时期主要以满足水工、港口工程需要,产品主要为以松香热聚物为主要成分的加气剂,以及为改善混凝土和易性,适当提高混凝土强度的亚硫酸纸浆废液为主的减水剂;60年代初到70年代初是低潮时期,虽有以建筑科学研究院力学所为主研制出的速凝剂,以糖钙为主要成分的塑化剂,但总的来说是落后于国外水平,此为第二阶段;70年代初到80年代初为第三阶段,这是外加剂,特别是减水剂的发展高潮阶段。各地、各部门先后研制成并通过鉴定的以萘磺酸盐甲醛缩合物、β-萘磺酸盐、芳香族树脂、磺化古玛隆、三聚氰胺甲醛缩合物等为主要成分的高效减水剂有20多种。以木质素磺酸盐、腐殖酸盐为主要成分的普通型减水剂有近10种,以木钙和硫酸盐、萘磺酸盐和硫酸盐、糖钙和硫酸盐、多环芳烃和硫酸盐为主要成分的复合早强减水剂10余种,此外还有以糖蜜、蔗糖化钙、木质素磺酸盐衍生物为主要成分的缓凝减水剂,以铝氧熟料和石膏为主要成分的速凝剂,以硝酸盐、亚硝酸盐、硫酸盐为主要成分的抗冻剂,以及以松香酸钠及有机、无机盐复合而成的引气减水剂、砂浆外加剂等。而且,这些外加剂每年都以十几种的速度递增。

目前世界各国都十分重视和积极开展外加剂的研究和应用,早已把外加剂作为混凝土必不可少的第五种组分,特别是一些工业比较发达的国家,在混凝土工程中外加剂的普及率已超过了80%,即80%以上的混凝土中使用了一种甚至多种外加剂,来改善混凝土的性能。而目前我国平均的普及率只有 20％左右,我国应加大研制、生产和使用水泥混凝土外加剂的力度。

一、外加剂的作用与分类

外加剂作为水泥混凝土的第五组分,由于其用量非常少,因此在配合比设计中,并不考虑它所占据的质量和体积,但少量的外加剂却可以使混凝土的性能有非常大的改变,这也正是外加剂不同于其他组分的地方。不同的外加剂加入混凝土中其作用完全不同,甚至可能作用效果相反,但概括起来其作用主要包括以下几方面:

(1) 能改善混凝土拌和物的和易性、减轻体力劳动强度、有利于机械化作业,这对保证并提高混凝土的工程质量很有好处。

(2) 能减少养护时间或缩短预制构件厂的蒸养时间;也可以使工地提早拆除模板,加快模板周转;还可以提早对预应力钢筋混凝土的钢筋放张、剪筋。总之,掺用外加剂可以加快施工进度,提高建设速度。

(3) 能提高或改善混凝土质量。有些外加剂掺入到混凝土中后,可以提高混凝土的强度,增加混凝土的耐久性、密实性、抗冻性及抗渗性,并可改善混凝土的干燥收缩及徐变性能。有些外加剂还能提高混凝土中钢筋的耐锈蚀性能。

(4) 在采取一定的工艺措施之后,掺加外加剂能适当地节约水泥而不致影响混凝土的质量。

(5) 可以使水泥混凝土具备一些特殊性能,如产生膨胀或可以进行低温施工等。

外加剂种类繁多,功能多样,所以国内外分类方法很不一致,通常有以下两种分类方法:

1. 按照外加剂功能分类

根据《混凝土外加剂术语》(GB/T 8075—2017)的规定,混凝土外加剂按其主要功能分为四类:

(1) 改善混凝土拌和物流变性能的外加剂,包括各种减水剂和泵送剂等;

(2) 调节混凝土凝结时间、硬化过程的外加剂,包括缓凝剂、早强剂、促凝剂和速凝剂等;

(3) 改善混凝土耐久性的外加剂,包括引气剂、防水剂和阻锈剂等;

(4) 改善混凝土其他性能的外加剂,包括加气剂、膨胀剂、防冻剂、着色剂等。

2. 按外加剂化学成分分类

(1) 无机物类

主要是一些电解质盐类,如 $CaCl_2$、Na_2SO_4 等早强剂,还有某些金属单质如铝粉加气剂,以及少量氢氧化物等。

(2) 有机物类

这类物质种类很多,其中大部分属于表面活性剂的范畴,有阴离子型、阳离子型、非离子型以及两性表面活性剂等,其中以阴离子表面活性剂应用最多。还有一些有机物,它本身并不明显的具有表面活性作用,但也可以在某种用途中作为外加剂使用。

(3) 复合型类

各种外加剂往往只在某一方面或某些方面有较好的性能,功能单一。因而可将有机与有机,或有机与无机等数种外加剂复合使用,使其具有多种功能,以满足实际工程多方面的需要。

目前建筑工程中应用较多和较成熟的外加剂有减水剂、早强剂、引气剂、调凝剂、防冻剂、膨胀剂等,现逐一加以介绍。

二、常用外加剂的性能和使用

1. 减水剂

减水剂是目前使用范围最广、使用量最大、同时也是最具代表性的水泥混凝土外加剂。

(1) 减水剂的分类与组成

减水剂,顾名思义,是指在不影响新拌混凝土工作性的条件下,能使用水量减少;或在不改变用水量的条件下,可改善混凝土的工作性;或同时具有以上两种效果,又不显著改变新拌混凝土含气量的外加剂。

高效减水剂,是指在不改变新拌混凝土工作性条件下,能大幅度减少用水量,并显著提高混凝土强度;或在不改变用水量的条件下,可显著改善新拌混凝土工作性的减水剂。

减水剂往往还具有一些辅助作用,由此可将减水剂分为:

早强型高性能减水剂:HPWR-A　早强型普通减水剂 WR-A

标准型高性能减水剂:HPWR-S　标准型普通减水剂 WR-S

缓凝型高性能减水剂:HPWR-R　缓凝型普通减水剂 WR-R

标准型高效减水剂:HWR-S　引气减水剂 AEWR

缓凝型高效减水剂:HWR-R

目前使用的混凝土减水剂大多是表面活性物质,因此,它对混凝土拌和物主要是起表面活性作用。什么是表面活性剂? 给它下一个既科学严密又简明易懂的定义是很难的,一般将具有乳化、分散、浸透及起泡等作用的物质称作表面活性剂;或作为溶质能使溶液的表面张力显著降低的物质,称为表面活性剂。

减水剂按其主要化学成分分为木质素磺酸盐系减水剂、多环芳香族磺酸盐系减水剂、水溶性树脂磺酸盐系减水剂、糖钙以及腐殖酸盐减水剂等。

① 木质素磺酸盐系减水剂

这类减水剂根据其所带阳离子的不同,有木质素磺酸钙(木钙)减水剂、木质素磺酸钠(木钠)减水剂、木质素磺酸镁(木镁等)减水剂,其中木钙减水剂(又称 M 型减水剂)使用最多。

木钙减水剂是由生产纸浆或纤维浆的废液,经生物发酵提取酒精后的残渣,再用石灰乳中和、过滤、喷雾干燥而制得的棕黄色粉末。木钙减水剂是引气型减水剂,掺用后可改善混凝土的抗渗性、抗冻性,降低泌水性。

木钙减水剂的掺量,一般为水泥质量的 0.2%～0.3%。当保持水泥用量和混凝土坍落度不变时,其减水率(在标准条件下,为达到相同坍落度,掺减水剂后用水量的减少的百分比)为 10%～15%,混凝土 28 d 抗压强度提高 10%～20%;若保持混凝土的抗压强度和坍落度不变,则可节省水泥用量 10%左右;若保持混凝土的配合比不变,则可提高混凝土坍落度 80～100 mm。木钙减水剂对混凝土有缓凝作用,掺量过多或在低温下缓凝作用更为显著,而且还可能使混凝土强度降低,使用时应注意。

木钙型减水剂由于原料为工业废料,资源丰富,价格低廉,并能减少环境污染,生产工艺和设备简单,使用效果好,性能稳定,故各国均大量生产,广为使用,也是我国最常用的一种减水剂。

木钙减水剂可用于一般混凝土工程,尤其适用于大模板、大体积浇注、滑模施工、泵送混凝土及夏季施工等。木钙减水剂不宜单独用于冬季施工,在日最低气温低于5℃时,应与早强剂或早强剂、防冻剂等复合使用,木钙减水剂也不宜单独用于蒸养混凝土及预应力混凝土。

② 多环芳香族磺酸盐系减水剂

这类减水剂的主要成分为萘或萘的同系物的磺酸盐与甲醛的缩合物,故又称萘系减水剂。萘系减水剂通常是由工业萘或煤焦油中的萘、蒽、甲基萘等馏分,经磺化、水解、缩合、中和、过滤、干燥而制成。萘系减水剂一般为棕色粉末,也有的为棕色黏稠液体。使用液体减水剂时,应注意其有效成分含量(即含固量)。我国市场上这类减水剂的品牌很多,如NNO、FDN、SP-1、UNF-2、SN-Ⅱ、MF、建1、DH、AF、JW-1等等,其中大部分品牌为非引气型减水剂。

萘系减水剂的适宜掺量为水泥质量的0.5%~1.0%,减水率为10%~25%,混凝土28 d抗压强度提高20%以上。在保持混凝土强度和坍落度相近时,则可节省水泥用量10%~20%。掺用萘系减水剂后,混凝土的其他力学性能以及抗渗性、耐久性等均有所改善,且对钢筋无锈蚀作用。

萘系减水剂的减水、增强效果显著,属高效减水剂。萘系减水剂对不同品种水泥的适应性较强,适用于配制早强、高强、流态、防水、蒸养等混凝土,也适用于日最低气温0℃以上施工的混凝土,低于此温度则宜与早强剂复合使用。

③ 水溶性树脂系减水剂

这类减水剂是以一些水溶性树脂为主要原料的减水剂,如三聚氰胺树脂、古玛隆树脂等。水溶性树脂系减水剂是1964年由原西德开发的一种高效减水剂,被誉为减水剂之王,其全称为硬化三聚氰胺甲醛树脂减水剂,亦属于阴离子表面活性剂。

我国生产的SM减水剂即将三聚氰胺与甲醛反应生成三羟甲基三聚氰胺,再经硫酸氢钠磺化而得的以三聚氰胺树脂磺酸钠为主要成分的减水剂。CRS减水剂则是以古玛隆-茚树脂磺酸钠为主要成分的减水剂。

SM减水剂掺量为水泥质量的0.5%~2.0%,其减水率为15%~27%,混凝土3 d强度提高30%~100%,28 d强度提高20%~30%。SM减水剂适用于配制早强、高强及超高强(C80以上)混凝土、流态混凝土、蒸养混凝土,也可配制铝酸盐水泥耐火混凝土,但价格昂贵,我国产量低,目前仅用于有特殊要求的混凝土工程。CRS减水剂掺量为水泥质量的0.75%~2.0%,其减水率为18%~30%,混凝土3 d强度提高40%~130%,28d强度可提高20%~30%。这两种减水剂除具有显著的减水、增强效果外,还能提高混凝土的其他力学性能和混凝土的抗渗、抗冻性,对混凝土的蒸养适应性也优于其他外加剂。

水溶性树脂系减水剂为高效减水剂,适用于早强、高强、蒸养及流态混凝土等。

④ 聚羧酸盐减水剂

聚羧酸盐减水剂为新一代高效减水剂,它是以聚丙酸、苯乙烯和丙烯酸丁酯为原料,以醋酸乙酯为溶剂,在引发剂的作用下,经加热回流反应得共聚物后,再经酯化、磺化反应及中和作用,而制得深棕色的产物。聚羧酸盐减水剂最大的特点是使混凝土拌和物的坍落度经时损失少,流动性保持性好并具有掺量低、分散性好、减水率大、缓凝性小等优点。同时,其分子结构上自由度大,在生产技术上可控参数多,高性能化的潜力大,已成为当今各国着重研发和推广应用的减水剂品种,尤其适用于商品混凝土和高性能混凝土。

⑤ 复合减水剂

目前国内外普遍发展使用复合减水剂,即将减水剂和其他品种外加剂复合使用,以取得满足不同施工要求及降低成本的效果。如减水剂可分别与早强剂、引气剂、消泡剂、缓凝剂等进行复合,这样可综合发挥各种外加剂的特点,扬长避短,效果更好,是一种多功能的外加剂。目前使用最多的是早强复合减水剂,它是由高效减水剂与硫酸钠早强剂复合而成,其品种、性能及用量见表 8-20。

表 8-20　各种早强复合减水剂品种和性能

品名	主要成分	主要性能	用量/%
NC	糖钙、硫酸钠、载体等	适宜矿渣水泥,混凝土 1~3 d 强度提高 30%~50%,7 d 强度提高 50%,可节约水泥 10%	2~4
MS-F	木钙、硫酸钠等	减水 5%~10%,含气量 2%,混凝土 3 d 强度提高 25%	5
AN-2	硫酸钠、A 型减水剂	减水 10%,节约水泥 10%,1 d 强度提高 50~100%,3 d 强度提高 30%	3~3.5
S 型	AF、硫酸钠等	减水 15%,1~3 d 强度提高 50%~100%	2~3
FDN-S	硫酸钠、萘磺酸盐	减水 14%,3 d 强度提高 30%~80%	0.2~1.0
UNF-4	硫酸钠、萘磺酸盐	减水 10%~15%,3 d 强度提高 70%	1~2.5

(2) 减水剂的减水机理

上述各种减水剂尽管成分不同,但均为表面活性剂,所以其减水作用机理相似。表面活性剂是具有显著改变(通常为降低)液体表面张力或二相界面张力的物质,其分子由亲水基团和憎水基团两个部分组成。表面活性剂加入水溶液后,其分子中的亲水基团指向溶液,憎水基团指向空气、固体或非极性液体并作定向排列,形成定向吸附膜而降低水的表面张力和二相间的界面张力,在液体中显示出表面活性作用。

表面活性剂按其亲水基团能否在水中电离,以及电离出的离子类型又可分为:

阴离子表面活性剂　指亲水基端能解离出阳离子,而使亲水基团带负电荷。

阳离子表面活性剂　亲水基端能解离出阴离子,而使亲水基团带正电荷。

两性表面活性剂　具有两种亲水基团,既能解离出阴(负)离子,又能解离出阳(正)离子;或通过电离,使亲水基团同时带上正负电荷。

非离子表面活性剂　亲水基团不解离出离子,其本身具有极性,能吸附水分子。

目前水泥混凝土减水剂主要为阴离子表面活性剂。减水剂对新拌混凝土的作用机理,根据目前研究认为主要有下列作用:

① 吸附-分散作用

水泥在加水搅拌后,会产生一种絮凝状结构,如图 8-32 所示。产生这种絮凝结构的原因很多,可能因为水泥矿物(C_2S、C_3S、C_3A 和 C_4AF 等)在水化过程中所带电荷不同,产生异性电荷相互吸引而絮凝;或因水泥颗粒在溶液中的热运动,在某些边棱角处互相碰撞,相互吸引而形成的;或因水泥矿物水化后溶剂化水膜产生某些缔合作用等。由于上述原因,在这些絮凝状结构中,包裹着很多拌和水,从而降低了新拌混凝土的工作性。施工中为了保持新拌混凝土所需的工作性,就必须在拌和时相应地增加用水量,这样就会促使水泥石结构中形成过多的孔隙,从而严重影响硬化混凝土的一系列物理力学性质。

当加入减水剂后,减水剂的憎水基团定向吸附于水泥表面,亲水基团朝向水溶液形成单分子(或多分子)的吸附,如图 8-33a。由于减水剂的定向排列,使水泥表面均带有相同电荷,在电性斥力的作用下,不但使水泥-水体系处于相对稳定的悬浮状态,另外,在水泥颗粒表面形成一层溶剂化水膜,如图 8-33b;同时使水泥絮凝状絮凝体内的游离水释放出来,如图 8-33c,因而达到减水的目的。

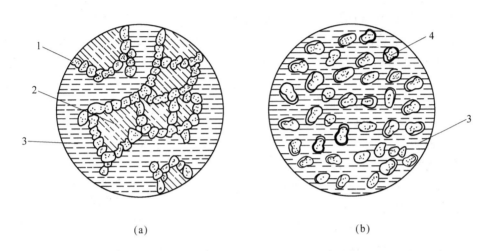

图 8-32　减水剂对水泥浆体絮凝结构的分散作用

(a) 未掺减水剂的水泥——絮凝结构;(b) 掺入减水剂后水泥——分散结构

1—水泥颗粒;2—包裹在水泥颗粒絮凝结构中的游离水;

3—游离水;4—带有电性斥力和溶剂化水膜的水泥颗粒

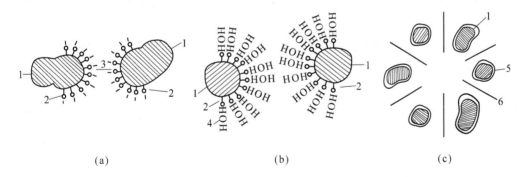

图 8-33　减水剂分子在水泥颗粒表面的定向吸附

(a) 水泥颗粒间减水剂定向排列产生电性斥力;(b) 水泥颗粒表面由于减水剂与水缔合形成溶剂化水膜;

(c) 减水剂的定向排列电性斥力与水缔合作用,使絮凝结构中的游离水释放出

1—水泥颗粒;2—减水剂;3—电性斥力;4—溶剂化水膜;5—溶剂化水膜;6—游离水释放出

② 润滑作用

减水剂在水泥颗粒表面吸附定向排列,其亲水端极性很强,带有电荷,很容易与水分子中

的氢键产生缔合作用,再加上水分子间的氢键缔合,使水泥颗粒表面形成一层稳定的溶剂化水膜,它不仅能阻止水泥颗粒间的直接接触,并在颗粒间起润滑作用。同时,伴随减水剂的加入,也引进一定量的细微气泡(图 8-34),这些细微气泡是由减水剂的定向排列形成的分子膜,它们与水泥颗粒吸附膜带有相同电荷,因此气泡与水泥颗粒间也由于电性斥力而使水泥颗粒分散,从而增加水泥颗粒间的滑动能力。

③ 湿润作用

水泥加水拌和后,颗粒表面被水所湿润,其湿润状况对新拌混凝土的性能有很大影响。掺加减水剂后,由于减水剂在水泥颗粒表面定向排列,不仅能使水泥颗粒分散,而且能增大水泥的水化面积,影响水泥的水化速度。

综上可知,由于减水剂的吸附-分散作用、润滑作用和湿润作用,只要掺加很少量的减水剂,就能使新拌混凝土的工作性显著地改善;同时由于混合料孔隙和分散程度的改善,使混凝土硬化后的性能也得到改善。

(3) 减水剂的技术经济效益

减水剂的出现,被誉为继钢筋混凝土和预应力钢筋混凝土之后混凝土发展的第三个里程碑。其掺量虽然很少,但对混凝土的性能却有非常大

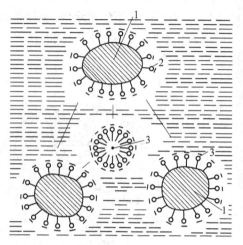

图 8-34 减水剂形成的微气泡的
润滑作用

1—水泥颗粒;2—减水剂;3—极性气泡

的改善,减水剂已成为现代高性能混凝土必备的一种组分。使用减水剂对混凝土主要有下列技术经济效益:

① 在保持混凝土用水量和水泥用量不变的条件下,可增大混凝土的流动性;如采用高效减水剂可制备大流动值混凝土和泵送混凝土,从而使混凝土的施工条件得到改善。

② 在保证混凝土工作性和水泥用量不变的条件下,可以减少用水量,提高混凝土强度;特别是高效减水剂可大幅度减小用水量,有利于制备早强、高强混凝土。

③ 在保证混凝土工作性和强度不变的条件下,可节约水泥用量,降低工程成本。

以上三项效益可由表 8-21 示例说明。

表 8-21 减水剂对混凝土的技术经济效益

编号	材料组成				技术性能		效果
	水泥用量 /(kg·m⁻³)	用水量 /(kg·m⁻³)	水灰比	外加剂 UNF/%	坍落度 /mm	抗压强度/MPa	
1	345	185	0.54	0	30	38.2	空白对比
2	345	185	0.54	0.5	90	38.5	增加流动性
3	345	166	0.48	0.5	30	44.5	提高强度
4	308	166	0.54	0.5	30	38.0	节约水泥

(4) 掺减水剂水泥混凝土的配合比设计

① 确定试配强度和水灰比

270

与前述普通水泥混凝土配合比设计方法相同,按式(8-11)确定混凝土试配强度;然后按水灰比公式计算水灰比。

② 计算掺外加剂混凝土的单位用水量

根据集料品种和规格、外加剂的类型和掺量以及施工和易性的要求,按式(8-20)确定每立方米混凝土的用水量:

$$m_{w,ad}=m_w(1-\beta_{ad}) \tag{8-20}$$

式中 $m_{w,ad}$ ——每立方米外加剂混凝土的用水量;

m_w ——每立方米基准混凝土(未掺外加剂混凝土)中的用水量(kg);

β_{ad} ——外加剂的减水率,应经试验确定。

③ 计算外加剂混凝土的单位水泥用量

④ 计算单位粗、细集料用量

根据表 8-17 选定砂率,然后用质量法或体积法确定粗、细集料用量。

⑤ 试拌调整

根据计算所得各种材料用量进行混凝土试拌,如不满足要求则应对材料用量进行调整,重新计算和试拌,达到设计要求为止。

2. 早强剂

能提高混凝土早期强度并对后期强度无显著影响的外加剂称为早强剂。早强剂能加速水泥的水化和硬化过程,缩短养护周期,使混凝土在短期内即能达到拆模强度,从而提高了模板和场地的周转率,加快了施工进度。早强剂可用于常温、低温和负温(不低于-5℃)条件下施工的混凝土,多用于冬季施工和抢修工程。

早强剂按其化学成分可分为无机物和有机物两大类。无机早强剂类主要是一些盐类,有氯化物系如氯化钙、氯化钠等和硫酸盐系如硫酸钠、硫代硫酸钠以及硫酸钙等,有机早强剂类是一些有机物质,如三乙醇胺、三异丙醇胺等。不同的早强剂其早强机理也各不相同。

目前常用的早强剂有氯化钙、硫酸钠和三乙醇胺以及它们的复合物,现分述如下:

(1) 氯化钙($CaCl_2$)

氯化钙是一种白色无机电解质盐类,易溶于水。它是使用历史最久、应用最普遍的一种早强剂。

氯化钙的适宜掺量为水泥质量的 1%～2%,早强效果显著,能使混凝土 2～3 d 的强度提高40%～100%,7d 强度提高 25%。但掺量过多,会引起水泥速凝,例如当掺量达 4%时,水泥浆能在 4 min 内达到终凝,从而不利于施工。

掺加氯化钙还有利于混凝土早期凝结,同时又能降低混凝土中水的冰点(保持液相,有利于混凝土的水化硬化),从而显著提高早期抗冻能力,故在冬季又常用作混凝土早强促凝防冻剂使用。

氯化钙能使混凝土早强的原因有以下几点:

氯化钙水溶液能迅速与水泥中的 C_3A 反应生成不溶于水的复盐:

$$C_3A+CaCl_2+10H_2O \longrightarrow 3CaO \cdot Al_2O_3 \cdot CaCl_2 \cdot 10H_2O$$

氯化钙还能与水泥中的 $Ca(OH)_2$ 反应生成不溶于水的复盐：

$$2Ca(OH)_2 + CaCl_2 + 12H_2O \longrightarrow CaCl_2 \cdot 2Ca(OH)_2 \cdot 12H_2O$$

以上两种产物都不溶于水,本身又具有一定的强度,这样就增加了水泥浆中的固相成分比例,形成了产生强度的骨架,有助于初期水泥石结构的形成,最终表现为硬化快、早期强度高。

此外,由于 $CaCl_2$ 与水泥中的 $Ca(OH)_2$ 迅速反应,降低了溶液的碱度,促使 C_3S 水化加速,早期水化产物增多,也有利于早期强度的提高。

总之,氯化钙早强剂价格便宜,使用方便,早强效果明显。但其最大的缺点是产生的 Cl^- 易促使混凝土中的钢筋锈蚀。这是因为 $CaCl_2$ 溶液中含有的 Cl^- 与钢筋之间产生较大的电极电位,钢筋因电化学腐蚀而生锈,并导致混凝土开裂,故施工中应严格控制 $CaCl_2$ 的掺量。《混凝土结构工程施工质量验收规范》(GB50204—2015)规定,在钢筋混凝土中氯化钙的掺量不得超过水泥质量的 1%,在无筋混凝土中掺量不得超过水泥质量的 3%,在预应力钢筋混凝土中不得使用 $CaCl_2$ 和含氯盐的早强剂。为了防止 $CaCl_2$ 对钢筋的锈蚀,$CaCl_2$ 早强剂一般与阻锈剂复合使用。常用阻锈剂有亚硝酸钠($NaNO_2$)等,亚硝酸钠在钢筋表面生成氧化保护膜,抑制钢筋锈蚀。

此外,由于 Ca^{2+} 较多,混凝土易导电以及 Ca^{2+} 化合物在高温时不稳定,故不宜用于电气化工程和蒸养构件。

(2) 硫酸钠(Na_2SO_4)

硫酸钠(Na_2SO_4)早强剂又分为无水硫酸钠(Na_2SO_4,俗称元明粉,白色粉末)和十水硫酸钠($Na_2SO_4 \cdot 10H_2O$,俗称芒硝,白色晶粒)。

硫酸钠的适宜掺量为水泥质量的 $0.5\% \sim 2\%$,掺量过多会引起水泥混凝土的膨胀而破坏。硫酸钠具有较强的早强效果,当掺量为 $1\% \sim 1.5\%$ 时,达到混凝土设计强度 70% 的时间可缩短一半。同时由于硫酸钠能激发水泥混合材的潜在活性,因此在矿渣水泥中早强效果更显著。

硫酸钠的早强机理是,硫酸钠加入后能与水泥水化生成的氢氧化钙发生如下反应：

$$Na_2SO_4 + Ca(OH)_2 + 2H_2O \longrightarrow CaSO_4 \cdot 2H_2O + 2NaOH$$

反应中所生成的硫酸钙具有高度分散性,分布均匀,这种硫酸钙极易与 C_3A 反应,迅速形成水化硫铝酸钙晶体。同时上述反应的发生也能加快 C_3S 的水化。这就大大加快了混凝土的硬化速度,利于早期强度的发展。

硫酸钠早强剂一般不单独使用,常与其他外加剂复合使用,如氯化钠、亚硝酸钠、木钙粉和三乙醇胺等,其复合使用效果更好。其常用的复合比例如表 8-22 所示。

表 8-22　常用硫酸钠复合早强剂的组成与剂量

成分组成	常用剂量/%
硫酸钠＋亚硝酸钠＋氧化钠＋氧化钙	$(1\sim1.5)+(1\sim3)+(0.3\sim0.5)+(0.3\sim0.5)$
硫酸钠＋氧化钠	$(0.5\sim1.5)+(0.3\sim0.5)$
硫酸钠＋亚硝酸钠	$(0.5\sim1.5)+1.0$
硫酸钠＋三乙醇胺	$(0.5\sim1.5)+0.05$
硫酸钠＋二水石膏＋三乙醇胺	$(1\sim1.5)+2+0.05$

硫酸钠的早强效果虽好,但若掺入量过多则会导致混凝土后期性能变差,且混凝土表面易析出"白霜",影响外观与表面装饰,故对其掺量必须控制。此外,硫酸钠的掺入会提高混凝土中碱的含量,当混凝土中有活性集料时,就会加速碱集料反应,因此硫酸钠不得用于含有活性集料的混凝土。同时,硫酸钠还不得用于下列结构:与镀锌钢材或铝铁相接触部位的结构,有外露钢筋预埋铁件而无防护措施的结构,使用直流电源的工厂及使用电气化运输设施的钢筋混凝土结构。

(3) 三乙醇胺($N(C_2H_4OH)_3$)

三乙醇胺为无色或淡黄色油状液体,呈碱性、无毒、不燃。

三乙醇胺作为早强剂,掺量极少,为水泥质量的 0.02%~0.05%。若掺量过大(大于0.05%)会引起混凝土后期强度的降低,掺量越大,强度降低越多,所以必须严格限制掺量。

三乙醇胺单独使用时,早强效果不明显,如与其他盐类组成复合早强剂,其早强效果较为显著,其中无机盐常用氯化钙、亚硝酸钠、二水石膏、硫酸钠和硫代硫酸钠等。通过试验表明,以 0.05% 三乙醇胺、0.1% 亚硝酸钠($NaNO_2$)、2% 二水石膏($CaSO_4 \cdot 2H_2O$)配制的复合剂,是一种较好的早强剂。

三乙醇胺复合早强剂的早强作用,是由于微量三乙醇胺能加速水泥的水化速度,因此它在水泥水化过程中起着催化作用。亚硝酸盐或硝酸盐与 C_3A 生成络盐(亚硝酸盐、硝酸盐和铝酸盐),能提高水泥石的早期强度和防止钢筋锈蚀。二水石膏的掺入提供了较多 SO_4^{2-},为较早较多地生成钙矾石创造了条件,对水泥石早期强度的发展起着积极的作用。

掺加三乙醇胺复合早强剂能提高混凝土的早期强度,2 d 的强度可提高 40% 以上,能使混凝土达到 28 d 强度的养护时间缩短 1/2,对混凝土的后期强度亦有一定的提高,常用于混凝土快速低温施工。三乙醇胺复合早强剂尤其适用于禁用氯盐的钢筋混凝土和预应力钢筋混凝土工程。

3. 引气剂

引气剂是指在搅拌混凝土过程中能引入大量均匀分布、稳定而封闭的微小气泡的外加剂。在每 m^3 混凝土中可生成 500~3 000 个直径为 50~1 250 μm(大多在 200 μm 以下)的独立气泡。

混凝土引气剂主要有松香树脂、烷基苯磺酸盐及脂肪醇磺酸盐等三类,其中以松香树脂类应用最广,其主要品种有松香热聚物和松香皂两种,其中又以松香热聚物效果最好。

松香热聚物是由松香、硫酸、苯酚(石炭酸)在较高温度下进行聚合反应,再经 NaOH 中和而成。松香皂的主要成分是松香酸钠,它是将松香加入煮沸的氢氧化钠溶液中经搅拌、溶解、皂化而成。

引气剂属憎水性表面活性剂,这与亲水性表面活性剂不同,其活性作用主要发生在水-气界面上。溶于水中的引气剂掺入混凝土拌和物后,能显著降低水的表面活力,使水在搅拌作用下,容易引入空气形成许多微小的气泡。同时由于引气剂分子定向排列在气泡表面形成一层保护膜,可阻止气泡膜上水分流动并使气泡膜坚固不易破裂而稳定存在。大量微细气泡的存在,对混凝土性质有很大影响,主要表现在:

(1) 改善混凝土拌和物的和易性

大量微小、独立封闭的气泡在混凝土中起着滚珠轴承的作用,减小了拌和物流动时的滑动阻力,从而大大提高了混凝土拌和物的流动性。在保持流动性不变时,可减水 10% 或节约水泥8%左右。同时由于大量微气泡的存在,阻碍了固体颗粒的沉降和水分的上升,加之气泡薄膜形成时消耗了部分水分,减少了能够自由流动的水量,从而使混凝土拌和物的保水性得到改善,泌水率显著降低,黏聚性较好。

(2) 显著提高混凝土的抗渗性和抗冻性

混凝土中大量微小气泡的存在,堵塞和隔断了混凝土中毛细管的渗水通道,并且由于保水性的提高,也减少了混凝土内因泌水造成的贯通孔缝,故能显著提高混凝土的抗渗性。同时,因气泡形成的封闭孔隙,能缓冲结冰产生的膨胀破坏力,故混凝土的抗冻性也得到提高。

(3) 强度有所下降,变形能力增大

由于大量气泡的存在,减少了混凝土有效受力面积,使混凝土强度有所降低。一般的,混凝土含气量每增加1%,其抗压强度下降4%~6%,抗折强度降低2%~3%。为防止混凝土强度下降过多,施工时应严格控制引气剂的含量。掺引气剂混凝土含气量的限制,可由粗集料最大粒径来控制,见表8-23。粗集料最大粒径越大,相应的适宜含气量越小。

表8-23 掺引气剂及引气型减水剂混凝土中的含气量限值

粗集料最大粒径/mm	混凝土含气量/%
10	7.0
15	6.0
20	5.5
25	5.0
40	4.5
50	4.0
80	3.5
150	3.0

掺入引气剂产生的大量气泡,还增大了混凝土的弹性变形,使弹性模量略有降低,这对提高混凝土的抗裂性有利。此外,掺引气剂的混凝土干缩变形也略有增加。

引气剂一般用于水灰比较大、要求强度不太高的混凝土,如水利工程的大体积混凝土等,主要是为了提高混凝土的抗渗、抗冻和耐久性。引气剂不适合用于蒸养混凝土及预应力混凝土。

近年来,由于外加剂技术的发展,引气剂已逐渐被引气型减水剂所代替。由于引气型减水剂不仅起引气作用,还能减水,故能提高混凝土强度,节约水泥用量,因此应用范围更广。

4. 调凝剂

各种混凝土工程,如建筑工程、水利工程、海港工程、公路交通及铁路建设工程等,它们对水泥、混凝土的凝结时间往往有不同要求。另外,不同地区、不同气候条件对凝结时间的要求也有差别。如水工大坝工程,由于其体积庞大,混凝土散热慢,容易产生温度应力,对工程质量极为不利,因此就希望水泥水化放热速度低些,也即混凝土凝结、硬化慢些。一些铁路隧道、矿山井巷经常使用喷射混凝土,要求混凝土能在很短时间内就得凝结,否则就会使混凝土拌和物逐渐坍落,不能达到所需形状。此外,不同季节、不同地区对混凝土凝结速度的要求也不同,南方气候炎热,夏季施工时希望混凝土凝结慢些,否则可能未及成型就凝结了,无法继续施工。

北方地区冬天寒冷,施工时要求混凝土凝结硬化快些,尽早具有起码的强度,以抵抗冰冻的破坏作用。所有这些要求都希望工地现场能控制混凝土的凝结时间,由此便出现了用来调节水泥混凝土凝结时间的外加剂,称为调凝剂。调凝剂又分为加快水泥混凝土凝结速度的速凝剂和减慢水泥混凝土凝结速度的缓凝剂。

(1) 速凝剂

速凝剂是能使混凝土迅速凝结硬化的外加剂。速凝剂的主要种类有无机盐类和有机物类。我国常用的速凝剂是无机盐类。无机盐类速凝剂按其主要成分大致可分为三类:以铝酸钠($NaAlO_2$)为主要成分的速凝剂;以铝酸钙、氟铝酸钙等为主要成分的速凝剂;以硅酸盐($NaSiO_3$)为主要成分的速凝剂。主要型号有红星 1 型、711 型、782 型、8604 型、WJ-1、J85 型等等,其中用量最大的是红星 1 型和 711 型。

① 常用速凝剂性能与应用

红星 1 型速凝剂是将铝氧烧结块(熟料,主要成分为铝酸钠、硅酸二钙)、生石灰分别破碎和粉磨,然后与纯碱(Na_2CO_3)按质量比 1∶1∶0.5(铝氧烧结块∶碳酸钠∶氧化钙)在球磨机中混合磨细,使其细度接近于水泥细度,即得红星 1 型速凝剂。

711 型速凝剂是由铝土矿、纯碱、生石灰用倒焰炉烧成铝氧烧结块,然后再与无水石膏按质量比 3∶1(铝氧烧结块∶无水石膏)粉磨而成。

速凝剂掺入混凝土后,能使混凝土在 5 min 内初凝,10 min 内终凝。1 h 就可产生强度,1 d 强度提高 2~3 倍,但后期强度会下降,28 d 强度约为不掺时的 80%~90%。温度升高,可提高速凝效果。混凝土水灰比增大则降低速凝效果,故掺用速凝剂的混凝土,水灰比一般为0.4 左右。掺加速凝剂后,混凝土的干缩有增加趋势,弹性模量、抗剪强度、黏结力等有所降低。

速凝剂主要用于喷射混凝土或喷射砂浆工程中。通过喷射机将混凝土物料喷射到被喷物体(如岩石)表面上,能马上贴住而不掉下来,并能迅速凝结硬化,与被喷物黏结成整体。它具有不需用模板、施工进度快、施工设备简单等优点。常用于矿山井巷、铁路隧道、引水涵洞、地下工程的岩壁衬砌以及喷锚支护等。此外,在工程的堵漏、修补等急需凝结的条件下,也常使用速凝剂。

② 速凝剂的作用机理

速凝剂的速凝原因主要在于:其一是能消除水泥中石膏的缓凝作用,这是因为速凝剂中的碳酸钠能与水泥中所含石膏发生化学反应,生成硫酸钠及碳酸钙,从而使石膏丧失缓凝作用;其二是速凝剂中的铝氧烧结块和生石灰的作用,使水溶液中 Al^{3+} 离子浓度增加,大量生成水化铝酸三钙(C_3AH_6)一类的化合物,导致水泥浆迅速凝固。但由于石膏被破坏了,不能形成水化硫铝酸钙,而大量生成的水化铝酸三钙强度低、结构疏松,所以会使混凝土 28 d 强度下降。

(2) 缓凝剂

缓凝剂是能延长混凝土凝结时间,又不明显影响混凝土后期强度的外加剂。缓凝剂的主要种类有:羟基羧酸及其盐类,如酒石酸、柠檬酸、葡萄糖酸及其盐类以及水杨酸;含糖碳水化合物类,如糖蜜、葡萄糖、蔗糖等;无机盐类,如硼酸盐、磷酸盐、锌盐等;木质素磺酸盐类,如木钙、木钠等。

① 常用缓凝剂性能与应用

糖蜜缓凝剂:糖蜜缓凝剂是由制糖下脚料经石灰处理而成,其主要成分为已糖钙、蔗糖钙等。一般掺量为水泥质量的 0.1%～0.3%(粉剂)或 0.2%～0.5%(水剂),混凝土的凝结时间可延长 2～4 h,掺量每增加 0.1%(水剂),凝结时间约延长 1 h。当掺量大于 1%时,混凝土长时间酥松不硬;掺量为 4%时,28 d 强度仅为不掺的 1/10。

羟基羧酸及其盐类缓凝剂:这类缓凝剂一般掺量为水泥质量的 0.03%～0.10%,混凝土凝结时间可延长 4～10 h。这类缓凝剂会增加混凝土的泌水率,在水泥用量低或水灰比大的混凝土中尤为突出。若与引气剂一起使用,则可得到改善。

木质素磺酸盐类缓凝剂:这类缓凝剂一般掺量为水泥质量的 0.2%～0.3%,混凝土凝结时间可延长 2～3 h。

缓凝剂一般掺量较少,使用时应严格控制掺量,过量掺入不仅会出现长时间不凝现象,有时还会出现速凝现象。各种缓凝剂的掺量见表 8-24。

表 8-24　缓凝剂及缓凝减水剂的常用掺量

种类	掺量/%
糖类	0.1～0.3
木质素磺酸盐类	0.2～0.3
羟基羧酸盐类	0.03～0.1
无机盐类	0.1～0.2

缓凝剂主要用于高温季节混凝土、大体积混凝土、泵送和滑模混凝土施工以及远距离运输的商品混凝土。缓凝剂不宜用于日最低气温在 5℃以下施工的混凝土,也不宜用于有早强要求的混凝土和蒸养混凝土。

② 缓凝剂的作用机理

各种缓凝剂的作用机理各不相同。一般来说,有机类缓凝剂大多是表面活性剂,对水泥颗粒以及水化产物新相表面具有较强的活性作用,吸附于固体颗粒表面,延缓了水泥的水化和浆体结构的形成。无机类缓凝剂,往往是在水泥颗粒表面形成一层难溶的薄膜,对水泥颗粒的水化起屏障作用,阻碍了水泥的正常水化。这些作用都会导致水泥混凝土的缓凝。

缓凝剂对水泥品种适应性十分明显,不同水泥品种缓凝效果不相同,甚至会出现相反效果,因此,使用前必须进行试拌,检测效果。

5. 防冻剂

能使混凝土在一定的负温下正常水化硬化,并在规定时间内达到足够防冻强度的外加剂,称为防冻剂。

(1) 常用防冻剂的种类与应用

目前冬季用防冻剂绝大部分是由减水剂、引气剂、早强剂和防冻剂四种外加剂复合而成,主要有以下三类:

① 氯盐类防冻剂

氯盐或以氯盐为主与其他早强剂、引气剂、减水剂复合的外加剂。

② 氯盐阻锈类防冻剂

以氯盐和阻锈剂(亚硝酸钠)为主复合的外加剂。

③ 无氯盐类防冻剂

以亚硝酸盐、硝酸盐、碳酸盐、乙酸钠或尿素为主复合的外加剂。

目前国产混凝土防冻剂品种适用于 0～－15℃ 的气温,当在更低气温下施工时,应加用其他冬期施工措施。

各类防冻剂具有不同的特性,因此防冻剂品种选择十分重要。氯盐类防冻剂适用于无筋混凝土,氯盐防锈类防冻剂可用于钢筋混凝土,无氯盐类防冻剂可用于钢筋混凝土和预应力钢筋混凝土,但硝酸盐、亚硝酸盐、碳酸盐类则不得用于预应力混凝土以及与镀锌钢材或与铝铁相接触部位的钢筋混凝土。含有六价铬盐、亚硝酸盐等的有毒防冻剂,严禁用于饮水工程及与食品接触的部位。

(2) 防冻剂的作用机理

防冻剂中各组分对混凝土的作用有:改变混凝土中液相浓度,降低液相冰点,使水泥在负温下仍能继续水化;减少混凝土拌和用水量,减少混凝土中能成冰的水量;同时使混凝土中最可几孔径(所占比例最多的孔径)变小,进一步降低液相结冰温度,改变冰晶形状;引入一定量的微小封闭气泡,减缓冻胀应力;提高混凝土的早期强度,增强混凝土抵抗冰冻破坏的能力。上述作用的综合效果是使混凝土的抗冻能力获得显著提高。

6. 膨胀剂

膨胀剂是能使混凝土产生一定体积膨胀的外加剂。在混凝土中添加膨胀剂可以起到补偿混凝土的收缩、提高混凝土密实度等作用。膨胀剂的种类有硫铝酸钙类、氧化钙类、氧化镁类、金属类等。

(1) 常用膨胀剂的性能与应用

① 硫铝酸钙类

属于这类膨胀剂的有:明矾石膨胀剂(主要成分是明矾石与无水石膏或二水石膏);CSA 膨胀剂(主要成分是无水硫铝酸钙);U 型膨胀剂(主要成分是无水硫铝酸钙、明矾石、石膏)等。

② 氧化钙膨胀剂

这类膨胀剂的制备方法有多种,如用一定温度下煅烧的石灰加入适量石膏与水淬矿渣制成;生石灰与硬脂酸混磨而成;以石灰石、黏土、石膏在一定温度下烧成熟料,粉磨后再与经一定温度煅烧的磨细石膏混拌而成等。

③ 金属类膨胀剂

常用的铁屑膨胀剂是由铁粉掺加适量的氧化剂(如过铬酸盐、高锰酸盐等)配制而成。

(2) 膨胀剂的作用机理

上述各种膨胀剂的成分不同,引起膨胀的原因亦不尽相同。硫铝酸钙类膨胀剂加入水泥混凝土后,自身组成中的无水硫铝酸钙水化或参与水泥矿物的水化或与水泥水化产物反应,形成三硫型水化硫铝酸钙(钙矾石),钙矾石相的生成,使固相体积增加很大,而引起表观体积膨胀。氧化钙类膨胀剂的膨胀作用主要由氧化钙晶体水化形成氢氧化钙晶体,体积增大而导致的。铁粉膨胀作用则是由于铁粉中的金属铁与氧化剂发生氧化作用,形成氧化铁,并在水泥水化的碱性环境中还会生成胶状的氢氧化铁,而产生膨胀效应。膨胀剂的使用目的和适用范围见表 8-25。

表 8-25　膨胀剂使用目的、适用范围和适宜剂量

混凝土种类	掺加膨胀剂目的	适用范围	适宜剂量	
			膨胀剂种类	适宜剂量/%
补偿收缩混凝土	减少混凝土干缩裂缝，提高混凝土抗裂性和抗渗性	防水工程和有抗渗要求的工程，钢筋混凝土及预应力钢筋混凝土	明矾石 硫铝酸钙 氧化钙 氧化钙-硫铝酸钙	13～17 8～10 3～5 8～12
填充膨胀混凝土	提高机械设备和构件的安装质量	灌注工程及接头填缝工程	明矾石 硫铝酸钙 氧化钙 氧化钙-硫铝酸钙 铁屑	10～13 8～10 3～5 8～10 30～35
自应力混凝土	利用混凝土膨胀张拉钢筋产生自应力	常温下适用的自应力混凝土压力管	硫铝酸钙 氧化钙-硫铝酸钙	15～25

掺硫铝酸钙类膨胀剂配制的膨胀混凝土(砂浆)，不得用于长期处于环境温度为 80℃以上的工程中；掺铁屑膨胀剂的填充用膨胀砂浆，不得用于有杂散电流的工程和与铝镁材料接触的部位。

三、外加剂使用注意事项

在试验和实践中人们发现，尽管在混凝土中掺外加剂可以有效地改善混凝土的技术性能，取得显著的技术经济效果，但是，正确和合理的使用，对外加剂的技术经济效果有十分重要的影响，如使用不当，会酿成事故。因此，在使用外加剂时，应注意以下几点：

（1）外加剂品种的选择

外加剂品种很多，效果各异，特别是对不同品种水泥效果不同。在选择外加剂时，应根据工程需要和现场的材料条件，参照有关资料，通过试验确定。

（2）外加剂掺量的确定

各种混凝土外加剂均有适宜掺量，掺量过小，往往达不到预期的效果；掺量过大，则会造成浪费，有时甚至会影响混凝土质量，造成质量事故。因此，应通过试验确定最佳掺量。

（3）外加剂的掺加方法

外加剂掺入混凝土拌和物中的方法不同，其效果也不同。例如减水剂采用后掺法比先掺法和同掺法效果好，其掺量只需先掺法和同掺法的一半。所谓先掺法是将减水剂先与水泥混合然后再与集料和水一起搅拌；同掺法是将减水剂先溶于水形成溶液后再加入拌和物中一起搅拌；后掺法是指在混凝土拌和物送到浇筑地点后，才加入减水剂并再次搅拌均匀进行浇筑。

常用外加剂的性能指标见表 8-26。

表 8－26　外加剂的性能标准

项目	高性能减水剂 HPWR 早强型 HPWR-A	高性能减水剂 HPWR 标准型 HPWR-S	高性能减水剂 HPWR 缓凝型 HPWR-R	高效减水剂 HWR 标准型 HWR-S	高效减水剂 HWR 缓凝型 HWR-R	普通减水剂 WR 早强型 WR-A	普通减水剂 WR 标准型 WR-S	普通减水剂 WR 缓凝型 WR-R	引气减水剂 AEWR	泵送剂 PA	早强剂 Ac	缓凝剂 Re	引气剂 AE
减水率/%，不小于	25	25	25	14	14	8	8	8	10	12	—	—	6
泌水率比/%，不大于	50	60	70	90	100	95	100	100	70	70	100	100	70
含气量/%	≤6.0	≤6.0	≤6.0	≤3.0	≤4.5	≤4.0	≤4.0	≤5.5	≥3.0	≤5.5	—	—	≥3.0
凝结时间之差/min 初凝	-90~+90	-90~+120	>+90	-90~+120	>+90	-90~+90	-90~+120	>+90	-90~+120	—	-90~+90	>+90	-90~+120
凝结时间之差/min 终凝													
坍落度/mm	—	≤80	≤60	—	—	—	—	—	—	≤80	—	—	—
1 h 经时变化量 含气量/%	—	—	—	—	—	—	—	—	-1.5~+1.5	—	—	—	-1.5~+1.5
抗压强度比/%，不小于 1 d	180	170	—	140	—	135	—	—	—	—	135	—	—
抗压强度比/%，不小于 3 d	170	160	—	130	—	130	115	—	115	—	130	—	95
抗压强度比/%，不小于 7 d	145	150	140	125	125	110	115	110	110	115	110	100	95
抗压强度比/%，不小于 28 d	130	140	130	120	120	100	110	110	100	110	100	100	90
收缩率比/%，不大于 28 d	110	110	110	135	135	135	135	135	135	135	135	135	135
相对耐久性(200 次)/%，不小于									80				80

注：①表中抗压强度比、收缩率比、相对耐久性为强制性指标，其余为推荐性指标。
②除含气量外，表中所列数据为掺外加剂混凝土与基准混凝土的差值或比值。
③凝结时间之差性能指标中的"—"表示提前，"+"表示延缓。
④相对耐久性(200 次)是指将 28 d 龄期的受检混凝土试件快速冻融循环 200 次后，动弹性模量保留值≥80%。
⑤1 h 含气量经时变化量中的"—"号表示含气量增加，"+"号表示含气量减少。
⑥其他品种的外加剂是否需要测定相对耐久性指标，由供、需双方协商确定。
⑦当用户对泵送剂等产品有特殊要求时，需要进行的补充试验项目、试验方法及指标，由供需双方协商决定。

§8-8 水泥混凝土的施工与质量控制

施工是影响水泥混凝土性能的重要阶段,同时也是混凝土工程的重要内容。现代混凝土的施工已由最初的人工生产,进步为机械化施工,大量专业化的施工机械相继出现,从而加快了施工速度,也提高了施工质量。水泥混凝土的施工主要包括搅拌、振捣和养护三个阶段。

一、水泥混凝土的搅拌

混凝土搅拌的目的是使全部集料颗粒的表面被水泥浆包裹,使混凝土各组分混合成一种宏观均匀的物质;而且,在由搅拌机往外卸料的过程中,这种匀质性也要保持不变。

机械搅拌所用的搅拌机一般分自落式和强制式两种。自落式搅拌机适宜拌和塑性混凝土,强制式搅拌机适宜拌和干硬性混凝土和轻集料混凝土。

自落式鼓筒型搅拌机是目前国内使用面广量大的一种机型,它是利用鼓筒旋转带动混合料升起、落下,而产生冲击拌和效果,如图 8-35。这种搅拌机机型陈旧、搅拌质量差、生产率低、能耗高、噪声大、粉尘污染大,已经不适用于目前的建筑施工。强制式搅拌机是利用垂直的旋转轴带动其上的叶片,对混合料进行强制拌和,如图 8-36。单、双卧轴强制式搅拌机是吸取了自落式和强制式两者之长处的一种新型搅拌机。双卧轴强制式搅拌机又称螺旋流动式搅拌机,它的特点是搅拌槽浅而面积大,设有两根水平轴,轴上安装螺旋状的搅拌叶片,取定最佳片数的搅拌叶片在轴上按 45°分度,这两根搅拌轴由齿轮进行同步驱动。投入搅拌机内的材料在两轴间垂直面的运动与沿着搅拌槽壁面的运动相结合,形成"8"字形流动路线,于是材料在迅速达到均匀化的同时,水泥净浆就包裹在砂、石的表面,从而获得具有良好流动性的混凝土拌和料,这种搅拌方式称为螺旋回转方式。

向搅拌机加料时应先装砂子,然后装入水泥,使水泥不直接与料斗接触,避免水泥黏附在料斗上。然后装入石子,同时开启水阀,使定量的水均匀洒布于拌和料上。拌和时间一般为 $1\sim2$ min,以保证搅拌均匀为准。拌和时间过长,会使集料破碎,而使级配发生变化。

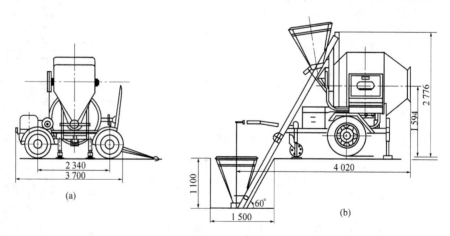

图 8-35 自落式搅拌机(尺寸单位:mm)

(a) J_1-400 型混凝土搅拌机;(b) J_2-350 型锥形反转出料搅拌机

280

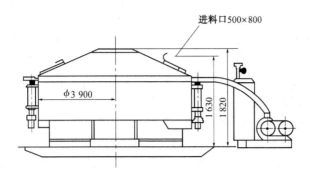

图 8-36　强制式搅拌机(尺寸单位:mm)

二、水泥混凝土的振捣

拌和好的混凝土,通过运输车或采用泵送工艺,输送到现场,根据结构设计,浇筑到适当的模具中,以形成具有特定几何形状的构件。新拌混凝土在运输和浇筑过程中,应注意避免产生离析和坍落度损失等现象。

为了使浇筑好的水泥混凝土形成密实的结构,一般需进行一定的振捣工艺。混凝土的密实过程主要是去除拌和及浇筑过程中引入的空气,采用振捣的方法可使颗粒材料相互分散,排除气泡,并填满模具,使之形成一个密实体。常用的振捣机械主要有以下几种:

内部振动器(插入式):插入式振动器目前工地使用较为普遍,它适用于大体积和配筋较稀的混凝土工程。

表面振动器(平板式):因其振动深度较小,只适宜厚度不大于 25 cm 的钢筋混凝土单层配筋板、厚度不超过 12 cm 的双层配筋板以及可以采用分层振捣的素混凝土结构物。采用表面振动器时,要求集料的最大粒径不超过板厚的 1/4。

外部振动器(附着式振动器):使用附着式振动器时,将振动器固定在模板外侧,其振动作用通过模板传到混凝土中,因此振动作用范围不能很深,一般为 30 cm 左右。这种振捣器适用于配筋较密的薄壁结构和不便使用插入振捣器的构件。它要求模板结构坚固严密,最好用钢模。

三、水泥混凝土的养护

为使水泥混凝土有适宜的硬化条件,利于强度的增长,水泥混凝土浇筑振捣密实后,必须进行一定时间的养护。养护是指在特定的时间段内,给混凝土以充分的湿度与适当的温度,使混凝土免受有害的环境因素的影响,以促进混凝土中的胶凝材料水化,提高混凝土的密实程度和强度。如在早龄期不保持潮湿状态,水分就会急剧地蒸发,这不仅使水泥的水化反应迟缓,而且在低强度状态下就开始干燥收缩,从而在混凝土表面产生裂缝。

进行潮湿养护时,常用的方法有自然养护和高温养护,现分别介绍如下:

1. 自然养护(适用于现浇和预制混凝土构件)

自然养护的基本方法就是用湿麻袋、草帘或湿砂遮盖,防止风吹日晒,并经常洒水或喷雾保持潮湿。一般塑性混凝土在正常气温(20℃)情况下,在灌筑后 10~12 h 开始养护;如在气温较高或干燥的情况下,应及早养护,避免混凝土早期失水,影响混凝土的质量;干硬性混凝土在浇筑后 1~2 h 左右就应开始养护。养护期间,当使用普通水泥时,在潮湿环境中养护不少于 7 d,在干燥环境中养护不少于 14 d;使用火山灰或矿渣水泥时,在潮湿环境中养护不少于 14 d,在干燥环境中养护不少于 21 d。

在不便洒水喷雾的情况下,可以采用覆盖塑料薄膜或表面喷涂涂料的方法,以保持混凝土内的水分,避免蒸发散失,特别是冬季覆盖塑料薄膜,可以完全不用洒水,夏季可减少洒水次数。气温在 5℃ 以下时,不得对混凝土浇水,只能覆盖以保温保湿。

塑料薄膜养护是将塑料溶液喷洒在混凝土表面,溶液挥发后,塑料与混凝土表面结合成一层薄膜,使混凝土表面与空气隔绝,使混凝土中的水分不再挥发,而完成水化作用。这种养护方法一般适用于表面积大的混凝土施工和缺水地区。

2. 高温养护

(1) 蒸汽养护

蒸汽养护是缩短养护时间的有效方法之一。混凝土在较高温度和较高湿度条件下,水泥的水化速度加快,可迅速达到要求强度。施工现场出于条件限制,现浇预制构件一般可采用临时性地面或地下养护坑,上盖养护罩或用简易的帆布、油布覆盖。

蒸汽养护分三个阶段:

升温阶段 就是由混凝土原始温度上升到养护温度的阶段。温度不能快速上升,否则会使混凝土表面因体积膨胀太快而产生裂缝。

恒温阶段 是混凝土强度增长最快的阶段。恒温的温度随水泥品种不同而异,普通水泥的养护温度不得超过 80℃;矿渣水泥、火山灰水泥可提高到 90~95℃。一般恒温时间为 5~8 h,恒温加热阶段应保持 90%~100% 的相对湿度。

降温阶段 在降温阶段内,混凝土已经硬化,如果降温过快,混凝土会产生表面裂缝,因此也要控制降温速度。

(2) 太阳能养护

采用太阳能这个取之不尽用之不竭的自然能源来养护混凝土,具有投资少、见效快、生产工艺及技术上简易可行的优点,我国的济南、抚顺等构件厂已推广使用。

太阳能养护混凝土,主要是因为太阳的可见光和红外线具有较多的辐射热能,利用太阳能养护罩的透光罩面可使可见光和红外线进入罩内,覆盖在混凝土构件上的黑塑料布(作为接收黑体)吸收和向外发射红外线。混凝土对红外线的吸收率在 60~90℃ 时,可高达 90%。混凝土所接收的红外波长与水的接收波长相近,因此新拌混凝土中的游离水作为红外线的吸收介质,其介质分子强烈振动,将辐射能转换为热能,使混凝土内部温度升高,混凝土的强度也随之增长。

(3) 蒸压养护(压蒸养护)

对于在工厂生产的预制混凝土构件,为了达到高强、早强和加快模具周转的目的,可以利用专用的蒸压釜进行蒸压养护。利用专用的蒸压釜可使混凝土在数个大气压、超过 100℃ 的水蒸气中进行水化反应,这种条件可以大大激发水泥的活性,加快水化反应速度,达到早强、高强的目标,适合于生产尺寸不太大,但对强度要求较高的构件。例如我国广东生产的管桩,普遍采用了蒸压工艺,其强度可超过 100 MPa。但蒸压釜的价格较高,工艺控制要求较严。

四、水泥混凝土的质量控制

对混凝土进行质量控制是一项非常重要的工作,应该按规定的时间与数量,检查混凝土组成材料的质量与用料量。在搅拌地点及浇筑地点要检查混凝土拌和物的坍落度或维勃稠度。而且,还须检查配合比是否因外界因素影响而有所变动,以及搅拌时间是否充分等。对硬化后混凝土性能的控制尤为重要。对混凝土强度的检验主要是抗压强度,必要时还要检验其抗冻性、抗渗性等。

混凝土的质量如何,要通过其性能检验的结果来表达。在施工中,虽然力求做到既要保证混凝土所要求的性能,又要保持其质量的稳定性,但实际上,由于原材料及施工条件以及试验条件等许多复杂因素的影响,必然会造成混凝土质量上的波动。原材料及施工方面的影响因素有:水泥、集料及外加剂等原材料的质量和计量的波动,用水量或集料含水量的变化所引起水灰比的波动,搅拌、运输、浇筑、振捣、养护条件的波动以及气温变化等。试验条件方面的影响因素有:取样方法、试件成型及养护条件的差异,试验机的误差和试验人员的操作熟练程度等。

在正常连续生产的情况下,可用数理统计方法来检验混凝土强度或其他技术指标是否达到质量要求。统计方法可用算术平均值、标准差、变异系数和保证率等参数综合地评定混凝土的质量。

1. 混凝土强度统计评价

根据我国国家标准《混凝土质量控制标准》(GB50164—2011)的规定,混凝土的强度除应按照《混凝土强度检验评定标准》(GB/T 50107—2010)的规定分批进行合格评价外,尚需对一个统计周期(对商品混凝土厂和预制混凝土构件厂,其统计周期可取一个月;对在现场进行拌和混凝土的施工单位,其统计周期可根据实际情况确定)内的相同等级和龄期的混凝土强度进行统计分析,统计计算强度均值($\mu_{f_{cu}}$)、标准差(σ)及强度不低于要求强度等级值的百分率(P),以确定企业的生产管理水平,其中 $\mu_{f_{cu}}$ 应符合下式的要求:

$$f_{cu,k} + 1.4\sigma \leqslant \mu_{f_{cu}} \leqslant f_{cu,k} + 2.5\sigma \tag{8-21}$$

式中 $\mu_{f_{cu}}$——按月或按季统计的强度的均值(MPa);

       $f_{cu,k}$——混凝土立方体抗压强度标准值(MPa);

       σ——按月或季统计的强度的标准差(MPa),确定强度标准差的试件组数不得少于25组。

对有早期强度要求或特殊要求的混凝土,其强度的均值不受上述限制。

混凝土强度标准差 σ 和不低于规定强度等级值的百分率 P,可按公式(8-22)计算,并应符合表8-27的要求。

$$\begin{cases} \sigma = \sqrt{\dfrac{\sum\limits_{i=1}^{n} f_{cu,i}^{2} - n\mu_{f_{cu}}^{2}}{n-1}} \\ P = \dfrac{n_0}{n} \times 100\% \end{cases} \tag{8-22}$$

式中 $f_{cu,i}$——统计周期内第 i 组混凝土试件立方体抗压强度值(MPa);

n——统计周期内相同强度等级的混凝土试件组数,该值不得少于 25 组;

$\mu_{f_{cu}}$——统计周期内 n 组混凝土试件立方体抗压强度的均值(MPa);

n_0——统计周期内试件强度不低于要求强度等级值的组数。

表 8-27   混凝土生产管理水平

生产管理水平		优良		一般	
评定指标	生产场所	<C20	≥C20	<C20	≥C20
混凝土强度标准差 σ/MPa	商品混凝土厂和预制混凝土构件厂	≤3.0	≤3.5	≤4.0	≤5.0
	集中拌和混凝土的施工现场	≤3.5	≤4.0	≤4.5	≤5.5
强度不低于规定强度等级的百分率 P/%	商品混凝土厂、预制混凝土构件厂和集中拌和混凝土的施工现场	≥95		≥85	

2. 混凝土的非破损检测

为了控制混凝土结构和构件制作、施工和使用等过程中的质量,往往要制作大量的混凝土试件,做破损性试验来决定和检验混凝土强度,但立方体试件并不能充分精确地鉴定结构物中混凝土的质量,这是因为制作立方体试件与制作构件的条件不相同,其中包括试件尺寸、模板、振捣等因素,尽管按同等条件养护,但也因上述原因,结果也是不相同的,因此试块并不能准确地反映混凝土构件质量的变化情况。特别是对已建成的建筑物质量发生疑惑时,此时已无试件可查,故常采用钻取芯样制成试件进行检验。而钻取试样对构件有一定的损伤,因此现在越来越多的工程,希望尽量在不损伤构件的前提下,了解判断混凝土质量好坏,这样非破损试验就更具有实际意义了。这种方法的优点不仅在于它不破坏构件,而且可以对结构物的构件进行反复多次检验。

非破损试验一般分为:表面硬度法(撞痕法、回弹法)、超声波法和综合法(超声-回弹综合法)。

(1) 表面硬度法

表面硬度法是利用表面硬度和抗压强度有一定关系而发展起来的一种方法,其中较为常用的有撞痕法和回弹法两种。表面硬度法只能粗略估计表面部分混凝土的强度,不能检验混凝土内部的质量(密实程度及有无损伤等)。

① 撞痕法。在拟测定其强度的混凝土表面铺一层复写纸,其上再铺一张白纸,然后用直径为 5 cm 的钢球从 60 cm 或 40 cm 的高处自由落下。当钢球撞在混凝土表面上时,白纸上就印出撞痕。测量每一撞痕的直径,并以三个以上撞痕直径的算术平均值作为撞痕直径的结果。然后查表或曲线(附于仪器盒内)即可得到相应的强度。当要测定竖立面的混凝土强度时可用摆撞法,步骤同落锤法。

② 回弹法。回弹法是用回弹仪来进行的,其基本原理是用有拉簧的一定尺寸的金属弹击杆,以一定的能量弹在混凝土表面上,弹击后回弹的距离可以表示被测混凝土的表面硬度,根据硬度与抗压强度之间的关系推算出混凝土的强度。

试验时手持回弹仪,将其冲杆垂直于混凝土表面,并徐徐地压入套筒。筒内弹簧逐渐压缩而储备能量,当弹簧压缩到一定程度后,弹簧即自动发射而推动冲杆冲击混凝土。冲杆头部受混凝土表面的反作用力而回弹,其回弹距离可从回弹仪的标尺上读出来。然后根据回弹距离与抗压强度的关系曲线(附在仪器盒内)求出强度。

（2）超声波法

超声波在混凝土中的传播速度和混凝土的密度有一定关系，而混凝土的密度又与混凝土强度有关。利用超声波探测仪将超声波脉冲传播到混凝土中，测定传播时间，计算纵波速度。其特点是不论试件怎样、构造如何，从 10 m 的大构件到几厘米的小构件都能测定，只要能准确地求出速度，就能测定出裂纹深度、有无空洞、楼板的厚度、混凝土的组成和凝结过程等，可以揭示混凝土内部的构造情况。

纵波的速度与强度的关系受水灰比、集料总用量的影响，如不考虑配合比等的影响，则强度的推算误差较大，这也是超声波法的不足之处。但它在测定混凝土风化、破坏过程和质量变化等方面是很好的，由超声波速度可大致地判断混凝土的质量好坏。

（3）综合法（超声-回弹综合法）

由于回弹法是根据混凝土表层硬度情况决定的回弹值来换算混凝土强度，因此，回弹法只能较好地反映混凝土表层 2～3 cm 深度的质量情况。而超声波法是根据混凝土内部密实程度及弹性性能决定声速值，来推算混凝土强度值，因此，超声波法可以较好地反映混凝土内部质量情况。

由于混凝土的湿度和龄期，对测得的声速值和回弹值均有较大影响，当混凝土湿度较大时，声速值偏高，而回弹值偏低；当混凝土龄期较长时，声速值偏低而回弹值偏高。试验证明，采用超声-回弹综合法来推算混凝土强度时，可以相互弥补不足，能较全面地反映混凝土的质量情况，相互抵消影响因素的干扰。因此测试精度高，可靠性大，适用范围广。尤其对已失去混凝土组成原始资料的长龄期的混凝土构件，用综合法确定强度有较好的效果。

§8-9　特种水泥混凝土

水泥混凝土作为土木工程的主要承重材料，在各种不同的环境中发挥着重要的作用，它可以同时为工程提供一定的强度、刚度、几何尺寸、耐久性等各方面的多种不同性能，因此其应用范围非常广泛。但随着社会的发展，现代土木工程对各种材料性能要求越来越趋向于专项性，希望材料不仅能够提供基本的性能，同时还可以提供直接针对工程性质的特种性能，由此便在普通水泥混凝土的基础上，发展出了各种具有不同性能特点和应用特点的特种水泥混凝土。

一、高强混凝土和高性能混凝土

混凝土的高强化是人们一百多年来的努力方向，自从 1824 年波特兰水泥问世，1850 年出现钢筋混凝土以来，作为重要的结构材料，强度一直是混凝土的主要性能指标；加之混凝土强度决定于密实性，后者与耐久性密切相关，因此高强度一直被认为是优质混凝土的特征。长期以来，强度成为配合比设计以及生产和应用的首要指标，高强化的发展方向决定着水泥生产和混凝土工艺也向高强发展。20 世纪 50 年代以前，各国生产的混凝土强度都在 30 MPa 以下，30 MPa 以上即为高强混凝土；20 世纪 60 年代以来提高到 41～52 MPa；现在 50～60 MPa 高强混凝土已开始用于高层建筑与桥梁工程。在我国，通常将强度等级等于和超过 C60 的混凝土称为高强混凝土。在桥梁、高层建筑以及基础等一些重要工程中，80～120 MPa 的高强和超高强混凝土也已经在我国沿海发达地区开始使用，可见高强趋势是很明显的。

混凝土的高性能化是近一二十年才提出的，作为主要的结构材料，混凝土耐久性的重要性不亚于强度和其他性能。不少混凝土建筑因材质劣化引起开裂破坏甚至崩塌,水工、海港工程与桥梁尤为多见,它们破坏的原因往往不是强度不足,而是耐久性不够。因此早在20世纪3年代水工混凝土就要求同时按强度与耐久性来设计配合比,有些重要建筑物,如高层建筑、大跨桥梁、采油平台、压力容器等对耐久性有更高的要求,以保证安全。随着施工技术的进步和结构中混凝土均匀性要求的提高,工作性(和易性)成为另一重要性能指标。此外,体积稳定性(高弹性模量、干缩小、徐变及效应变小等)、抗冲、耐磨、耐疲劳、耐融化学腐蚀等性能也受到重视。

高性能混凝土(High Performance Concrete,简写HPC)的出现,标志着混凝土技术又跨入了一个新的革命时期。当前,许多国家都由国家列项,投入了大量的人力、物力和财力对高性能混凝土进行研究。1989年加拿大政府成立了关于高性能混凝土的情报网;美国NSF投资数千万美元,集中了美国著名的混凝土科学专家,建立了高性能水泥基复合材料研究中心,主攻高性能;1990年5月在美国马里兰州Gaithersburg城,由美国NSF和ACI主办了关于高性能混凝土的讨论会;1994年在新加坡举办了"第一届高性能混凝土国际学术讨论会"。高性能混凝土已成为国际土木工程界研究的一个热点。

现代高强混凝土不仅具有高的强度,还具有独特的耐久性,因此高强混凝土应属高性能混凝土。但对高性能混凝土是否必须高强,却有不同的看法。欧美的研究者偏重于硬化后混凝土的性能,认为高性能即高强度,或高强度和高耐久性,其强度指标应不低于50~60 MPa;美国西雅图的"Two Union Square"大厦应用了强度高达135 MPa的超高强混凝土。混凝土采用泵送施工,坍落度高达25 cm,输送管长122 m。混凝土外面为16 mm厚的钢管,混凝土混合料由下向上沿钢管挤送,混合料未经振动,强度达到了设计要求,这一工程目前已成为超高强混凝土实际应用的范例。日本学者则更重视工作性(和易性)与耐久性。例如日本的明石海峡大桥,其缆索锚基混凝土约52万 m^3,要求高耐久性、高流动性、高体积稳定性与低水化热,强度指标则为28 d强度约42 MPa;其桥墩混凝土约为50万 m^3,要求高耐久性、高流动性、高抗冲刷性、低温升,强度要求20 MPa。

就目前的工程急需和研究热点来看,高性能水泥混凝土的特点集中表现为大流动性、高强度、高韧性、高耐久性。其中高强度又可以作为高性能混凝土的核心标志。近年来,以超高强度(抗压强度超过150 MPa)为主要标志的超高性能混凝土(UHPC)已越来越多地被应用于实际工程中。

为使混凝土达到高强,主要可采用下列方法:

1. 改善水泥的水化条件

(1) 增加水泥中早强和高强矿物成分的含量

水泥矿物中硅酸三钙、铝酸三钙和氟铝酸钙的含量增加时,对水泥混凝土早强、高强都有一定的效果,特别是以氟铝酸钙为主要成分的水泥,快凝、快硬的效果显著,4 d的抗压强度可达20 MPa以上。

(2) 提高水泥的细度

提高水泥的细度可使水泥加速和加快水化。研究表明,当超高强水泥细度提高到比表面积为6 000 cm^2/g,水灰比为0.2时,水泥净浆的抗压强度可达215 MPa。

(3) 采用压蒸养护

已如前述,水泥的水化和凝结硬化的速度是随养护温度的升高而加速的,采用蒸压养护技术,可促使水泥水化反应迅速完成。

2. 掺加各种高聚物

使用水泥以外的结合料,目前主要是在混凝土中掺加各种聚合物,聚合物可以封闭混凝土中的孔隙,并提供黏结力,同时增加混凝土的韧性。

3. 增强集料和水泥的黏附性

混凝土破坏的方式,主要有水泥石的破坏、集料的破坏或水泥石与集料之间界面的破坏。这三种破坏方式中,尤以水泥石与集料的黏附力不足而引起的破坏最为常见。为此,曾有研究者采用水泥熟料作为混凝土的集料,制成所谓"熟料混凝土"。在拌制混凝土时,有的还掺加减水剂,取得了明显的高强效果。这种混凝土 1 d 的抗压强度可达 68 MPa,2 d 的抗压强度可达 98 MPa。还有的研究者采用环氧树脂处理集料表面,亦得到良好的高强效果。

4. 掺加高效外加剂

掺加外加剂降低水灰比,以有效地提高混凝土强度,这也是目前配制高性能混凝土最主要的技术途径。

5. 增加混凝土的密实度

随着混凝土密实度的增加(即孔隙率的减少),混凝土的强度亦随之提高,同时其他一系列物理力学性能亦得到改善。

6. 采用纤维增强

采用各种纤维增强,对提高混凝土强度可达到良好的高强效果,详见下述的纤维增强混凝土。

二、纤维增强混凝土

纤维增强混凝土简称纤维混凝土,是由水泥混凝土为基材与不连续而分散的纤维为增强材料所组成的一种复合材料。常作为增强材料的纤维有钢纤维、玻璃纤维、碳纤维、合成纤维和天然纤维等。目前土木工程中使用的主要是钢纤维混凝土。

1. 钢纤维的构造与性能

钢纤维混凝土用钢纤维,主要是采用碳钢加工制成的纤维,对长期处于受潮条件的混凝土,亦有采用不锈钢加工制成的纤维。

钢纤维的尺寸主要由强化效果和施工难易性决定。钢纤维太粗或太短,其强化效果较差;如过长或过细,施工时不易拌和、易结团。为了增加钢纤维和混凝土之间的黏结力,可用增加纤维表面积的方法,将其加工为异形纤维,如波形、哑铃形、端部带弯钩等形状。

钢纤维的几何特征,通常用长径比表示,即纤维的长度与截面当量直径之比。钢纤维一般直径为 0.25～0.75 mm,长度约为 20～60 mm,长径比约在 30～150 范围内。

2. 钢纤维混凝土的力学性能

钢纤维混凝土的力学性能,除了与基体混凝土组成有关外,还与钢纤维的形状、尺寸、掺量、配置方向和分散程度等有关。

钢纤维的掺量以纤维体积率表示。当钢纤维的形状和尺寸适当时,钢纤维混凝土的强度随纤维体积率和长径比增加而增加。钢纤维体积率通常为 0.5%～2.0%。例如圆形截面钢纤维,其直径为 0.3～0.6 mm,长度为 20～40 mm,掺量为 2%的钢纤维混凝土与普通混凝土比较,其抗拉强度可提高 1.2～2.0 倍,伸长率约提高 2 倍,而韧性可提高 40～200 倍。所以钢纤维混凝土的力学性能,主要表现为抗弯拉强度提高,特别是冲击韧性有很大的提高,抗疲劳强度也有一定的提高。

3. 工程应用

钢纤维混凝土组成复合材料后,可使混凝土的抗弯拉强度、抗裂强度、韧性和冲击强度等性能得到改善,所以钢纤维混凝土广泛应用于土木工程中的抗裂、抗拉、抗冲击、防爆等结构部位。

三、粉煤灰混凝土

粉煤灰掺入混凝土后,不仅可以取代部分水泥,而且能改善混凝土的一系列性能。根据现代研究认为,粉煤灰在混凝土中,能与水泥互补短长、均衡协和,所以粉煤灰可充当混凝土的减水剂、释水剂、增塑剂、密实剂、抑热剂、抑胀剂等一系列复合功能的基本材料。同时粉煤灰的使用还可以减少污染,所以粉煤灰混凝土具有明显的技术经济效益。粉煤灰又分为F类粉煤灰和C类粉煤灰,F类粉煤灰是由无烟煤或烟煤煅烧收集的,其中CaO含量不大于10%或游离CaO含量不大于1%;C类粉煤灰是由褐煤或次烟煤煅烧收集的,其中CaO含量大于10%或游离CaO含量大于1%,又称高钙粉煤灰。

用于混凝土中的粉煤灰的质量分为三个等级,其质量指标应符合表8-28规定。

表 8-28　粉煤灰质量指标的分级

粉煤灰等级	性能指标			
	细度(45 μm方孔筛筛余)/% 不大于	烧失量/% 不大于	需水量比/% 不大于	三氧化硫含量/% 不大于
Ⅰ	12	5	95	3
Ⅱ	25	8	105	
Ⅲ	45	15	115	

干排法获得的粉煤灰,其含水量不宜大于1%,湿排法获得的粉煤灰其质量应均匀。如粉煤灰的加入主要用于改善混凝土的和易性,则其性能不受上表的限制。Ⅰ级粉煤灰适用于钢筋混凝土和跨度小于6 m的预应力钢筋混凝土;Ⅱ级粉煤灰适用于钢筋混凝土和素混凝土;Ⅲ级粉煤灰主要用于素混凝土。对于设计强度等级C30及以上的素混凝土宜采用Ⅰ级和Ⅱ级粉煤灰。在泵送混凝土、大体积混凝土、抗渗混凝土、抗硫酸盐混凝土、抗软水侵蚀混凝土、蒸养混凝土、轻骨料混凝土、地下工程混凝土、水下工程混凝土、压浆混凝土及碾压混凝土等工程中都适宜掺加粉煤灰。

在掺粉煤灰的混凝土配合比设计中,以水泥和粉煤灰总量为胶凝材料用量,水灰比公式中的水灰比W/C改为水胶比W/B。

水胶比公式:

当混凝土强度等级小于C60时,混凝土水胶比按下式计算:

$$W/B = \frac{Af_b}{f_{cu,0} + ABf_b} \qquad (8-23)$$

式中　W/B——水胶比;

　　　A、B——系数,按表8-11选取;

　　　$f_{cu,0}$——混凝土的配制强度(MPa);

　　　f_b——胶凝材料28 d胶砂抗压强度(MPa);当无实测值时,可按下式计算:

288

$$f_b = \gamma_f \cdot \gamma_s \cdot f_{ce} \qquad\qquad (8\text{-}24)$$

式中 γ_f——粉煤灰影响系数；

γ_s——粒化高炉矿渣影响系数；

f_{ce}——水泥 28 d 胶砂抗压强度（MPa）。

当无实测胶砂强度时，γ_f 和 γ_s 按表 8-29 选取。

表 8-29　粉煤灰影响系数 γ_f 和粒化高炉矿渣影响系数 γ_s

掺量(%)	γ_f	γ_s
0	1.00	1.00
10	0.85~0.95	1.00
20	0.75~0.85	0.95~1.00
30	0.65~0.75	0.90~1.00
40	0.55~0.65	0.80~0.90
50	—	0.70~0.85

f_{ce} 可按公式(8-14)计算。

当按体积法计算砂石用量时，应分别考虑水泥和粉煤灰的体积。其他设计过程与普通混凝土相同。

水胶比 W/B 为单位体积混凝土中水的用量与水泥及混合材用量之和的比值。

当采用其他通用硅酸盐水泥时，宜将水泥中混合材掺量 20% 以上的混合材量计入外掺粉煤灰掺量。

对基础大体积混凝土，粉煤灰的最大掺量可增加 5%。当采用掺量大于 30% 的 C 类粉煤灰的混凝土应以实际使用的水泥和粉煤灰掺量进行安定性检验。如表 8-30。

表 8-30　混凝土中粉煤灰的最大掺量

水胶比 W/B	钢筋混凝土		预应力钢筋混凝土	
	硅酸盐水泥	普通硅酸盐水泥	硅酸盐水泥	普通硅酸盐水泥
≤0.40	45	35	35	30
>0.40	40	30	25	20

复习思考题

8-1　普通水泥混凝土的原材料包括哪些？对其原材料有何要求？

8-2　普通水泥混凝土应具备哪些技术性质？这些性质与其工程应用有何关系？

8-3　何为水灰比定则和固定加水量定则？

8-4　水泥混凝土的工作性是何含义？应如何进行调整？

8-5　水泥混凝土的立方体抗压强度、立方体抗压强度标准值、强度等级和标号之间有什么关系？

8-6　水泥混凝土配合比设计中的四项基本要求和三参数是什么？

8-7　何为水泥混凝土外加剂？常用的外加剂包括哪些？

8-8 减水剂的减水机理是什么？减水剂有何用处？

8-9 掺减水剂的水泥混凝土和掺粉煤灰的水泥混凝土的配合比设计与普通水泥混凝土有何不同？

8-10 外加剂使用中应注意什么问题？

8-11 高强混凝土与高性能混凝土有何异同？它们分别应用于何种场景？如何配置高强混凝土以及高性能混凝土？

8-12 高性能混凝土、钢纤维混凝土和粉煤灰混凝土各具有什么性能特点？

8-13 配制环境作用等级 C 级地区高层结构用混凝土 C40，要求坍落度为 30～50 mm，现场材料为

水泥：强度等级 42.5，密度 3.15×10^3 kg/m³。

碎石：最大粒径 20 mm，表观密度 2.78×10^3 kg/m³，现场含水率 1.0%。

砂：中砂，表观密度 2.65×10^3 kg/m³，现场含水率 5.0%。

试计算：

(1) 初步配合比。

(2) 根据现场材料确定工地配合比。

(3) 如使用 FDN 减水剂，剂量 0.8%，实测减水率为 12%，重新计算初步配合比。

创新设计

1. 设计一项简便易行的试验来检验混凝土的工作性、耐久性或其他性能。

2. 综合考虑级配、水泥剂量、外加剂及施工工艺，配制一种水泥混凝土，要求其抗压强度与水泥用量之比越大越好，并就此撰写科技小论文。

第9章 无机结合料稳定材料

学习目的：目前我国的沥青混凝土路面或水泥混凝土路面95%以上采用无机结合料稳定材料作为基层或底基层，通过本章的学习应了解无机结合料稳定材料的组成设计、强度、干缩和温缩的特性，为工程服务。

教学要求：1. 为了提高对无机结合料稳定材料的认识，应首先说明我国路面结构的实际情况，例如国内主要高速公路路面无机结合料稳定材料的使用情况及分类。

2. 结合无机结合料稳定材料的特点，简要说明无机结合料稳定材料的强度特性、疲劳特性、干缩特性和温缩特性。

3. 无机结合料稳定材料的强度、组成设计方法与材料品种等关系密切，应注意通过不同实例进行讲解。

§9-1 无机结合料稳定材料的应用与分类

在粉碎的或原状松散的土中掺入一定量的无机结合料（包括水泥、石灰或工业废渣等）和水，经拌和得到的混合料在压实与养生后，其抗压强度符合规定要求的材料称为无机结合料稳定材料，以此材料为基层修筑的路面称为无机结合料稳定路面。

无机结合料稳定材料具有稳定性好、抗冻性能强、结构本身自成板体等特点，但其耐磨性差，广泛用于修筑路面结构的基层和底基层。

粉碎的或原状松散的土按照土中单个颗粒（指碎石、砾石、砂和土颗粒）的粒径大小和组成，将土分成细粒土、中粒土和粗粒土。不同的土与无机结合料拌和得到不同的稳定材料。例如石灰土、水泥土、石灰粉煤灰土、水泥稳定碎石、石灰粉煤灰稳定碎石等。

一、无机结合料稳定材料的应用

随着我国经济的迅速发展，高速公路的里程不断增加。沥青混凝土路面和水泥混凝土路面是我国目前高速公路主要的路面结构类型。而无机结合料稳定基层具有强度大、稳定性好及刚度大（相对于原状土）等特点，被广泛用于修建高等级公路沥青路面和水泥混凝土路面的基层或底基层。

我国开展了公路工程无机结合料稳定材料基层、重交通道路沥青面层和抗滑表层的深入研究，其中无机结合料稳定基层材料的强度和收缩特性、组成设计方法是主要的研究内容之一。在此基础上，结合我国无机结合料稳定基层的设计、施工和使用的经验，根据实际使用效果，提出无机结合料稳定材料设计、施工及管理要点，为公路工程无机结合料稳定基层的设计与施工提供了理论依据和技术保证。

我国高速公路建设从无到有，截至2019年年底已经接近15万km。而无机结合料稳定材料仍将是基层、底基层的主要材料。

1. 无机结合料稳定基层沥青路面

无机结合料稳定基层用于高速公路的沥青路面结构,其合理性主要表现在具有较好的使用性能。一般来说,无机结合料稳定基层材料具有较高的抗压强度和抗压回弹模量,并具有一定的抗弯拉强度,且它们都具有随龄期而不断增长的特性,因此无机结合料稳定基层沥青路面通常具有较小的弯沉和较强的荷载分布能力。由于无机结合料稳定基层的刚度大,使得其上的沥青层弯拉应力值较小,从而提高了沥青面层抵抗行车疲劳破坏的能力,甚至可以认为在层间黏结良好的情况下,无机结合料稳定基层上的沥青面层不会产生疲劳破坏。也就可以认为无机结合料稳定基层沥青路面的抗疲劳能力,完全取决于无机结合料稳定材料基层。

但无机结合料稳定基层沥青路面的使用实践证明,如果面层不够厚,无机结合料稳定基层因温缩或干缩而产生的裂缝会很快反射到沥青路面的面层。初期产生的裂缝对行车无明显影响,但随着表面雨水或雪水的浸入,在行车荷载反复作用下,会导致路面承载力下降,产生冲刷和唧泥现象,加速沥青路面的破坏,影响沥青路面的使用性能,因此合理的沥青路面结构组合十分重要。

2. 无机结合料稳定基层水泥混凝土路面

水泥混凝土路面结构层组合较为简单,一般由混凝土面板、基层组成。水泥混凝土路面基层直接位于面层板之下,是保证路面整体强度、防止唧泥和错台、延长路面使用寿命的重要结构层。目前基层类型有无机结合料稳定基层,如水泥稳定粒料、工业废渣稳定粒料等基层,还有沥青类、级配碎石类和水泥混凝土类基层。但由于水泥混凝土路面具有接缝,易引起水分的下渗,而无机结合料稳定材料的抗冲刷能力较弱,从而易引起混凝土板底脱空,直至断裂。因此,在湿润多雨地区,宜采用排水基层。排水基层可选用多孔隙的开级配水泥稳定碎石、沥青稳定碎石或碎石,其孔隙率约为 20%。

二、无机结合料稳定材料的分类

1. 水泥稳定材料

在破碎的或原来松散的土(包括各种粗、中、细粒土)中,掺入适量的水泥和水,经拌和得到的混合料,在压实和养生后,其抗压强度符合规定要求的混合料称为水泥稳定材料。

根据土的颗粒组成不同,可以将水泥稳定材料具体分为以下几类。

水泥稳定细粒土:指被水泥稳定的土的最大粒径小于 9.5 mm,且其中小于 2.36 mm 的颗粒含量不少于 90%。

水泥稳定中粒土:指被水泥稳定的土的最大粒径小于 26.5 mm,且其中小于 19 mm 的颗粒含量不少于 90%。

水泥稳定粗粒土:指被水泥稳定的土的最大粒径小于 37.5 mm,且其中小于 31.5 mm 的颗粒含量不少于 90%。

用水泥稳定砂性土、粉性土和黏性土等细粒土得到的混合料简称为水泥土;用水泥稳定砂得到的混合料简称为水泥砂;用水泥稳定粗粒土和中粒土得到的混合料,视所用原料情况简称为水泥碎石(级配碎石和未筛分碎石)、水泥砂砾等;同时用水泥和石灰综合稳定某种土而得到的混合料,简称为综合稳定土。

水泥稳定材料是一种经济实用的筑路材料,具有优良的性能,可用于各种道路的基层和底基层。由于以水泥为主要胶结材料,通过水泥的水化、硬化将集料黏结起来,因此水泥稳定土具有良好的力学性能和板体性。其强度随养护龄期的增加而增加,并且早期的强度较高;同时其强度的可调范围较大,由几个兆帕到十几个兆帕。水泥稳定土的水稳定性和抗冻性也较其他稳定材料好。所不足的是,水泥稳定土在温度、湿度变化时,易产生裂缝,而影响面层的稳定性;当细颗粒含量高、水泥用量大时开裂更为严重。

2. 石灰稳定材料

在粉碎的或原来松散的土(包括各种粗、中、细粒土)中,掺入足量的石灰和水,经拌和得到的混合料,在压实及养生后,其抗压强度符合规定的混合料称为石灰稳定材料。

用石灰稳定细粒土得到的混合料简称石灰土。用石灰稳定中粒土和粗粒土得到的混合料,视所用原材料而定,原材料为天然砂砾土时简称石灰稳定砂砾土;原材料为天然碎石土时简称石灰稳定碎石土。用石灰土稳定级配砂砾(砂砾中无土)和级配碎石(包括未筛分碎石)时,也分别简称石灰稳定砂砾土和石灰稳定碎石土。

用石灰稳定土铺筑的路面基层和底基层,分别称石灰稳定土基层和石灰稳定土底基层,或分别简称石灰稳定基层和石灰稳定底基层。

石灰稳定土具有良好的力学性能,并有一定的水稳定性和较好抗冻性,它的初期强度和水稳定性较低,后期强度较高。由于干缩、温缩系数较大,易产生裂缝。石灰稳定土适用于各级公路路面的底基层,可用作二级和二级以下公路的基层,但石灰土不应用作高级路面的基层。在冰冻地区的潮湿路段以及其他地区的过分潮湿路段,不宜采用石灰土做基层。在只能采用石灰土时,应采取措施防止水分侵入石灰土层。

此外,石灰常与其他结合料(如水泥)一起综合稳定土,此时,石灰起着一种活化剂的作用。有时,在加石灰的同时,还掺加工业废渣(粉煤灰、煤渣等)或少量的化学添加剂(如 $CaCl_2$、$NaOH$、Na_2CO_3 等)以改善石灰和土之间的相互作用以及石灰稳定土的硬化条件。

3. 石灰工业废渣稳定材料

工业废渣包括粉煤灰、煤渣、高炉矿渣、钢渣(已经过崩解达到稳定)及其他冶金矿渣、煤矸石等。一定数量的石灰或水泥和粉煤灰与细粒土、石灰或水泥和煤渣与集料相配合,加入适量的水(通常为最佳含水量),经拌和、压实及养生后得到的混合料,当其抗压强度符合规范规定的要求时,称为石灰工业废渣稳定材料或水泥工业废渣稳定材料。

石灰工业废渣材料可分为两大类:石灰粉煤灰类和石灰其他废渣类。

用石灰粉煤灰稳定细粒土(含砂)、中粒土和粗粒土时,视具体情况可分别简称二灰土、二灰砂砾、二灰碎石、二灰矿渣等。其中砂砾、碎石、矿渣、煤矸石等可能是中粒土也可能是粗粒土,都统称为集料。

用水泥粉煤灰稳定细粒土(含砂)、中粒土和粗粒土时,可分别称为水泥粉煤灰稳定土、水泥粉煤灰稳定碎石。

石灰或水泥工业废渣稳定材料同样是一种经济实用的筑路材料,具有较优良的性能,可用于各种道路的基层和底基层。由于以石灰或水泥为活性激发剂,石灰或水泥工业废渣为主要胶结材料,早期强度较低,但是后期强度与石灰或水泥稳定材料基本类似,因此石灰或水泥工业废渣稳定材料具有良好的力学性能和板体性。石灰或水泥工业废渣稳定材料在温度、湿度变化时也易产生裂缝,当细颗粒含量高时开裂更为严重。石灰或水泥工业废渣稳定材料的抗水损害的能力较水泥稳定同样材料抗水损害的能力差,但是其在温度、湿度变化时的温缩、干缩系数较水泥稳定同样材料的温缩、干缩系数小。

§9-2 无机结合料稳定材料的力学性质

一、无机结合料稳定材料的强度特性

（一）水泥稳定材料

1. 水泥稳定土的强度作用原理

利用水泥来稳定土的过程中，水泥、土和水之间发生了多种非常复杂的作用，从而使土的性能发生了明显的变化。这些作用可以分为：

（1）化学作用

如水泥颗粒的水化、硬化作用，有机物的聚合作用，以及水泥水化产物与黏土矿物之间的化学作用等等。

（2）物理—化学作用

如黏土颗粒与水泥及水泥水化产物之间的吸附作用，微粒的凝聚作用，水及水化产物的扩散、渗透作用，水化产物的溶解、结晶作用等等。

（3）物理作用

如土块的机械粉碎作用，混合料的拌和、压实作用等等。

2. 水泥的水化作用

在水泥稳定土中，首先发生的是水泥自身的水化反应，从而产生出具有胶结能力的水化产物，这是水泥稳定土强度的主要来源。

水泥水化生成的水化产物，在土的孔隙中相互交织搭接，将土颗粒包覆连接起来，使土逐渐丧失了原有的塑性等性质，并且随着水化产物的增加，混合料也逐渐坚固起来。但水泥稳定土中水泥的水化与水泥混凝土中水泥的水化之间还有所不同。这是因为：① 土具有非常高的比表面积和亲水性；② 水泥稳定土中的水泥含量较少；③ 土对水泥的水化产物具有强烈的吸附性；④ 在一些土中常存在酸性介质环境。由于这些特点，在水泥稳定土中，水泥的水化硬化条件较混凝土差得多；特别是由于黏土矿物对水化产物中的 $Ca(OH)_2$ 具有极强的吸附和吸收作用，使溶液中的碱度降低，从而影响了水泥水化产物的稳定性；水化硅酸钙中的 C/S 会逐渐降低析出 $Ca(OH)_2$，从而使水化产物的结构和性能发生变化，进而影响到混合料的性能。因此在选用水泥时，在其他条件相同时，应优先选用硅酸盐水泥，必要时还应对水泥稳定土进行"补钙"，以提高混合料中的碱度。

3. 离子交换作用

土中的黏土颗粒由于颗粒细小、比表面积大，因而具有较高的活性。当黏土颗粒与水接触时，黏土颗粒表面通常带有一定量的负电荷，在黏土颗粒周围形成一个电场，这层带负电荷的离子就称为电位离子。带负电的黏土颗粒表面，进而吸引周围溶液中的正离子，如 K^+、Na^+ 等，而在颗粒表面形成了一个双电层结构。这些与电位离子电荷相反的离子称为反离子。在双电层中电位离子形成了内层，反离子形成外层。靠近颗粒的反离子与颗粒表面结合较紧密，当黏土颗粒运动时，结合较紧密的反离子将随颗粒一起运动，而其他反离子将不产生运动，由此在运动与不运动的反离子之间便出现了一个滑移面。

在硅酸盐水泥中,硅酸三钙和硅酸二钙占主要部分,其水化后所生成的氢氧化钙所占的比例也较高,可达水化产物的 25%,大量的氢氧化钙溶于水以后,在土中形成了一个富含 Ca^{2+} 的碱性溶液环境。当溶液中富含 Ca^{2+} 时,因为 Ca^{2+} 的电价高于 K^+、Na^+ 等离子,因此与电位离子的吸引力较强,从而取代了 K^+、Na^+ 成为反离子,同时 Ca^{2+} 双电层电位的降低速度加快,因而使电动电位减小、双电层的厚度减小,使黏土颗粒之间的距离减小,相互靠拢,导致土的凝聚,从而改变土的塑性,使土具有一定的强度和稳定度。这种作用就称为离子交换作用。

4. 化学激发作用

钙离子的存在不仅影响到了黏土颗粒表面双电层的结构,而且在这种碱性溶液环境下,土本身的化学性质也将发生变化。

土的矿物组成基本上都属于硅铝酸盐,其中含有大量的硅氧四面体和铝氧八面体。在通常情况下,这些矿物具有比较高的稳定性,但当黏土颗粒周围介质的 pH 增加到一定程度时,黏土矿物中的部分 SiO_2 和 Al_2O_3 的活性将被激发出来,与溶液中的 Ca^{2+} 进行反应,生成新的矿物,这些矿物主要是硅酸钙和铝酸钙系列,如 $4CaO \cdot 5SiO_2 \cdot 5H_2O$、$4CaO \cdot Al_2O_3 \cdot 19H_2O$、$3CaO \cdot Al_2O_3 \cdot 16H_2O$、$CaO \cdot Al_2O_3 \cdot 10H_2O$ 等,这些矿物的组成和结构与水泥的水化产物有很多类似之处,并且同样具有胶凝能力。生成的这些胶结物质包裹着黏土颗粒表面,与水泥的水化产物一起将黏土颗粒凝结成一个整体。因此,氢氧化钙对黏土矿物的激发作用,将进一步提高水泥稳定土的强度和水稳定性。

5. 碳酸化作用

水泥水化生成的 $Ca(OH)_2$,除了可与黏土矿物发生化学反应外,还可以进一步与空气中的 CO_2 发生碳化反应并生成碳酸钙晶体。其反应如下:

$$Ca(OH)_2 + CO_2 + nH_2O = CaCO_3 + (n+1)H_2O$$

碳酸钙生成过程中产生体积膨胀,也可以对土的基体起到填充和加固作用,只是这种作用相对来讲比较弱,并且反应过程缓慢。

(二)石灰稳定土材料

石灰加入土中后,由于石灰与土的相互作用,使土的性质得到了改善,以满足工程的要求。在初期,主要表现在土的结团,塑性降低,最佳含水量的增加和最大干密度的减小等。在后期,由于结晶结构的形成,提高了板体性、强度和耐久性。土是由许多颗粒(包括黏土胶体颗粒)组成的分散体系,它的化学组成和矿物成分很复杂。所以石灰加入土中后,除了产生物理吸附作用外,还要产生复杂的物理化学作用和化学作用。作用的程度与外界因素(湿度、温度等)有关,因湿度、温度的不同而有差异,因此,对石灰稳定土作用原理的研究是一个复杂的综合性课题。国内外研究资料表明,石灰与土的作用可以归纳为以下四种反应过程:

1. 离子交换作用

石灰加入土中后,氢氧化钙能够溶解于水,所以其进入溶液内并离解成带正电荷的钙离子和带负荷的氢氧根离子:

$$Ca(OH)_2 \longrightarrow Ca^{2+} + 2OH^-$$

同样,石灰中的氢氧化镁离解成镁离子和氢氧根离子。当土中的黏土胶体颗粒的扩散层大都是一价的 K^+、Na^+ 等离子时,由离子 Ca^{2+} 和 Mg^{2+} 与土的吸附综合体中的低价阳离子 K^+、Na^+ 进行交换作用。交换的结果使得胶体扩散层的厚度减薄,电动电位降低,使范德华引力增大,颗粒之间结合得更紧密,这样就加强了石灰土的凝聚结构,其结果导致土的分散性、湿坍性和膨胀性降低。这种离子交换作用,在初期进行得很迅速,随着 Ca^{2+} 和 Mg^{2+} 在土中的扩散逐步地进行,这种作用逐渐变缓,这是土加入石灰后初期性质得到改善的主要原因。

2. 氢氧化钙的碳酸化反应

石灰加入土中后,氢氧化钙从空气中吸收水分和二氧化碳可以生成不溶解的碳酸钙,碳酸钙是具有较高的强度和水稳定性的结晶体。碳酸钙晶体或是互相共生,或与土粒等共生,从而对土起到一种胶结作用,使土得到加固。此外,当发生碳化反应时,碳酸钙固相体积比氢氧化钙固相体积稍有增大,使石灰土更加紧密,从而使它坚固起来。石灰土的碳化反应主要取决于环境中 CO_2 的浓度。CO_2 可能由混合料的孔隙渗入,或随雨水渗入,也可能由土本身产生,但数量不多,所以碳酸化反应是一个缓慢的过程。特别是当表面生成一层碳酸钙层后,阻碍 CO_2 进一步渗入,碳化过程更加缓慢。氢氧化钙的碳酸化反应是个相当长的缓慢的反应过程,也是形成石灰土后期强度的主要原因之一。

3. 火山灰反应

石灰加入土中后,氢氧化钙与土中的活性氧化硅和氧化铝作用,生成水化硅酸钙和水化铝酸钙,此种反应称为火山灰反应。其反应式为:

$$\text{活性 } SiO_2 + xCa(OH)_2 + mH_2O \longrightarrow xCaO \cdot SiO_2 \cdot nH_2O$$
$$\text{活性 } Al_2O_3 + xCa(OH)_2 + mH_2O \longrightarrow xCaO \cdot Al_2O_3 \cdot nH_2O$$

生成的水化硅酸钙和水化铝酸钙的化学组成不固定,其类型和结晶程度不仅与石灰土中 CaO 和 SiO_2 或 CaO 和 Al_2O_3 的比值有关,而且与温度、湿度等有关。它们具有水硬性,是一种强度较高、水稳定性较好的反应生成物。由于它们的形成、长大以及晶体之间互相接触和连生,使得土颗粒之间的联结得到加强,即增加了土颗粒之间的固化凝聚力,因此提高了石灰土的强度和水稳定性,并促使石灰土在相当长的时期内增长强度。

4. 氢氧化钙的结晶反应

石灰加入土中后,氢氧化钙溶解于水,形成 $Ca(OH)_2$ 的饱和溶液,随着水分的蒸发和石灰土反应的进行,特别是石灰剂量较高时,有可能会引起土中溶液某种程度的过饱和。$Ca(OH)_2$ 晶体即从过饱和溶液中析出,从而产生 $Ca(OH)_2$ 的结晶反应。其反应可用下式表达:

$$Ca(OH)_2 + nH_2O \longrightarrow Ca(OH)_2 \cdot nH_2O$$

此种反应使 $Ca(OH)_2$ 由胶体逐渐成为晶体,晶体相互结合,并与土粒等结合起来形成共晶体。结晶的 $Ca(OH)_2$ 溶解度较小(其溶解度与不定形的 $Ca(OH)_2$ 相比,几乎小一半),因而促使石灰土强度和水稳定性有所提高。

综上所述,石灰土强度提高的主要原因是石灰土中的离子交换反应以及石灰与土发生化学反应的结果。在石灰土的四种不同反应中,离子交换反应的速度快,它们发生在石灰加入土中后的较短一段时间内,是石灰土初期发生的主要反应。石灰土的离子交换反应首先使得土的凝聚结构得到了加强,从而改善了土的初期性质。而后三种化学反应即氢氧化钙的碳酸化反应、火山灰反应和氢氧化钙的结晶反应,主要生成以下几种结晶程度不一的反应生成物:碳酸钙、水化硅酸钙、水化铝酸钙和氢氧化钙等。随着这些结晶体的大量生成,石灰土的结构进一步强化。在石灰土的硬化过程中,生成的晶体彼此交叉、接触,在土粒之间由于晶体连生而形成了牢固的结晶结构网。结晶结构不同于凝聚结构的地方在于粒子之间的相互作用力不是分子间力,而是化学键力,因而其具有大得多的强度。由于作用力性质的变化,所以结晶结构网破坏以后不具有触变复原的性能。由此可见,石灰或石灰与土的化学反应对强度的影响更为显著,它们贯穿于石灰土强度发展的始终。当然,三种化学反应在石灰土硬化过程中所起的作用又有所不同。火山灰反应是在长时期范围内继续获得强度的一种反应,这种反应引起强度的增长随着土的类型和气候不同而有很大的变化。反应最慢的是氢氧化钙的碳酸化反应,它是石灰土后期强度继续增长的主要原因之一。

（三）石灰或水泥工业废渣稳定材料

工业废渣应用于道路与城市道路的主要材料为粉煤灰。在此先介绍粉煤灰的主要性能。

1. 粉煤灰

粉煤灰是以煤为燃料的火力发电厂排出的一种工业废料。在火力发电厂的锅炉中,磨成一定细度的煤粉在 1 100～1 600℃的高温下剧烈燃烧,其不可燃烧部分随尾气排出,经收尘器收集下来的细灰就称为粉煤灰。

煤粉在高温燃烧过程中,煤粉中所含的黏土质矿物呈熔化状态,在表面张力的作用下形成液滴,当随尾气排出炉外时,由于经受急速冷却,而形成粒径为 $1～50~\mu m$ 的球形玻璃颗粒,并且由于煤粉中某些物质的分解、挥发产生气体,而使熔融的玻璃颗粒形成空心的玻璃球,有时玻璃球的球壁还呈蜂窝状结构,因此粉煤灰的密度要比同矿物组成的其他矿物小得多,通常为 $1~900～2~400~kg/m^3$,松散密度为 $600～1~000~kg/m^3$,比表面积为 $2~700～3~500~cm^2/g$;高钙粉煤灰密度较大,一般为 $2~500～2~800~kg/m^3$,松散容重为 $800～1~200~kg/m^3$。粉煤灰颗粒除了空心玻璃球状外,还有开口的大颗粒,以及空心玻璃球中包裹着的许多小颗粒,也有的细小而致密的颗粒在烟气中相互撞击,黏结而成葡萄状的组合颗粒等等。

粉煤灰随着含碳量和含铁量的不同,颜色可以由灰白到黑色,其外观和颜色均与水泥类似,使用过程中应注意加以区分,避免错用。根据收尘的方法不同,粉煤灰的生产又分为干排法和湿排法。干排法是利用压缩空气输送除尘器收集下来的粉煤灰,湿排法是利用水进行输送。干排粉煤灰颗粒较细,活性较高;而湿排粉煤灰颗粒粗大,同时由于部分活性成分已先行水化,因此活性较低。

2. 粉煤灰的颗粒组成与性能

粉煤灰的颗粒组成是影响粉煤灰质量的主要指标。粉煤灰的粒径分布与原煤种类、煤粉细度以及燃烧条件等有关。当在水泥浆中加入部分粉煤灰时,由于球形粉煤灰颗粒可以在水泥浆中起到润滑作用,因此可以起到降低用水量的作用。粉煤灰中表面光滑的球形颗粒含量越多,其需水量就越小。通常认为,粉煤灰颗粒越细,其球形颗粒含量越高,组合颗粒越少,因此需水量较小;同时粉煤灰颗粒较细时,其比表面积较大,水化反应界面增加,因此活性较高。当粉煤灰平均粒径较大,组合颗粒又多时,其需水量必然增加,同时活性也下降。一般认为,粒径范围在 $5～30~\mu m$ 的粉煤灰颗粒,其活性较好。我国规定,粉煤灰的细度以 $80~\mu m$ 的方孔筛上的筛余量不大于 8%为宜。当粉煤灰颗粒较粗时,可以进行粉磨,将粗大多孔的组合颗粒打碎,使粒径减小、比表面积增加;而较细的球形颗粒由于很难磨碎,仍保持原来的形状,因此通过粉磨可以有效地改善粉煤灰的质量,同时也可以将大于 $0.2~mm$ 的粉煤灰颗粒作为集料使用。

3. 粉煤灰的化学组成

粉煤灰的化学组成主要为氧化硅、氧化铝,两者总含量可达 60% 以上,我国大多数粉煤灰的化学成分如表 9-1 所示。

表 9-1　粉煤灰的化学组成

成分	SiO_2	Al_2O_3	Fe_2O_3	CaO	MgO	SO_3	烧失量
含量/%	40~60	15~40	3~10	2~5	0.5~2.5	<2	1~20

粉煤灰的化学成分属于 $CaO—Al_2O_3—SiO_2$ 体系,但随着煤种、煤粉细度以及燃烧条件的不同,粉煤灰的化学成分也有较大的波动。粉煤灰的活性取决于 Al_2O_3、SiO_2 的含量。美国、印度、土耳其、韩国等国家的粉煤灰规范中,对低钙粉煤灰中的 $SiO_2+Al_2O_3+Fe_2O_3$ 含量都规定为不小于 70%,日本规范中规定 SiO_2 的含量应在 45% 以上。我国的粉煤灰中 $SiO_2+Al_2O_3+Fe_2O_3$ 含量都大于 70%。粉煤灰中的 CaO 过去常被认为是次要组分,并不重视,近十年来,对它的重要性才有了较明确的认识。CaO 对粉煤灰的活性极为有利,有些粉煤灰由于原料特殊,其中 CaO 含量可达 34%~45%,加水后粉煤灰可自行水化。通常 CaO 含量在 5% 以下的粉煤灰称为低钙粉煤灰;CaO 含量在 5%~15% 之间的粉煤灰称为中钙粉煤灰;CaO 含量在 15% 以上的粉煤灰称为高钙粉煤灰。有时为了生产高钙粉煤灰,在煤粉燃烧时,甚至可以采用"人工增钙"的方法。在低钙粉煤灰中,CaO 基本上固溶于玻璃相中,在高钙粉煤灰中,CaO 除大部分被固溶外,还有一部分是以游离态存在的。在低钙粉煤灰中,CaO 含量虽然不多,但与 CaO 结合的富钙玻璃相的活性仍明显提高。在高钙粉煤灰中,游离的 CaO 可以起到激发玻璃相活性的作用,但游离 CaO 通常呈死烧状态,有时会引起安定性不良。

粉煤灰的烧失量主要是指粉煤灰中未燃尽的煤的含量,通常用粉煤灰在 900~1 000℃ 下,灼烧 30 min 后的重量损失表示。烧失量过大,说明燃烧不充分,对粉煤灰的质量影响较大。由于炭粒粗大、多孔,具有较强的饱水能力,且炭粒的大气稳定性较差,当粉煤灰中的含碳量大时,其需水量也必然增加,从而使材料的强度下降、收缩增加,耐久性下降,并且未燃尽的煤粉遇水后会在表面形成一层憎水层阻碍水分向粉煤灰内部的渗入,从而影响到粉煤灰的水化反应。同时炭粉也是造成材料体积变化和大气稳定性差的原因。我国规定,粉煤灰的烧失量不应大于 8%,过大时可用浮选法等处理,以改善质量。

粉煤灰中水分的存在往往会使其活性降低,易于结团,因此应加以控制,使用前也应进行测定。湿排粉煤灰中含水量可达 45% 以上。露天堆放的干排粉煤灰,为了避免扬尘,常进行洒水,使粉煤灰的含水量增加。

4. 石灰或水泥粉煤灰的水化活性

粉煤灰的活性是指粉煤灰的火山灰性质。天然的或人造的火山灰材料,本身并无胶凝性能。但是,在常温下当有水存在时,这些粉状材料能与石灰发生化学反应,生成具有胶凝性能的水硬性水化产物,材料的这一性能称为火山灰性质。从粉煤灰的化学组成可以看出,粉煤灰和硅酸盐水泥同属于 $SiO_2—Al_2O_3—CaO$ 体系,性能上有很多相似之处;粉煤灰中玻璃相也是在高温下形成的亚稳相,因此在适当条件下,也具有通过水化而向稳定相转化的趋势。

由于粉煤灰中的 CaO 含量较少,所以通常不能自行水化。但在适宜的激发条件下,粉煤灰的活性可以发挥出来,激发条件包括生石灰、熟石灰、水泥水化生成的 $Ca(OH)_2$、石膏、碱性物质等,特别是 $Ca(OH)_2$,由于活性非常高,因此对粉煤灰具有明显的激发效果。其主要的反应如下：

$$CaO+H_2O \longrightarrow Ca(OH)_2$$
$$Ca(OH)_2+CO_2 \longrightarrow CaCO_3+H_2O$$
$$Ca(OH)_2+SiO_2+H_2O \longrightarrow xCaO \cdot ySiO_2 \cdot zH_2O$$
$$Ca(OH)_2+Al_2O_3+H_2O \longrightarrow xCaO \cdot yAl_2O_3 \cdot zH_2O$$
$$Ca(OH)_2+SiO_2+Al_2O_3+H_2O \longrightarrow xCaO \cdot yAl_2O_3 \cdot zSiO_2 \cdot wH_2O$$
$$Ca(OH)_2+SO_4^{2-}+Al_2O_3+H_2O \longrightarrow xCaO \cdot yAl_2O_3 \cdot zCaSO_4 \cdot wH_2O$$

5. 粉煤灰的技术要求

我国《公路基层施工技术细则》(JTG F20)给出了粉煤灰技术要求(表9-2)。

表9-2 基层用粉煤灰技术要求

检测项目	技术要求	试验方法
SiO_2、Al_2O_3 和 Fe_2O_3 总含量/%	>70	T0816
烧失量/%	≤20	T0817
比表面积/($cm^2 \cdot g^{-1}$)	>2 500	T0820
0.3 mm 筛孔通过率/%	≥90	T0818
0.075 mm 筛孔通过率/%	≥70	T0818
湿粉煤灰含水率/%	≤35	T0801

含碳量:粉煤灰的含碳量是用800～900℃下的烧失量来表示的。由于粉煤灰中含碳量过多会影响粉煤灰的活性,所以我国交通部《公路路面基层施工技术细则》(JTG F20)中规定粉煤灰的烧失量不应超过20%。美国的一些州规定粉煤灰的烧失量不得超过10%,而我国一些地区的粉煤灰虽然烧失量高达18%,但与石灰一起稳定集料和土,仍能达到规定的强度要求。

氧化物含量:氧化物含量是指粉煤灰中的 SiO_2、Al_2O_3、Fe_2O_3 在粉煤灰中的总含量。粉煤灰中的氧化物含量对二灰混合料的强度有明显影响,因此规范中规定氧化物含量应大于70%。

细度:粉煤灰的颗粒细度直接影响与石灰和水泥混合后反应的速度和反应生成物的数量,从而影响混合料的强度。粉煤灰的颗粒越细,比表面积越大,粉煤灰的活性越强,从而混合料的强度也就越高。因此规范中规定了粉煤灰的比表面积宜大于2 500 cm^2/g,及0.3 mm 筛孔通过率和0.075 mm 筛孔通过率分别应大于90%和70%。

含水率:粉煤灰在贮存和运输过程中,为了防止扬尘造成污染,经常会洒入适量的水。如粉煤灰的含水量过多,易造成粉煤灰活性降低和混合料计量上的不准确。因此规范中规定粉煤灰的含水率不宜超过35%。

含硫量:原国家经济贸易委员会于2000年2月21日颁布的《火电厂烟气脱硫关键技术与设备国产化规划要点》提出采用石灰石(石灰)—石膏湿法脱硫工艺,以减少吸水塔内二氧化硫,降低环境污染,由此粉煤灰中的含硫量明显增高(一般大于0.3%～0.4%)。因此 GB/T 1596—2017规定三氧化硫(SO_3)的质量分数应小于3%。(测定方法见煤灰成分分析方法 GB/T 1574—2007)

二、温度与时间对无机结合料稳定材料强度的影响

1. 无侧限抗压强度试验

《公路工程无机结合料稳定材料试验规程》(JTG E51)无侧限抗压强度试验(T0805)的主要目的是通过测试无机结合料稳定材料试件的无侧限抗压强度以确定所需的结合料剂量。

2. 试件制备

无侧限抗压强度试验采用静力压实法制备的高:直径为1:1的圆柱体试件。根据土的最大粒径不同,采用不同尺寸的试模。细粒土,试模的直径×高为50 mm×50 mm;中粒土,试模的直径×高为100 mm×100 mm;粗粒土,试模的直径×高为150 mm×150 mm。

对于同一组无机结合料剂量的混合料,每组所需制备的试件数量(即平行试验的数量)与土的种类及操作的水平有关。对于无机结合料稳定细粒土,每组至少应制备6个试件;对于无机结合料稳定中粒土和粗粒土,每组至少应分别制备9个和13个试件。

试件制备时,首先称取一定量的风干的土样,按最佳含水量计算出所需加水量,将水均匀地洒在土样中,重复拌和均匀后,放在密闭的容器中浸润备用(如为石灰稳定土或水泥石灰综合稳定土,可将石灰与土一起拌匀后进行浸润),浸润时间与击实试验相同。

在浸润后的试料中,掺入预定数量的水泥或石灰并充分拌和均匀,尽快制备试件,对于水泥稳定材料应在1 h内制备成试件,否则作废。根据试件的大小,称取一定质量的试料,称取质量 $m_1 = \rho_d V(1+w)$,式中 ρ_d 为混合料的干密度,V 为试件体积,w 为混合料的含水量。

将试模的下压柱放在试模的下部,但需外露2 cm左右,将称好的试料按规定方法倒入试模中,并均匀插实,然后将上压柱放入试模中,也外露2 cm左右。将这个试模,包括上下压柱,放在反力框架内的千斤顶上或压力机上加压,直到上下压柱都压入试模中为止,维持压力1 min。解除压力后,取下试模进行脱模。用水泥稳定有黏结性的材料时,制件后可以立即脱模,用水泥稳定无黏结性的材料时,最好过几小时后再脱模,以确保试件不在脱模过程中破坏。

3. 强度测试

试件从试模中脱出并称量后,应立即放到密封湿气箱或恒温室中进行保温养生,但大、中试件应先用塑料薄膜包覆。养生时间视需要而定,作为工地控制,通常只需7 d。整个养生期间的温度应保持20℃±2℃。养生期的最后一天,应将试件浸泡在水中进行养护,浸泡前应再次称量试件的质量。在养生期间,试件的质量损失应符合下列规定:小试件质量损失不超过1 g,中试件质量损失不超过4 g,大试件质量损失不超过10 g,超过此规定的试件应予以作废。

将已浸水一昼夜的试件从水中取出,吸干试件表面的可见自由水,并称量试件的质量和高度。将试件放在材料强度试验仪上,以1 mm/min的变形速度进行加载,记录试件破坏时的最大压力 $P(N)$。从破坏的试件内部取有代表性的样品测定其含水量。

4. 结果分析

试件的无侧限抗压强度 R_c 采用下列相应公式进行计算:

对于小试件 $\quad R_c = \dfrac{P}{A} = 0.000\ 51P(\text{MPa})$; $\qquad\qquad$ (9-1a)

对于中试件 $\quad R_c = \dfrac{P}{A} = 0.000\ 127P(\text{MPa})$; $\qquad\qquad$ (9-1b)

对于大试件 $\quad R_c = \dfrac{P}{A} = 0.000\ 057P(\text{MPa})$。 $\qquad\qquad$ (9-1c)

式中 A——试件截面积(mm^2);

P——试件破坏时的最大压力(N)。

计算出试验结果的平均值 $\bar{R}$ 和偏差系数 $C_v(\%)$,在若干次平行试验中的偏差系数应符合表 9-3 的规定,对于不符合规定的应重新做,并应增加平行试件数量。

表 9-3 平行试验的偏差系数

试件尺寸	小试件	中试件	大试件
$C_v/\%$,不大于	10	15	20

取试件平均强度 $\bar{R}$ 满足如下公式的最小剂量,作为稳定土所需无机结合料剂量:

$$\bar{R} \geqslant R_d/(1-Z_\alpha \cdot C_v) \qquad (9-1)$$

式中 R_d——设计抗压强度,其值见表 9-5~表 9-7;

C_v——试验结果的偏差系数(以小数计);

Z_α——标准正态分布表中,随保证率(或称置信度 α)而变的系数,对于高速公路和一级公路应取保证率为 95%,相应 $Z_\alpha=1.645$;一般公路应取保证率为 90%,相应 $Z_\alpha=1.282$。

无机结合料稳定类材料 7 d 无侧限抗压强度标准 R_d 如表 9-4。

表 9-4　无机结合料稳定类材料 7 d 无侧限抗压强度标准(代表值)　单位:MPa

材料	结构层	公路等级	极重、特重交通	重交通	中等、轻交通
水泥稳定类	基层	高速公路、一级公路	5.0~7.0	4.0~6.0	3.0~5.0
		二级及二级以下公路	4.0~6.0	3.0~5.0	2.0~4.0
	底基层	高速公路、一级公路	3.0~5.0	2.5~4.5	2.0~4.0
		二级及二级以下公路	2.5~4.5	2.0~4.0	1.0~3.0
水泥粉煤灰稳定类	基层	高速公路、一级公路	4.0~5.0	3.5~4.5	3.0~4.0
		二级及二级以下公路	3.5~4.5	3.0~4.0	2.5~3.5
	底基层	高速公路、一级公路	2.5~3.5	2.0~3.0	1.5~2.5
		二级及二级以下公路	2.0~3.0	1.5~2.5	1.0~2.0
石灰粉煤灰稳定类	基层	高速公路、一级公路	≥1.1	≥1.0	≥0.9
		二级及二级以下公路	≥0.9	≥0.8	≥0.7
	底基层	高速公路、一级公路	≥0.8	≥0.7	≥0.6
		二级及二级以下公路	≥0.7	≥0.6	≥0.5
石灰稳定类	基层	二级及二级以下公路	—	—	≥0.8①
	底基层	高速公路、一级公路	—	—	≥0.8
		二级及二级以下公路	—	—	0.5~0.7②

注:① 在低塑性土(塑性指数小于7)地区,石灰稳定砂砾和碎石的 7 d 龄期无侧限抗压强度应大于 0.5 MPa(100 g 平衡锥测液限)。
② 低限用于塑性指数小于 7 的黏土,高限用于塑性指数大或等于 7 的黏土。

5. 环境温度的影响

环境温度越高,无机结合料稳定材料内部的化学反应就越快和越强烈,因此其强度也越

301

高。试验证明,无机结合料稳定材料的强度在高温下形成和发展得很快,当温度低于5~0℃时无机结合料稳定材料的强度就难以形成和基本上没有增长。而当温度低于0℃时,如无机结合料稳定材料遭受反复冻融,其强度还可能下降,在伴随有自由水侵入的情况下,无机结合料稳定材料甚至会遭受破坏。

因此,无机结合料稳定材料基层应在温度大于5℃的条件下进行施工,并在第一次冰冻(-3~-5℃)到来之前半个月(水泥稳定土)到一个月(石灰稳定土和石灰粉稳定土)停止施工。

6. 龄期的影响

无机结合料稳定材料的化学反应要持续一个相当长的时间才能完成,即使是早期强度高的水泥稳定土,在水泥终凝后,水泥混合料的硬结过程也常延续到一至两年以上。因此,在大致相同的环境温度下,无机结合料稳定材料的强度和刚度(回弹模量或弹性模量)都随龄期而不断增长。尤其是具有慢凝性质的石灰粉煤灰稳定材料和石灰稳定材料的硬结过程相当长。

材料的强度不仅与材料品种有关,而且与试验和养生条件有关。根据《公路工程无机结合料稳定材料试验规程》(JTG E51)的规定,材料组成设计以7 d的无侧限抗压强度为准。而路面设计中不仅要求材料的抗压弹性模量,而且要求材料的抗拉强度、材料在标准条件下的参数及在现场制件条件下的参数、材料强度及模量与时间的变化关系等。一般规定水泥稳定材料和水泥粉煤稳定材料设计龄期为3个月,石灰或石灰粉煤灰稳定材料设计龄期6个月。

§9-3 无机结合料稳定材料的疲劳性能

由于无机结合料稳定材料的抗拉强度小于其抗压强度,路面结构在交通荷载重复作用下的破坏类型主要为弯拉破坏,因此路面结构设计主要由材料的抗弯拉疲劳强度控制。

1. 无机结合料稳定材料弯拉强度试验

《公路无机结合料稳定材料试验规程》(JTGES1 T0851)弯拉强度试验方法采用三分点加压方式进行。

根据混合料粒径的大小,选择不同的试件尺寸:小梁,50 mm×50 mm×200 mm,适用于细粒土;中梁,100 mm×100 mm×400 mm,适用于中粒土;大梁,150 mm×150 mm×550 mm,适用于粗粒土。

按式(9-2)计算弯拉强度 R_a:

$$R_a = \frac{PL}{b^2 h} \tag{9-2}$$

式中　b——试件宽度(mm);

　　　h——试件的高度(mm);

　　　L——跨距,也就是两支点间的距离(mm);

　　　P——破坏极限荷载(N)。

2. 无机结合料稳定材料疲劳试验

《公路无机结合料稳定材料试验规程》(JTG E51 T0856)采用三分点施加 Havesine 波的动态周期性的压应力荷载模式进行疲劳试验。

对梁式试件,应首先根据粒径大小选择梁的形式并测定材料的弯拉强度,根据不同的重复应力与极限强度之比(σ_f/σ_s)由疲劳试验得到疲劳寿命 N_f,再通过回归就可得到某种材料的疲劳方程。

3. 疲劳试验的数据处理

无机结合料稳定材料的疲劳寿命主要取决于材料品种以及重复应力与极限强度之比(σ_f/σ_s),通常认为,当 σ_f/σ_s 小于 0.5 时,材料可经受无限次重复荷载作用而不会出现疲劳断裂,一般设定的 σ_f/σ_s 大于 0.5。

疲劳性能通常用 σ_f/σ_s 与达到破坏时重复作用次数(N_f)绘制的散点图来说明。σ_f/σ_s 与 N_f 之间关系通常用双对数疲劳方程 $\lg N_f = a + b\lg\dfrac{\sigma_f}{\sigma_s}$ 及单对数疲劳方程 $\lg N_f = a + b\dfrac{\sigma_f}{\sigma_s}$ 表示。根据试验,不同的无机结合料稳定材料在不同概率水平下的疲劳方程如下:

(1) 水泥碎石

50%概率水平 $\quad \lg N_f = 18.1574 - 18.1073\dfrac{\sigma_f}{\sigma_s}$ $\qquad\qquad$ (9-3a)

95%概率水平 $\quad \lg N_f = 16.4642 - 18.1073\dfrac{\sigma_f}{\sigma_s}$ $\qquad\qquad$ (9-3b)

(2) 二灰砂砾

50%概率水平 $\quad \lg N_f = 15.5938 - 14.3697\dfrac{\sigma_f}{\sigma_s}$ $\qquad\qquad$ (9-4a)

95%概率水平 $\quad \lg N_f = 14.5996 - 14.0631\dfrac{\sigma_f}{\sigma_s}$ $\qquad\qquad$ (9-4b)

(3) 石灰土

50%概率水平 $\quad \lg N_f = 16.114 - 14.1\dfrac{\sigma_f}{\sigma_s}$ $\qquad\qquad$ (9-5a)

95%概率水平 $\quad \lg N_f = 14.254 - 14.1\dfrac{\sigma_f}{\sigma_s}$ $\qquad\qquad$ (9-5b)

(4) 水泥土

50%概率水平 $\quad \lg N_f = 12.7972 - 11.2747\dfrac{\sigma_f}{\sigma_s}$ $\qquad\qquad$ (9-6a)

95%概率水平 $\quad \lg N_f = 12.2287 - 11.2747\dfrac{\sigma_s}{\sigma_s}$ $\qquad\qquad$ (9-6b)

(5) 二灰土

50%概率水平 $\quad \lg N = 7.1069 - 4.493\dfrac{\sigma_f}{\sigma_s}$ $\qquad\qquad$ (9-7a)

95%概率水平 $\quad \lg N = 6.2502 - 4.493\dfrac{\sigma_f}{\sigma_s}$ $\qquad\qquad$ (9-7b)

以上公式表明,在一定的应力条件下材料的疲劳寿命(图 9-1)取决于:① 材料的强度和刚度。强度愈大、刚度愈小,其疲劳寿命就愈长。② 由于材料的不均性,无机结合料稳定材料的疲劳方程还与材料试验的变异性有关。不同的保证率(达到疲劳寿命时出现破坏的概率)得出的疲劳方程也不同。③ 石灰粉煤灰稳定材料的疲劳曲线都位于水泥砂砾疲劳曲线之上,说明石灰粉煤灰稳定材料的抗疲劳性能优于水泥砂砾,或在相同应力水平下,前者能承受更多的荷载反复作用次数。④ 石灰粉煤灰稳定材料疲劳曲线的斜率略小于水泥砂砾的疲劳曲线的斜率。它说明,应力水平的少量变化,对石灰粉煤灰稳定材料的疲劳寿命影响更大。

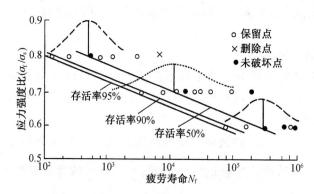

图 9-1 不同存活率下水泥稳定类材料的疲劳方程

§9-4 无机结合料稳定材料的干缩与温缩

水泥(石灰或石灰粉煤灰)与各种细粒土(中粒土或粗粒土)和水经拌和、压实后,由于蒸发和混合料内部发生水化作用,混合料的水分不断减少。由于水的减少而发生的毛细管作用、吸附作用、分子间力的作用、材料矿物晶体或凝胶间层间水的作用和碳化收缩作用等会引起无机结合料稳定材料产生体积收缩。由于水泥水化作用混合料水分减少而产生的收缩约占总收缩的 17%。无机结合料稳定材料产生体积干缩的程度或干缩性(最大干缩性应变和平均干缩系数)的大小与下述一些因素有关:结合料的含量、小于 0.5 mm 的细土含量和塑性指数、小于 0.002 mm 的黏粒含量和矿物成分、制作(室内试件)含水量和龄期等。

一、无机结合料稳定材料的干缩试验和温缩试验

材料干缩(或温缩)主要用干缩(或温缩)应变、干缩系数、干缩(或温缩)量、失水量、失水率和平均干缩(或温缩)系数描述等。《公路无机结合料稳定材料试验规程》(JTG E51)干缩试验方法(T0854)根据不同粒径对应的小梁测定 20℃ 条件下的干缩特性参数;温缩试验(T0855)是材料在含水率不变情况下的温度收缩特性。

干缩(或温缩)应变(ε_d 或 ε_t)是水分损失(或温度改变)引起试件单位长度的收缩量($\times 10^{-6}$)(式 9-8a);

失水率(α_w)是试件单位重量的失水量(%)(式 9-8b);

干缩系数(α_d)是某失水量时,试件单位失水率的干缩应变($\times 10^{-6}$)(式 9-8c);

平均干缩(或温缩)系数($\overline{\alpha_d}$ 或 $\overline{\alpha_t}$)是某失水量时,试件的干缩(或温缩)应变与试件的失水量之比($\times 10^{-6}/\Delta w$)(式 9-8d)。

$$\varepsilon_d = \frac{\Delta l}{l} \text{或} \varepsilon_t = \frac{\Delta l}{l} \tag{9-8a}$$

$$\alpha_w = \frac{\Delta w}{w} \tag{9-8b}$$

$$\alpha_d = \frac{\varepsilon_d}{\alpha_w} \tag{9-8c}$$

$$\bar{\alpha}_d = \frac{\varepsilon_d}{\Delta w} \text{ 或 } \bar{\alpha}_t = \frac{\varepsilon_t}{\Delta t} \tag{9-8d}$$

式中 Δw——试件失去水分的重量(g)；

       Δt——温缩试验对应的温度差(℃)；

       Δl——含水量损失 Δw(或温度改变 Δt)时小梁试件的整体收缩量(cm)；

       w——试件重(g)；

       l——试件的长度(cm)。

二、无机结合料稳定材料的干缩特性

干缩性大的无机结合料稳定材料基层铺成后,在铺筑沥青面层前就可能产生干缩裂缝。例如,石灰土、水泥土或水泥石灰土基层碾压结束后,如果不及时养生或养生结束后未及时铺筑沥青封层或沥青面层,只要曝晒 2～3 d 就可能出现干缩裂缝。随曝晒时间增长,裂缝会越来越严重,将基层表面切割成数平方米大小的小块。即使是用干缩性小的石灰粉煤灰稳定粒料和水泥稳定粒料铺筑的基层,在养生结束后,如曝晒时间过久(时间长短随各地当时的气候条件而变),也会产生一般间距为 5～10 m 的横向干缩裂缝。干缩裂缝主要是横向裂缝,大部分间距是 3～10 m;也有少数纵向裂缝,缝的顶宽约 0.5～3 mm。这种裂缝会逐渐向上扩展并通过沥青面层逐渐向下扩展与基层裂缝相连。由这两种方式形成的沥青面层的裂缝都俗称反射裂缝。因此,在铺筑沥青面层前,采取措施防止无机结合料稳定材料基层开裂是个十分重要的问题。

在采用干缩性大的无机结合料稳定材料做沥青路面的基层时,如果沥青面层较薄而又处于较干旱地区,即使铺筑沥青面层并未开裂,在路面使用过程中基层混合料的含水量仍能明显减少并产生干缩裂缝(先于沥青面层开裂),从而促使沥青面层开裂,产生反射裂缝。试验证明,石灰土的干缩性特别严重,而且当失水量为 2.5% 左右时其干缩系数达到最大值,高达$(1\,200～1\,500)×10^{-6}$的干缩应变。在这样大的干缩应变下,石灰土必将开裂。在干旱和半干旱地区以及在较薄沥青面层下,石灰土的含水量损失 2.5% 左右是很可能的,因此,石灰土最容易先于沥青面层开裂。

在采用干缩性小的无机结合料稳定材料做沥青路面的基层时,如果施工碾压时的含水量合适,且能保护基层在铺筑沥青面层前不开裂,则在铺筑较厚沥青面层后,一般情况下基层就不会先于沥青面层开裂。例如,水泥砂砾在失水量为最大失水量的 50% 时的半风干状态所产生的干缩应变只有$(13～18)×10^{-6}$,干缩系数只有$(5.3～8.0)×10^{-6}$;密实式二灰砂砾在失水量为最大失水量的 50% 时的半风干状态所产生的干缩应变为$(25～37)×10^{-6}$,干缩系数为$(13.5～15.5)×10^{-6}$。这样小的干缩应变不会使基层产生干缩裂缝。在有沥青面层覆盖的情况下,一般地区无机结合料稳定材料基层混合料干燥到相当于风干状态也不可能。另一方面,在潮湿多雨地区,较厚沥青面层下的无机结合料稳定材料往往能保持其含水量接近施工时的最佳含水量。因此,如能保持无机结合料稳定材料基层在铺筑沥青面层前不开裂,较厚沥青面层铺筑后,一般情况下无机结合料稳定材料基层就不会再先于沥青面层产生干缩裂缝。

就无机结合料稳定材料的干缩性而言,稳定细粒土的干缩系数大于稳定中粒土和稳定粗粒土的干缩系数。在稳定细粒土(如水泥和石灰土)中,稳定塑性指数大的黏性土混合料干缩性系数大于稳定塑性指数小的粉性土或砂性土混合料的干缩系数。此外,石灰粉煤灰土的干

缩系数小于石灰土和水泥土的干缩系数。在稳定中粒土和粗粒土时,稳定粒料土的干缩系数大于稳定不含细土的粒料干缩系数,而且细土的含量愈多,混合料的干缩系数愈大。

三、无机结合料稳定材料的温缩特性

无机结合料稳定材料基层内部的温度变化和温差会产生温度应力。在冷的季节,无机结合料稳定材料基层表面温度低,基层的顶部会产生拉应力;在暖和春季,无机结合料稳定材料基层底部温度低(特别在薄沥青面层的情况下),在基层的底部可能产生温度应力(拉应力)。这个拉应力与行车荷载在基层底部产生的拉应力相结合,会促使基层底面开裂。因此,无机结合料稳定材料基层材料温度收缩特性(或程度)对沥青路面,特别是薄沥青面层的开裂有重要影响。

不同无机结合料稳定材料的温缩性质有很大差异。石灰土、水泥土和石灰粉煤灰土等稳定细粒土的温缩性(包括温缩系数和温缩应变)最大。但是,除非在日温差大的地区,通常即使是稳定细粒土基层,如在养生过程中或在养生后能较及时地铺筑沥青面层,在正常温度下就不致产生温缩裂缝。因为沥青面层,特别是较厚的沥青面层对无机结合料稳定材料基层有很好的隔温保护作用,使基层顶面受到的温度变化幅度明显小于沥青面层或暴露基层表面所受到的温度变化幅度。在面层厚 10 cm 的情况下,无机结合料稳定材料基层中的温度梯度可降低40%。这些都将明显减小无机结合料稳定材料基层顶部产生的温度拉应力。此外,基层顶面的温度变化速度也较面层表面的温度变化速度要小,有利于基层材料中的温度应力的松弛。但是,无机结合料稳定材料基层,即使是温缩性最小的水泥稳定粒料和石灰粉煤灰稳定粒料基层,较长时期的暴露或在上仅有一薄的沥青封层,会受到日温产生的温度应力的反复作用。此温度应力与基层顶面产生的干缩应力相结合,更容易引起无机结合料稳定材料基层开裂。在冰冻地区,暴露的无机结合料稳定材料基层过冬,容易受到负温度作用而开裂,温缩性大的基层材料更是如此。此外,在冬季,暴露的温缩性大的无机结合料稳定材料层受到水和反复冻融的作用,其上层还容易冻坏变松。基层一旦开裂,在其上铺筑沥青面层后,就容易在沥青表面层内形成反射裂缝或对应裂缝。因此,在基层养生结束后,应立即铺筑沥青面层。

在冰冻地区,特别是在重冰冻地区,温缩性大的半刚性材料基层上为薄的沥青面层,在冬季气温急剧降低时,半刚性基层会产生温度收缩,裂缝张开,很容易将沥青面层拉裂并形成反射裂缝,从而增加沥青面层的裂缝数。无机结合料稳定材料的刚性越大,铺筑无机结合料稳定材料基层时的温度与冬季温度之间的差别越大,无机结合料稳定材料基层就越容易产生温度裂缝,裂缝的间距也就越小(即单位长度内的裂缝数量多),缝的开口也越宽。观测表明,大部分横向裂缝将在水泥稳定土层铺筑后的第 1 个冬季出现;在第 2 年、第 3 年的冬季,在原来未发生裂缝的路段上(特别是第 1 个冬季比较暖和的情况下)也可能出现少量裂缝;然后情况开始稳定,不再出现新的裂缝。多数情况下,缝的间距在 3～15 m。冬季,缝的宽度达 3～30 mm;夏季,多数场合缩小到不足 1 mm。

四、无机结合料稳定材料收缩机理分析

1. 温度收缩机理

无机结合料稳定材料是由固相(组成其空间骨架结构的原材料的颗粒和其间的胶结构)、液相(存在于固相表面与空隙中的水和水溶液)和气相(存在于空隙中的气体)组成。所以无机结合料稳定材料的外观胀缩性是由其基本体的固相、气相和液相的不同温度收缩性综合效应的结果。

一般气相与大气相通,在综合效应中影响较小。无机结合料稳定材料的外观胀缩性是由固相、液相胀缩和两者的综合作用组成。

(1) 固相外观胀缩性

无机结合料稳定材料固相颗粒大部分为结晶体,部分为非结晶体,其热学性质由质点间的键性和热运动以及结构组成所决定。

组成晶体的质点间的键性一般较强,质点的热运动只能在其平衡位置附近热振荡。晶体的势能曲线是不严格对称的左陡、右缓的复杂曲线(如图9-2)。在一定的温度下,晶体质点有一定的动能,质点在 r' 和 r'' 间作振荡,平均间距为 $r_0 = (r'+r'')/2$。因为势能曲线在最低点不对称,热振动趋于向势能增加的方向移动更大的距离。当材料系统在环境中得到热能时,平均间距 r_0 右移,质点间距离随温度的升高而增大。

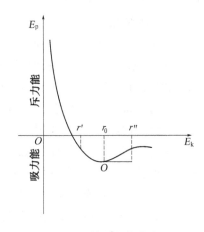

图 9-2　晶体的势能曲线

影响晶体热胀缩性的因素有晶体内质点间的键力、离子电荷、质点间距、晶体与晶体类型、晶格的空间结构。质点间的键力愈强、离子间的间距愈小、离子电荷愈大时,热胀缩系数就愈小;晶体质点的配位数愈大,则热胀缩系数就愈大;层状晶体,垂直于层面方向的热胀缩系数要大于平行于层面方向的热胀缩系数;紧密堆积结构的热胀缩系数大于敞旷结构的热胀缩系数。

无机结合料稳定材料的矿物组成比较复杂,但主要可分为原材料矿物和新生胶结构矿物两大类。

① 三种主要黏土矿物蒙脱石、伊利石、高岭石,都为层状结构。蒙脱石晶胞层间为范德华力,键力最弱。高岭石晶胞层间由氢键相连,键力较强。伊利石晶胞层间由静电力相连,键力居中。三种矿物均有较高的热胀缩性,且呈各向异性性质。垂直于层面方向的热胀缩系数要大于平行于层面方向的热胀缩系数。土中坚实的原生矿物的热胀缩性一般小于黏土矿物的热胀缩性。

② 石灰中 CaO 为正方形晶体,各向异性,其线胀系数 $\alpha_t = 12.9 \times 10^{-6}/℃$;$Ca(OH)_2$ 和 $Mg(OH)_2$ 晶体为扩展到二维空间的层状结构,层间为范德华力键合,故热胀缩性呈各向异性,键力较小,热胀缩性较大,垂直于层面方向的热胀缩系数为 $\alpha_{t1} = 33.4 \times 10^{-6}/℃$,平行于层面方向的热胀缩系数为 $\alpha_{t2} = 9.8 \times 10^{-6}/℃$。

③ 粉煤灰中的玻璃体矿物组成主要为 SiO_2(40%~60%)和 Al_2O_3(20%~35%),由于玻璃结构为空心结构,虽说 SiO_2 和 Al_2O_3 都具有较大的热胀缩性,但整体材料的热胀缩性较小,一般 $\alpha_t < 8 \times 10^{-6}/℃$。

④ $CaCO_3$ 结晶体为不规则型大晶体,其热胀系数也各向异性,垂直于 C 轴的热胀系数 $\alpha_{t1} = 6 \times 10^{-6}/℃$,平行于 C 轴的热胀系数 $\alpha_{t2} = 25 \times 10^{-6}/℃$。

⑤ 火山灰及水泥水化反应的生成物中,C—S—H 凝胶体是主要成分,它由微小晶体组成,为在微观上无序而宏观上有序的层状体。这种晶体具有较大的热胀缩性,一般 $\alpha_t = (10 \sim 20) \times 10^{-6}/℃$。

综上所述,就组成矿物的颗粒而言,原材料一般有较小的热胀缩性,其中黏土矿物的热胀缩性较大,粉煤灰的热胀缩性最小;而新生成胶结物的热胀缩性较大。

由于组成固相复合材料的矿物具有不同的热胀缩性,但又是胶结为整体材料,所以其热胀缩性是各组成单元间的综合效应。

(2) 水对无机结合料稳定材料热胀缩性的影响

无机结合料稳定材料内部广泛分布有空隙,包括大空隙、毛细孔和胶凝孔。自由水存在于大空隙中;毛细水存在于毛细孔和胶凝孔中;表面结合水存在于一切固体表面;层间水存在于晶胞和凝胶物层间;结构水和结晶水存在于矿物晶体结构内部。

水对无机结合料稳定材料的热胀缩性的影响较大,主要是通过三种作用而实现的,即扩张作用、毛细管张力和冰冻作用。

水有相当大的热胀缩系数(常温下达 $70 \times 10^{-6}/℃$),比固相部分的热胀缩系数大 $4 \sim 7$ 倍。温度升高时,水的扩张压力使颗粒间距离增大而产生膨胀。

毛细管张力只有当含水量在一定范围内时才存在。当材料过干或过湿时,毛细管张力消失。因此,在干燥和饱和状态下,材料的温缩系数应比含水量为非饱和状态下的值小。同时各空隙中的水在其冰点温度以下冻结时,体积增大 9%,从而引起膨胀。

2. 干燥收缩机理

干燥收缩是无机结合料稳定材料因内部含水量变化而引起的体积收缩现象。

干燥收缩的基本原理是由于水分蒸发而发生的毛细管张力作用、吸附水及分子间力作用、矿物晶体或胶凝体的层间水作用、碳化脱水作用而引起的整体的宏观体积的变化。

(1) 毛细管张力作用

当水分蒸发时,毛细管水分下降,弯液面的曲率半径变小,致使毛细管压力增大,从而产生收缩。

(2) 吸附水及分子间力作用

毛细水蒸发完结后,随着相对湿度的继续变小,无机结合料稳定材料中的吸附水开始蒸发,使颗粒表面水膜变薄,颗粒间距变小,分子力增大,导致其宏观体积进一步收缩。这一阶段的收缩量比毛细管作用的收缩量大得多。

(3) 矿物晶体或胶凝体的层间水作用

随着相对湿度的继续变小,无机结合料稳定材料中的层间水开始蒸发,使晶格间距变小,导致其宏观体积进一步收缩。

(4) 碳化脱水作用

碳化脱水作用是 $Ca(OH)_2$ 和 CO_2 反应生成 $CaCO_3$ 中析出水而引起体积收缩。

3. 干燥收缩和温度收缩

无机结合料稳定材料基层一般在高温季节修建,成型初期基层内部含水量大,且尚未被沥青面层封闭,基层内部的水分必然要蒸发,从而发生由表及里的干燥收缩。同时,环境温度也存在昼夜温度差。所以,修建初期的无机结合料稳定材料基层同时受到干燥收缩和温度收缩的综合效果,但此时以干燥收缩为主。

经过一定时期的养生,无机结合料稳定材料基层上铺筑沥青面层后,基层内相对湿度增大,使材料的含水量有所回升且趋于平衡,这时的无机结合料稳定材料基层以温度收缩为主。

§9-5　无机结合料稳定材料的配合比设计

无机结合料稳定材料配合比设计过程主要包括目标配合比设计、生产配合比设计和施工参数确定三个,具体流程见图 9-3。

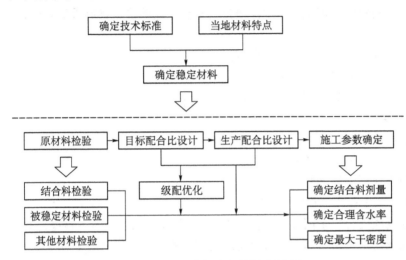

图 9-3　无机结合料稳定材料设计流程

目标配合比设计应包括:选择级配范围、确定结合料类型及掺配比例、验证混合料相关的设计及施工技术指标。

生产配合比设计应包括:确定料仓供料比例、确定水泥稳定类材料的容许延迟时间、确定结合料剂量的标定曲线、确定混合料的最佳含水率及最大干密度。

施工参数确定应包括:确定施工中结合料的剂量、确定施工合理含水率及最大干密度、验证混合料强度技术指标。

一、强度标准

进行无机结合料稳定混合料的组成设计时,不同的无机结合料相应的强度标准如表9-4所示。

二、材料组成设计步骤

1. 从沿线料场或计划使用的远运料场选取有代表性的试样。

2. 制备同一种试样、不同结合料剂量(以干试样的重量百分率计)的混合料,一般情况可按下列剂量配制。

(1) 对于石灰稳定类

石灰稳定材料的石灰剂量以石灰质量占全部被稳定材料质量的百分率表示。

① 做基层用

砂砾土和碎石土:4%、5%、6%、7%、8%

砂性土:8%、10%、12%、14%、16%

粉性土和黏性土:6%、8%、10%、12%、14%

② 做底基层用

砂性土:同基层

粉性土和黏性土:5%、7%、9%、11%、13%

(2) 对于水泥稳定类

水泥稳定类材料的水泥剂量以水泥质量占全部干燥被稳定材料质量的百分率表示。

① 做基层用

中粒土和粗粒土:3%、4%、5%、6%、7%

砂土:6%、8%、9%、10%、12%

其他细粒土:8%、10%、12%、14%、16%

② 做底基层用

中粒土和粗粒土:2%、3%、4%、5%、6%

砂土:4%、6%、7%、8%、9%

其他细粒土:6%、8%、9%、10%、12%

(3) 对于石灰工业废渣稳定类材料

石灰工业废渣混合料采用质量配合比计算,以石灰∶工业废渣∶被稳定材料的质量比表示。石灰粉煤灰稳定类材料和石灰煤渣稳定类材料的推荐比例见表9-5。

表9-5 石灰粉煤灰稳定类材料和石灰煤渣稳定类材料的推荐比例

材料类型	材料名称	使用层位	结合料间比例	结合料与被稳定材料间比例
石灰粉煤灰	硅铝粉煤灰的石灰粉煤灰类①	基层或底基层	石灰∶粉煤灰=1∶2~1∶9	—
	石灰粉煤灰土	基层或底基层	石灰∶粉煤灰=1∶2~1∶4②	石灰粉煤灰∶细粒材料=30∶70③~10∶90
	石灰粉煤灰稳定级配碎石或砾石	基层	石灰∶粉煤灰=1∶2~1∶4	石灰粉煤灰∶被稳定材料=20∶80~15∶85④
石灰煤渣	石灰煤渣稳定材料	基层或底基层	石灰∶煤渣=20∶80~15∶85	—
	石灰煤渣土	基层或底基层	石灰∶煤渣=1∶1~1∶4	石灰煤渣∶细粒材料=1∶1~1∶4⑤
	石灰煤渣稳定材料	基层或底基层	石灰∶煤渣∶被稳定材料=(7~9)∶(26~33)∶(67~58)	

注:① CaO 含量为 2%~6%的硅铝粉煤灰。
  ② 粉土以 1∶2 为宜。
  ③ 采用此比例时,石灰与粉煤灰之比宜为 1∶2~1∶3。
  ④ 石灰粉煤灰与粒料之比为 15∶85~20∶80 时,在混合料中,粒料形成骨架,石灰粉煤灰起填充孔隙和胶结作用。这种混合料称骨架密实式石灰粉煤灰粒料。
  ⑤ 混合料中石灰应不少于 10%,可通过试验选取强度较高的配合比。

(4) 对于水泥工业废渣稳定类材料

水泥工业废渣混合料采用质量配合比计算,以水泥∶工业废渣∶被稳定材料的质量比表示。水泥粉煤灰稳定类材料和石灰煤渣稳定类材料的推荐比例见表9-6。

表 9-6 水泥粉煤灰稳定类材料和水泥煤渣稳定类材料的推荐比例

材料类型	材料名称	使用层位	结合料间比例	结合料与被稳定材料间比例
石灰粉煤灰	硅铝粉煤灰的水泥粉煤灰类[①]	基层或底基层	水泥：粉煤灰=1:3~1:9	—
	水泥粉煤灰土	基层或底基层	水泥：粉煤灰=1:3~1:5	水泥粉煤灰：细粒材料 =30:70[②]~10:90
	水泥粉煤灰稳定级配碎石或砾石	基层	水泥：粉煤灰=1:3~1:5	水泥粉煤灰：被稳定材料 =20:80~15:85[③]
水泥煤渣	水泥煤渣稳定材料	基层或底基层	水泥：煤渣=5:95~15:85	—
	水泥煤渣土	基层或底基层	水泥：煤渣=1:2~1:5	水泥煤渣：细粒材料 =1:2~1:5[④]
	水泥煤渣稳定材料	基层或底基层	水泥：煤渣：被稳定材料=(3~5):(26~33):(71~62)	

注：① CaO 含量为 2%~6% 的硅铝粉煤灰。
　② 采用此比例时，水泥与粉煤灰之比宜为 1:2~1:3。
　③ 水泥粉煤灰与粒料之比为 15:85~20:80 时，在混合料中，粒料形成骨架，水泥粉煤灰起填充孔隙和胶结作用。
　④ 混合料中水泥应不少于 4%，可通过试验选取强度较高的配合比。

3. 确定各种混合料的最佳含水量和最大干密度，至少做三组不同结合料剂量混合料的击实试验，即最小剂量、中间剂量和最大剂量。其他两个剂量混合料的最佳含水量和最大干密度，用内插法确定。

4. 按最佳含水量和计算所得的干密度（按规定的现场压实度计算）制备试件。进行强度试验时，作为平行试验的试件数量应符合表 9-7 的规定。

如试验结果的偏差系数大于表中规定的值，则应重做试验，找出原因，加以解决。如不能降低偏差系数，则应增加试件数量。对于粗粒土试件，如多次试验结果的偏差系数稳定地小于 20%，则可以只做 9 个试件；如偏差系数稳定地小于 15%（中粒土试件相同），则可以只做 6 个试件。

表 9-7 平行试验的最少试件数量

材料类型	变异系数要求		
	<10%	10%~15%	15%~20%
细粒材料[①]	6	9	—
中粒材料[②]	6	9	13
粗粒材料[③]	—	9	13

注：① 公称最大粒径小于 16 mm 的材料。
　② 公称最大粒径不小于 16 mm，且小于 26.5 mm 的材料。
　③ 公称最大粒径不小于 26.5 mm 的材料。

5. 试件在规定温度 20℃±2℃下保湿养生 6 d，浸水 1 d，然后进行无侧限抗压强度试验。

6. 根据材料的强度标准，选定合适的结合料剂量。此剂量的试件，室内试件试验结果的平均抗压强度 $\overline{R}_7$ 应符合式（9-9）的要求：

$$\overline{R}_7 \geqslant R_d/(1-Z_\alpha \cdot C_v) \tag{9-9}$$

311

式中 R_d——设计抗压强度；

$\quad\quad C_v$——试验结果的偏差系数(以小数计)；

$\quad\quad Z_a$——标准正态分布表中随保证率(或置信度 α)而
变的系数。重交通荷载等级及以上应取保证
率 95%,此时 $Z_a=1.645$,中等交通等级及以
下应取保证率 90%,此时 $Z_a=1.282$。

7. 考虑到室内试验和现场条件的差别,工地实际采用
的结合料剂量应较室内试验确定的剂量多 0.5%~1.0%。
拌和机械的拌和效果好,可只增加 0.5%;如拌和机械的拌
和效果较差,则需要增加 1.0%。见图 9-4。

三、材料的基本要求

1. 水泥稳定类材料

(1) 土

凡能被粉碎的土都可用水泥稳定,包括细粒土、中粒土
和粗粒土。宜做水泥稳定类基层的材料有石渣、石屑、砂
砾、碎石土、砾石土等。

粗集料技术要求见表 3-19,细集料技术要求见表
3-27。

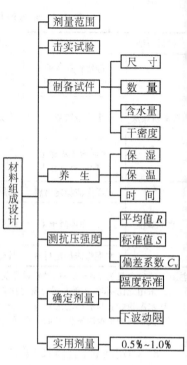

图 9-4 混合料设计步骤

集料的颗粒组成应符合表 9-8~表 9-9 的规定。

表 9-8 水泥稳定级配碎石或级配砾石的推荐级配范围 单位:%

筛孔尺寸 /mm	高速公路和一级公路			二级及二级以下公路		
	C-B-1	C-B-2	C-B-3	C-C-1	C-C-2	C-C-3
37.5	—	—	—	100	—	—
31.5	—	—	100	100~90	100	—
26.5	100	—	—	94~81	100~90	100
19	86~82	100	68~86	83~67	87~73	100~90
16	79~73	93~88	—	78~61	82~65	92~79
13.2	72~65	86~76	—	73~54	75~58	83~67
9.5	62~53	72~59	38~58	64~45	66~47	71~52
4.75	45~35	45~35	22~32	50~30	50~30	50~30
2.36	31~22	31~22	16~28	36~19	36~19	36~19
1.18	22~13	22~13	—	26~12	26~12	26~12
0.6	15~8	15~8	8~15	19~8	19~8	19~8
0.3	10~5	10~5	—	14~5	14~5	14~5
0.15	7~3	7~3	—	10~3	10~3	10~3
0.075	5~2	5~2	0~3	7~2	7~2	7~2

表 9-9　水泥粉煤灰稳定级配碎石或级配砾石的推荐级配范围　　　单位:%

筛孔尺寸/mm	高速公路和一级公路				二级及二级以下公路			
	稳定碎石		稳定砾石		稳定碎石		稳定砾石	
	CF-A-1S	CF-A-2S	CF-A-1L	CF-A-2L	CF-B-1S	CF-B-2S	CF-B-1L	CF-B-2L
37.5	—	—	—	—	100	—	100	—
31.5	100	—	100	—	100~90	100	100~90	100
26.5	95~90	100	95~91	100	93~80	100~90	94~81	100~90
19	84~72	88~79	85~76	89~82	81~64	86~70	83~67	87~73
16	79~65	82~70	80~69	84~73	75~57	79~62	78~61	82~65
13.2	72~57	76~61	75~62	78~65	69~50	72~54	73~54	75~58
9.5	62~47	64~49	65~51	67~53	60~40	62~42	64~45	66~47
4.75	40~30	40~30	45~35	45~35	45~25	45~25	50~30	50~30
2.36	28~19	28~19	33~22	33~22	31~16	31~16	36~19	36~19
1.18	20~12	20~12	24~13	24~13	22~11	22~11	26~12	26~12
0.6	14~8	14~8	18~8	18~8	15~7	15~7	19~8	19~8
0.3	10~5	10~5	13~5	13~5	—	—	—	—
0.15	7~3	7~3	10~3	10~3	—	—	—	—
0.075	5~2	5~2	7~2	7~2	5~2	5~2	7~2	7~2

（2）水泥

普通硅酸盐水泥、矿渣硅酸盐水泥或火山灰质硅酸盐水泥都可以用于稳定土,但由于水泥稳定土由拌和运输直到现场碾压需要一定的时间,因此应选用终凝时间较长(宜6 h以上)的水泥。早强、快硬及受潮变质的水泥不应使用。宜采用强度等级较低的水泥,如强度等级为32.5的水泥。

（3）工业废渣（粉煤灰）材料

粉煤灰技术要求应符合表9-2规定。

（4）水

凡能饮用的水均可以使用。

2. 石灰稳定土材料

（1）土

凡能被粉碎的土都可用石灰稳定,主要包括细粒土。

（2）石灰

工业废渣基层所用的结合料是石灰。石灰的质量宜符合Ⅲ级以上技术指标。

3. 石灰工业废渣稳定材料

（1）土

凡能被粉碎的土都可以用石灰工业废渣稳定,主要包括细粒土、中粒土、粗粒土。

（2）石灰

工业废渣基层所用的结合料是石灰或石灰下脚。石灰的质量宜符合Ⅲ级以上技术指标。

（3）工业废渣（粉煤灰）材料

粉煤灰技术要求应符合表 9-2 规定。

粗集料技术要求见表 3-19,细集料技术要求见表 3-27。

石灰粉煤灰稳定级配碎石或砾石混合料应符合表 9-10 规定。

表 9-10 石灰粉煤灰稳定级配碎石或级配砾石的推荐级配范围　　　　单位:%

筛孔尺寸 /mm	高速公路和一级公路				二级及二级以下公路			
	稳定碎石		稳定砾石		稳定碎石		稳定砾石	
	LF-A-1S	LF-A-2S	LF-A-1L	LF-A-2L	LF-B-1S	LF-B-2S	LF-B-1L	LF-B-2L
37.5	—	—	—	—	100	—	100	—
31.5	100	—	100	—	100~90	100	100~90	100
26.5	95~91	100	96~93	100	94~81	100~90	95~84	100~90
19	85~76	89~82	88~81	91~86	83~67	87~73	87~72	91~77
16	80~69	84~73	84~75	87~79	78~61	82~65	83~67	86~71
13.2	75~62	78~65	79~69	82~72	73~54	75~58	79~62	81~65
9.5	65~51	67~53	71~60	73~62	64~45	66~47	72~54	74~55
4.75	45~35	45~35	55~45	55~45	50~30	50~30	60~40	60~40
2.36	31~22	31~22	39~27	39~27	36~19	36~19	44~24	44~24
1.18	22~13	22~13	28~16	28~16	26~12	26~12	33~15	33~15
0.6	15~8	15~8	20~10	20~10	19~8	19~8	25~9	25~9
0.3	10~5	10~5	14~6	14~6	—	—	—	—
0.15	7~3	7~3	10~3	10~3	—	—	—	—
0.075	5~2	5~2	7~2	7~2	7~2	7~2	10~2	10~2

4. 压实度标准

无机结合料稳定材料基层和底基层的压实度标准应满足表 9-11 和表 9-12 的规定。

表 9-11 无机结合料稳定类材料基层压实标准　　　　单位:%

公路等级		水泥稳定材料	石灰粉煤灰稳定材料	水泥粉煤灰稳定材料	石灰稳定材料
高速公路和一级公路		≥98	≥98	≥98	—
二级及二级以下公路	稳定中、粗粒材料	≥97	≥97	≥97	≥97
	稳定细粒材料	≥95	≥95	≥95	≥95

表 9-12 无机结合料稳定类材料底基层压实标准　　　　单位:%

公路等级		水泥稳定材料	石灰粉煤灰稳定材料	水泥粉煤灰稳定材料	石灰稳定材料
高速公路和一级公路	稳定中、粗粒材料	≥97	≥97	≥97	≥97
	稳定细粒材料	≥95	≥95	≥95	≥95
二级及二级以下公路	稳定中、粗粒材料	≥95	≥95	≥95	≥95
	稳定细粒材料	≥93	≥93	≥93	≥93

复习思考题

9-1 无机结合料稳定材料可以分几类？各类的路用性能有何特点？

9-2 无机结合料稳定材料的强度有何特点？请分析在工程中应该注意的问题（例如过冬、高温等）。

9-3 请分析水泥稳定材料和石灰粉煤灰稳定材料干缩的区别与联系。

9-4 说明石灰粉煤灰稳定材料配合比设计的过程。

9-5 分析水泥稳定材料与石灰粉煤灰稳定材料早期强度的特点。

9-6 What chemical compounds contribute to early strength gain for hydraulic binder stabilized material.

9-7 What is the source of fly ash? Why is fly ash sometimes added to concrete or hydraulic binder stabilized material? What are the different classes of fly ash?

创新设计

石灰粉煤灰稳定粒料是工程主要采用的材料之一，请选择石灰、粉煤灰及集料进行试验，并考虑以下问题：

石灰、粉煤灰的比例；

集料的含量；

早期强度与后期强度；

添加水泥后成为石灰粉煤灰水泥综合稳定粒料，其设计标准如何考虑？

结合试验、参考资料等进行综合分析。

第10章 建筑钢材

学习目的:钢材是现代土木工程中重要的结构材料,通过本章的学习重点掌握钢材的分类和主要性能,为钢结构和钢筋混凝土结构设计打下基础。

教学要求:结合钢材实际性能,讲解钢材的化学组成、晶体结构对其性能的影响;结合工程实际重点讲解钢材的主要性能指标和钢材的分类及适用场合。

金属材料是由一种或两种以上的金属元素或金属元素与某些非金属元素组成的合金的总称。其特征是不透明、有光泽、密度大,具有较大的延展性,易于加工,导热和导电性能良好,常温下为固态结晶体。

金属材料还具有强度高,弹性模量大,组织均匀密实,可制成各种铸件和型材,能焊接或铆接,便于装配和机械化施工等优点。因此金属材料不仅是经济建设各部门广泛使用的材料,也是重要的建筑材料之一。尤其是近年来,高层和大跨度结构迅速发展,金属材料在土木工程中的应用将会越来越多。

金属材料一般分为黑色金属和有色金属两大类。黑色金属是以铁元素为主要成分的铁金属及其合金,钢和铁都是铁碳合金,钢的含碳量在2%以下,在建筑中应用最多。有色金属是除黑色金属以外的其他金属,如铝、铅、锌、铜、锡等金属及其合金,其中铝合金是一种重要的轻质结构材料。

本章将介绍钢材的冶炼、分类、化学组成、晶体结构、型钢的分类等知识内容,着重讲解建筑钢材的物理力学性能和建筑钢材的冷、热加工方法。

§10-1 钢材的冶炼与分类

一、钢材的冶炼

铁元素在地壳中占4.7%,通常以化合物的形式存在于铁矿石中。主要的铁矿石有赤铁矿(Fe_2O_3)、磁铁矿(Fe_3O_4)、菱铁矿($FeCO_3$)、褐铁矿($Fe_2O_3 \cdot 2Fe(OH)_3$)和黄铁矿(FeS_2)。把铁矿石、焦炭、石灰石(助熔剂)按一定比例装入高炉中,在炉内高温条件下,焦炭中的碳与矿石中的氧化铁发生化学反应,将矿石中的铁还原出来,生成的一氧化碳和二氧化碳由炉顶排出,使矿石中的铁和氧分离,通过这种冶炼得到的铁中,仍含有较多的碳和其他杂质,故性能既硬又脆,称为生铁,此过程称为炼铁。

将铁在炼钢炉中进一步熔炼,并供给足够的氧气,通过炉内的高温氧化作用,部分碳被氧化成一氧化碳气体而逸出,其他杂质则形成氧化物进入炉渣中除去,这样可得到含碳量合乎要求的产品,即为钢,此过程称为炼钢。钢在强度、韧性等性质方面都较铁有了较大幅度提高,在土木工程中,大量使用的都是钢材。

316

二、钢材的分类

钢材的种类很多,性质各异,分类方法也有很多。

1. 按冶炼设备分类

按冶炼设备不同,钢分为转炉钢、平炉钢和电炉钢三大类。

（1）转炉钢

转炉钢根据风口位置分底吹、顶吹、侧吹三种;根据所鼓风的不同分空气转炉和氧气转炉;转炉又因炉衬材料的不同分为酸性转炉和碱性转炉,凡以硅砂作炉衬耐火材料的为酸性,凡以镁砂和白云石作炉衬耐火材料并加石灰石熔炼的为碱性。在质量上酸性转炉钢较好,但对生铁的含硫、磷杂质要求严格,成本较高。

（2）平炉钢

平炉钢是利用火焰的氧化作用除去杂质,平炉也分酸性和碱性两种,平炉钢质量较好。

（3）电炉钢

电炉钢分电弧炉、感应炉、电渣炉三种,系利用电热冶炼,温度高,易控制,钢的质量最好,但成本高,多炼制合金钢。电炉钢也分酸性和碱性两种。

建筑用钢主要采用空气转炉法、氧气转炉法、平炉法三种方法炼制。

2. 按脱氧程度分类

在炼钢过程中,为了除去碳和杂质必须供给足够的氧气,这也使钢液中一部分金属铁被氧化,使钢的质量降低。为使氧化铁重新还原成金属铁,通常在冶炼后期,需加入硅铁、锰铁或铝锭等脱氧剂,进行精炼。按脱氧程度不同,可将钢分为:

（1）沸腾钢

沸腾钢是脱氧不完全的钢。浇铸后,在冷却凝固过程中,钢液中残留的氧化亚铁与碳化合后,生成的一氧化碳气体大量外逸,造成钢液激烈"沸腾",故称沸腾钢,以字母后缀 F 表示。这种钢的成分分布不均,密实度较差,因而影响钢的质量,但其成本较低,可广泛用于一般建筑结构中。

（2）镇静钢

镇静钢是脱氧完全的钢,以字母后缀 Z 表示。注入锭模冷却凝固时,钢液比较纯净,液面平静。镇静钢的质量优于沸腾钢,但成本较高,故只用于承受冲击荷载或其他重要的结构中。

3. 按化学成分分类

（1）非合金钢

非合金钢是除了含有碳元素外,含锰量不大于 1.00%,含硅量不大于 0.50%,有少量硫、磷杂质的铁碳合金。在钢的化学成分中,碳元素对钢的性能起主要作用,而其他元素如硅、锰、硫、磷等因含量不多,不起决定性作用。

根据含碳量多少,碳素钢可分为:

低碳钢——含碳量 0.25% 以下,性质软韧,易加工,但不能淬火和退火,是建筑工程的主要用钢。

中碳钢——含碳量 0.25%~0.6%,性质较硬,可淬火、退火,多用于机械部件。

高碳钢——含碳量大于 0.6%,性质很硬,可淬火、退火,是一般工具的主要用钢。

根据钢中磷、硫等杂质含量及力学性质等质量的不同,非合金钢可分为:

普通质量非合金钢——生产过程中不规定需要特别控制质量要求的钢,其中硫或磷含量的最高值达到0.040%以上。

优质非合金钢——生产过程中需要特别控制质量(如控制晶粒度,降低硫、磷含量,改善质量或增加工艺控制等),以达到比普通质量非合金钢特殊的质量要求(如良好的抗脆断性能,良好的冷成型性等),但这种钢的生产控制不如特殊质量非合金钢严格(如不控制淬透性)。

特殊质量非合金钢——生产过程中需要特别严格控制质量(如控制淬透性和纯洁度)的非合金钢,其中硫和磷含量均不大于0.025%。

(2)低合金钢

在碳钢的基础上加入一种或多种合金元素,以使钢材获得某些特殊性能。若合金元素含量较少,少于规范规定的质量分数,或者其中两种、三种或四种元素同时在钢中时,这些元素的含量总和小于每种元素最高界限值总和的70%,即为低合金钢。

低合金钢按主要质量等级分为:

普通质量低合金钢;

优质低合金钢;

特殊质量低合金钢。

(3)合金钢

若合金元素含量高于规范规定的质量分数,或者其中两种、三种或四种元素同时在钢中时,这些元素的含量总和大于每种元素最高界限值总和的70%,即为合金钢。

合金钢按主要质量等级分为:优质合金钢、特殊质量合金钢。

4. 按用途分类

(1)结构钢

根据化学成分不同,分为碳素结构钢和合金结构钢。

a. 碳素结构钢——分碳素结构钢(又称普通碳素结构钢)和优质碳素结构钢两类。

(a)普通碳素结构钢——最高含碳量不超过0.38%。这是建筑工程中的基本钢种,产品有圆钢、方钢、扁钢、角钢、工字钢、槽钢、钢板、钢筋等,主要用于建筑工程结构。

(b)优质碳素结构钢——比普通碳素结构钢杂质含量少,具有较好的综合性能,广泛用作机械制造、工具、弹簧等。优质碳素结构钢按使用加工方法不同分为压力加工用钢(热压力加工、顶锻、冷拔)和切削加工用钢。

b. 合金结构钢——分普通低合金结构钢和合金结构钢两类。

(a)普通低合金结构钢——也称低合金结构钢,是在普通碳素钢基础上加入少量合金元素而成,具有高强度、高韧性和可焊性。这也是工程中大量使用的结构钢种,主要是钢筋、钢板等。

(b)合金结构钢——此类钢品种繁多,包括合金弹簧钢,滚珠轴承钢,各种锰钢、铬钢、镍钢、硼钢等,主要用于机械和设备的制造等。工程上有时少量的用作机械维修和结构件。

(2)工具钢

根据化学成分不同分为碳素工具钢、合金工具钢和高速工具钢,广泛用于各种刀具、模具、量具等。

a. 碳素工具钢——通常含碳量0.65%～1.35%，并根据硫、磷含量分优质和高级优质两种，每种分8个钢号。工程中凿岩用钢钎和部分中空钢钎杆，是碳素工具钢制品。

b. 合金工具钢——通常因要求硬度大、耐磨、热处理变形小和可以在较高温度下工作的热硬性而含碳量较高。合金工具钢分量具、刃具用钢，耐冲击工具用钢，冷作模具钢，热作模具钢等。

c. 高速工具钢（锋钢）——系高合金钢，质量优于一般工具钢，但价格较贵，主要用于钻头、刃具等。

（3）特殊性能钢

多为高合金钢，主要有不锈钢、耐热钢、抗磨钢、电工硅钢等。

（4）专门用途钢

分碳素钢和合金钢两种，主要有钢筋钢、桥梁钢、钢轨钢、锅炉钢、矿用钢、船用钢等。

a. 钢筋钢——主要为低合金钢，轧制钢筋混凝土用带肋钢筋。

b. 桥梁钢——因要求具有一定强度和较高的冲击韧性，一般必须用镇静钢轧成。桥梁钢有碳素钢和普通低合金钢两种。

c. 钢轨钢——钢轨钢分重轨钢和轻轨钢，由于钢轨的受力情况十分复杂，故重轨全以镇静钢轧制，轻轨以镇静钢和半镇静钢轧制。

钢材的分类图见图10-1。

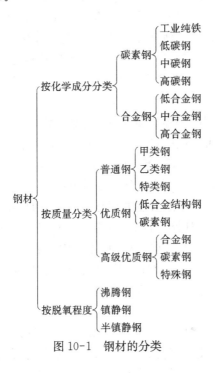

图10-1 钢材的分类

三、钢材品牌号表示方法

钢材品牌号的命名，多采用汉语拼音字母、化学元素符号及阿拉伯数字相结合的方法表示。用汉语拼音字母表示产品名称、用途、特性和工艺方法时，一般从代表该产品名称的汉字的汉语拼音中选取,原则上取第一个字母,当与另一产品所取字母重复时,改取第二个字母或第三个字母,或同时选取两个汉字的汉语拼音的第一个字母。

四、土木工程常用钢材

1. 碳素结构钢

碳素结构钢是一种用途广泛的工程用钢,通常在热轧供应状态下直接使用,常用于桥梁、建筑工程上的各种静载金属构件,适于生产各种型钢、钢筋和钢丝等。碳素结构钢的牌号由代表屈服强度的字母Q、屈服强度的数值(用MPa表示)、质量等级符号(A、B、C、D)、脱氧方法符号(F、Z)等四部分按顺序组成。根据国标(GB/T 700—2006)规定,碳素结构钢可分为Q195、Q215、Q235、Q275四大类,其中A级钢中的S、P等有害杂质含量较高,D级钢中S、P等有害杂质含量最低。

2. 优质碳素结构钢

与普通碳素结构钢相比,优质碳素结构钢所含的有害杂质(S、P)及非金属夹杂物较少,钢材的塑性及韧性较高,并可通过热处理进行强化,多用于较为重要的结构。在建筑工程上,常用于生产钢丝、钢绞线、高强度螺栓及预应力锚具等。

优质碳素结构钢的牌号,由表示含碳量的两位数字(含碳量的万分数)组成,并用元素符号Mn来区别钢中锰元素含量的高低,如45、60Mn等。牌号中没有Mn符号的,为锰含量低于0.8%的普通含锰量优质碳素结构钢;牌号中加有Mn符号的,为含锰量在0.7%～1.2%之间的高含锰量优质碳素结构钢。在其他条件相同时,高含锰量钢的强度、硬度较高,但塑性和韧性稍低。根据国标(GB/T 699—2015)规定,优质碳素结构钢由于含碳量、含锰量和脱氧方式不同,共有28个不同的牌号,其含碳量介于万分之5到万分之75之间。

3. 低合金结构钢

低合金结构钢是在碳素钢的基础上加入微量合金元素(合金含量一般小于3%)而形成的一种高强度钢,其含碳量较低(不超过0.24%),加入的主要合金元素是锰(Mn)、硅(Si)、钒(V)、钛(Ti)、铌(Nb)及稀土元素(RE)等。低合金结构钢的强度、耐磨性和耐腐蚀性都优于相应的碳素钢,因此广泛用于桥梁、车辆及建筑钢筋等方面。

低合金结构钢的牌号由代表屈服强度的字母Q、规定的最小上屈服强度数值(用MPa表示)、交货状态(热轧、正火、正火轧制、机械热轧制)、质量等级符号(B、C、D、E、F)四部分按顺序组成。当需方要求钢板具有厚度方向性能时,则在牌号后加上代表厚度方向(Z向)性能级别的符号。根据国标(GB/T 1591—2018)规定,低合金结构钢的牌号分为Q355、Q390、Q420、Q460、Q500、Q550、Q620、Q690八大类。

4. 合金结构钢

合金结构钢是在碳素结构钢的基础上加入适量的一种或几种合金元素而形成的。由于合金元素的作用,能够明显地提高钢材的强度、韧性和耐磨性,因此,合金结构钢被广泛用于高强螺栓、齿轮等重要结构部件。合金结构钢通常需要热处理,以获得良好的综合机械性能。

合金结构钢的牌号,由表示含碳量的两位数字(含碳量的万分数)、主要合金元素的化学元素符号及其含量组成。合金元素的含量用一位数字(平均含量的百分数)来表示,当平均含量低于1.5%时,一般只写元素符号。根据国标(GB/T 3077—2015)规定,合金结构钢的牌号共有86种左右,如40Mn2、20SiMn2MoV、40Cr等。

5. 桥梁用结构钢

桥梁用结构钢,主要用于公路或铁路桥梁上承受过往车辆冲击荷载的结构件,其S、P等有害杂质的含量都低于普通钢的标准,它具有一定的强度、韧性和良好的抗疲劳性能,而且钢的表面质量要求较高。

桥梁用结构钢的牌号由代表屈服强度的汉语拼音字母、规定最小屈服强度值、桥字的汉语拼音首位字母、质量等级符号等几个部分组成。如Q420qD表示规定最小屈服强度420 MPa及质量等级为D级的桥梁用钢。当以热机械轧制状态交货的D级钢板,且具有耐候性能及厚度方向性能时,则在上述规定的牌号后分别加上耐候(NH)及厚度方向(Z向)性能级别的代号,如Q420qDNHZ15。根据国标(GB T 714—2015)规定,桥梁用结构钢的牌号分为Q345q、Q370q、Q420q、Q460q、Q500q、Q550q、Q620q、Q690q。

§10-2　钢材的化学组成与金相结构

一、钢材的化学组成

钢材的性能主要决定于其中的化学成分。钢的化学成分主要是铁和碳,此外还有少量的硅、锰、磷、硫、氧、氮等杂质元素,这些元素的存在对钢材性能有不同的影响,除了铁以外,碳的影响最大。现将各化学元素对钢材的力学性能影响分述如下。

1. 碳和其他元素对碳钢性能的影响

(1)碳的影响

碳是钢中除铁之外含量最多的元素,对钢材的性能有非常明显的影响,从图10-2中可以看出,在一定范围内,钢材的硬度和强度随含碳量的增加而提高,钢材的塑性、韧性和冷弯性能随含碳量的增加而下降。当含碳量增至0.8%左右时,强度最大,但当含碳量超过0.8%以后,强度反而下降。钢里的碳一部分溶入铁中成为固溶体,另一部分则与铁化合成渗碳体。从铁碳合金状态图(图10-3)中,可以看出碳的含量变化时,碳钢中组织变化的情况。总的看来,碳钢是由硬度低、塑性好的铁素体和硬而脆的渗碳体组成的混合物。因此碳钢的抗拉强度及硬度,随含碳量增加而直线增加,塑性则下降。碳之所以影响钢的机械性能,不仅与渗碳体本身的硬脆性有关,还与渗碳体和铁素体之间晶体界面上晶格受到严重扭曲有关。渗碳体与铁素体的晶界面既能阻碍塑性好的铁素体滑移,又能造成碳钢的微小裂纹。所以随

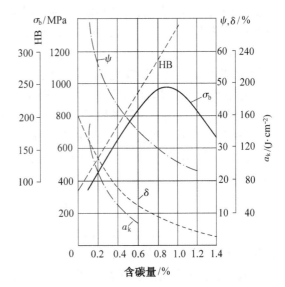

图10-2　含碳量对碳素钢性能的影响

σ_b——抗拉强度;a_k——冲击韧性;ψ——断面减缩率;

δ——伸长率;HB——硬度

着渗碳体总量的增加也增加了它与铁素体的晶界面,因此铁素体的变形抗力增大,塑性变形能力减小,即造成碳钢的强度和硬度增加,而塑性和韧性降低。

(2) 其他元素的影响

硅、锰作为脱氧剂加入钢水中,它们都能从钢水的 FeO 中夺取氧,生成氧化物以降低钢中的含氧量。硅的氧化物与钢水中碱性氧化物能进一步形成硅酸盐,反应式如下:

$$Mn + FeO \longrightarrow MnO + Fe$$
$$SiO_2 + CaO \longrightarrow CaSiO_3$$

或

$$SiO_2 + Fe_2O_3 + C \Longrightarrow CO\uparrow + Fe_2SiO_4$$

生成的硅酸盐和氧化物飘浮在炉渣中,增加了钢体的致密性。如果在钢液浇注过程中,硅酸盐杂质来不及浮入渣中,而留在钢体内,则在凝固时易集中在晶界处,使钢材在压力加工时易变形或碎裂,降低钢的机械强度。

硅在一般碳素钢中含量为 0.1%~0.4%,硅的脱氧能力较锰还强。硅溶入铁素体可提高钢的强度和硬度。但由于硅在碳钢中的含量很低,因此这一效果并不明显。若作为合金元素加入钢中,使含量提高到 1.0%~1.2% 时,钢材的抗拉强度可提高 15%~20%,但塑性和韧性明显下降,焊接性能变差,并增加钢材的冷脆性。

锰在一般碳素钢中的含量为 0.25%~0.8%。钢中含锰量在 0.8% 以下时,锰对钢的性能影响不显著。若将锰作为合金元素加入钢中,使钢中锰的含量提高到 0.8%~1.2% 或者更高,那么,钢就成为力学性能优于一般碳钢的锰钢。但当锰含量大于 1.0% 时,会降低钢材的耐腐蚀和焊接性能。

磷溶入铁素体时,可使钢的强度、硬度增加,并显著降低其塑性和韧性。当钢中含磷量达 0.3% 时,钢完全变脆,冲击韧性接近于零,这种现象称为冷脆性。虽然钢中的磷很难达到这个数量,但钢中的磷在结晶时极易偏析,使其局部地区达到较高的磷含量而变脆,冷脆性使钢材不宜在低温条件下工作。因此在各种质量钢中,都严格规定了磷的允许含量范围,普通碳素钢中的含磷量不得超过 0.045%。磷能使钢材产生冷脆性,但它也能有效地改善钢的切削加工性能,因此在易削钢中还要提高磷的含量。

硫不溶于铁素体,而与铁化合生成 FeS,FeS 与 Fe 在 985℃ 时形成共晶体。这些低熔点共晶体在结晶时,总是分布在晶界处,在 1 000℃ 以上热加工时,由于共晶体熔化,使钢材产生裂纹,这种现象称为热脆性。因此在各种质量的钢中也都规定了硫的允许含量范围,要求在 0.055% 以下。钢水中加入锰可削弱硫的有害作用,因为锰可以从 FeS 中夺取硫,其反应式如下:

$$Mn + FeS \longrightarrow MnS + Fe$$

MnS 在 1 620℃ 熔化,而在钢的热加工温度范围(800~1 200℃)内,MnS 有较好的塑性,因此不会影响钢材的热加工性能。

氮、氧、氢等杂质主要是在炼钢过程中由于吸收空气而造成的。当钢水凝固时,它们或以原子状态固熔于铁素体中,或以与其他元素生成的化合物(氮化物、氧化物、氢化物等)形式存在于钢中。氮若以原子状态固熔于铁素体中时,则会引起钢的强度和硬度增加,而韧性急剧下降。若在钢中加入适当金属铝,则氮和铝可生成氮化铝(AlN)而脱氮。氮化铝如果以分散的

322

散粒分布在钢中,则能控制钢的晶粒大小,增强钢的韧性、塑性、耐磨性等;如果以聚集状态出现,则会使钢的机械性能产生方向性,使耐磨性显著降低。

经过用 Mg、Al、Si 等元素脱氧后的钢中仍含有极少量的氧,这些氧通常以 Al_2O_3、FeO、MnO、SiO_2 以及硅酸盐等形式存在于钢中。这些氧化物在钢经锻压后,一般以链状或条状分布于钢中,尤其容易分布在晶界处,这时会降低钢的塑性及韧性,使用时,可能造成工件突然断裂。

钢中的氢是极有害的气体,它以原子状态溶解于钢中。在热轧、锻轧后冷却到 200℃ 左右时,原子氢就聚集成分子状态而出现在钢的内部,由氢气所产生的压力可把钢从内部胀裂,形成几乎是圆圈状的平坦的断裂面,即所谓的"白点"。尤其是某些合金钢,如锰钢、镍钢、镍铬钢等,对白点特别敏感。这就要求在冶炼方面采取措施,如控制氢的含量在百万分之 1.5 以下或对钢水进行真空处理,以有效地脱氢(或其他气体);或控制锻轧后的冷却方式来防止白点的发生,以避免工件的碎裂。

2. 铁碳合金的三种晶相和三种基本组织

铁碳合金同纯铁一样具有结晶构造,但较纯铁更为复杂。所谓晶相就是指化学成分均一、晶体结构相同的而与周围环境有明显物理界面的均匀部分。铁碳合金的晶体结构和显微组织总的可分为下述三种类型、三种基本组织。

(1) 固熔体

铁与碳在液态下相互作用形成液态溶液,凝固时由于碳原子半径很小(7.7×10^{-11} m),可以溶入 α-Fe 或 γ-Fe 的晶格间隙而又保持铁的晶格类型不变。这种合金结构叫做固熔体,即一种组元以原子(或正离子)形式溶解在另一组元中而形成的固态溶液。

在铁碳合金中,碳溶入 α-Fe 中所组成的固溶体称为铁素体,以符号 F 表示,碳溶入 γ-Fe 中组成的固熔体称为奥氏体,以符号 A 表示。铁素体的性能与纯铁相似,含碳量很低,塑性较大,强度和硬度不大。奥氏体只存在于高温下,这是因为 γ-Fe 只存在于高温下而决定的。它有很好的可塑性,所以铁碳合金可在高温下锻打成型。铁素体和奥氏体各自成一相。奥氏体是铁碳合金中的一种基本组织。

(2) 化合物

在铁碳合金中,铁和碳的化合物(组成为 Fe_3C)称为渗碳体,以符号 Cm 表示。它的含碳量为 6.67%。Fe_3C 具有独特的结构,原子排列极复杂,熔点是 1 227℃ 左右,质脆而硬,塑性小,工业上不单独使用。它也是铁碳合金中的一种基本组织。

(3) 机械混合物

在钢中,渗碳体经常与铁素体相间存在,形成一种机械混合物,称为珠光体,以符号 P 表示。此组织的特征是层片状,像指纹一样,腐蚀后用肉眼直接观看有珍珠光泽,故名珠光体。它有一定的强度、硬度和塑性。

此外,钢水在急剧冷却的条件下,钢中的高温奥氏体不能转变为铁素体、珠光体或渗碳体,从而形成一种极硬的组织,称为马氏体,它的显微组织呈针状。

二、铁碳合金的相图

图 10-3 中纵坐标表示温度,横坐标表示合金的组成,向右表示碳的重量百分数增加。图的左端相当于纯铁,右端相当于含碳量为 6.67% 的渗碳体。当含碳量低于 0.008% 时是纯铁,

超过 6.67%时,合金性能特别脆,工业上没有实用价值,所以不去研究它。这个图形上的每一条线和线的交点,都表示各成分的合金组织状态发生变化的温度,由这些线所构成的每个区域则表示某一组织合金存在的温度与成分范围。

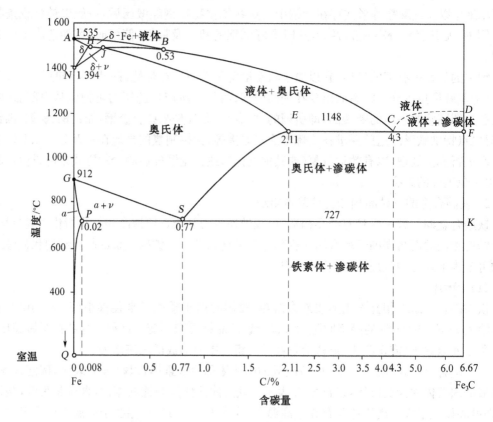

图 10-3　Fe—Fe₃C 相图(含碳量为对数坐标)

  图 10-3 中 A 点和 D 点分别为纯铁和渗碳体的熔点,相应为 1 535℃和 1 227℃。ABCD 线称为液相线。在此线以上,各种成分的铁碳合金(碳钢、生铁)完全处于溶液状态,即为液态,所以称为液相线。当温度下降至这条线上,溶液中开始析出晶体,沿 AB 线析出 δ-铁素体(高温时碳溶入 δ-Fe 中形成的固溶体,也称高温铁素体),沿 BC 线析出奥氏体,沿 CD 线析出渗碳体,因此液相线就是液态合金开始结晶的温度线。从线的斜度可以看到随着含碳量的逐渐增加,液体开始结晶的温度由纯铁的 1 535℃,逐渐降至含碳为 4.3%的 1 130℃,然后又升高至纯 Fe₃C 的 1 227℃。

  AHJECF 线称为固相线。在此线以下,各种成分的铁碳合金全部处于固体状态,所以称固相线。固相分别处于三种晶体状态,即 δ-铁素体、奥氏体和渗碳体。因此固相线就是液态合金结晶终了的温度线。从线的斜度可以看出,随着含碳量增加,铁碳合金开始熔化的温度逐渐降低,当含碳量超过 2.11%以后,在 1 130℃就开始熔化。

  E 点是钢和生铁的分界点,E 点左边的合金(含碳量<2.11%)称为钢;E 点右边的合金(含碳量>2.11%)称为生铁。

§10-3 钢材的主要技术性质

建筑用钢主要是承受拉力、压力、弯曲、冲击等外力的作用,在这些力的作用下,既要求钢有一定的强度和硬度,也要有一定的塑性和韧性。

一、强度

建筑用钢的强度指标,通常用抗拉屈服强度 σ_s 和抗拉极限强度 σ_b 表示。现用低碳钢拉伸时的应力与应变曲线图来阐明。低碳钢受拉时,应力和应变的关系可用图 10-4 表示。将钢筋试件放置在材料试验机的上下夹具中,加荷载直至拉断。在加荷过程中,钢筋将随着荷载的加大而发生变形,从拉伸曲线可以看到,低碳钢的受拉变形有四个阶段。

弹性阶段:在开始时,OA 为一直线,说明应力与应变成正比关系。对应于 A 点的应力称为比例极限 σ_P。超过 A 点后,呈微弯的曲线 AB,但在 B 点以内,如果卸去荷载,试件仍能恢复原来的长度。在 B 点以内的变形称为弹性变形,OB 阶段称为弹性阶段。对应于 B 点的应力称为弹性极限。弹性极限与比例极限十分接近,可近似地认为两者相等,均以 σ_P 表示。在弹性阶段内,σ 与 ε 成正比关系:$\sigma = E\varepsilon$。对于同一种钢,E 是一个常量,称为弹性模量,普通碳素钢弹性模量 $E = 200 \sim 210$ GPa。

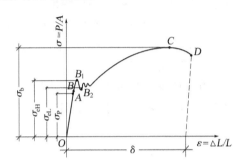

图 10-4 低碳钢受拉时应力——应变图

屈服阶段:当应力超过某一点后,拉伸曲线呈接近水平的锯齿线,这时应变急剧增加,应力却在很小的范围内上下波动,称为屈服阶段。B_1 是这一阶段的最高点,与之对应的应力称为上屈服强度 σ_{eH},B_2 是这一阶段不计初始瞬间效应的最低点,与之对应的应力,称为下屈服强度 σ_{eL},因 σ_{eL} 易于测量,因此常用 σ_{eL} 表示钢材的屈服性能,称为屈服强度或屈服点。低碳钢有明显的屈服点,硬钢则无明显的屈服点,硬钢的屈服点以试件在拉伸过程中,标距的残余伸长率达到 0.2% 时的应力来确定,以 $\sigma_{0.2}$ 表示,称为条件屈服强度。

强化阶段:当试件屈服到一定程度后,由于内部组织变化,需要继续增大荷载,才能继续增大变形,又形成一段上升曲线,即进入强化阶段。直到达到曲线的最高点 C,与 C 对应的最大应力称为强度极限,又称抗拉强度,以 σ_b 表示。

颈缩阶段:当试件应力超过 C 点后,试件继续伸长(应变增大),但应力逐渐下降,曲线进入下降阶段。此时,试件某一断面处逐渐缩小(颈缩),直至断裂。试件断裂后,其总伸长值与原标距之比值称为伸长率,以 δ 表示,并以 δ_5 和 δ_{10} 分别表示原标距为 5 cm(短试件)和 10 cm(长试件)的伸长率。

在结构设计中,要求构件在弹性范围内工作,即使少量的塑性变形也应力求避免,所以规定以钢材的屈服强度 σ_s 作为设计应力 σ_s 的依据。抗拉强度 σ_b 在结构设计中不能直接使用,但为保证建筑结构的正常使用,对钢结构和钢筋混凝土结构所用钢材,不仅希望具有较高的屈服强度,而且应具有一定的屈强比(σ_s/σ_b)。屈强比愈小,钢材使用中受力超过屈服点工作时的可靠性愈大,愈安全,不易因局部突然超载而发生破坏。但屈强比太小,钢材的强度不能充分发挥,用钢量多,不经济。一般屈强比最好保持在 0.60～0.75 之间。

二、塑性

钢材在受力破坏前可以经受一定程度永久变形的性能,称为塑性。在工程应用中钢材的塑性指标通常用伸长率和断面收缩率表示。

1. 伸长率

伸长率是钢材发生断裂时所能承受的永久变形的能力。试件拉断后标距长度的增量与原标距长度之比的百分比即为伸长率。伸长率(δ)以％表示,并按下式计算:

$$\delta_n = \frac{L_1 - L_0}{L_0} \times 100 \tag{10-1}$$

式中　L_1——试件拉断后标距部分的长度(mm);

　　　L_0——试件的原标距长度(mm);

　　　n——长或短试件的标志,对长试件,$n=10$,表示为δ_{10},对短试件,$n=5$,表示为δ_5。

2. 断面收缩率

断面收缩率是试件拉断后,缩颈处横断面积的最大缩减量占横截面积的百分率。断面收缩率(Ψ)以％表示,并按下式计算:

$$\Psi = \frac{A_0 - A_1}{A_0} \times 100 \tag{10-2}$$

式中　A_0——试样的原横截面积(mm^2);

　　　A_1——试样裂断(缩颈)处的横截面积(mm^2)。

钢的塑性大小在工程技术上具有重要的实际意义。塑性良好的钢材在制造工艺上,可以承受一定形式的外力加工而不破坏。使用过程中,偶然的超载能产生塑性变形,使应力重新分布而避免突然破坏。可见用塑性较大的钢材制成的结构,其安全性较好。

三、冷弯性能

钢材的冷弯性能,是指它在常温下承受弯曲变形的能力,是建筑钢材的重要工艺性能。钢筋混凝土所用钢筋,多需进行弯曲加工,因此必须满足冷弯性能的要求。钢材的冷弯性能用弯曲角度及弯心直径 d 与试件直径(或厚度)d_0 的比值来表示。能承受的弯曲角度愈大,弯心直径对试件直径(或厚度)的比值愈小,则试件所代表的钢材冷弯性能愈好。试验后弯曲处应不发生裂缝、起层或断裂,见图 10-5。

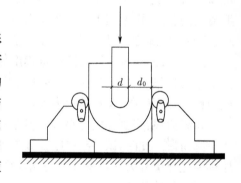

图 10-5　冷弯试验示意图

冷弯试验和伸长率一样,表明钢材在静荷载下的塑性,但伸长率是反映钢材在均匀变形下的塑性,而冷弯试验则是检验钢材处于不利的弯曲变形下的塑性,它能揭示钢材是否存在内部组织不均匀、内应力和夹杂物等缺陷。在拉力试验中,这些缺陷常因塑性变形导致的应力重分布而显示不出来。冷弯试验还能揭示焊件受弯表面存在的未熔合、夹杂物等缺陷。

四、冲击韧性

冲击韧性是指钢材抵抗冲击荷载的能力。将有缺口的标准试件放在冲击试验机（图10-6）的支座上，用摆锤打断试件，测得试件单位面积上所消耗的功，作为冲击韧性指标，用冲击值 α_k 表示。α_k 值越大，表明钢材在断裂时所吸收的能量越多，则冲击韧性越好。

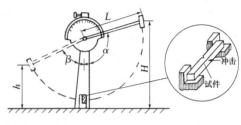

钢的化学成分及冶炼、加工质量都对冲击韧性有明显的影响。例如，钢中磷、硫含量较高，存在偏析、非金属夹杂物、气孔和焊接中形成的微裂纹等，都会使冲击韧性显著降低。除此以外，钢的冲击韧性受温度的影响较大，冲击韧性随温度的下降而减小，当降到一定温度范围时，α_k 值急剧下降，从而可使钢材出现脆性断裂，这种性质称为钢的冷脆性。

图 10-6　钢材韧度试验

所以，在负温下使用的钢材，特别是承受动荷载的重要结构，必须要检验其低温下的冲击韧性。

五、硬度

硬度是衡量钢的软硬程度的一个指标，它是表示钢材表面局部体积内，抵抗变形或破裂的能力，也即指抵抗其他更硬的物体压入钢材表面的能力。测定钢材硬度的方法很多，建筑钢材常用的是布氏法，所测硬度称布氏硬度。

布氏硬度是用一定直径 $D(\text{mm})$ 的硬质钢球，在规定荷载 $P(\text{N})$ 作用下压入试件表面，并持续一定时间后卸载，量出压痕直径 $d(\text{mm})$，然后计算每单位压痕球面积所承受的荷载值，即布氏硬度值（HB），见图 10-7。在使用时，HB 是以 10 MPa 计的数字表示，如 HB=150，即表示 HB 值为 1 500 MPa。

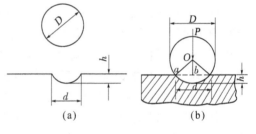

图 10-7　布氏硬度试验
(a) 布氏硬度试验示意；(b) 布氏硬度推导图

布氏硬度采用的钢球直径 D 分为 10、5、2.5 mm 三种，对于钢铁材料规定 $P=30D^2$。布氏硬度测定法比较准确，用途较广，其缺点是不能测量硬度较高（当 HB>450 时）和厚度太薄的钢材。

硬度的大小，既可用以判断钢材的软硬程度，也可以近似地估计钢材的抗拉强度。各类钢材的 HB 值与强度之间都有大致的正比关系。对于碳素钢，当 HB≤175 时，$\sigma_b=0.36\text{HB}$；HB>175 时，$\sigma_b=0.35\text{HB}$。

§10-4　钢材的热加工与冷加工

一、钢材的热处理

热处理是将钢材按一定规则加热、保温和冷却，以改变其组织，从而获得需要性能的一种工艺过程。热处理的方法有正火、退火、淬火和回火。

正火：钢材经过加热至相变（即铁素体等基本组织转变）温度以上，组织变为奥氏体之后，置于空气中冷却，通过这种处理，可使钢材晶粒细化，调整碳化物大小和分布，再结晶可除掉内部应力，对于经过压延难于除掉的应力和淬火、回火有困难的大型钢件，特别是铸钢件，正火是重要的热处理工艺。正火后，钢材的强度提高而塑性降低。含碳量低的钢常用正火的方法提高其强度。

退火：有低温退火和完全退火等。低温退火的加热温度在相变温度以下。其目的是利用加温使原子活跃，从而使加工中产生的缺陷减少，晶格畸变减轻和内应力基本消除。完全退火的加热温度为 800～850℃，高于基本组织转变温度，经保温后以适当速度缓冷，从而达到改变组织并改善性能的目的。例如，含碳量较高的高强度钢筋，焊接中容易形成很脆的组织，故必须紧接着进行完全退火以消除这一不利的转变，保证焊接质量。

淬火和回火：通常是两道相连的处理过程。淬火的加热温度在基本组织转变温度以上，保温使组织完全转变，即投入选定的冷却介质（如水或矿物油等）中急冷，使其转变为不稳定组织，淬火即完结。随后进行回火，加热温度在转变温度以下（150～650℃内选定）。保温后按一定速度冷却至室温。其目的是促进不稳定组织转变为需要的组织，并消除淬火产生的内应力。我国目前生产的热处理钢筋，系采用中碳低合金钢经油浴淬火和铅浴高温（500～650℃）回火制得的，它的组织为铁素体和均匀分布的细颗粒渗碳体。建筑钢材一般只在工厂进行热处理，并以热处理后的状态供应，在施工现场有时需对焊件进行热处理。

二、钢材的焊接

焊接是通过局部加热使钢材达到塑性或熔融状态，从而将钢材联结成钢构件的过程。钢材在焊接过程中，由于局部高温的作用，会在焊缝及其附近形成过热区，使内部晶体组织发生变化，容易在焊缝周围产生硬脆倾向，降低焊件质量。焊接性能良好的钢材，焊接后的焊头牢固，硬脆倾向小，仍能保持与原有钢材相近的性质。

钢的可焊性能，主要受其化学成分及含量的影响。当含碳量超过 0.3% 后，钢的可焊性较差。其他元素含量增多，也会使可焊性降低。采用焊前预热以及焊后热处理的方法，可以使可焊性较差的钢材的焊接质量得到保证。此外，正确选用焊条和操作方法等也是提高焊接质量的主要措施。

焊接联结是钢结构的主要联结方式，在土木工程钢结构中，焊接结构占 90% 以上。在钢筋混凝土工程中，焊接大量应用于钢筋接头、钢筋网、钢筋骨架和预埋件的焊接，以及装配式构件的安装。

建筑钢材的焊接方法，最主要的是钢结构焊接用的电弧焊和钢筋联接用的接触对焊。焊件的质量主要取决于选择正确的焊接工艺和适宜的焊接材料，以及钢材本身的焊接性能。

电弧焊的焊接接头是由基体金属和焊缝金属，通过两者间的熔合线部分连接而成。焊缝金属是在焊接时电弧的高温之下，由焊条金属熔化而成；同时电弧的高温也使基体金属的边缘部分熔化，与熔融的焊条金属通过扩散作用均匀地密切熔合，有助于金属间的牢固联结。接触对焊的焊接接头亦相类似，因不用焊条，故其联结是通过接触端面上由电流熔化的熔融金属冷却凝固而成。

焊接过程的特点是：在很短的时间内达到很高的温度；金属熔化的体积很小；由于金属传热快，故冷却的速度很快。因此，在焊件中常产生复杂的、不均匀的反应和变化；存在剧烈的膨长和收缩,因而易产生变形、内应力和组织的变化。经常产生的焊接缺陷有以下几种:焊缝金属缺陷,包括裂纹(主要是热裂纹)、气孔、夹杂物(夹渣、脱氧生成物和氮化物);基体金属热影响区的缺陷,包括裂纹(冷裂纹)、晶粒粗大和析出脆化(碳、氮等原子在焊接过程中形成碳化物或氮化物,于缺陷处析出,使晶格畸变加剧所引起的脆化)。由于焊接件在使用过程中要求的主要力学性能是强度、塑性、韧性和耐疲劳性,对性能影响最大的焊接缺陷,是焊件中的裂纹、缺口和由于硬化而引起的塑性和冲击韧性的降低。因此工程中必须对焊接质量进行认真检查。

三、钢材的冷加工

将钢材于常温下进行冷拉、冷拔、冷轧,使其产生塑性变形,从而提高强度、节约钢材,称为钢材的冷加工强化或"三冷处理"。钢筋经冷加工后,屈服强度提高,塑性、韧性则降低。

钢筋经冷拉后性能变化的规律,可从低碳钢试样的拉伸曲线上看到(图 10-8)。在图中,$OBCD$ 为未经冷拉时效试件的变形曲线。将试件拉至超过屈服点的任意一点 K,然后卸去荷载,则试件产生变形量 OO',且荷载——变形曲线沿 KO' 下降,KO' 大致与 OB 平行。若立即重新拉伸,则可发现屈服点提高到 K 点,以后的发展曲线与 KCD 相似。此现象表明,当钢材受到外力作用时,产生塑性变形,随着变形的增加,金属本身对变形的抗力增加了,这从晶格的滑移这一角度可以解释:钢材在弹性变形阶段,晶体原子排列的位置没有改变,仅在受力方向,原子间距离增大或缩短

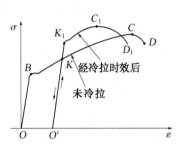

图 10-8　钢筋经冷拉及时效后应力——应变图的变化

(拉伸或压缩)。直到塑性变形阶段,晶体才沿结合力最差的结晶界面产生滑移。滑移以后的晶体破碎成小晶粒,产生弯扭,不易再滑移变形。所以就需要更大的外力才能使其继续产生塑性变形,这种现象称作"冷作硬化"或"加工硬化"。

如果将上述试样拉到 K 点时,去除荷载后不立即加荷,而经过时效处理,即常温下存放 15～20 d,或加热到 100～200℃,并保持一定时间,再拉伸时则可发现试样的屈服点提高到 K_1 点,且曲线沿 $K_1C_1D_1$ 发展,这个过程称时效处理,前者称为自然时效,用加热的方法则称为人工时效。冷加工以后的钢材产生时效作用的原因,目前认为系熔于铁素体的碳(过饱和)随着时间的增长,慢慢地从铁素体中析出形成渗碳体,分布在晶体的滑移面上阻止滑移,产生强化作用。

钢筋冷拉后,屈服强度一般可提高 20%～25%,同时能简化施工工艺,盘圆钢筋可使开盘、矫直、冷拉合成一道工序,并使锈皮脱落。

工地上通常是通过试验,选择恰当的冷拉应力和时效处理措施。一般强度较低的钢筋,采用自然时效即可达到时效目的,强度较高的钢筋,对自然时效几天无反应,必须进行人工时效。

冷拔低碳钢丝是将直径为 6.6～8 mm 的 Q235

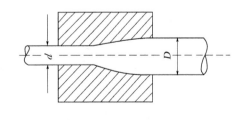

图 10-9　钢筋冷拔示意图

(或 Q215)盘圆钢筋,通过截面小于钢筋截面的钨合金拔丝模而制成。这种常温下的加工称为冷拔。冷拔钢丝不仅受拉,同时还受到挤压作用,如图 10-9。因此,经受一次或多次的拔制而

得的钢丝,其屈服强度可提高 40％～60％,但已失去了低碳钢的性质,变得硬脆,属硬钢类钢丝。国标 GB 50204—2015 规定,冷拔钢丝按强度分为两级:乙级为非预应力钢丝;甲级为预应力钢丝。混凝土构件厂常自行冷拔加工,因此对钢丝的质量要严格控制,对其外观要求分批抽样表面不准有锈蚀、油污、伤痕、皂渍、裂纹等,要逐盘检查其力学、工艺性能,并应符合规定。

§10-5 建筑钢材的标准与选用

建筑钢材主要包括钢板、混凝土用钢和型钢等种类,其中混凝土用钢和型钢最为常用。混凝土用钢主要是指钢筋混凝土和预应力混凝土中所采用的钢筋、钢丝和钢绞线等,具体包括:钢筋混凝土用热轧光圆钢筋(GB/T 1499.1—2017)、钢筋混凝土热轧带肋钢筋(GB 1499.2—2018)、预应力混凝土用螺纹钢筋(BG/T 20065—2016)、预应力混凝土用钢丝(GB/T 5223—2014)、预应力混凝土用中强度钢丝(GB/T 30828—2014)、预应力混凝土用钢绞线(GB/T 5224—2014)以及冷轧带肋钢筋(GB 13788—2017)、冷拔钢筋和冷拔低碳钢丝等。各种建筑钢材的性能主要取决于所用的钢种和加工方式。

一、热轧钢筋

热轧钢筋是建筑工程中用量最大的钢材品种之一,主要用于钢筋混凝土结构和预应力钢筋混凝土结构的配筋。按力学性能热轧钢筋可分为 4 级,各级钢筋的主要性能和用途见表10-1,引用标准为《钢筋混凝土用钢　第 1 部分:热轧光圆钢筋》(GB 1499.1—2017)、《钢筋混凝土用钢　第 2 部分:热轧带肋钢筋》(GB 1499.2—2018)。

表 10-1　热轧钢筋性能指标

类别	牌号	公称直径 d_0/mm	下屈服强度 R_{eL}/MPa	抗拉强度 R_m/MPa	断后伸长率 A/%	最大力总延伸率 A_{gt}/%	冷弯试验 180°弯芯直径 d
					不小于		
热轧光圆钢筋	HPB300	6～22	300	420	25	10.0	d_0
热轧带肋钢筋	HRB400 HRBF400	6～25 18～40 >40～50	400	540	16	7.5	4 d_0 5 d_0
	HRB400E HRBF400E				—	9.0	6 d_0
	HRB500 HRBF500	6～25 18～40 >40～50	500	630	15	7.5	6 d_0 7 d_0
	HRB500E HRBF500E				—	9.0	8 d_0
	HRB600	6～25 18～40 >40～50	600	730	14	7.5	6 d_0 7 d_0 8 d_0

注:HRB 为普通热轧钢筋,HRBF 为细晶粒热轧钢筋,后缀 E 为地震的英文首字母。

热轧光圆钢筋是用 Q235 碳素结构钢轧制而成的光圆钢筋。它的强度较低,但具有塑性好、伸长率高($\delta_5 > 25％$)、便于弯折成型、容易焊接等特点。它的使用范围很广,可用作中、小

330

型钢筋混凝土结构的主要受力钢筋,构件的箍筋,钢、木结构的拉杆等;可作为冷轧带肋钢筋的原材料,盘条还可作为冷拔低碳钢丝的原材料。

热轧带肋钢筋:用低合金镇静钢和半镇静钢轧制,以硅、锰作为主要固溶强化元素。H、R、B分别为热轧(Hot rolled)、带肋(Ribbed)、钢筋(Bars)三个英文词的首字母。其强度较高,塑性和可焊性较好。钢筋表面轧有通长的纵肋和均匀分布的横肋,从而加强了钢筋与混凝土之间的黏结力。带肋钢筋根据外形分月牙肋和等高肋。用热轧带肋钢筋作为钢筋混凝土结构的受力钢筋,比使用圆钢可节省钢材40%~50%,因此,广泛用于大、中型钢筋混凝土结构的主筋。

二、冷轧带肋钢筋

冷轧带肋钢筋是热轧圆盘条经冷轧或冷拔减径后在其表面冷轧成有肋的钢筋。冷轧带肋钢筋代号为"CRB×××",分别为Coldrolled,Ribbed,Bar三词首个字母,后面三位阿拉伯数字表示钢筋抗拉强度等级数值。冷轧钢筋的化学成分和力学性能应符合我国现行国标《冷轧带肋钢筋》(GB 13788—2017)的有关规定。如表10-2。

表 10-2　冷轧带肋钢筋力学性能和工艺性能

分类	牌号	规定塑性延伸强度 $R_{p0.2}$ (MPa) 不小于	抗拉强度 R_m MPa 不小于	$R_m/R_{p0.2}$ 不小于	断后伸长率 (%) 不小于		最大力总延伸率 (%) 不小于	弯曲试验[①] 180°	反复弯曲次数	应力松弛初始应力应相当于公称抗拉强度的70%
					A	A_{100mm}	A_{gt}			1 000 h,% 不大于
普通钢筋混凝土用	CRB550	500	550	1.05	11.0	—	2.5	$d=3d_0$	—	—
	CRB600H	540	600	1.05	14.0	—	5.0	$d=3d_0$	—	—
	CRB680H[②]	600	680	1.05	14.0	—	5.0	$d=3d_0$	4	5
预应力混凝土用	CRB650	585	650	1.05	—	4.0	2.5		3	8
	CRB800	720	800	1.05	—	4.0	2.5		3	8
	CRB800H	720	800	1.05	—	7.0	4.0		4	5

注:① d 为弯心直径,d_0 为钢筋公称直径。
② 当该牌号钢筋作为普通钢筋混凝土用钢筋使用时,对反复弯曲和应力松弛不做要求;当该牌号钢筋作为预应力混凝土用钢筋使用时应进行反复弯曲试验代替180°弯曲试验,并检测松弛率。

三、预应力混凝土用热处理钢筋

预应力混凝土热处理钢筋,是指用热轧中低合金钢筋经淬火、回火调质处理的钢筋,代号为PCB。预应力混凝土用钢棒按外形分为光圆钢棒、螺旋槽钢棒、螺旋肋钢棒、带肋钢棒四种。为增加与混凝土的黏结力,钢筋表面常轧有通长的纵肋和均布的横肋。这种钢筋通常卷成直径不小于2.0 m的弹性盘条供应,每盘钢棒由一根组成,其盘重不小于700 kg,开盘后可自行伸直,不需调直和焊接,施工方便,且节约钢材。使用时应按所要求长度切割,不能用电焊切割,也不能焊接,以免引起强度下降或脆断。热处理钢筋具有高强度、高韧性和高握固力等优点,主要用于预应力混凝土桥梁结构。热处理钢筋技术性能应符合我国现行标准《预应力混凝土用钢棒》(GB/T 5223.3—2017)的规定。

热处理钢筋的设计强度取标准强度的0.8倍,先张法和后张法预应力结构的张拉控制应力分别为标准强度的 0.7 倍和 0.65 倍。

热处理钢筋在预应力结构中使用,具有与混凝土黏结性能好、应力松弛率低、施工方便等优点。

四、冷拉低碳钢筋和冷拔低碳钢丝

对于低碳钢和低合金高强度钢,在保证要求延伸率和冷弯指标的条件下,进行较小程度的冷加工后,既可提高屈服极限和强度极限,又可满足塑性的要求。但应注意,钢筋须在焊接后进行冷拉,否则冷拉硬化效果在焊接时为高温影响而消失。冷拉钢筋按交货状态可以分为冷拉、冷拉磨光、冷拉后热处理(退火、光亮退火、正火、高温回火、正火后回火)三类,其力学性能见表 10-3,表中未列入的牌号钢材的交货状态力学性能由供需双方协商确定。

表 10-3　冷拉钢筋的力学性能

序号	牌号	冷拉			退火		
		抗拉强度 R_m/MPa	断后伸长率 A/%	断面收缩率 Z_m/MPa	抗拉强度 R_a/MPa	断后伸长率 A/%	断面收缩率 Z/%
		不小于			不小于		
1	10	440	8	50	295	26	55
2	15	470	8	45	345	28	55
3	20	510	7.5	40	390	21	50
4	25	540	7	40	410	19	50
5	30	560	7	35	440	17	45
6	35	590	6.5	35	470	15	45
7	40	610	6	35	510	14	40
8	45	635	6	30	540	13	40
9	50	655	6	30	560	12	40
10	15Mn	490	7.5	40	390	21	50
11	50Mn	685	5.5	30	590	10	35
12	50Mn2	735	5	25	635	9	30

低碳钢热轧圆盘条或热轧光圆钢筋经一次或多次冷拔制成的光圆钢丝称为冷拔低碳钢丝。冷拔低碳钢丝的母材牌号及直径可按表 10-4 确定。冷拔加工时,每次拉拔的面缩率不宜大于 25%。冷拔低碳钢丝的力学性能见表 10-5。

表 10-4　母材的牌号与直径

冷拔低碳钢丝直径/mm	母材牌号	母材直径/mm
3	Q195、Q215	6.5、6
4	Q195、Q215	6.5、6
5	Q215、Q235、HPB235	6.5、8
6	Q215、Q235、HPB235	8
7	Q215、Q235、HPB235	10
8	Q235、HPB235	10

表 10-5　冷拔低碳钢丝拉伸试验、反复弯曲试验的性能要求

冷拔低碳钢丝直径/mm	抗拉强度 R_m 不小于/(N·mm^{-2})	伸长率 A 不小于/%	180°反复弯曲次数不小于	弯曲半径/mm
3		2.0		7.5
4		2.5		10
5	550		4	15
6		3.0		15
7				20
8				20

注：① 抗拉强度试样应取未经机械调直的冷拔低碳钢丝；
　　② 冷拔低碳钢丝伸长率测量标距对直径 3～6 mm 的钢丝为 100 mm,对直径 7 mm、8 mm 的钢丝为 150 mm。

这种钢丝在冷拔过程中,由于钢材的位错增多,使晶格滑移受阻,因而强度提高,同时伸长率下降。所以其强度主要取决于热轧盘条的原有强度和冷拔后的总变形量。拔制时应适当选择冷拔道次,以保证其强度和塑性性能满足要求。

五、预应力混凝土用钢丝、刻痕钢丝、钢绞线

预应力钢丝是以优质高碳钢圆盘条经等温淬火并拔制而成。预应力钢丝按加工状态分为冷拉钢丝(WCD)和消除应力钢丝(WLR)两类,按外形分为光圆钢丝(P)、螺旋肋钢丝(H)和刻痕钢丝(I)三种。冷拉钢丝的力学性能见表 10-6。若将预应力钢丝经辊压出规律性凹痕,以增强与混凝土的黏结,则成刻痕钢丝。预应力钢丝具有强度高、柔性好、松弛率低、耐腐蚀等特点,适用于各种特殊要求的预应力混凝土。

表 10-6　冷拉钢丝的力学性能

公称直径 d_a/mm	公称抗拉强度 R_m/MPa	最大力的特征值 F_m/kN	最大力的最大值 $F_{m,max}$/kN	0.2%屈服力 $F_{p0.2}$/kN ≥	每 210 mm 扭矩的扭转次数 N ≥	断面收缩率 Z/% ≥	氢脆敏感性能 负载为70% 最大力时,断裂时间 t/h ≥	应力松弛性能 初始力为最大力 70%时,1 000 h 应力松弛率 r/% ≤
4.00		18.48	20.99	13.86	10	35		
5.00		28.86	32.79	21.65	10	35		
6.00	1 470	41.56	47.21	31.17	8	30	75	7.5
7.00		55.57	64.27	42.42	8	30		
8.00		73.88	83.93	55.41	7	30		

公称直径 d_a/mm	公称抗拉强度 R_m/MPa	最大力的特征值 F_m/kN	最大力的最大值 $F_{m, max}$/kN	0.2%屈服力 $F_{P0.2}$/kN ≥	每 210 mm 扭矩的扭转次数 N ≥	断面收缩率 Z/% ≥	氢脆敏感性能 负载为 70% 最大力时,断裂时间 t/h ≥	应力松弛性能 初始力为最大力 70%时,1 000 h 应力松弛率 r/% ≤
4.00		19.73	22.24	14.80	10	35		
5.00		30.82	34.75	23.11	10	35		
6.00	1 570	44.38	50.03	33.29	8	30		
7.00		60.41	68.11	45.31	8	30		
8.00		78.91	88.96	59.18	7	30		
4.00		20.99	23.50	15.74	10	35		
5.00		32.78	36.71	24.59	10	35		
6.00	1 670	47.21	52.86	35.41	8	30	75	7.5
7.00		64.26	71.96	48.20	8	30		
8.00		83.93	93.99	82.95	6	30		
4.00		22.25	24.76	16.69	10	35		
5.00		34.75	38.68	25.06	10	35		
6.00	1 770	50.04	55.65	37.53	8	30		
7.00		68.11	75.81	51.08	6	30		

预应力混凝土配筋用钢绞线是由冷拉光圆钢丝及刻痕钢丝捻制的用于预应力混凝土结构的钢绞线。钢绞线按结构分为以下 8 类,结构代号为:

　　a) 用两根钢丝捻制的钢绞线; 　　　　　　　　　　　　　　　　　　　　1×2

　　b) 用三根钢丝捻制的钢绞线; 　　　　　　　　　　　　　　　　　　　　1×3

　　c) 用三根刻痕钢丝捻制的钢绞线; 　　　　　　　　　　　　　　　　　　1×3I

　　d) 用七根钢丝捻制的标准型钢绞线; 　　　　　　　　　　　　　　　　　1×7

　　e) 用六根刻痕钢丝和一根光圆中心钢丝捻制的钢绞线; 　　　　　　　　　1×7I

　　f) 用七根钢丝捻制又经模拔的钢绞线; 　　　　　　　　　　　　　　　(1×7)C

　　g) 用十九根钢丝捻制的 1+9+9 西鲁式钢绞线; 　　　　　　　　　　　1×19S

　　h) 用十九根钢丝捻制的 1+6+6/6 瓦林吞式钢绞线。 　　　　　　　　1×19 W

预应力钢绞线具有强度高、与混凝土黏结性能好、断面积大、使用根数少、在结构中排列布置方便、易于锚固等优点,故多使用于大跨度、重荷载的混凝土结构。1×7 结构钢绞线的力学性能见表 10-7。

表 10-7　1×7 结构钢绞线力学性能

钢绞线结构	钢绞线公称直径 D_a/mm	公称抗拉强度 R_m/MPa	整根钢绞线最大力 F_m/kN ≥	整根钢绞线最大力的最大值 $F_{m,max}$/kN ≤	0.2%屈服力 $F_{p0.2}$/kN ≥	最大力总伸长率 (L_0≥500 mm) A_{gt}/% ≥	应力松弛性能	
							初始负荷相当于实际最大力的百分数/%	1 000 h 应力松弛率 r/% ≤
1×7	15.20 (15.24)	1 470	206	234	181	对所有规格	对所有规格	对所有规格
		1 570	220	248	194			
		1 670	234	262	206			
	9.50 (9.53)	1 720	94.3	105	83.0	3.5	70	2.5
	11.10 (11.11)		128	142	113			
	12.70		170	190	150			
	15.20 (15.24)		241	269	212			
	17.80 (17.78)		327	365	288			
	18.90	1 820	400	444	352			
	15.70	1 770	266	296	234			
	21.60		504	561	444			
	9.50 (9.53)	1 860	102	113	89.8			
	11.10 (11.11)		138	153	121			
	12.70		184	203	162			
	15.20 (15.24)		260	288	229			
	15.70		279	309	246			
	17.80 (17.78)		355	391	311		80	4.5
	18.90		409	453	360			
	21.60		530	587	466			
	9.50 (9.53)	1 960	107	118	94.2			
	11.10 (11.11)		145	160	128			
	12.70		193	213	170			
	15.20 (15.24)		274	302	241			

钢绞线结构	钢绞线公称直径 D_a /mm	公称抗拉强度 R_m /MPa	整根钢绞线最大力 F_m/kN ≥	整根钢绞线最大力的最大值 $F_{m,max}$/kN ≤	0.2%屈服力 $F_{p0.2}$ /kN ≥	最大力总伸长率 ($L_0 \geq 500$ mm) A_{gt}/% ≥	应力松弛性能	
							初始负荷相当于实际最大力的百分数/%	1 000 h 应力松弛率 r/% ≤
1×7I	12.70	1 860	184	203	162			
	15.20 (15.24)		260	288	229			
(1×7)C	12.70	1 860	208	231	183			
	15.20 (15.24)	1 820	300	333	264			
	18.00	1 720	384	428	338			

钢丝、刻痕钢丝及钢绞线均属于冷加工强化的钢材，没有明显的屈服点，材料检验只能以抗拉强度为依据。其强度高，并具有较好的柔韧性，使用时可根据要求的长度切断。设计强度取值以条件屈服点的 $\sigma_{0.2}$ 的统计值来确定。

预应力钢丝、刻痕钢丝和钢绞线均具有强度高、塑性好，使用时不需接头等优点，适用于大荷载、大跨度及曲线配筋的预应力混凝土结构。

六、型钢

钢结构构件一般应直接选用各种型钢。构件之间可直接连接或辅以连接钢板进行连接，连接方式可铆接、螺栓连接或焊接，所以钢结构所用钢材主要是型钢和钢板。型钢有热轧及冷成型两种，钢板也有热轧（厚度为 0.35～200 mm）和冷轧（厚度为 0.2～5 mm）两种。

1. 热轧型钢

常用的热轧型钢有角钢（等边和不等边）、工字钢、槽钢、T 型钢、H 型钢等，见图 10-10 所示。

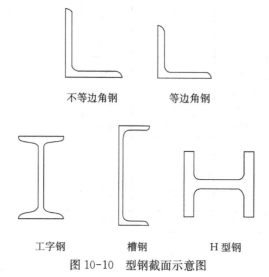

不等边角钢　　等边角钢

工字钢　　　　槽钢　　　　H 型钢

图 10-10　型钢截面示意图

热轧型钢的表示方法为：

工字钢："I"与高度值×腿宽度值×腰厚度值,如:I450×150×11.5(简记为I45a)。

槽钢："["与高度值×腿宽度值×腰厚度值,如:[200×75×9(简记为[20b)。

等边角钢:"∠"与边宽度值×边宽度值×边厚度值,如:∠200×200×24(简记为∠200×24)。

不等边角钢:"∠"与长边宽度值×短边宽度值×边厚度值,如:∠160×100×16。

2. 冷弯型钢

冷弯型钢通常是由冷加工变形的冷轧、热轧或涂层(镀层)钢板和钢带在连续辊式冷弯机组上生产而成。冷弯型钢按产品截面形状分为冷弯圆形空心型钢(Y)、冷弯方形空心型钢(F)、冷弯矩形空心型钢(J)、冷弯异形空心型钢(YI)和冷弯开口型钢。也可按屈服强度等级分为Q195、Q215、Q235、Q345、Q390、Q420、Q460、Q500、Q550、Q620、Q690和Q750。

3. 钢板和压型钢板

用光面轧辊轧制而成的扁平钢材,以平板状态供货的称钢板;以卷状供货的称钢带。根据轧制温度不同,又可分为热轧和冷轧两种。建筑用钢板及钢带的钢种主要是碳素结构钢,重型结构、大跨度桥梁、高压容器等也采用低合金钢钢板。

按厚度来分,热轧钢板分为厚板(厚度大于 4 mm)和薄板(厚度为 0.35~4 mm)两种;冷轧钢板只有薄板(厚度为 0.2~4 mm)一种。厚板可用于焊接结构;薄板可用作屋面或墙面等围护结构,或作为涂层钢板的原料,如制作压型钢板等;钢板可用来弯曲型钢。

薄钢板经冷压或冷轧成波形、双曲形、V 形等形状,称为压型钢板。制作压型钢板的板材采用有机涂层薄钢板(或称彩色钢板)、镀锌薄钢板、防腐薄钢板或其他薄钢板。

压型钢板具有单位质量轻、强度高、抗震性能好、施工快、外形美观等特点,主要用于围护结构、楼板、屋面等。

§10-6 钢材的锈蚀与保护

钢材的锈蚀指其表面与周围介质发生化学反应而遭到的破坏。锈蚀可发生于许多引起锈蚀的介质中,如湿润空气、土壤、工业废气等,温度提高,锈蚀加速。

钢材在存放中如严重锈蚀,不仅截面积减小,材质降低,而且除锈工作耗费很大,甚至报废。使用中如发生锈蚀不仅使受力面积减小,而且局部锈坑的产生可造成应力集中,促使结构早期破坏。尤其在有反复荷载的情况下将产生锈蚀疲劳现象,使疲劳强度大为降低,出现脆性断裂。

根据钢材表面与周围介质的不同作用,锈蚀可分为下述两类:

1. 化学锈蚀

指钢材表面与周围介质直接发生化学反应而产生的锈蚀,如钢材在高温中氧化形成 Fe_3O_4 的现象。在常温下,钢材表面将形成一薄层钝化能力很弱的氧化保护膜 Fe_2O_3,有助于保护钢材。

2. 电化学锈蚀

建筑钢材在存放和使用中发生的锈蚀主要属这一类。例如,存放于湿润空气中的钢材,表面为一层电解质水膜所覆盖。由于表面成分或者受力变形等的不均匀性,使邻近的局部产生电极电位的差别,因而建立许多微电池。在阳极区,铁被氧化成 Fe^{2+} 离子进入水膜;因为水中溶有来自空气中的氧,故在阴极区氧将被还原为 OH^- 离子,两者结合成为不溶于水的 $Fe(OH)_2$,并进一步氧化成为疏松易剥落的红棕色铁锈 $Fe(OH)_3$。因为水膜中离子浓度提高,阴极放电快,锈蚀进行较快,故在工业大气的条件下,钢材较容易锈蚀。

从以上分析可以了解,影响钢材最常见的锈蚀破坏的重要因素,是水和源源供给溶氧的空气。

埋于混凝土中的钢筋,因系处于碱性介质的条件(新浇混凝土的 pH 约为 12.5 或更高),而氧化保护膜为碱性,故不致锈蚀。但应注意,锈蚀反应将强烈地为一些卤素离子,特别是氯离子所促进,它们能破坏保护膜,使锈蚀迅速发展。

钢结构防止锈蚀的方法通常是采用表面刷漆,常用底漆有红丹、环氧富锌漆、铁红环氧底漆等,面漆有灰铅油、醋酸磁漆、酚醛磁漆等。薄壁钢材可采用热浸镀锌或镀锌后加涂塑料涂层,这种方法效果最好,但价格较高。

混凝土配筋的防锈措施,主要是根据结构的性质和所处环境条件等,考虑混凝土的质量要求,即限制水灰比和水泥用量,并加强施工管理,以保证混凝土的密实性,以及保证足够的保护层厚度和限制氯盐外加剂的掺用量。

对于预应力钢筋,一般含碳量较高,又多系经过变形加工或冷拉,因而对锈蚀破坏较敏感,特别是高强度热处理钢筋,容易产生应力锈蚀现象。故重要的预应力承重结构,除不能掺用氯盐外,还应对原材料进行严格检验。

对配筋的防锈措施,还有掺用防锈剂(如重铬酸盐等)的方法,国外也有采用钢筋镀锌、镀镉或镀镍等方法。

复习思考题

10-1 建筑工程中主要使用哪些钢材?

10-2 评价建筑用钢材的主要技术指标是什么?

10-3 含碳量对钢材的性能有哪些影响? 硫和磷的含量对钢材的性能有哪些影响?

10-4 钢材的牌号是如何确定的?

10-5 钢筋混凝土用热轧钢筋分为几级? 其性能如何?

10-6 钢筋的锈蚀是如何产生的? 应如何防护钢筋?

创新设计

深入一建筑施工现场,收集工程中所采用的各种钢材,包括钢板、钢筋、型钢、钢丝、工具钢等,观察其表面和截面形状,调查并总结各种钢材的型号、使用场合和性能特点。

第 11 章　其他建筑材料

学习目的：学习和掌握生产烧土制品的主要过程；烧结普通砖的主要技术性质；了解高分子材料的分类和性能特点；了解吸声材料及绝热材料的作用原理及基本要求。

教学要求：结合现代建筑特点，讲述传统烧土制品与新型材料的适用场合与特点。

§11-1　烧土制品与玻璃

烧土制品是以黏土为主原料经成型及焙烧所得的产品。我国在建筑上应用烧土制品的历史悠久，如黏土砖、瓦在距今 2 300 年前的战国就开始应用，作为建筑材料的烧土制品至今仍在建筑中占有重要地位。以普通黏土砖为例，尽管出现许多新型墙体材料，但砖墙仍占很大的比重。这是因为黏土原料较普遍，制品具有较高的强度和耐久性，并有较好的装饰效果。

烧土制品按用途可分为：墙体材料（烧结普通砖、黏土空心砖）、屋面材料（瓦）、地面材料（地砖）、装修材料（饰面陶瓷）及其他功用材料（卫生陶瓷、绝热砖、耐火砖及耐酸砖）等。

一、烧结普通砖的生产与技术指标

1. 黏土原料

（1）黏土的组成

黏土的主要组成矿物称为黏土矿物。黏土矿物是具有层状结晶结构的含水铝硅酸盐（$x\mathrm{Al_2O_3} \cdot y\mathrm{SiO_2} \cdot z\mathrm{H_2O}$），常见的黏土矿物有高岭石、蒙脱石、伊利石等。黏土中除黏土矿物外，还含有石英、长石、褐铁矿、黄铁矿以及一些碳酸盐、磷酸盐、硫酸盐类矿物等杂质。杂质直接影响制品的性质，例如细分散的褐铁和碳酸盐会降低黏土的耐火度；块状的碳酸钙焙烧后形成石灰杂质，遇水膨胀，制品会因胀裂而破坏。

黏土的颗粒组成直接影响黏土的可塑性。可塑性是黏土的重要特性，它决定了制品成型性能。黏土含有不同粗细的颗粒，其中极细（尺寸小于 0.005 mm）的片状颗粒，使黏土获得较高的可塑性。这类颗粒称为黏土物质，其含量愈多，黏土的可塑性愈大。

（2）黏土焙烧时的变化

黏土焙烧后能成为石质材料，这是黏土极为重要的特性。

黏土在焙烧过程中发生一系列的变化，具体过程因黏土种类不同而有很大差别。一般的物理化学变化大致如下：焙烧初期，黏土中自由水逐渐蒸发，当温度达 110℃时，自由水完全排出，黏土失去可塑性。但这时如加水，黏土仍可恢复可塑性。温度升至 425～800℃时，有机物烧尽，黏土矿物及其他矿物的结晶水脱出。这时，即使再加水，黏土也不可能恢复可塑性。随后，黏土矿物发生分解。继续加热至 1 000℃以上时，已分解的黏土矿物将形成新的结晶硅酸盐矿物。新矿物的形成使焙烧后的黏土具有耐水性、强度和热稳定性（抵抗温度激变的本领）。

与此同时,黏土中的易熔化矿物形成一定数量的熔融体(液相),熔融体包裹未熔融颗粒,并填充颗粒之间的空隙。由于上述两个原因(新矿物和液相的形成),焙烧后的黏土冷却后便转变成石质材料。随着熔融体数量的增加,焙烧后的黏土中开口孔隙率减小,吸水率降低,强度、耐水性和抗冻性提高。烧结普通砖及其多孔烧土制品的温度约为950～1000℃。

黏土在焙烧过程中变得密实,并转变为石质材料的性质称为黏土的烧结性。图11-1为焙烧温度与焙烧后黏土吸水率之间的关系曲线,由该图可以说明黏土的烧结性。随温度的升高,焙烧后的黏土吸水率减小,即烧结程度提高,一直达到C点。在温度t_C下,黏土出现过烧(膨胀或熔融)。温度t_C-t_A的温度间隔称为黏土的烧结范围,t_A为开始烧结温度。烧结范围与黏土组成有关,此范围愈宽,焙烧的制品愈不易变形,因而可获得烧结程度高的密实制品。生产普通黏土砖的易熔黏土(耐火度很低的黏土)烧结范围很窄,只有50～100℃,耐火黏土的烧结范围高达400℃。

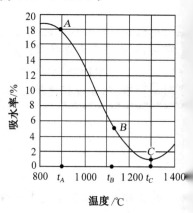

图 11-1 焙烧温度与焙烧后
黏土吸水率的关系

2. 烧土制品生产简介

烧土制品生产工艺的简、繁,因产品不同而异。

烧结普通砖、黏土空心砖的工艺过程为:采土→原料调制→制坯→干燥→焙烧→制品。

饰面烧土制品(饰面陶瓷)的工艺过程为:原料调制→成型→干燥→上釉→焙烧→制品。

也有的制品在成型、干燥后先焙烧(素烧),然后上釉后再焙烧一次(釉烧)。

(1)原料调制与成型

原料调制的目的是破坏黏土原料的天然结构,剔除有害杂质,粉碎大块原料,然后与其他原料及水拌和成均匀的、适合成型的坯料。根据制品的种类和原料性质,将坯料调成不同状态以供成型。坯料成型后通常称作生坯。

成型方法有如下三种:

a. 塑性法成型

用含水量为15％～25％可塑性良好的坯料,通过挤泥机挤出一定断面尺寸的泥条,切割后获得制品的形状。此法适合成型烧结普通砖及空心砖。

b. 半干压或干压法成型

用含水量低(半干压法成型为8％～12％,干压法成型为4％～6％)、可塑性差的坯料,在压力机上成型。由于生坯含水量小,有时可不经干燥立即进行焙烧,简化了工艺。外墙面砖及地砖多用此法成型。

c. 注浆法成型

用含水量高达40％呈泥浆状态的坯料,注入石膏模型中,石膏吸收水分,坯料变干获得制品的形状。此法适合成型形状复杂或薄壁制品,如卫生陶瓷、内墙面砖等。

(2)干燥与焙烧

成型后的生坯,其含水量必须降至8％～10％方能入窑焙烧,因而要进行干燥。干燥是生产工艺的重要阶段,制品裂缝多半就是在这个阶段形成的。干燥分自然干燥与人工干燥。前者是在露天下阴干,后者是利用焙烧窑余热在室内干燥。

焙烧是生产工艺的关键阶段。焙烧是在连续作用(装窑、预热、焙烧、保温和冷却、出窑等过程可同时进行,即一边在装窑,而另一边在出窑)的隧道窑或轮窑中进行。有的制品(如内墙面砖、外墙面砖等)在焙烧时要放在匣钵内,防止温度不均和窑内气体对制品外观的影响。

(3)上釉

釉是覆盖在制品表面上的玻璃态薄层。上釉的目的是提高制品的强度和化学稳定性,进而获得美观和清洁的效果。釉料是熔融温度低、容易形成玻璃态的材料。制釉所用矿物原料的纯度要求较高,有些则是化工原料。

3. 烧结普通砖的生产

我国很早(2 000多年前)就掌握了烧制黏土砖瓦的技术。普通砖一直是土木工程中应用最广泛的材料,以后虽然有混凝土材料的出现和发展,但由于黏土砖有其特有的优点,故至今仍然是我国主要的墙体材料之一。

(1)烧结普通砖的主要品种

烧结普通砖是指以黏土、页岩、煤矸石或粉煤灰为主要原料,经焙烧而成的标准尺寸的实心砖。烧结普通砖为长方体,标准尺寸为240 mm×115 mm×53 mm,这样,四个砖长、八个砖宽、十六个砖厚,加上砂浆缝厚度(10 mm),都恰好是1 m。1 m³砖砌体需512块砖。

(2)普通黏土砖的生产

生产普通黏土砖的原料为易熔黏土,从颗粒组成来看,以砂质黏土或砂土最为适宜。为了节约燃料,可将煤渣等可燃性工业废料掺入黏土原料中,用此法焙烧的砖称为内燃砖,我国各地普遍采用这种烧砖法。

普通黏土砖一般是用塑性法挤出成型。泥条的切割面(即砖的大面,是砌筑时的砌筑面)比较粗糙,易与砂浆黏结。

普通黏土砖是在隧道窑或轮窑中焙烧的,燃料燃烧完全,窑内为氧化气氛,砖坯在氧化气氛中烧成出窑,制得红砖再经浇水闷窑,使窑内形成还原气氛,促使砖内的红色高价氧化铁(Fe_2O_3)还原成青灰色的低价氧化铁(FeO),制得青砖。青砖耐久性较高,但生产效率低,燃料耗量大。

普通黏土砖焙烧温度应适当,否则会出现欠火砖或过火砖。欠火砖是焙烧温度低,火候不足的砖,其特征是黄皮黑心,声哑,强度低,耐久性差。过火砖是焙烧温度过高的砖,其特征是颜色较深,声音清脆,强度与耐久性均高,但导热系数较大,而且产品多弯曲变形。

4. 烧结普通砖的技术性质

(1)强度

烧结普通砖按抗压强度分为五个等级,各强度等级划分标准如表11-1所示。

表11-1　强度等级

单位:MPa

强度等级	抗压强度平均值 $\bar{f}$ ≥	强度标准值 f_k ≥
MU30	30.0	22.0
MU25	25.0	18.0
MU20	20.0	14.0
MU15	15.0	10.0
MU10	10.0	6.5

（2）耐久性

为了确定砖的耐久性，需进行下列试验：

a. 冻融试验

根据国家标准《烧结普通砖》GB/T 5101—2017 的规定，严重风化地区的砖应进行冻融试验，其他地区砖的抗风化性能若符合下表的规定，可不做冻融试。如表 11-2。

表 11-2　抗风化性能

砖种类	严重风化区				非严重风化区			
	5 h 沸煮吸水率/% ≤		饱和系数 ≤		5 h 沸煮吸水率/% ≤		饱和系数 ≤	
	平均值	单块最大值	平均值	单块最大值	平均值	单块最大值	平均值	单块最大值
黏土砖、建筑渣土砖	18	20	0.85	0.87	19	20	0.88	0.90
粉煤灰砖	21	23			23	25		
页岩砖	16	18	0.74	0.77	18	20	0.78	0.80
煤矸石砖								

b. 泛霜试验

泛霜也称起霜，是砖在使用过程中的一种盐析现象。砖内过量的可溶盐受潮吸水溶解，随水分蒸发而沉积于砖的表面，形成白色粉状附着物，在砖表面形成絮团状斑点，影响建筑的美观。如果溶盐为硫酸盐，当水分蒸发呈晶体析出时，产生膨胀，使砖面剥落。经试验的砖不应出现起粉、掉屑和脱皮现象。

c. 石灰爆裂试验

石灰爆裂是指砖的坯体中夹有石灰块，有时也由掺入的内燃料（煤渣）带入，砖吸水后，由于石灰逐渐熟化而膨胀产生的爆裂现象。经试验后砖面上出现的爆裂点不应超过规定。

通过上述试验后，按《烧结普通砖》国家标准（GB/T 5101—2017）的规定，对砖的耐久性做出评定。

（3）外观指标

砖的外观质量应符合表 11-3 的规定。

表 11-3　外观质量

单位：mm

项目		指标
两条面高度差	≤	2
弯曲	≤	2
杂质凸出高度	≤	2
缺棱掉角的三个破坏尺寸	不得同时大于	5
裂纹长度	≤	
a. 大面上宽度方向及其延伸至条面的长度		30
b. 大面上长度方向及其延伸至顶面的长度或条顶面上水平裂纹的长度		50
完整面ᵃ	不得少于	一条面和一顶面

注：为砌筑挂浆而施加的凹凸纹、槽、压花等不算作缺陷。

　　a 凡有下列缺陷之一者，不得称为完整面；
　　——缺损在条面或顶面上造成的破坏面尺寸同时大于 10 mm×10 mm。
　　——条面或顶面上裂纹宽度大于 1 mm，其长度超过 30 mm。
　　——压陷、粘底、焦花在条面或顶面上的凹陷或凸出超过 2 mm，区域尺寸同时大于 10 mm×10 mm。

5. 烧结普通砖的应用

烧结普通砖是传统的墙体材料,主要用于砌筑建筑的内外墙、柱、拱、烟囱和窑炉。烧结普通砖在应用时,应充分发挥其强度、耐久性和隔热性能均较高的特点。用于砌筑墙体和烟囱能发挥这些特点,而用于砌筑填充墙(非承重的墙体)和基础,上述特点就得不到发挥了。

在应用时,必须认识到砖砌体(如砖墙、砖柱等)的强度不仅取决于砖的强度,而且受砂浆性质的影响。砖的吸水率大,一般为15%~20%,在砌筑时吸收砂浆中的水分,如果砂浆保持水分的能力差,砂浆就不能正常硬化,导致砌体强度下降。为此,在砌筑时除了要合理配制砂浆外,还要使砖湿润。

用小块的烧结普通砖作为墙体材料,施工效率低,墙体自重大,亟待改革。墙体改革的技术方向,主要是发展轻质、高强、空心、大块的墙体材料,力求减轻建筑物自重和节约能源,并为实现施工技术现代化和提高劳动生产率创造条件。

二、建筑玻璃的生产与技术指标

玻璃是以石英砂、纯碱、长石和石灰石等为主要原料,经熔融、成形、冷却固化而成的非结晶无机材料。它具有一般材料难以具备的透明性,具有优良的机械力学性能和热工性质。而且,随着现代建筑发展的需要,逐渐向多功能方向发展。玻璃的深加工制品具有控制光线、调节温度、防止噪音和提高建筑艺术装饰等功能。所以,玻璃已不只是采光材料,而且是现代建筑的一种结构材料和装饰材料,从而扩大了其使用范围,成为现代建筑工程的重要材料之一。

1. 玻璃的组成

玻璃的组成很复杂,其主要化学成分为 SiO_2(含量72%左右)、Na_2O(含量15%左右)、CaO(含量8%左右),另外还含有少量 Al_2O_3、MgO 等,它们对玻璃的性质起着十分重要的作用,改变玻璃的化学成分、相对含量和制备工艺,可获得性能和应用范围截然不同的各类玻璃制品。为使玻璃具有某种特性或改善玻璃的工艺性能,还可加入少量的助熔剂、脱色剂、着色剂、乳浊剂和发泡剂等。玻璃主要化学成分的作用见表11-4所示。

表11-4 玻璃中主要氧化物的作用

氧化物名称	作 用	
	增 加	降 低
SiO_2	化学稳定性、耐热性、机械强度	密度、热膨胀系数
Na_2O	热膨胀系数	化学稳定性、热稳定性
CaO	硬度、强度、化学稳定性	耐热性
Al_2O_3	化学稳定性、韧性、硬度、强度	析晶倾向
MgO	化学稳定性、耐热性、强度	韧性

2. 玻璃的分类

玻璃的种类很多,按其化学成分可分为硅酸盐玻璃、磷酸盐玻璃、硼酸盐玻璃和铝酸盐玻璃等。其中以硅酸盐玻璃应用最广,它是以二氧化硅为主要成分,另外还含有一定量的 Na_2O 和 CaO,故又称为钠钙硅酸盐玻璃,为常用的建筑玻璃。若以 K_2O 代替 Na_2O,并提高 SiO_2 含量,则成为制造化学仪器用的钾硅酸盐玻璃。若引入 MgO,并以 Al_2O_3 替代部分 SiO_2,则成为制造无碱玻璃纤维和高级建筑玻璃的铝硅酸盐玻璃。

按玻璃的用途又可分为建筑玻璃、化学玻璃、光学玻璃、电子玻璃、工艺玻璃、玻璃纤维及泡沫玻璃等。

3. 玻璃的性质

(1) 玻璃的密度

玻璃内几乎无孔隙,属于致密材料。其密度与化学成分有关,含有重金属离子时密度较大,含大量 PbO 的玻璃密度可达 $6.5~g/cm^3$,普通玻璃的密度为 $2.5\sim2.6~g/cm^3$。

(2) 玻璃的光学性质

玻璃具有优良的光学性质,广泛用于建筑物的采光、装饰及光学仪器和日用器皿。

当光线入射玻璃时,表现有反射、吸收和透射三种性质。光线透过玻璃的性质称透射,以透光率表示。光线被玻璃阻挡,按一定角度反射出来称为反射,以反射率表示。光线通过玻璃后,一部分光能量被损失,称为吸收,以吸收率表示。玻璃的反射率、吸收率、透光率之和等于入射光的强度,为 100%。玻璃的用途不同,要求这三项光学性质所占的百分比不同。用于采光、照明时要求透光率高,如 3 mm 厚的普通平板玻璃的透光率≥85%。用于遮光和隔热的热反射玻璃,要求反射率高,如反射型玻璃的反射率可达 48% 以上,而一般洁净玻璃仅 7%～9%。用于隔热、防眩作用的吸热玻璃,希望它能吸收大量红外线辐射能,同时又保持良好的透射性。

玻璃对光的吸收与玻璃的组成、厚度及入射光的波长有关。不同玻璃对不同波长的光具有选择性吸收,此时通过玻璃出来的光,将改变其原来光谱组成而获得某种颜色的光。例如在玻璃中加入钴、镍、铜、锰、铬等氧化物而相应呈现蓝、灰、红、紫、绿等颜色,由此可制成有色玻璃。当加入 Fe^{+2}、V^{+4}、Cu^{+2} 等金属离子时,则可吸收波长为 $0.7\sim5~\mu m$ 的红外线,从而制成吸热玻璃。

(3) 玻璃的热工性质

玻璃的热工性质主要是指其比热和导热系数。玻璃的比热随温度升高而增加,它还与化学成分有关,当含 Li_2O、SiO_2、B_2O_3 等氧化物时比热增大;含 PbO、BaO 时其值降低。玻璃的比热一般为 $(0.33\sim1.05)\times10^3~J/(g\cdot K)$。

玻璃是热的不良导体,它的导热系数随温度升高而降低,这与玻璃的化学组成有关,增加 SiO_2、Al_2O_3 时其值增大。石英玻璃的导热系数最大,为 $1.34~W/(m\cdot K)$,普通玻璃的导热系数为 $0.75\sim0.92~W/(m\cdot K)$。由于玻璃传热慢,所以在玻璃温度急变时,沿玻璃的厚度从表面到内部,有着不同的膨胀量,由此而产生内应力,当应力超过玻璃极限强度时就造成碎裂破坏。

(4) 力学性质

玻璃的抗压强度与其化学成分、制品结构和制造工艺有关。二氧化硅(SiO_2)含量高的玻璃有较高的抗压强度,而氧化钙(CaO)、氧化钠(Na_2O)及氧化钾(K_2O)等氧化物是降低抗压强度的因素。玻璃的抗压强度高,一般为 600～1 200 MPa,而抗拉强度很小,为 40～80 MPa,故玻璃在冲击力作用下易破碎,是典型的脆性材料。玻璃在常温下具有弹性,普通玻璃的弹性量为$(6\sim7.5)\times10^4$ MPa,为钢的 1/3,而与铝相接近。但随着温度升高,弹性模量下降,出现塑性变形。一般玻璃的莫氏硬度为 6～7。

(5) 化学性质

玻璃具有较高的化学稳定性,在通常情况下对水、酸、碱以及化学试剂或气体等具有较强的抵抗能力,能抵抗氢氟酸以外的各种酸类的侵蚀。但如果玻璃组成中含有较多易蚀物质,在长期受到侵蚀介质的腐蚀下,化学稳定性将变差,导致玻璃损坏。

§11-2 高分子材料

在有机化合物中,一般将分子量在10^4以上的化合物称为高分子化合物。有时,分子量达10^3的也叫高分子化合物,即低分子化合物和高分子化合物之间并没有严格的界限。高分子化合物有天然的和合成的两大类。以高分子化合物为主要成分的材料称为高分子材料,高分子材料也分为天然高分子材料和合成高分子材料。如棉织品、木材、天然橡胶等都是天然高分子材料。天然高分子材料的产量和性能,远远不能满足工程需要。随着有机高分子科学的发展,合成高分子材料的产量和品种迅速增加,用途日益广泛。现代生活中的塑料、橡胶、化学纤维以及某些胶粘剂、涂料等,都是以高分子化合物为基础材料制成的,这些高分子化合物绝大多数是人工合成,故称为合成高分子材料。

合成高分子材料,不仅可用于保温、装饰、吸声等材料,还可用作结构材料代替钢材和木材。据预计,21 世纪初合成高分子材料将占土木工程材料用量的 25%以上。

高分子化合物作为土木工程材料,与传统的土木工程材料相比,有如下一些特点:

(1) 密度小、比强度高

高分子化合物的密度一般为$(0.8\sim2.2)\times10^3$ kg/m³,只有钢材的 1/8～1/4,混凝土的 1/3,铝的 1/2。高分子材料的比强度(即强度与表观密度之比)多大于钢材和混凝土制品,是一种轻质高强材料,非常适应现代土木工程荷载高、跨度大的需要。

(2) 加工性能良好

高分子材料可以用多种加工工艺(挤出、压铸等)制成形状不同、厚薄不等的产品,能适应不同结构部位的需要。

(3) 耐化学腐蚀性优良

一般高分子材料对酸、碱等耐腐蚀能力都比金属材料和无机材料强,特别适用于特种土木工程的需要。

一、高分子化合物的制备(合成)方法

合成高分子化合物是由不饱和的低分子化合物(称为单体)聚合而成。常用的聚合方法有加成聚合和缩合聚合两种。

1. 加成聚合

加成聚合反应是由许多相同或不相同的单体(通常为烯类),在加热或催化剂的作用下产生连锁反应,各单体分子中的双键打开,并互相连接起来成为高聚物。所生成的高聚物具有和单体类似的组成结构,例如:

$$n \underset{\substack{\text{乙烯}}}{\overset{\substack{H \quad H \\ | \quad | \\ C = C \\ | \quad | \\ H \quad H}}{}} \xrightarrow[\substack{\text{（加热催化）}}]{\text{聚合反应}} \underset{\substack{\text{聚乙烯}}}{\overset{\substack{H \quad H \\ | \quad | \\ \left[C - C \right]_n \\ | \quad | \\ H \quad H}}{}}$$

其中 n 代表单体的数目,称为聚合度,聚合度愈高,分子量愈大。加聚反应的特点是反应过程中不产生副产物。

加聚反应生成的高分子化合物称聚合树脂,它们多在原始单体名称前冠以"聚"字命名。土木工程中常用的聚合树脂有聚乙烯、聚氯乙烯、聚苯乙烯、聚甲基丙烯酸甲酯、聚四氟乙烯等。

2. 缩合聚合

缩合聚合反应是由一种或多种单体,在加热和催化剂的作用下,逐步相互结合成高聚物并同时析出水、氨、醇等副产物(低分子化合物)。缩合反应生成物的组成与原始单体完全不同。如苯酚和甲醛两种单体经缩聚反应得到酚醛树脂:

$$\underset{\substack{\text{苯酚}}}{(n+1)C_6H_5OH} + \underset{\substack{\text{甲醛}}}{nCH_2O} \longrightarrow \underset{\substack{\text{酚醛树脂}}}{nH[C_6H_3CH_2OH]C_6H_4OH} + nH_2O$$

缩聚反应生成的高分子化合物称缩合树脂。缩合树脂多在原始单体名称后加上"树脂"两字命名。土木工程中常用的缩合树脂有酚醛树脂、脲醛树脂、环氧树脂、聚酯树脂、三聚氰胺甲醛树脂及有机硅树脂等。

为了使高分子化合物具有特定的工程性能,高分子材料在形成时,通常还需加入一定量的助剂。助剂是一种能在一定程度上改进合成材料的成型加工性能和使用性能,而不明显地影响高分子结构的物质。常用的助剂主要有增塑剂、填充剂、稳定剂、润滑剂、固化剂、阻燃剂、着色剂、发泡剂、抗静电剂等。

二、高分子材料的分类

高分子材料种类繁多,根据其组成和性能,通常分为三大类。

1. 树脂

树脂即塑料,是具有可塑性的高聚物材料。可塑性是指材料在一定温度和压力下受到外力作用时可产生变形,而外力除去后仍能保持受力时的形状。

按其能否进行二次加工,又可分为热塑性塑料(线型结构高聚物材料)和热固性塑料(体型结构高聚物材料)两类。

2. 橡胶

橡胶是具有显著高弹性的高聚物材料。在外力作用下可产生较大的变形,外力卸除后又能恢复原来的形状。按其产源可分为天然橡胶和合成橡胶两类。

3. 共聚物

共聚物也称热塑性弹性体或热塑性橡胶,兼具树脂和橡胶的特点,具有非常好的工程性能。

常用高分子材料及其特性见表 11-5 所示。

346

表 11-5　常用高分子材料

种类	中文名称	英文名称	分子结构式	特性与应用
热塑性树脂	聚乙烯	Polyethylene (PE)	$\left[CH_2-CH_2\right]_n$	聚乙烯的特点是强度较高、延伸率较大、耐寒性好（玻璃化温度可达 $-120\sim125℃$）。聚乙烯树脂是较好的沥青改性剂。由于它具有较高的强度和较好的耐寒性，并且与沥青的相容性较好，在其他助剂的协同作用下，可制得优良的改性沥青 聚乙烯塑料可制成薄膜，半透明、柔韧不透气，亦可加工成建筑用的板材或管材
	聚氯乙烯	Polyvingl Chloride (PVC)	$\left[CH_2-CH\atop \quad\ \ Cl\right]_n$	聚氯乙烯制品有透明、半透明或不透明的，可加入着色剂而有各种颜色，在工程中用途很广，如百叶窗、板材、管材、墙面板、屋面采光板、踢脚板、门窗框、扶手、地板砖、密封条、各种管道等，它还可制成焊条用于塑料焊接中
	聚丙烯	Polypropylene (PP)	$\left[CH_2-CH\atop \quad\ \ CH_3\right]_n$	耐热、耐化学腐蚀性好，受阳光直接照射易导致聚合物的降解，如果在户外使用则需加入稳定剂和适当颜色。在 $0℃$ 左右它的冲击强度很低，常温下它具有较大的抗拉强度，弹性好而表面硬度大，坚韧耐磨、耐震。可以纺丝，纺丝后强度与钢铁相同而密度只有钢铁的 $1/8$，体积稳定性好 建筑工程中，聚丙烯可制作热流体或气体的输送管道、塑料贴面砖和水箱等
	聚苯乙烯	Polystyrene (PS)	$\left[CH_2-CH\atop \quad\ \ C_6H_5\right]_n$	聚苯乙烯主要以板材、模制品以及泡沫塑料用于工程中，如水箱、照明用配件等。抗冲击的聚苯乙烯（将聚苯乙烯和某些合成橡胶共混而得的制品）薄片，可用于特别需要造型效果的制品，如百叶窗等。泡沫聚苯乙烯制品机械强度高，导热性低，工程中一般用作隔热或隔音材料
	聚甲基丙烯酸甲酯	(PMMA)	$\left[CH_2-\overset{\displaystyle CH_3}{\underset{\displaystyle COOCH_3}{C}}\right]_n$	是玻璃态高度透明的固体。它不仅能透过 92% 以上的日光，并且能透过 73.5% 紫外线，因此它主要用来生产有机玻璃。因为它质轻，不易碎裂，在低温时具有较高的冲击强度，坚韧并具有弹性，有优良的耐水性，可制成板材、管材、浴缸、室内隔断等。它的耐磨性差，硬度不如一般玻璃，所以表面容易发毛，光泽难以保持
热固性树脂	酚醛树脂	Phenolic Resin (PF)		热固性酚醛树脂由于合成时产生了醚类副产品，常使它呈暗黑色，但由于这种树脂有高度的刚性、强度、耐热、耐腐蚀和自熄性等优良性能，故在热固性塑料中它的用途很广泛。工程中用来作模压制品、电器配件、层压板、胶合板，此外还可配制涂料、油漆、胶粘剂等
	环氧树脂	Epoxy Resin (EP)		环氧树脂比其他常用的热固性塑料具有更优良的强度、耐热性、化学稳定性等，并且黏结力相当强，常作为黏结剂用。在工程中用它黏结管道，作为灌浆材料填补构筑物裂缝等。环氧树脂浇铸的电器设备，可达到完全密封，可以防火、防潮、防化学腐蚀，并且不易老化
橡胶	天然橡胶	Natural Rubber (NR)	$\left[CH_2-\overset{\displaystyle CH_3}{C}=CH-CH_2\right]_n$	天然橡胶主要是由巴西橡胶树、杜仲胶树等热带、亚热带树木的浆汁中取得的。浆汁是乳白色胶体，称为胶乳，加入少量醋酸、氧化锌或氟硅酸钠即行凝固。凝固体经压制后成为生橡胶。它性软，遇热变软又易老化而失去弹性，易溶于油及有机溶剂。为了除去这些缺点，必须经过硫化处理。天然橡胶一般用作橡胶制品的原料

种类	中文名称	英文名称	分子结构式	特性与应用
橡胶	丁苯橡胶	Styrene-Butadiane Rubber (SBR)	$\left[-CH_2-CH=CH-CH_2-CH_2-CH\right]_n$（苯环）	丁苯橡胶具有良好的绝缘性,其机械性能和耐磨性接近于天然橡胶,在绝大多数情况下可用来代替天然橡胶。但它和天然橡胶有同样的缺点,即不能耐油和有机溶剂。但它比天然橡胶耐老化,稳定性能好,且在低温下仍可保持弹性。其缺点是柔性较差,完全没有黏结能力 丁苯胶乳常用作室内、外装饰涂料。丁苯胶乳——油掺合物可应用于稳定风沙地区河渠、堤岸、公路挖方和路堤等
	氯丁橡胶	Neoprene Rubber (CR)	$\left[CH_2-C=CH-CH_2\right]_n$ （Cl）	氯丁橡胶绝缘性较差,但抗拉强度和耐磨性比天然橡胶好,透气性比天然橡胶小,此外还具有不透气、不易燃、耐热、耐油、能抵抗有机溶剂和化学药品(氧化性酸除外)等优良性能,所以常常被应用于胶布制品,露在外面的门窗密封材料。氯丁橡胶与酚醛树脂配成的胶浆是很好的黏结材料
	聚异戊二烯橡胶	Polyisoprene Rubber (IR)	$\left[CH_2-C=CH-CH_2\right]_n$ （CH_3）	聚异戊二烯橡胶的性能与天然橡胶相似。它的胶乳可代替天然橡胶,用于浸渍制品时具有优良的薄膜强度。它是一种重要的通用橡胶
	乙丙橡胶	Ethylene-Propylene Rubber (ER)	$\left[CH_2-CH_2-CH-CH_2\right]_n$ （CH_3）	耐光、耐热、耐氧及臭氧、耐酸碱、耐磨以及电绝缘性都非常好,特别适用于制造胶管、胶带等,尤其重要的是作为密封剂应用于现代房屋建筑中
	丁基橡胶	Isobutylene-Isoprene Buryl Rubber (IIR)	$\left[CH_2-\overset{CH_3}{\underset{CH_3}{C}}-CH_2-CH_2-\overset{CH_3}{C}=CH-CH_2\right]_n$	丁基橡胶是耐化学腐蚀、耐老化、不透气性和绝缘性最好的橡胶;此外,它还具有优良的耐寒性,其脆化温度为$-58℃$ 丁基橡胶用作电线、电缆的绝缘层,耐热的运输带、耐热耐老化的胶布制品、减震制品和密封门窗的密封剂
	丁腈橡胶	Nitrile Rubber (NBR)	$\left[CH_2-CH=CH-CH_2-CH-CH_2\right]_n$ （CN）	对油类及许多有机溶剂的抵抗力极强,抗拉强度比丁苯橡胶高,耐油、耐热、耐磨和抗老化性能也胜于天然橡胶。缺点是绝缘性较差,塑性低,加工较难,成本高。丁腈橡胶可以用来生产耐汽油和耐油的制品,如输油管、贮油瓶并且用以充当防腐涂层和耐油抗震制品

种类	中文名称	英文名称	分子结构式	特性与应用
共聚物	苯乙烯-丁二烯-苯乙烯嵌段共聚物	Styrene-Butadiene-Styrene (SBS)	$\left[CH_2-CH\right]_n\left[CH_2-CH=CH-CH_2\right]_m\left[CH_2-CH\right]_n$ (带苯环)	SBS 分为线型和星型两种,性能兼有橡胶和塑料的特性,具有弹性好、抗拉强度高、低温变形能力好等优点,广泛用于化工、制革、防水等工程领域,是一种性能优良的沥青改性剂
	苯乙烯-异戊二烯-苯乙烯嵌段共聚物	Styrene-Isoprene-Styrene (SIS)	$\left[CH_2-CH\right]_n\left[CH_2-CH=\overset{CH_3}{C}-CH_2\right]_m\left[CH_2-CH\right]_n$ (带苯环)	SIS 也是一种典型的共聚物,具有与 SBS 类似的优良性能,同时具有更高的黏结力

三、高分子材料的聚集状态与性能

根据物质的聚集态结构,可以把高分子化合物分为晶态和非晶态两大类。

非晶态高分子聚合物中,由于长分子链及其柔顺性的不同,常具有三种力学性能不同的状态:玻璃态、高弹态、黏流态。由于这三种状态是在不同的温度范围内出现,因而也称为热-机械状态(见图 11-2)。

非晶态高聚物之所以具有这几种不同的聚集状态,是由大分子链的结构特点所决定的。该大分子链有两种运动单元,一种是大分子链的整体,一种是链中的个别链段。这是由于链型分子中,相邻原子基团的旋转自由,使得同一分子相距较远的各部分的运动几乎不相关。在高聚物内部大分子之间存在着分子间的作用力,所以它们不易活动。这使高聚物具有固定的特性,有很高的黏度,甚至有的高聚物在高温下也不能流动。另一方面,由于高分子链节的不断内旋转,以致链段可以独立活动,这就使高聚物具有非常大的弹性和一定程度的柔顺性。高聚物的许多特性,都是由高分子的这种两重性所决定的。

1. 玻璃态

高分子化合物处于过低温度下时,所有分子间的运动和链段的运动都停止了,整个物质表现为非晶态的固体,和无机玻璃一样,所以叫玻璃态。这时分子的排列呈近程有序远程无序的状

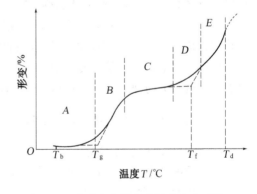

图 11-2 非晶态高聚物在恒定应力下的温度-形变曲线

A—玻璃态;C—高弹态;E—黏流态;B、D—过渡态;T_b—脆化温度;T_g—玻璃化温度;T_f—流动温度;T_d—分解温度

态。分子只能在其平衡位置附近振动,当加外力时,链段只作瞬时变形,相当于链段微小的伸缩和键角的改变。外力除去后,立即恢复原状。这种现象称为瞬时弹性变形或普通弹性变形。

塑料的玻璃化温度(T_g)高于室温,所以塑料是常温下呈玻璃态的非晶态高聚物。玻璃态高聚物处于低于 T_b 的某一温度时,分子振动也被"冻结",这时加以外力,会出现不能拉伸的脆性现象,这个温度为脆化温度(T_b)。

2. 高弹态

随着温度上升,分子动能增加,当达到各个链节能自由旋转而分子链间还不能移动的温度(在 T_g 和 T_f 之间)时,高聚物在不大的外力作用下,就会慢慢产生数倍的变形。除去外力后,又会慢慢恢复原状,这种状态叫高弹态。例如许多橡胶能近乎完全可恢复地被拉伸到 500% 甚至更多。

橡胶通常由线型聚合物制成,其中加有少量硫或过氧化物作为硫化剂。硫化剂和橡胶分子在一定温度条件下发生交联反应,产生了网状结构,这是橡胶行为基础。高分子量的线型高聚物,有时也可以有橡胶行为,这是由于大分子缠绕而产生类似交联的暂时网状结构之故。橡胶的弹性行为是由于网状结构中接点之间的部分处于链节的布朗运动状态造成的,这种运动的速度要比外力作用的速度快得多。由此可见,橡胶的弹性是大分子热运动引起的。

当体系温度降低时,因分子热能减小,活动迟缓,这时受到外力作用时,分子间不会相对滑动,但链段仍可内旋转,有可能将链的一部分卷曲或伸展。一旦外力消除,在大分子热运动的影响下,立即恢复成卷曲状态,即产生收缩。由此说明,高弹态聚合物的变形是可逆的,并且温度越高,恢复平衡的速度越快,这种变形称为高弹变形。橡胶的玻璃化温度低于室温,因此常温下呈高弹态。

3. 黏流态

温度继续上升到 T_f 以上,分子动能增加到整个分子链都可以移动的时候,整个体系成为可以流动的黏稠液体,这时的状态称为黏流态。这时给以外力,分子间产生滑动而变形,除去外力后,不能恢复原状,这种变形称为黏性流动变形或塑性变形。如果将温度降低到 T_f 以下,形状就被固定下来。利用高聚物的这种特性,可进行某些高聚物的加工塑造成型。

玻璃态、高弹态、黏流态是非晶态高聚物的三种力学状态,它是以力学状态来区分的,这种状态的改变仅是分子运动形式的改变,并不是相变。

四、高分子材料在土木工程中的应用

1. 高聚物改性水泥混凝土

水泥混凝土具有许多优良的技术品质,所以广泛应用于房屋建筑、高等级路面和大型桥梁。但是它最主要的缺点是抗拉(或抗弯)强度与抗压强度之比值较低,延伸率小,是一种典型的强而脆的材料。如能借助高聚物的特性,利用高聚物改性水泥混凝土,则可弥补上述缺点,使水泥混凝土成为强而韧的材料。

当前采用高聚物改性水泥混凝土主要有下列三种方法。

(1)聚合物浸渍混凝土

聚合物浸渍混凝土是将已硬化的混凝土(基材)经干燥后浸入有机单体,用加热或辐射等方法,使混凝土孔隙内的单体聚合而成的一种混凝土。

聚合物浸渍混凝土由于聚合物浸渍充盈了混凝土的毛细管孔和微裂缝所组成孔隙系统,改变了混凝土的孔结构。因而使其物理-力学性状得到明显的改善。一般情况下,聚合物浸渍混凝土的抗压强度为普通混凝土的3～4倍;抗拉强度约提高3倍;抗弯强度约提高2～3倍;弹性模量约提高1倍;抗冲击强度约提高0.7倍。此外,徐变大大减少,抗冻性、耐硫酸盐、耐酸和耐碱等性能也都有很大改善。主要缺点是耐热性较差,高温时聚合物易分解。

(2) 聚合物水泥混凝土

聚合物水泥混凝土是以聚合物(或单体)和水泥共同起胶结作用的一种混凝土。生产工艺与聚合物浸渍混凝土不同,它是在拌和混凝土混合料时将聚合物(或单体)掺入的。因此,生产工艺简单,与普通混凝土相似,便于现场使用。

硬化后的聚合物混凝土与普通混凝土(未掺聚合物的相同组成混凝土)相比较,技术性能上有下列特点:

a. 弯拉强度高。掺加聚合物后,混凝土的抗压、抗拉和抗弯强度均得到提高,特别是抗弯拉强度提高更为明显。

b. 冲击韧性好。由于掺加聚合物后混凝土的脆性降低,柔韧性增加,因而抗冲击能力也有明显的提高,这对作为承受动荷载的结构、路面和桥梁用混凝土是非常有利的。

c. 耐久性好。聚合物在混凝土中能起到阻水和填充孔隙的作用,因而可以提高混凝土的抗水性、耐冻性和耐久性。

以上各项性能的改善程度,与聚合物的性能、用量和制备工艺有关。

(3) 聚合物胶结混凝土

聚合物胶结混凝土是完全以聚合物为胶结材料的混凝土,常用的聚合物为各种树脂或单体,所以亦称树脂混凝土。

聚合物胶结混凝土是以聚合物为结合料的混凝土,由于聚合的特征,因而给混凝土带来一系列技术性能上的特点:

a. 表观密度轻。由于聚合物的密度较水泥的密度小,所以聚合物胶结混凝土的表观密度亦较小,通常在2 000～2 200 kg/m³ 之间,如采用轻集料配制混凝土更能减小结构断面和增大跨度,达到轻质高强的要求。

b. 力学强度高。聚合物胶结混凝土与基准水泥混凝土相比,不论抗压、抗拉或抗折强度都有显著的提高,特别是抗拉和抗折强度尤为突出。

c. 结构密实。由于聚合物不仅可填密集料间的空隙,而且可浸填集料的孔隙,使混凝土的结构密度增大,提高了混凝土的抗渗性、抗冻性和耐久性。

聚合物胶结混凝土具有许多优良的技术性能,除了应用于特殊要求的土木工程结构外,也经常使用于修补工程。

2. 高聚物改性沥青混合料

利用高聚物的温度稳定性较好的特点,将高聚物按一定比例添加到沥青中,可以明显的改善沥青的性能,高聚物改性沥青现已成为高速公路上面层首选的胶结料,特别适用于重交通、温度变化范围大及降雨量大的地区,但其成本较高,详细内容见本书第4章。

§11-3 功能材料

一、吸声材料

1. 材料的吸声性能

声音来源于物体的振动,声音在传播过程中,一部分由于声能随着距离的增大而扩散,另一部分则因空气分子的吸收而减弱。当声波遇到材料表面时,大多数材料都有一定的吸声作用,材料吸声性能的优劣常用吸声系数表示。吸声系数(A)表示材料吸声性能大小的量值,是指声波遇到材料表面时被吸收的声能(E)与入射声能(E_0)之比,用下式表示:

$$A = E/E_0$$

假如入射能的 60％ 被吸收,其余的 40％ 被反射,则该材料的吸声系数 A 就等于 0.6。当入射声能(E_0)100％ 被吸收,无反射时,吸声系数等于 1。一般材料的吸声系数在 0~1 之间。

材料的吸声特性除与声波方向有关外,尚与声波的频率有关,同一材料,对于高、中、低不同频率的吸声系数是不同的。为了全面反映材料的吸声性能,规定取 125 Hz、250 Hz、500 Hz、1 000 Hz、2 000 Hz、4 000 Hz 等六个频率的吸声系数来表示材料的频率特性,凡六个频率的平均吸声系数大于 0.2 的材料,称为吸声材料。材料吸声系数越高,吸声效果越好。

吸声材料的种类是很多的,表 11-6 所列为常用的几种吸声材料。多孔材料是普遍应用的吸声材料,多孔性吸声材料具有大量内外连通的微孔,通气性良好,当声波入射到材料表面时,很快顺着微孔进入材料内部,孔隙内空气分子受到摩擦和黏滞阻力,或使细小纤维作机械振动,而使声能转变为热能,这类材料吸声的先决条件是声波易于进入微孔,不仅材料内部,在材料表面上也应是多孔的。

影响多孔吸声材料的吸声效果的主要因素是:

(1) 材料的表观密度。对同一种多孔材料(如超细玻璃纤维),当其表观密度增大(即孔隙率减小)时,对低频的吸声效果有所提高,而对高频效果有所降低。

(2) 材料的厚度。增加厚度可提高低频吸声效果,而对高频吸声无大影响。

(3) 孔隙特征。孔隙小效果好,粗大孔隙效果就差。如果材料中孔隙大部分为封闭气孔,因空气不能进入,就不能作为多孔吸声材料(如聚氯乙烯泡沫塑料),当材料表面涂刷油漆或材料吸湿时,材料孔隙就被油漆或水分堵塞,吸声效果也大大降低。

2. 选用吸声材料的基本要求

为了保持室内良好的音响效果,减少噪音,改善声波的传播,在音乐厅、电影院、大会堂、播音室及工厂噪音大的车间等内部的墙面、地面、天棚等部位,应适当选用吸声材料。选用时应注意如下要求:

(1) 为了发挥吸声材料的作用,必须选择材料的气孔是开放的,互相连通的。开放连通的气孔越多,吸声性能越好。这与绝热材料有着完全不同的要求。同样都是多孔材料,但由于使用功能不同,则对气孔的要求不同,绝热材料希望是封闭的、不连通的气孔。

(2) 尽可能选用吸声系数较高的材料,以求得到较好的技术经济效果。

(3) 安装时应考虑到减少材料受碰撞的机会和因吸湿引起的胀缩影响,因为多数吸声材料强度较低,多孔吸声材料吸湿性较大。

3. 常用的吸声材料(见表 11-6)

表 11-6　建筑常用吸声材料及结构

序号	名　　称	厚度/cm	表观密度/(kg·m⁻³)	各频率下的吸声系数						装置情况
				125	250	500	1 000	2 000	4 000	
1	石膏砂浆(掺有水泥、玻璃纤维)	2.2		0.24	0.12	0.09	0.30	0.32	0.83	粉刷在墙上
☆2	石膏砂浆(掺有水泥、石棉纤维)	1.3		0.25	0.78	0.97	0.81	0.82	0.85	喷射在钢丝网板条上,表面滚平,后有15 cm空气层
3	水泥膨胀珍珠岩板	2	350	0.16	0.46	0.64	0.48	0.56	0.56	贴实
4	矿渣棉	3.13 8.0	210 240	0.10 0.35	0.21 0.65	0.60 0.65	0.95 0.75	0.85 0.88	0.72 0.92	贴实
5	沥青矿渣棉毡	6.0	200	0.19	0.51	0.67	0.70	0.85	0.86	贴实
6	玻璃棉	5.0 5.0	80 130	0.06 0.10	0.08 0.12	0.18 0.31	0.44 0.76	0.72 0.85	0.82 0.99	贴实
	超细玻璃棉	5.0 15.0	20 20	0.10 0.50	0.35 0.80	0.85 0.85	0.85 0.85	0.86 0.86	0.86 0.80	
7	酚醛玻璃纤维板(除去表面硬皮层)	8.0	100	0.25	0.55	0.80	0.92	0.98	0.95	贴实
8	泡沫玻璃	4.0	1 260	0.11	0.32	0.52	0.44	0.52	0.33	贴实
9	脲醛泡沫塑料	5.0	20	0.22	0.29	0.40	0.68	0.95	0.94	贴实
10	软木板	2.5	260	0.05	0.11	0.25	0.63	0.70	0.70	贴实
☆11	木丝板	3.0		0.10	0.36	0.62	0.53	0.71	0.90	钉在木龙骨上,后留10 cm空气层
☆12	穿孔纤维板(穿孔率5%,孔径5 mm)	1.6		0.13	0.38	0.72	0.89	0.82	0.66	钉在木龙骨上,后留5 cm空气层
☆13	胶合板(三夹板)	0.3		0.21	0.73	0.21	0.19	0.08	0.12	钉在木龙骨上,后留5cm空气层
☆14	胶合板(三夹板)	0.3		0.60	0.38	0.18	0.05	0.05	0.08	钉在木龙骨上,后留10 cm空气层
☆15	穿孔胶合板(五夹板)(孔径5 mm,孔心距25 mm)	0.5		0.01	0.25	0.55	0.30	0.16	0.19	钉在木龙骨上,后留5 cm空气层
☆16	穿孔胶合板(五夹板)(孔径5 mm,孔心距25 mm)	0.5		0.23	0.69	0.86	0.47	0.26	0.27	钉在木龙骨上,后留5 cm空气层但在空气层内填充矿物棉
☆17	穿孔胶合板(五夹板)(孔径5 mm,孔心距25 mm)	0.5		0.20	0.95	0.61	0.32	0.23	0.55	钉在木龙骨上,后留10 cm空气层,填充矿物棉
18	工业毛毡	3	370	0.10	0.28	0.55	0.60	0.60	0.59	张贴在墙上

序号	名　称	厚度/cm	表观密度/(kg·m⁻³)	各频率下的吸声系数						装置情况
				125	250	500	1 000	2 000	4 000	
19	地毯	厚		0.20		0.30		0.50		铺于木格栅楼板上
20	帷幕	厚		0.10		0.50		0.60		有折叠、靠墙装置
☆21	木条子			0.25		0.65		0.65		4 cm 木条,钉在木龙骨上,木条之间空开0.5 cm,后填2.5 cm矿物棉

注：① 穿孔板吸声结构,以穿孔率为 0.5%～5%,板厚为 1.5～10 mm,孔径为 2～15 mm,后面留腔深度为 100～250 mm时,可获得较好效果。
② 序号前有☆者为吸声结构。

二、绝热材料

绝热材料是指防止建筑物和暖气设备(如暖气管道等)的热量散失,或隔绝外界热量的传入(如冷藏库等)而选用的材料。本节主要讨论建筑用绝热材料。

在任何介质中,当两处存在着温度差时,在这两部分之间就产生热的传递现象,热能将由温度较高的部分转移至温度较低的部分。如房屋内部的空气与室外的空气之间存在着温度差时,就会通过房屋外围结构,主要是外墙、门窗、屋顶等产生传热现象。冬天,由于室内气温高于室外气温,热量从室内经围护结构向外传递,造成热损失。夏天,室外气温高,热的传递方向相反,即热量经由围护结构传至室内而使室温提高。

为了保持室内有适于人们工作、学习与生活的气温环境,房屋的围护结构所采用的建筑材料必须具有一定的保温隔热性能。围护结构保温隔热性能好,可使室内冬暖夏凉,节约供暖和降温的能源,据统计可节省能源消耗 25%～50%,因此合理使用绝热材料具有重要的节能意义。

材料的导热系数是衡量材料保温隔热性或绝热性的主要指标,导热系数越小,则绝热性越好。影响材料导热系数的因素,主要是材料的化学组成、结构、孔隙率与孔隙特征、含水率及介质的温度,其中以孔隙率(或表观密度)与含水率的影响最大。同类材料,其导热系数可根据表观密度来确定,表观密度愈小,导热系数也愈小,许多材料建立了 $\lambda = f(\gamma_0)$ 形式的经验公式。材料的含水量增大,导热系数也随之增加,至于材料含水量大小则应根据材料在房屋围护结构中实际使用的条件来估计。实际使用条件包括当地的气候条件、房间的使用性质、房间的朝向和围护结构的构造方式等。对多数绝热材料,可取空气相对湿度为 80%～85%时,材料的平衡含水率作为参考值,对选用的材料作导热系数测定时,也尽量在此条件下进行。

对绝热材料的基本要求是导热系数不大于 0.23W/(m·K),表观密度不大于 600 kg/m³,而抗压强度大于 0.3 MPa。

在建筑工程中绝热材料主要用于墙体和屋顶的保温绝热以及热工设备、热力管道的保温,有时也用于冬季施工的保温,在冷藏室和冷藏设备上也普遍使用。

在选用绝热材料时,应综合考虑结构物的用途,使用环境温度、湿度及部位,围护结构的构造,施工难易程度,材料来源,技术经济效益等。

常用的绝热材料主要有:

1. 无机绝热材料

无机绝热材料是矿物材料制成的,呈纤维状、散粒状或多孔构造,可制成片、板、卷材或壳术等形式的制品。无机绝热材料的表观密度较大,但不易腐朽,不会燃烧,有的能耐高温。

纤维状材料是以矿棉、玻璃棉或石棉为主要原料的产品,由于不燃、吸音、耐久、价格便宜、施工简便而广泛用于住宅建筑和热工设备的表面。

一级品的矿渣棉在 19.6 kPa 压力下表观密度在 100 kg/m³ 以下,导热系数小于 0.044 W/(m·K)。岩石棉最高使用温度为 700℃,矿渣棉为 600℃。

矿棉使用时易被压实,多制成 8~10 mm 的矿棉粒填充在坚固外壳(如空心墙或楼板)中。

粒状绝热材料主要有膨胀蛭石和膨胀珍珠岩。

蛭石是一种天然矿物,在 850~1 000℃的温度下煅烧时,体积急剧膨胀,单个颗粒的体积能膨胀 5~20 倍,蛭石在热膨胀时很像水蛭(蚂蟥)蠕动,因而得名。煅烧膨胀后为膨胀蛭石。

膨胀蛭石的主要特性是:堆积密度 80~200 kg/m³,导热系数 0.046~0.070W/(m·K),可在 1 000~1 100℃温度下使用,不蛀,不腐,但吸水性较大。膨胀蛭石可以呈松散状,铺设于墙壁、楼板和屋面等夹层中,作为隔热、隔声之用。使用时应注意防潮,以免吸水后影响隔热效果。

膨胀蛭石也可与水泥、水玻璃等胶凝材料配合,浇制成板,用于墙体、楼板和屋面等构件的隔热。

膨胀珍珠岩是由天然珍珠岩煅烧膨胀而得,呈蜂窝泡沫状的白色或灰白色颗粒,是一种高效能的绝热材料。具有表观密度小、导热系数低、低温绝热性好、吸声强、施工方便等特点。建筑上广泛用于围护结构、低温及超低温保冷设备、热工设备等处的保温绝热。也用于制作吸声材料。

微孔硅酸钙是一种新型多孔绝热材料,它是用 65% 硅藻土,35% 石灰,再加入前两者总重 5% 的石棉、水玻璃和水,经拌和、成型、蒸压处理和烘干等工艺过程而制成,可用于建筑工程的围护结构及管道的保温,其效果较水泥膨胀珍珠岩和水泥膨胀蛭石为好。这种制品的表观密度 250 kg/m³,导热系数 0.041W/(m·K),抗压强度 0.5 MPa,使用温度达 650℃。

2. 有机绝热材料

(1)泡沫塑料

泡沫塑料是以各种合成树脂为基料,加入一定剂量的发泡剂、催化剂、稳定剂等辅助材料经加热发泡而成的一种新型绝热、吸声、防震材料。目前我国生产的有聚苯乙烯泡沫塑料、聚氯乙烯泡沫塑料、聚氨酯泡沫塑料及脲醛泡沫塑料等。在建筑上硬质泡沫塑料用得较为普遍。其技术性能见表 11-7。

表 11-7　泡沫塑料制品的技术性能

名　称	密度/(kg·m⁻³)	导热系数/[W·(m·K)⁻¹]	抗压强度/MPa	抗拉强度/MPa	吸水率/%	耐热性/℃
聚苯乙烯泡沫塑料	21~51	0.031~0.047	0.144~0.358	0.13~0.34	0.016~0.004	75
硬质聚氯乙烯泡沫塑料	≤45	≤0.043	≥0.18	≥0.40	<0.2	80
硬质聚氨酯泡沫塑料	30~40	0.037~0.055	≥0.2	≥0.244	—	—
脲醛泡沫塑料	≤15	0.028~0.041	0.015~0.025	—	—	—

聚苯乙烯泡沫塑料的吸水性小,耐低温,耐酸碱,且有一定的弹性。

硬质聚氯乙烯泡沫塑料具有不吸水,不燃,耐酸碱,耐油等特点。

硬质聚氨酯泡沫塑料具有透气,吸尘,吸油等特点。

脲醛泡沫塑料是泡沫塑料中重量最轻者,但吸水性强,强度低。

(2) 软木及软木板,原料为栓皮栎或黄菠萝树皮,胶料为皮胶、沥青或合成树脂,工艺过程是:不加胶料的,将树皮轧碎,筛分,模压,烘焙(400℃左右)而成;加胶料的,在模压前加入胶料,在 80℃的干燥室中干燥一昼夜而制成。软木板具有表观密度小(150～350 kg/m³),导热系数低(0.052～0.70 W/(m·K)),抗渗和防腐性能高等特点。软木板多用于冷藏库隔热。

(3) 木丝板

是以木材下脚料经机械制成均匀木丝,加入水玻璃溶液与普通水泥混合,经成型、冷压、干燥、养护而制成。木丝板多用作天花板、隔墙板或护墙板。其表观密度为 300～600 kg/m³,防弯强度为 0.4～0.5 MPa,导热系数为 0.11～0.26 W/(m·K)。

(4) 蜂窝板

蜂窝板是由两块较薄的面板,牢固地黏结在蜂窝芯材两面而制成的板材,也称蜂窝夹层结构(见图 11-3)。

蜂窝状芯材通常用浸渍过酚醛、聚酯等合成树脂的牛皮纸、玻璃布或用铝片,经过加工黏合成六角形空腹的整块芯材,面板为浸渍过树脂的牛皮纸、玻璃布、胶合板或玻璃钢等。

蜂窝板的特点是强度大、导热系数小、抗震性

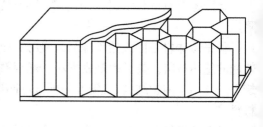

图 11-3 蜂窝板

能好,可制成轻质高强的结构用板材,也可制成绝热性良好的非结构用板材和隔声材料,如果在蜂窝中填充脲醛泡沫塑料,则绝热性能更好。

三、防水材料

防水材料是保证房屋建筑免受雨水、地下水与其他水分侵蚀、渗透的重要材料,是建筑工程中不可缺少的建筑材料,在公路、桥梁、水利等工程中也有广泛的应用。

目前广泛使用的沥青基防水材料是传统的防水材料,也是目前应用最多的防水材料,但是其使用寿命较短。石油化工的发展,各类高分子材料的出现,为研制性能优良的新型防水材料提供了广阔的原料来源。纵观世界防水材料总的发展趋势,防水材料已向橡胶基和树脂基防水材料或高聚物改性沥青系列发展;油毡的胎体由纸胎向玻纤胎或化纤胎方向发展;密封材料和防水涂料由低塑性的产品向高弹性、高耐久性产品的方向发展;防水层的构造亦由多层向单层防水发展;施工方法则由热熔法向冷粘贴法发展。沥青基防水材料已在其他章节中介绍,本节主要介绍橡胶基和树脂基防水材料。

1. 橡胶

橡胶是有机高分子化合物的一种,具有高聚物的特征与基本性质,其最主要的特性是在常温下具有极高的弹性。在外力作用下它很快发生变形,变形可达百分之数百,但当外力除去

行,又会恢复到原来的状态,而且保持这种性质的温度区间范围很大。橡胶分天然橡胶和合成橡胶两种。

天然橡胶产自热带的橡胶树,其主要成分是异戊二烯高聚体,另外还有少量水分、灰分、蛋白质及脂肪酸等。目前世界上天然橡胶的年产量约为 300 万 t,远远不能满足日益发展的需要,因而合成橡胶工业得到了迅速发展。合成橡胶的综合性能虽然不如天然橡胶,但它具有某些天然橡胶所不具备的特性,且原料来源较广,因而目前在土建工程中应用的主要是合成橡胶。

合成橡胶的生产过程一般可以看作由两步组成:首先将基本原料制成单体,而后将单体合成为橡胶。制成单体的基本原料主要为:石油、天然气、煤、木材和农产品等,由这些材料制取乙醇、丙酮、乙醛,以及饱和的与不饱和的碳氢化合物等单体,再经聚合或缩合反应而制得各种合成橡胶。建筑工程中常用的合成橡胶有以下几种。

(1) 氯丁橡胶(CR)

氯丁橡胶是由氯丁二烯聚合而成,其分子式为

$$n(CH_2=C-CH=CH_2) \xrightarrow{聚合} [CH_2-C=CH-CH_2]_n$$
$$\qquad\quad | \qquad\qquad\qquad\qquad\quad |$$
$$\qquad\quad Cl \qquad\qquad\qquad\qquad\quad Cl$$

氯丁橡胶除具有大分子量呈弹性体的以外,还有低分子量的液态氯丁橡胶。与天然橡胶比较,氯丁橡胶的绝缘性较差,密度较大,但抗拉强度、透气性和耐磨性较好。

氯丁橡胶为浅黄色及棕褐色弹性体,密度 1.23 g/cm^3,溶于苯和氯仿,在矿物油中稍溶胀而不溶解,硫化后不易老化,耐油、耐热、耐燃烧(遇火便分解出 HCl 气体阻止燃烧)、耐臭氧、耐酸碱腐蚀性好,黏结力较高,脆化温度为 $-35\sim-55℃$,热分解温度 $230\sim260℃$,最高使用温度 $120\sim150℃$。

(2) 丁苯橡胶(SBR)

丁苯橡胶是应用最广、产量最多的合成橡胶,它由丁二烯和苯乙烯共聚而成。丁苯橡胶为浅黄褐色,其延性与天然橡胶接近,加入炭黑后,强度与天然橡胶相仿。密度随苯乙烯含量而不同,通常在 $0.91\sim0.97 \text{ g/cm}^3$,不溶于苯和氯仿,耐老化性、耐磨性、耐热性较好,但耐寒性、黏结性较差,脆化温度为 $-52℃$,最高使用温度 $80\sim100℃$。能与天然橡胶混合使用。

(3) 丁基橡胶(IIR)

丁基橡胶由异丁烯与少量异戊二烯在低温下加聚而成。丁基橡胶是无色弹性体,密度为 0.92 g/cm^3 左右,能溶于五个碳以上的直链烷烃或芳香烃的溶剂中,它是耐化学腐蚀、耐老化、不透气性和绝缘性最好的橡胶,并具有抗撕裂性能好、耐热性好、吸水率小等优点。但丁基橡胶的弹性较差,加工温度高,黏结性差,难与其他橡胶混用。丁基橡胶的耐寒性较好,脆化温度为 $-79℃$,最高使用温度 $150℃$。

(4) 乙丙橡胶(EPM)和三元乙丙橡胶(EPDM 或 EPT)

乙丙橡胶是乙烯与丙烯的共聚物。其密度仅 0.8 g/cm^3 左右,是最轻的橡胶,而且耐光、耐热、耐氧及臭氧、耐酸碱、耐磨等性能都非常好,也是最廉价的合成橡胶。

(5) 丁腈橡胶(NBR)

丁二烯与丙烯腈($CH_2=CH-CN$)的共聚物,称丁腈橡胶。它的特点是对于油类及许多有机溶剂的抵抗力极强。其耐热、耐磨和抗老化的性能胜于天然橡胶,但缺点是绝缘性较差,

塑性较低,加工较难,成本较高。

(6) 再生橡胶

再生橡胶是以废旧轮胎和胶鞋等橡胶制品或生产中的下脚料为原料,经再生处理而制得的橡胶。这种橡胶原料来源广,价格低,建筑上使用较多。

再生处理主要是脱硫。所谓脱硫并不是把橡胶中的硫黄分离出来,而是通过高温使橡胶产生氧化解聚,使大体型网状橡胶分子结构被适度地氧化解聚,变成大量的小体型网状结构和少量链状物。脱硫过程中破坏了原橡胶的部分弹性,而获得了部分塑性和黏性。

2. 合成高分子防水卷材

合成高分子化合物防水卷材是一种新型防水制品,其特点是高弹性、大延伸、耐老化、冷施工、单层防水和使用寿命长,其品种可分为橡胶基、树脂基和橡塑共混基三大类。

橡胶基防水卷材以橡胶为主体原料,再加入硫化剂、软化剂、促进剂、补强剂和防老剂等助剂,经过密炼、拉片、过滤、挤出(或压延)成型、硫化、检验和分卷等工序而制成。橡胶基防水卷材系单层防水,其搭接处用氯丁橡胶或聚氨酯橡胶等黏合剂进行冷粘,施工工艺简单。

树脂基防水卷材是以树脂为基料,掺入一定量助剂和填充料而制成的柔性卷材。助剂中软化剂(煤焦油)、增塑剂(邻苯二甲酸二辛脂)的存在,使卷材的变形能力和低温柔性大大提高。

橡塑共混基防水卷材兼有塑料和橡胶的优点,弹塑性好,耐低温性能优异。主要品种有氯化聚乙烯-橡胶共混型防水卷材、聚氯乙烯-橡胶共混型防水卷材等。氯化聚乙烯卷材原来的伸长率只有100%,而与橡胶共混改性后,伸长率提高数倍,达450%以上,而且有些性能与三元乙丙橡胶卷材接近,其抗拉强度达7.5 MPa以上,直角撕裂强度大于25 kN/m,低温冷脆温度−48℃(原−28℃)。这种卷材可采用多种黏结剂粘贴,冷施工操作较简单。

近年来,还出现了各种薄膜防水材料,如聚氨酯橡胶防水薄膜、异丁橡胶防水薄膜等。

3. 合成高分子防水涂料

合成高分子防水涂料属高档防水涂料,它比沥青基及改性沥青基防水涂料具有更好的弹性和塑性,更能适应防水基层的变形,从而能进一步提高建筑防水效果,延长使用寿命。其所用基料均为合成树脂或合成橡胶,如聚氨酯、丙烯酸酯、硅酮橡胶、SBS橡胶等。通常采用双组分或单组分配制而成。

(1) 聚氨酯防水涂料

聚氨酯防水涂料为双组分型,其中甲组分为含异氰酸基($-NCO$)的聚氨酯预聚物,乙组分由含多羟基($-HO$)或胺基($-NH_2$)的固化剂及填充料、增韧剂、防霉剂和稀释剂等组成。甲、乙两组分按一定的比例配合拌匀涂于基层后,在常温下即能交联固化,形成具有柔韧性、富有弹性、耐水、抗裂的整体防水厚质涂层。

聚氨酯防水膜固化时无体积收缩,它具有优异的耐候、耐油、耐臭氧、不燃烧等特性。涂膜具有橡胶般的弹性,故延伸性好,抗拉强度及抗撕裂强度也较高。使用范围宽,为−30~80℃。耐久性好,当涂膜厚为1.5~2.0 mm时,耐用年限在10年以上。聚氨酯涂料对材料具有良好的附着力,因此与各种基材如混凝土、砖、岩石、木材、金属、玻璃及橡胶等均能黏结牢固,且施工操作较简便。

聚氨酯涂料是目前世界各国最常用的一种树脂基防水涂料,它可在任何复杂的基层表面施工,适用于各种基层的屋面、地下建筑、水池、浴室、卫生间等工程的防水。

（2）丙烯酸酯防水涂料

丙烯酸酯防水涂料是以丙烯酸酯共聚乳液为基料而配制成的水乳型涂料,其涂膜具有一定的柔韧性和耐候性。由于丙烯酸酯色浅,故易配制成多种颜色的防水涂料。

国产 AAS(丙烯酸丁酯-丙烯腈-苯乙烯)绝热防水涂料,目前应用较广,它是由面层涂料和底层涂料复合组成,其中面层涂料以 AAS 共聚乳液为基料,再掺入高反射的氧化钛白色颜料及玻璃粉填料而制成。底层涂料由水乳型再生橡胶乳液掺入一定量碳酸钙和滑石粉等配制而成。这种复合涂料对阳光的反射率可高达 70%,故将其涂于屋面具有良好的绝热性,可较黑色屋面降低温度 25～30℃。

AAS 防水绝热涂料具有良好的耐水、耐碱、耐污染、耐老化、抗裂、抗冻等性能,且无毒、无污染,冷作业,施工方便。

（3）有机硅防水涂料

有机硅防水涂料是以有机硅橡胶为基料配制而成的水乳型乳液,当其失水后则固化形成网状结构的高聚物膜层,它具有良好的防水、耐候、弹性、耐老化性及耐高温和低温等性能,无毒无味,在干燥的混凝土基层上,渗透性较好。有机硅涂料含固量高(达 50%),因此只需涂刷一道即可,且膜层较厚。其延伸率高,可达 700%,故抗裂性很好。

今后我国防水涂料的发展方向是:以水乳型取代溶剂型防水涂料;厚质防水涂料取代薄质防水涂料;浅色、彩色防水涂料取代深色防水涂料;多功能复合防水涂料取代单一功能的防水涂料。如将研制各种装饰防水涂料、反辐射防水涂料、反光防水涂料等。

四、装修材料

装修材料分为室外装修材料和室内装修材料。

室外装修材料的功能是保护墙体,提高建筑物的耐久性,并且能弥补和改善墙体在功能方面的不足。

装修材料的主要功能是装饰立面。外装修的处理效果主要是由质感、线型及色彩三方面反映。

质感就是质地的感觉,主要是通过线条的粗细、凹凸不平程度对光线吸收和反射强弱不一产生观感上的区别。

线型是与建筑物立面密切关联的。分格缝、窗间墙凹凸线条、粗细的比例与花饰的配合也是构成外饰面装饰效果的因素。这一因素不仅决定于建筑上的立面处理,也与装修材料的选型有关。

色彩是构成一个建筑物外观,乃至影响周围环境的重要因素。利用材料本色来达到设计要求是最经济、合理、可靠的。如古建筑所用的青砖、常用的红砖都能长期保持它的彩色效果,且耐久性高。

室内装修材料的功能是保护墙体、楼板及地坪。同时,装修材料可使墙体易于保持清洁,获得较好的反光性,使室内的亮度比较均匀;改善墙体热工和声学性能,甚至能在一定程度上调节室内的湿度。

对于标准高的建筑,其饰面材料要兼有保温、隔音、吸音和增加弹性的功能。

室内的装饰效果,同样也是由质感、线型和色彩三个因素构成。所不同的是,人们对内饰面的距离比外墙近得多,所以质感要细腻逼真(如似织物、麻布、锦缎、木纹);线型可以是细致的,也可以是粗犷的不同风格;色彩则根据人们的爱好及房间内在的性质来决定。

通过上述对装修材料功能的了解,再根据使用条件和所处的环境,就可以确定出材料应具备的性质和有关要求,这是合理选择材料的基础。至于具体的选用,则应根据建筑设计要求和施工条件来决定。

复习思考题

11-1 试分析黏土的性质对烧土制品生产工艺及成品质量的影响。

11-2 烧结普通砖的技术性质有哪些?

11-3 某烧结普通砖试验,10块砖的抗压强度值(单位:MPa)分别为 14.2、21.1、9.5、22.9、13.3、18.8、18.2、18.2、19.8、19.8。试确定该砖的强度等级。

11-4 何谓烧结普通砖的泛霜和石灰爆裂? 它们对建筑物有何影响?

11-5 试解释制成红砖与青砖的原理。为什么欠火砖和酥砖(即过火砖)不能用于工程?

11-6 试述玻璃的主要技术性能。

11-7 高分子化合物有哪些特征? 这些特征与其表现出的性能有何联系?

11-8 聚合物水泥混凝土是如何生产的? 具有哪些特性?

11-9 选用绝热材料有哪些基本要求和应予考虑的原则?

11-10 多孔吸声材料具有怎样的吸声特性? 随着材料表观密度、厚度的增加,其吸声特性有何变化?

11-11 试述橡胶基和树脂基防水材料的主要品种、特性和应用。

创新设计

目前国内外建筑墙体材料均向"环保"、"绿色"的方向发展,试结合自己家乡的情况寻找可能用于生产这类墙体材料的原材料。

参考文献

[1] 黄晓明,等.土木工程材料[M].南京:东南大学出版社,2001.

[2] 黄晓明,等.土木工程材料[M].2版.南京:东南大学出版社,2007.

[3] 黄晓明,等.土木工程材料[M].3版.南京:东南大学出版社,2013.

[4] 张亚梅.土木工程材料[M].4版.南京:东南大学出版社,2013.

[5] 申爱琴.道路工程材料[M].2版.北京:人民交通出版社,2017.

[6] 李立寒.道路工程材料[M].5版.北京:人民交通出版社,2010.

[7] 黄维蓉.道路建筑材料[M].2版.北京:人民交通出版社,2017.

[8] 黄晓明.路基路面工程[M].6版.北京:人民交通出版社,2019.

[9] 中华人民共和国国家质量监督检验检疫总局,中国国家标准化管理委员会.天然花岗石建筑板材:GB/T18601—2009[S].北京:中国标准出版社,2009.

[10] 中华人民共和国国家质量监督检验检疫总局,中国国家标准化管理委员会.天然大理石建筑板材:GB/T19766—2016[S].北京:中国标准出版社,2017.

[11] 中华人民共和国国家质量监督检验检疫总局,中国国家标准化管理委员会.建筑材料放射性核素限量:GB 6566—2010[S].北京:中国标准出版社,2011.

[12] 中华人民共和国国家质量监督检验检疫总局,中国国家标准化管理委员会.通用硅酸盐水泥:GB 175—2007[S].北京:中国标准出版社,2008.

[13] 中华人民共和国国家质量监督检验检疫总局,中国国家标准化管理委员会.建设用砂:GB/T14684—2011[S].北京:中国标准出版社,2012.

[14] 中华人民共和国国家质量监督检验检疫总局,中国国家标准化管理委员会.建设用卵石、碎石:GB/T14685—2011[S].北京:中国标准出版社,2012.

[15] 中华人民共和国住房和城乡建设部,国家市场监督管理总局.混凝土物理力学性能试验方法标准:GB/T50081—2019[S].北京:中国建筑工业出版社,2019.

[16] 中华人民共和国国家质量监督检验检疫总局,中国国家标准化管理委员会.煤灰成分分析方法:GB/T1574—2007[S].北京:中国标准出版社,2008.

[17] 中华人民共和国建设部.土的工程分类标准:GB/T50145—2007[S].北京:中国计划出版社,2008.

[18] 中华人民共和国交通部.公路工程水泥及水泥混凝土试验规程:JTG E30—2005[S].北京:人民交通出版社,2005.

[19] 中华人民共和国交通部.公路工程岩石试验规程:JTG E41—2005[S].北京:人民交通出

版社,2005.

[20] 中华人民共和国交通部.公路工程集料试验规程:JTG E42—2005[S].北京:人民交通出版社,2005.

[21] 中华人民共和国交通运输部.公路工程无机结合料稳定材料试验规程:JTG E51—2009[S].北京:人民交通出版社,2009.

[22] 中华人民共和国交通运输部.公路工程沥青及沥青混合料试验规程:JTG E20—2011[S].北京:人民交通出版社,2011.

[23] 中华人民共和国交通运输部.公路水泥混凝土路面施工技术细则:JTG/T F30—2014[S].北京:人民交通出版社,2014.

[24] 中华人民共和国交通运输部.公路路面基层施工技术细则:JTG/T F20—2015[S].北京:人民交通出版社,2015.

[25] 中华人民共和国交通运输部.公路沥青路面设计规范:JTG D50—2017[S].北京:人民交通出版社,2017.

[26] 中华人民共和国交通运输部.公路水泥混凝土路面设计规范:JTG D40—2011[S].北京:人民交通出版社,2011.

[27] 中华人民共和国交通运输部.公路土工合成材料应用技术规范:JTG/T D32—2012[S].北京:人民交通出版社,2012.

[28] 中华人民共和国住房和城乡建设部.普通混凝土配合比设计规程:JGJ 55—2011[S].北京:中国建筑工业出版社,2011.

[29] 黄晓明,赵永利.沥青路面再生利用理论与实践[M].北京:科学技术出版社,2014.

[30] 黄晓明,汪双杰.现代沥青路面设计理论与实践[M].北京:科学技术出版社,2013.

[31] 汪双杰,黄晓明.冻土地区道路设计理论与实践[M].北京:科学技术出版社,2012.

[32] 中华人民共和国国家质量监督检验检疫总局,中国国家标准化管理委员会.石油沥青纸胎油毡:GB 326—2007[S].北京:中国标准出版社,2007.

[33] 中华人民共和国建设部,国家质量监督检验检疫总局.屋面工程技术规范:GB 50345—2012[S].北京:中国建筑工业出版社,2012.

[34] 中华人民共和国交通部运输部.公路沥青路面施工技术规范:JTG F40—2004[S].北京:人民交通出版社,2004.

[35] 中华人民共和国交通部运输部.公路工程节能规范:JTG/T2430—2020[S].北京:人民交通出版社,2019.

[36] 中华人民共和国住房和城乡建设部.城市桥梁设计规范:CJJ 11—2011[S].北京:中国建筑工业出版社,2011.

[37] 中华人民共和国住房和城乡建设部.城镇道路养护技术规范:CJJ 36—2016[S].北京:中国建筑工业出版社,2016.

[38] 中华人民共和国住房和城乡建设部.城市道路工程设计规范:CJJ 37—2012[S].北京:中国建筑工业出版社,2012.

［39］中华人民共和国住房和城乡建设部.城市快速路设计规程:CJJ 129—2009［S］.北京:中国建筑工业出版社,2009.

［40］中华人民共和国住房和城乡建设部.城镇道路路面设计规范:CJJ 169—2011［S］.北京:中国建筑工业出版社,2013.

［41］中华人民共和国住房和城乡建设部.城市道路路线设计规范:CJJ 193—2012［S］.北京:中国建筑工业出版社,2012.

［42］中华人民共和国国家质量监督检验检疫总局,中国国家标准化管理委员会.碳素结构钢:GB/T 700—2006［S］.北京:中国标准出版社,2007.

［43］中华人民共和国国家质量监督检验检疫总局,中国国家标准化管理委员会.冷轧带肋钢筋:GB/T 13788—2017［S］.北京:中国标准出版社,2017.

［44］中华人民共和国国家质量监督检验检疫总局,中国国家标准化管理委员会.钢分类 第1部分:按化学成分分类:GB/T 13304.1—2008［S］.北京:中国标准出版社,2009.

［45］中华人民共和国国家质量监督检验检疫总局,中国国家标准化管理委员会.钢分类 第2部分:按主要质量等级和主要性能或使用特性的分类:GB/T 13304.2—2008［S］.北京:中国标准出版社,2009.

［46］中华人民共和国国家质量监督检验检疫总局,中国国家标准化管理委员会.优质碳素结构钢:GB/T 699—2015［S］.北京:中国标准出版社,2016.

［47］中华人民共和国国家质量监督检验检疫总局,中国国家标准化管理委员会.低合金高强度结构钢:GB/T 1591—2018［S］.北京:中国标准出版社,2018.

［48］中华人民共和国国家质量监督检验检疫总局,中国国家标准化管理委员会.合金结构钢:GB/T 3077—2015［S］.北京:中国标准出版社,2016.

［49］中华人民共和国国家质量监督检验检疫总局,中国国家标准化管理委员会.桥梁用结构钢:GB/T 714—2015［S］.北京:中国标准出版社,2016.

［50］中华人民共和国国家质量监督检验检疫总局,中国国家标准化管理委员会.金属材料拉伸试验 第1部分:室温试验方法:GB/T 228.1—2010［S］.北京:中国标准出版社,2011.

［51］中华人民共和国住房和城乡建设部.混凝土结构工程施工质量验收规范:GB 50204—2015［S］.北京:中国建筑工业出版社,2015.

［52］中华人民共和国国家质量监督检验检疫总局,中国国家标准化管理委员会.钢筋混凝土用钢 第1部分:热轧光圆钢筋:GB/T 1499.1—2017［S］.北京:中国标准出版社,2017.

［53］中华人民共和国国家质量监督检验检疫总局,中国国家标准化管理委员会.钢筋混凝土用钢 第2部分:热轧带肋钢筋:GB/T 1499.2—2018［S］.北京:中国标准出版社,2018.

［54］中华人民共和国国家质量监督检验检疫总局,中国国家标准化管理委员会.钢筋混凝土用钢 第3部分:热轧钢筋网:GB/T 1499.3—2011［S］.北京:中国标准出版社,2010.

［55］中华人民共和国国家质量监督检验检疫总局,中国国家标准化管理委员会.预应力混凝土用钢棒:GB/T 5223.3—2017［S］.北京:中国标准出版社,2017.

［56］中华人民共和国国家质量监督检验检疫总局,中国国家标准化管理委员会.预应力混凝

土用钢丝:GB/T 5223—2014[S].北京:中国标准出版社,2015.

[57] 中华人民共和国国家质量监督检验检疫总局,中国国家标准化管理委员会.预应力混凝
土用钢绞线:GB/T 5224—2014[S].北京:中国标准出版社,2015.

[58] 中华人民共和国国家质量监督检验检疫总局,中国国家标准化管理委员会.热轧型钢:
GB/T 706—2016[S].北京:中国标准出版社,2017.

[59] 中华人民共和国国家质量监督检验检疫总局,中国国家标准化管理委员会.冷弯型钢通
用技术要求:GB/T 6725—2017[S].北京:中国标准出版社,2017.

[60] 中华人民共和国住房和城乡建设部.冷拔低碳钢丝应用技术规程:JGJ 19—2010[S].北
京:中国建筑工业出版社,2010.

[61] 中华人民共和国国家质量监督检验检疫总局,中国国家标准化管理委员会.铝酸盐水泥:
GB/T 201—2015[S].北京:中国标准出版社,2016.

[62] 中华人民共和国国家质量监督检验检疫总局,中国国家标准化管理委员会.用于水泥和
混凝土中的粉煤灰:GB/T 1596—2017[S].北京:中国标准出版社,2017.

[63] 中华人民共和国国家质量监督检验检疫总局,中国国家标准化管理委员会.普通混凝土
拌合物性能试验方法标准:GB/T 50080—2016[S].北京:中国标准出版社,2016.

[64] 中华人民共和国国家质量监督检验检疫总局,中国国家标准化管理委员会.混凝土外加
剂术语:GB/T 8075—2017[S].北京:中国标准出版社,2017.

[65] 中华人民共和国住房和城乡建设部,国家市场监督管理总局.混凝土物理力学性能试验
方法标准:GB/T 50081—2019[S].北京:中国建筑工业出版社,2019.

[66] 中华人民共和国住房和城乡建设部.普通混凝土长期性能和耐久性能试验方法标准
(GB/T 50082—2009)[S].北京:中国建筑工业出版社,2009.

[67] 中华人民共和国工业和信息化部.建筑生石灰:JC/T 479—2013[S].北京:中国建材工
业出版社,2013.

[68] 中华人民共和国工业和信息化部.建筑消石灰:JC/T 481—2013[S].北京:中国建材工
业出版社,2013.

[69] 中华人民共和国国家质量监督检验检疫总局,中国国家标准化管理委员会.烧结普通砖:
GB/T 5101—2017[S].北京:中国标准出版社,2017.

[70] 国家质量技术监督局,水泥胶砂强度检验方法(ISO法):GB/T 17671—1999[S].北京:
中国标准出版社,2019.